U0180802

类金属高纯化合物制备技术

曲胜利　编著

北　京

冶 金 工 业 出 版 社

2023

内 容 提 要

本书共 10 章，简要介绍了类金属二元化合物的性质和用途，详细介绍了类金属化合物的制备方法，包含类金属氧化物、硫系化合物、硒系化合物、碲系化合物、磷系化合物、砷系化合物、锑系化合物等的合成制备。

本书可供冶金、材料等专业的研究人员和技术人员阅读，也可作为高等院校相关专业师生的教学参考书。

图书在版编目（CIP）数据

类金属高纯化合物制备技术/曲胜利编著 . —北京：冶金工业出版社，
2023. 12

ISBN 978-7-5024-9690-6

Ⅰ.①类… Ⅱ.①曲… Ⅲ.①高纯物质—制备 Ⅳ.①TQ421.2

中国国家版本馆 CIP 数据核字（2023）第 252986 号

类金属高纯化合物制备技术

出版发行	冶金工业出版社	电　话	(010)64027926
地　址	北京市东城区嵩祝院北巷 39 号	邮　编	100009
网　址	www.mip1953.com	电子信箱	service@mip1953.com

责任编辑　张熙莹　美术编辑　彭子赫　版式设计　郑小利
责任校对　梁江凤　责任印制　窦　唯
北京捷迅佳彩印刷有限公司印刷
2023 年 12 月第 1 版，2023 年 12 月第 1 次印刷
710mm×1000mm　1/16；21.75 印张；425 千字；334 页
定价 139.00 元

投稿电话　(010)64027932　投稿信箱　tougao@cnmip.com.cn
营销中心电话　(010)64044283
冶金工业出版社天猫旗舰店　yjgycbs.tmall.com
（本书如有印装质量问题，本社营销中心负责退换）

前　言

　　科技实力可以大幅度提高一个国家在国际上的政治地位。美国的崛起凸显了科技实力对一个国家的重要性，正是其在第三次工业革命中抓住机遇，而成为了信息文明阶段的全球中心。由于半导体产业的产业链长、技术壁垒高、涉及行业面广，半导体产业是反映一国科技实力的重要体现。

　　半导体是20世纪最伟大的发明之一，随着数字经济的发展，各种产品中的半导体用量在不断增加，半导体推动了通信、计算、医疗保健、军事系统、交通、清洁能源等其他应用的进步，催生了有望使社会变得更好的新技术，包括类脑计算、虚拟现实、物联网、节能传感、自动化设备、机器人技术和人工智能，而随着半导体的应用场景越来越丰富，半导体与越来越多的产业联系在了一起。

　　近年来，随着中美科技之战愈演愈烈，中兴、华为的例子已经凸显出发展我国半导体产业的重要性，除去地缘政治上的意义，发展半导体也是我国经济转型的必走之路，半导体对经济的拉动作用已经不言而喻，对于我国来说更重要的是维持国内高科技产业的稳定有序发展和确保品牌的自主性，以便我国经济更好更远地走下去。也正是基于此背景下，山东恒邦冶炼股份有限公司将研发聚焦于高纯金属及其高纯化合物制备的研究及产业化方面，收集了国内外大量的研究资料并结合公司前期的一些基础研究著成本书，希望对从事相关研究及相关工作的专家学者和科研工作者有所帮助。

　　全书共分为10章，以硫系化合物、硒系化合物、碲系化合物、磷系化合物、砷系化合物、锑系化合物、类金属氧化物等为主线，详细介绍了类金属化合物的性质和用途，着重介绍了类金属化合物的制备方法。通过上述内容读者可以清楚地了解类金属高纯化合物的性质及用途，并对如何制备化合物多晶、单晶、纳米晶、二维材料等有直观的认识。

　　本书编写过程中参阅了大量的文献，这些文献均是相关科研工作者智慧的结晶，对推动我国半导体行业的发展起到了巨大的作用，在此对从事相关研究的科研工作者表示崇高的敬意。本书是作者及研究团队集体智慧的结晶，对团队中辛勤付出的同事表示诚挚的谢意。

　　由于水平所限，书中不足之处，恳请广大读者批评指正。

曲胜利

2023 年 6 月

目　　录

9 高纯锑系化合物 …………………………………………… 240

1 绪 论

1.1 类金属的定义

基于元素的物理和化学特性，可将元素周期表上几乎所有的化学元素分为金属或非金属，但也有一些特性介于金属与非金属之间的元素，被称为类金属。类金属通常包括硼、硅、砷、锑、碲、锗，而碳、磷、硫、硒的化合物具有特殊的半导体材料性质，因此一定情况下也被认为是类金属。重元素钋和砹，虽然对它们的物理、化学性质所知尚少，但一般也列入类金属。类金属又称准金属（metalliods）、半金属、亚金属或似金属。

类金属（准金属）这个名词起源于中世纪的欧洲，原用来称呼铋，因为铋缺少正常金属的延展性，只算得上"准"金属，现指载流子浓度远低于正常金属的一类金属。正常金属的载流子浓度都在 10^{22} cm^{-3} 以上，而类金属的载流子浓度在 $10^{17} \sim 10^{22}$ cm^{-3} 之间，如：砷（As）$2.12 \times 10^{20} \pm 0.01 \times 10^{20}$ cm^{-3}，锑（Sb）$5.54 \times 10^{19} \pm 0.05 \times 10^{19}$ cm^{-3}，铋（Bi）2.88×10^{17} cm^{-3}，石墨 2.72×10^{18} cm^{-3}。

类金属在元素周期表中处于金属向非金属过渡的位置，沿元素周期表ⅢA族的硼和铝之间到ⅥA族的碲和钋之间画一锯齿形斜线，可以看出，贴近这条斜线的元素除铝外，都是类金属元素。处于类金属元素带右侧的元素为非金属，处于左侧的为金属，如图 1-1 所示。

1.2 类金属的性质

1.2.1 物理性质

类金属单质形态都为固体，通常包含多种同素异形体，类金属光泽是光泽强度的等级之一，一般指反射率 R 在 $0.19 \sim 0.25$ 之间，它比新鲜的金属抛光面略暗一些，如同陈旧的金属器皿表面所反射的光泽，例如磁铁矿的光泽。类金属光泽矿物也大多是不透明矿物，很少用作宝石。其中有些是金属态并带有金属光泽，有些则是非金属态分子晶体。

类金属的密度通常小于相邻的金属元素而大于相邻的非金属元素，性脆而延展性较差。类金属具有中等或良好的导电性，大多是常见的半导体，其中硼、硅、锗、碲的电阻率随温度升高而降低，而砷、锑则与金属类似，电阻率随温度升高而增大。晶体结构比较松散，配位数比较小（介于非金属和金属之间），液

I A	II A	III B	IV B	V B	VI B	VII B	VIII B	VIII B	VIII B	I B	II B	III A	IV A	V A	VI A	VII A	VIII A
1 H 10																	2 He 4.0
3 Li 6.9	4 Be 9.0											5 B 10.8	6 C 12.0	7 N 14.0	8 O 16.0	9 F 19.0	10 Ne 20.2
11 Na 23.0	12 Mg 24.3											13 Al 27.0	14 Si 28.1	15 P 31.0	16 S 32.1	17 Cl 35.5	18 Ar 39.9
19 K 39.1	20 Ca 40.1	21 Sc 45.0	22 Ti 47.9	23 V 50.9	24 Cr 52.0	25 Mn 54.9	26 Fe 55.8	27 Co 58.9	28 Ni 58.7	29 Cu 63.5	30 Zn 65.4	31 Ga 69.7	32 Ge 72.6	33 As 74.9	34 Se 79.0	35 Br 79.9	36 Kr 83.8
37 Rb 85.5	38 Sr 87.6	39 Y 88.9	40 Zr 91.2	41 Nb 92.9	42 Mo 95.9	43 Tc 98.9	44 Ru 101.0	45 Rh 102.9	46 Pd 106.4	47 Ag 107.9	48 Cd 112.4	49 In 114.8	50 Sn 118.7	51 Sb 121.8	52 Te 127.6	53 I 126.9	54 Xe 131.3
55 Cs 132.9	56 Ba 137.3	57 La 138.9	72 Hf 178.5	73 Ta 180.9	74 W 183.8	75 Re 186.2	76 Os 190.2	77 Ir 192.2	78 Pt 195.1	79 Au 197.0	80 Hg 200.6	81 Tl 204.4	82 Pb 207.2	83 Bi 208.9	84 Po (210)	85 At (210)	86 Rn (222)
87 Fr (223)	88 Ra 226	89 Ac 227	104 Rf (261)	105 Db (262)	106 Sg (263)	107 Bh (264)	108 Hs (265)	109 Mt (266)									

类金属

58 Ce 140.1	59 Pr 140.6	60 Nd 144.2	61 Pm (145)	62 Sm 150.4	63 Eu 152.0	64 Gd 157.2	65 Tb 158.9	66 Dy 162.5	67 Ho 164.9	68 Er 167.3	69 Tm 168.9	70 Yb 173.0	71 Lu 175.0
90 Th 232.0	91 Pa 231.0	92 U 238.0	93 Np 237.0	94 Pu (242)	95 Am (243)	96 Cm (247)	97 Bk (249)	98 Cf (251)	99 Es (254)	100 Fm (253)	101 Md (256)	102 No (254)	103 Lr (257)

图 1-1 元素周期表

态时均可导电。与金属相比，晶体结构"共价"性比较强，电子相对难以自由移动。

1.2.2 化学性质

类金属的电离能介于金属与典型非金属之间，化学性质上却表现出金属和非金属两种性质。例如砷和锑，它们是坚硬的结晶固体，外表虽然是金属，但是当进行化学反应时就表现出金属和非金属两种不同的性质。它们的一些氧化物既溶于酸，也溶于碱，这就是所谓的两性性质，因为它们的性质既像碱又像酸。有许多元素也能生成两性化合物，然而只有当这种元素的二元性十分明显并同时显出金属的外表时，才能称这种元素为类金属。

类金属元素的电负性比较接近，为 1.9~2.1。与典型非金属的区别在于：在水溶液中一般不以负离子的形式而是以含氧负离子的形式出现。它们的化合物多为共价化合物，也有少数可以看作离子化合物。类金属可以和金属化合形成合金，而典型非金属则与金属化合成盐。类金属的氧化物通常以聚合物的结构存在，所以多为玻璃态物质而不是晶体，并且氧化物呈中性或弱酸性。类金属的卤化物均为共价化合物，通常易挥发并且溶于有机溶剂。类金属的氢化物同样为易挥发的共价化合物。

1.3 类金属的用途

由于类金属的电子结构表现出金属和非金属的双重特性，既有自由电子能够导电的特性，又有价电子能够参与化学反应的特性。由于其特殊的电子结构，类金属具有良好的导电性、导热性和力学性能。在电子、航空航天、冶金等领域有着广泛的应用。

（1）玻璃制造。由于类金属氧化物的高聚物形态，它们很容易形成玻璃态物质。B_2O_3、SiO_2、GeO_2、As_2O_3 及 Sb_2O_3 都可以用于制造玻璃。TeO_2 在引入少量杂质后也可以形成玻璃态，但纯的 TeO_2 易形成晶体。

（2）合金制造。类金属单质（如硒、砷等）由于性脆不宜单独作为材料使用，而它们与金属形成的合金则可能有各种优良的性能。比如锗常用于与 IB 族元素（金、银、铜）形成合金；碲通常以铜碲或者碲铁合金的形式被出售；砷可以和铜与铂形成合金。

（3）半导体制造。除了硼以外所有的常见类金属在半导体和固体电子工业领域都有广泛的应用，它们是制造半导体材料的主要原料。

1.4 类金属化合物

常见的类金属化合物有类金属的氧化物、硫系玻璃化合物、硒系化合物、碲系化合物、磷系化合物、砷系化合物、锑系化合物及其他的碳、磷、硫的化合物等。许多类金属化合物为难熔化合物，熔点高，硬度高，有良好的化学稳定性，很高的导电性和传热性，有的在真空中或在电场和热的作用下有发射电子的能力。某些类金属化合物还具有半导体性质，如一些硅化物、硫化物、氮化物和磷化物等。

类金属材料是一种新型的自旋电子学材料，其主要特征是在一个化合物中，导电性与绝缘性并存。

根据材料结构的不同，类金属材料可分为尖晶石结构型类金属材料、钙钛矿结构型类金属材料、金红石结构型类金属材料、半霍伊斯勒（half-Heusler）和全霍伊斯勒（Heusler）结构的类金属材料。

半霍伊斯勒类金属铁磁体材料属于面心立方；全霍伊斯勒类金属铁磁体具有 L21 结构，也属于面心立方。这两种合金材料都具有较大的 d 电子交换劈裂，并引起 d 带电子倾向于费米面极化。正常全霍伊斯勒合金具有 Oh 对称性，而半霍伊斯勒合金只具有 Td 对称性，这种对称性破缺的结果不仅导致时间反演对称性的破缺（存在于所有的铁磁材料中），而且引起空间对称性和连接对称性的破缺，导致较大的自旋劈裂。由于对称性的破缺，伴随有电子的键合和电子态的耦合及对点群对称性的修正，是产生类金属性的重要原因。

闪锌矿型过渡金属硫族化合物或磷族化合物有 VTe、CrSe、CrTe、CrAs、MnBi、CrSb 等。研究发现，这类类金属铁磁体的稳定态是 NiAs 相，闪锌矿相只是它们的亚稳态。3 个过渡金属硫系化合物 CrTe、CrSe 和 VTe 的闪锌矿结构相是优质类金属铁磁体，不仅具有很宽的类金属能隙，相对于基态相的总能还不高，大大低于闪锌矿结构的过渡金属 V A 族化合物的相对总能，同时，其结构稳定性明显优于已经较好地合成出来的 CrAs 闪锌矿结构薄膜（最大约 5 个单胞层厚）。

根据类金属性的来源又可分为共价键带隙类金属，如 NiMnSb 和 GaAs；电荷传输能带带隙类金属，如庞磁电阻材料和双钙钛矿结构材料；$d\text{-}d$ 相互作用能带带隙类金属，如 $Fe_xCo_{1-x}S_2$ 和 Mn_2VAl。自旋能带带隙是类金属的本质要素，根据类金属性的本质来源划分类金属的种类更为重要和科学。

2 类金属化合物制备方法

2.1 块状单晶材料制备方法

2.1.1 提拉法

提拉法（Czochraski method，Cz）是生长块状单晶最经典的方法[1-2]。如图2-1所示，将晶体生长的原料放在坩埚中加热熔化，熔体内部产生一定的过冷度，产生形核驱动力。将固定在拉晶杆下端的籽晶从熔体上表面浸入，籽晶浸入熔体的一端发生部分熔化后，以一定的速度向上提拉籽晶杆，结晶过程中固-液界面产生的热量通过籽晶杆传输。与籽晶接触的熔体首先获得一定的过冷度，开始结晶过程。随着籽晶杆缓慢的提拉，实现连续的晶体生长。

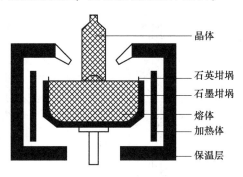

图 2-1　提拉法原理示意图

2.1.2 布里奇曼法

1925 年，美国人 Bridgman 首次提出了布里奇曼法（Bridgman method）[3]。随后，在 1936 年，苏联学者 Stockbarger 提出了相似的方法[4]，因此，又称该方法为 Bridgman-Stockbarger 法。布里奇曼法的基本原理是：将晶体生长所用原料装入容器，通常为坩埚或安瓿，然后将坩埚置于晶体生长炉中。一般晶体生长炉的炉膛分为三个温度区间，即加热区、梯度区和冷却区，加热区的温度高于晶体的熔点，冷却区的温度低于晶体的熔点，梯度区的温度由加热区温度逐渐过渡到冷却区温度，在炉膛内部形成一定的温度梯度，坩埚则位于晶体生长炉的加热区。炉膛中的晶体生长坩埚按照一定速率从加热区经过梯度区到冷却区的过程中，坩埚中的熔体发生定向冷却，开始结晶。随着坩埚的连续运动，实现晶体生长。经过几十年的发展和改进，布里奇曼法已经成为使用最广泛、技术最成熟的晶体生长技术。常见的布里奇曼法主要有垂直布里奇曼法（VBM）和水平布里奇曼法（HBM）。

2.1.2.1 垂直布里奇曼法

如图 2-2 所示，坩埚的中间轴方向与重力场方向一致，晶体生长炉的上方为加热区，下方为冷却区，坩埚从上向下移动或者炉体从下向上运动，实现晶体生长过程。与开放式生长的提拉法相比，垂直布里奇曼法的生长原料密封在坩埚中，减少了组分的损耗，避免了外界杂质的影响，得到的晶体组分比较均匀，提高了晶体质量；生长设备简单，晶体的生长参数及炉体的温度场容易控制；生长速度快。虽然封闭式的晶体生长方式阻止了外界杂质的引入，但是晶体与坩埚直接接触，坩埚中的杂质也会进入晶体中；而且晶体与坩埚的膨胀率不同，产生的热应力导致晶体表面出现寄生成核，影响晶体质量。此外，采用这种技术在生长大直径的 GaSb 晶体时会形成多晶[5]。

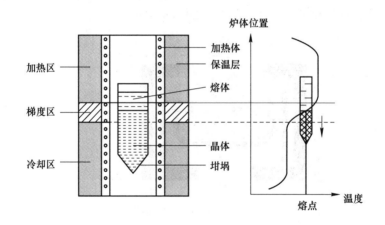

图 2-2 垂直布里奇曼法晶体生长示意图

2.1.2.2 水平布里奇曼法

水平布里奇曼法的坩埚中间轴方向与重力场方向垂直，晶体生长炉的右端为加热区，左端为冷却区，坩埚从右向左移动或者炉体从左向右运动，实现晶体生长（见图 2-3）。采用水平布里奇曼法进行晶体生长过程，可以在固-液界面处获得较强的对流，有利于对晶体生长行为进行控制。由于坩埚水平放置，熔体的表面尺寸较大，有利于熔体内部杂质的去除，还有利于降低对流强度，使得结晶过程平稳进行。同时，水平布里奇曼法加大了炉膛与坩埚之间对流换热的控制，在晶体生长过程中可以获得较大的温度梯度。

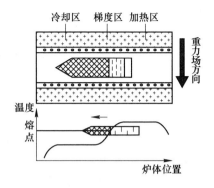

图 2-3 水平布里奇曼法晶体生长示意图

2.1.3 移动加热器法

移动加热器法（travelling heater method，THM）是一种近年来备受关注的晶体生长方法。它可以在远低于熔点的温度下生长高质量的块状化合物或合金半导体晶体，具有潜在的应用价值。从 20 世纪 70 年代移动加热器法生长晶体的概念首次被提出[6]，至今，美国、日本等发达国家已经对其进行了大量的研究[7]。

移动加热器法晶体生长的基本原理是：坩埚的底部放入籽晶，籽晶的上方装入适量的熔剂，熔剂区上方放入预先合成的多晶料。熔剂区的物料要压实，防止上方熔解的多晶料直接落到籽晶表面。抽掉坩埚中的空气并进行密封。将坩埚放入晶体生长炉时，熔剂区要位于炉腔温度最高的位置。随着加热器的向上移动，多晶原料熔解并进入熔剂区形成熔液，而在下方低温区熔液过饱和，其中熔解的熔质又重新析出，沉积在熔液下方的生长界面上（见图 2-4）。加

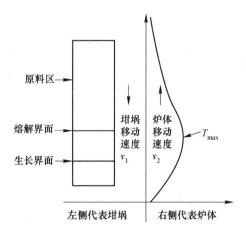

图 2-4 移动加热器法原理示意图

热器的连续移动确保生长过程稳定进行。在整个生长过程中，生长速率是由熔质运输速度和生长界面的稳定性及形状决定。熔剂区和生长界面处要有较大的温度梯度，以保证熔质运输的有效性，防止熔质直接落到生长界面上。最终得到的生长界面应该是平坦的或中间略凸的，防止在生长过程中出现杂质和缺陷的积累[8]。

2.1.4 高温熔融法

高温熔融法是制备热电材料常用的物理方法。在这种方法中，首先按需要的材料成分进行化学计量配比，之后将配比好的金属粉体在真空条件下封入石英管或石英安瓿瓶中防止水分和氧气污染，之后放入高温炉中熔化以使金属粉末合金化，后续的长时间退火过程使合金固化得到所需成分和晶体结构的材料。熔融温度及后续的退火温度可以根据需要合金的相图确定。其优点是合成方法较成熟、生产制备工艺简单、可大规模生产等。

2.2 薄膜及外延层制备方法

2.2.1 化学气相沉积法

化学气相沉积法（CVD）是指利用气态或蒸汽态的物质在气相或气-固界面上反应生成固态沉积物的技术，简单来说就是在高温低压下蒸发固态物质到气态，冷却后在衬底上重新结晶的过程[9-10]。图 2-5 为化学气相沉积法简易原理图。最常见的化学气相沉积反应有：热分解反应、化学合成反应和化学传输反应等。化学气相沉积法具有沉积物种类多（可以沉积金属薄膜、非金属薄膜，也可按要求制备多组分合金的薄膜，以及陶瓷或化合物层）、镀膜的绕射性好（对于形状复杂的表面或工件的深孔、细孔都能均匀镀覆）、镀膜效果优异（镀层纯度高、致密性好、残余应力小、结晶良好等）、覆层的化学成分、形貌、晶体结构和晶粒度可控等优点，因此被广泛应用于保护涂层、微电子技术、超导技术、太阳能利用、贵金属薄膜、电极材料等领域。

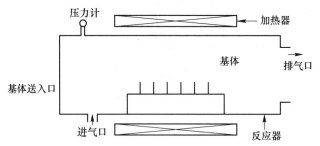

图 2-5 化学气相沉积法简易原理图

化学气相沉积的方法很多，如常压化学气相沉积（APCVD）、低压化学气相沉积（LPCVD）、超高真空化学气相沉积（UHVCVD）、激光化学气相沉积（LCVD）、金属有机物化学气相沉积（MOCVD）、等离子体增强化学气相沉积（PECVD）等。

2.2.2 液相外延法

在单晶衬底上从饱和溶液中生长外延层的方法称为液相外延法（LPE）。例如，GaAs 外延层就可从以 Ga 为溶剂、As 为溶质的饱和溶液中生长出来。液相外延方法是在 1963 年由纳尔逊（Nelson）提出的。在外延生长过程中，可以通过 4 种方法进行溶液冷却：平衡法、突冷法、过冷法和两相法。

液相外延技术的出现，对于化合物半导体材料和器件的发展起了重要的推动作用。目前这一技术已广泛用于生长 GaAs、GaAlAs、GaP、InP、GaInAsP 等半导体材料和制作发光二极管、激光二极管、太阳能电池、微波器件等。液相外延可分为倾斜法、垂直法和滑舟法 3 种，其中倾斜法是在生长开始前，使石英管内的石英容器向某一方向倾斜，并将溶液和衬底分别放在容器内的两端；滑舟法是指外延生长过程在具有多个溶液槽的滑动石墨舟内进行；垂直法是在生长开始前，将溶液放在石墨坩埚中，而将衬底放在溶液上方。

液相外延法的不足在于：一是当外延层与衬底晶格常数差大于1%时，不能进行很好的生长；二是由于分凝系数的不同，除生长很薄的外延层外，在生长方向上控制掺杂和多元化合物组合均匀性遇到困难；三是液相外延的外延层表面一般不如气相外延好。

2.2.3 分子束外延法

分子束外延法（MBE）是指分子束流喷射到晶体衬底表面，在衬底表面外延一层薄膜单晶层，是一种原子级别的加工技术[11]。分子束外延通常在超高真空环境中进行，真空度一般在 $10^{-9} \sim 10^{-8}$ Pa。为了得到相应比例的元素成分，需要对其进行蒸发，使它们得到能量，以分子束的形式从喷射炉中喷出，当分子束在处理后的衬底表面发生吸附时就可以在晶面上长出单晶层，其主要装置原理如图 2-6 所示。分子束外延法具有衬底温度低、膜层生长速率慢、束流强度易于精确控制、膜层组分和掺杂浓度可随蒸发源的变化而迅速调整等优点，因此被广泛应用于超导薄膜、多元金属化合物、微电子技术、光电元器件等多个领域，在国防科技等方面有着重要的影响。

采用分子束外延技术进行薄膜材料的制备，薄膜材料的形成过程主要有 3 种方式，如图 2-7 所示。

（1）层状生长模式（FM），主要表现为周期性的层状生长，当原子间的相

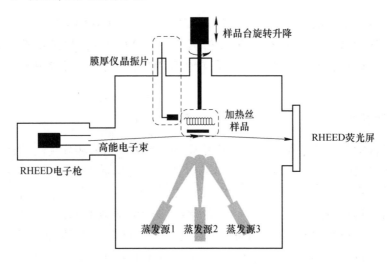

图 2-6 分子束外延生长主要部分的装置示意图

互结合能较弱时发生,在这种生长模式下,容易实现薄膜的厚度与组分、表面和界面的精确控制。

(2) 岛状生长模式(VW),这种生长模式是由于衬底的表面能较小造成的,使得薄膜的连续制备有一定的难度。

(3) 层岛复合生长模式(SK),当原子间的结合能和衬底的表面能都较低时,表现为层岛复合生长模式,具有初始时层状生长、结束时层状和岛状生长同时发生的特点。

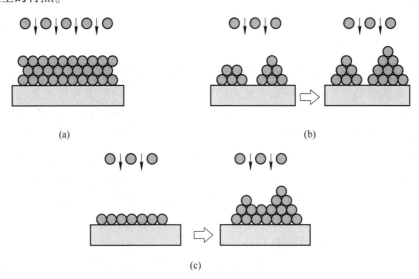

图 2-7 3 种薄膜生长方式示意图

(a) 层状生长模式;(b) 岛状生长模式;(c) 层岛复合生长模式

2.2.4 磁控溅射法

磁控溅射系统成膜过程一般是利用低压气体放电的原理，等离子体中的氩正离子在电场的作用下轰击靶材表面，溅射出的中性粒子沉积在衬底上形成薄膜[12]，如图 2-8 所示。磁控溅射的特点是电场方向和磁场方向相互垂直，这样使得电子在磁场作用下束缚在靶材表面，提高了氩正离子的生成效率。电子在到达基底之前会相互碰撞，损失一定的能量，这就使得能够到达衬底的电子都是低能的，避免衬底过热。磁控溅射的电压不大，电流密度可达每平方厘米几十毫安，因此磁控溅射既可以低速率低温溅射，也可以高速率溅射。磁控溅射在常温下的溅射可以使得到的薄膜和靶材组分及比例达到很高的一致性，很容易控制薄膜的组分且沉积的薄膜均匀、致密、纯度高、附着力高。

相比于其他几种热电薄膜的成膜方法，磁控溅射制备的薄膜具有以下几个优点：

（1）热电薄膜的温度可以从室温进行调节，且沉积速率较快。

（2）制备薄膜成分和比例与靶材一致性好（室温下沉积），高温下组分比例也可以调控。

（3）厚度控制精确，可生长薄膜的厚度较大。

（4）材料选择范围较大，金属、半导体、绝缘体均可以溅射。

（5）大规模沉积的薄膜均匀性好、致密性好、表面质量高，可以实现工业化生产。

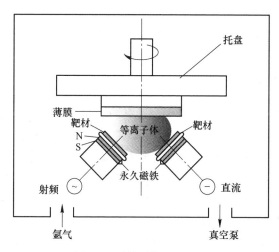

图 2-8　磁控溅射法原理图

2.2.5 真空蒸发法

真空蒸发法是在真空中加热所用的材料使其蒸发，被蒸发出来的原子凝聚在温度较低的基板上逐步形成薄膜，是进行薄膜材料制备的最普遍的方法之一，其原理如图 2-9 所示。使用蒸发法制备热电薄膜的工艺主要有瞬间蒸发法和同时蒸发法两种形式。瞬间蒸发法是提前把所需要蒸发的材料进行颗粒化处理，蒸发的时候将材料一点点地加入高温蒸发源中，这样就可以使得材料瞬间蒸发。瞬间蒸发法是为了克服半导体在高温下很容易发生分解的问题，不但可以蒸发出组分可控的热电薄膜，而且还可以外延生长出单晶热电薄膜[13]。同时蒸发法就是在真空蒸镀室内同时加入不同的合金或者化合物材料，同时蒸镀，通过控制各个组分的蒸发速度，设计不同成分的薄膜，还可以通过连续控制蒸发速率生长出有变化梯度的热电薄膜。虽然蒸发法可以生长超晶格热电薄膜，但其生长出的超晶格一般呈柱状结构，不够致密，容易吸收空气中的氧气和水蒸气，使得性能发生改变，不符合超晶格薄膜成分精度较高的要求。

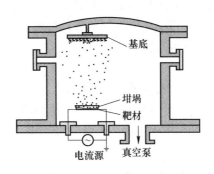

基底

坩埚
靶材

电流源   真空泵

图 2-9 真空蒸发法原理图

2.2.6 电化学沉积法

电化学沉积法是根据电沉积液中金属离子的浓度和还原电位的不同选择不同的脉冲电位，得到可调节的金属成分。电化学沉积法具有操作简易、成本低且环保，通过调节实验参数就能得到不同晶粒尺寸的优点。电化学沉积法可以通过调控沉积温度、沉积时间、金属离子的浓度、退火温度等条件改善材料的形貌和性能，还可以通过向电沉积液中加入表面活性剂（如氟化铵、十六烷基三甲基溴化铵等）来改变电极材料的形貌。

电化学沉积法制备热电薄膜有其独特的优势：仪器简单便宜，操作简单，可以快速沉积较厚的热电薄膜，其原理图如 2-10 所示。然而，电化学沉积的热电薄膜一般密度较低，晶体的缺陷较多，薄膜的热电性能一般不是很优异。此外，电化学沉积的影响因素较多，如电流、电压、温度和溶液 pH 值，难以制备组分较多的热电薄膜[14]。

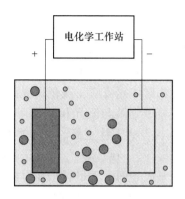

图 2-10 电化学沉积法的原理图

2.2.7 金属有机化学气相沉积

金属有机化学气相沉积（MOCVD）是化学气相沉积的一大分支，其原理是利用有挥发性的金属卤化物、金属有机物等，在高温的环境中挥发出来进行气相化学反应，一般经过分解、氧化、还原、置换反应等过程，可以在基板上得到各种各样的半导体薄膜，其原理如图 2-11 所示[15]。MOCVD 有以下几个优点：可以直接沉积数个分子层级别的薄膜，可以沉积复杂的堆垛结构和超晶格结构，可以严格控制各种单晶的组成成分。MOCVD 一般采用的金属有机化合物是三甲基和三乙基等，这些化合物先在室温下充分混合，再在高温的真空室内进行热分解，然后在衬底上进行薄膜的沉积。热电薄膜的组分和比例可以用不同气源的相对压力进行控制和调节，因此，MOCVD 可以生长出均匀性很好的外延膜。随着MOCVD 技术的研究及发展，现在有相当数量的 MOCVD 设备用于商业化器件生产，涵盖 LED、探测器、激光器、太阳能电池等[16]。

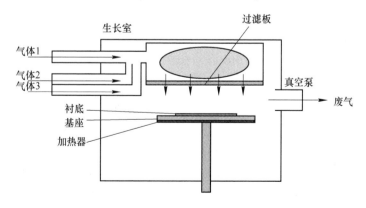

图 2-11 MOCVD 沉积薄膜的原理示意图

2.2.8 脉冲激光沉积法

脉冲激光沉积法（PLD）生长薄膜的主要过程为：一束高能量的脉冲激光在透镜的聚焦下，通过真空腔体的入射窗聚焦到靶材表面，在焦点处激光与靶材相互作用，产生汽化、离化、相爆炸等效应，在靶材表面烧蚀产生离子、电子、原子和原子团簇等粒子，这些粒子继续与激光相互作用并在腔体中进行定向膨胀，形成局域化高温高压的椭球状等离子体羽辉（$T>10^4$ K）。在等离子体的膨胀过程中，伴随着粒子间的相互碰撞、与腔体内气体分子的碰撞等作用，这些粒子在经过一系列的作用之后到达基底表面，大量粒子在衬底上经过形核和生长，最终形成具有特定成分和结构的沉积产物，其原理如图 2-12 所示[17-18]。脉冲激光沉积法具有制备的薄膜材料类型非常广泛，如难熔材料和特殊材料，制备的薄膜结构和形貌可控，易获得期望化学计量比的多组分薄膜，易于制备多元复杂化合物和合金薄膜，薄膜生长所需的基底温度相对较低，且与基底结合力强、沉积效率高等诸多优点，但在大面积沉积薄膜方面，还有很大的限制[19]。

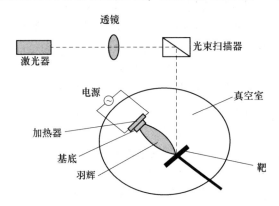

图 2-12 脉冲激光沉积薄膜原理图

2.3 纳米粉末材料制备方法

2.3.1 水热/溶剂热法

"水热"一词大约出现在 150 年前，原本用于地质学中描述地壳中的水在温度和压力联合作用下的自然过程，以后发展到沸石分子筛和其他晶体材料的合成，因此越来越多的化学过程也广泛使用这一词汇。水热与溶剂热合成是无机合成化学的一个重要分支。水热合成研究从最初模拟地矿生成开始到合成沸石分子筛和其他晶体材料已经有一百多年的历史。直到 20 世纪 70 年代，水热法才被认识到是一种制备粉体的先进方法。

水热/溶剂热法是制备合成纳米材料的典型方法之一，具有制备过程简单、合成速度快的特点，是在水或有机溶剂（如 DMF、乙二胺等）中加入反应物，使这一反应处于密闭的压力装置中，然后对其加热加压，溶解那些难溶的物质，之后再结晶的方法。在水热反应中，反应物的浓度和配比对样品的性能影响较大。此外，可根据制备材料的要求选择不同的溶剂。此方法一般不需高温烧结即可直接得到结晶粉末，避免了可能形成微粒硬团聚，也省去了研磨及由此带来的杂质。水热过程中通过调节反应条件可控制纳米微粒的晶体结构、结晶形态与晶粒纯度，既可以制备单组分微小单晶体，又可制备双组分或多组分的特殊化合物粉末，可制备金属、氧化物和复合氧化物等粉体材料。图 2-13 为不锈钢水热反应釜结构示意图。

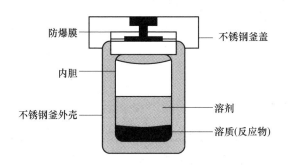

图 2-13　不锈钢水热反应釜结构示意图

2.3.2　溶胶-凝胶法

溶胶-凝胶法就是用含高化学活性组分的化合物作前驱体，在液相下将这些原料均匀混合，并进行水解、缩合化学反应，在溶液中形成稳定的透明溶胶体系，溶胶经陈化胶粒间缓慢聚合，形成三维网络结构的凝胶，凝胶网络间充满了失去流动性的溶剂，形成凝胶[20]。凝胶经过干燥、烧结固化制备出分子乃至纳米亚结构的材料，具体流程如图 2-14 所示。

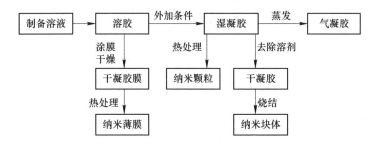

图 2-14　溶胶-凝胶法反应流程图

其最基本的反应是：

（1）水解反应：

$$M(OR)_n + xH_2O \longrightarrow M(OH)_x(OR)_{n-x} + xROH \tag{2-1}$$

（2）聚合反应：

$$—M—OH + HO—M— \longrightarrow —M—O—M— + H_2O \tag{2-2}$$

$$—M—OR + HO—M— \longrightarrow —M—O—M— + ROH \tag{2-3}$$

按产生溶胶-凝胶过程机制主要分成 3 种类型：

（1）传统胶体型。通过控制溶液中金属离子的沉淀过程，使形成的颗粒不团聚成大颗粒而沉淀得到稳定均匀的溶胶，再经过蒸发得到凝胶。

（2）无机聚合物型。通过可溶性聚合物在水中或有机相中的溶胶过程，使金属离子均匀分散到其凝胶中。常用的聚合物有聚乙烯醇、硬脂酸等。

（3）络合物型。通过络合剂将金属离子形成络合物，再经过溶胶-凝胶过程得到络合物凝胶。

2.3.3　高能球磨法

高能球磨法又称为机械力化学法，是指在球磨机的震动或转动下，硬球强烈搅拌、撞击和研磨成纳米微粒的过程。这个方法在现阶段引起不少人的关注，仅仅采用物理研磨的方法便能制备出纳米颗粒，相较于其他方法，此方法具有产量高、纳米晶粒半径小、晶界能小等特点[21]。

2.3.4　离子交换反应法

离子交换反应法也是制备硫属化合物半导体材料的一种传统方法。基本的合成方法是在反应介质中将含有金属阳离子和硫、硒、碲等阴离子的不同化合物进行混合，通过发生离子交换反应生成相应的硫属化合物。例如，在溶液中将 H_2Te 气体或 Na_2Te 与金属离子进行沉淀反应，可得到金属碲化物材料。这种方法的缺点是反应速度非常快，难以对反应进行调控，而且反应需要采用毒性较大且极不稳定的 H_2Te 气体，对环境非常不利。

2.3.5　其他辅助合成法

超声波的波长远大于分子尺寸，其本身并不直接对分子起作用，而是通过周围环境的物理作用转而影响分子。超声波引起的粒子内部撞击会在作用点产生局部高温，有助于反应的发生。随着科学技术的迅速发展，超声波已经应用到化学的各个领域，逐渐形成了一门崭新的科学——超声波化学。

微波辅助合成法也是制备碲化物的一种方法，反应中起到与超声波类似的作用。此外，射线或激光辐照法也可以用来合成金属碲化物。激光束具有能量高而非接触性的优点，是一种干净的热源，在纳米材料制备研究中具有广阔的发展空间。

参 考 文 献

［1］ MEINARDI F, PARISINI A, TARRICONE L. A study of the electrical properties controlled by residual acceptors in gallium antimonide ［J］. Semiconductor Science & Technology, 1999, 8 (11): 1985-1992.

［2］ LING C C, LUI M K, MA S K, et al. Nature of the acceptor responsible for p-type conduction in liquid encapsulated Czochralski-grown undoped gallium antimonide ［J］. Applied Physics Letters, 2004, 85 (3): 384-386.

［3］ BRIDGMAN P W. Certain physical properties of single crystals of tungsten, antimony, bismuth, tellurium, cadmium, zinc, and tin ［J］. Proceedings of the American Academy of Arts & Sciences, 1925, 60 (6): 305-383.

［4］ STOCKBARGER D C. The production of large single crystals of lithium fluoride ［J］. Review of Scientific Instruments, 1936, 7 (3): 133-136.

［5］ 郭宝增. GaSb 材料特性，制备及应用 ［J］. 半导体光电, 1999 (2): 6.

［6］ WOLF G A, MLAVSKY A I. Crystal Growth, Theory and Technique ［M］. London: Plenum Press, 1974: 193-232.

［7］ MIYAKE H, SUGIYAMA K. Growth of $CuGaS_2$ single crystals by traveling heater method ［J］. Japanese Journal of Applied Physics, 1990, 29 (10): 1859-1861.

［8］ ROY U N, BURGER A, JAMES R B. Growth of CdZnTe crystals by the traveling heater method ［J］. Journal of Crystal Growth, 2013, 379 (10): 57-62.

［9］ CAO X, SHI Y, SHI W, et al. Preparation of MoS_2-coated three-dimensional graphene networks for high-performance anode material in lithium-ion batteries ［J］. Small, 2013, 9 (20): 3433-3438.

［10］ GILLE P, KIESSLING F M, BURKERT M. A new approach to crystal growth of $Hg_{1-x}Cd_xTe$ by the travelling heater method (THM) ［J］. Journal of Crystal Growth, 1991, 114 (1/2): 77-86.

［11］ 陈凯豪. 高量子效率 InAs/GaSb Ⅱ类超晶格外延生长及其特性研究 ［D］. 上海: 中国科学院上海技术物理研究所, 2020.

［12］ 李冬雪. 溅射镀膜技术在薄膜材料制备上的研究进展 ［J］. 电大理工, 2015 (1): 2.

［13］ 刘昕, 邱肖盼, 江社明, 等. 真空蒸镀制备 Zn-Mg 镀层的研究进展 ［J］. 材料保护, 2019, 52 (8): 133-137.

［14］ 李萌. 柔性聚吡咯复合薄膜的电化学沉积与热电性能调控 ［D］. 南昌: 江西科技师范大学, 2022.

［15］ 韩孝彬. 碲化铋基热电薄膜和器件的制造及其性能研究 ［D］. 大连: 大连理工大

学, 2020.

[16] STRINGFELLOW G B. Organometallic Vapor-Phase Epitaxy ［M］. 2nd Edition. Academic Press, 1999.

[17] 程勇, 陆益敏, 郭延龙, 等. 脉冲激光沉积功能薄膜的研究进展 ［J］. 激光与光电子学进展, 2015, 52: 1-10.

[18] SHIROLKAR M M, PHASE D, SATHE V, et al. Relation between crystallinity and chemical nature of surface on wettability: A study on pulsed laser deposited TiO_2 thin films ［J］. Journal of Applied Physics, 2011, 109 (10): 1-10.

[19] 韩曼顿. 脉冲激光沉积法制备纳米氧化钛薄膜 ［D］. 长春: 吉林大学, 2007.

[20] 李微, 梁超, 杨渝. 溶胶-凝胶法制备多孔 TiO_2 纤维及其甲醛催化性能研究 ［J］. 云南化工, 2022, 49 (11): 42-45.

[21] 陈天骏. 高能球磨法制备锰锌铁氧体微粉工艺研究 ［D］. 昆明: 昆明理工大学, 2019.

3 高纯类金属氧化物

3.1 二氧化硒

3.1.1 二氧化硒的性质

二氧化硒，化学式为 SeO_2，+4 价的氧化物。SeO_2 室温下为白色晶体，熔点为 340~350 ℃，315 ℃时发生升华。SeO_2 可以通过硒在空气中燃烧，或硒与硝酸、过氧化氢发生氧化反应得到，也可通过亚硒酸脱水而获得。由于其廉价易得，在制药、化工、冶金等领域都有着广泛的应用。SeO_2 可与水反应生成亚硒酸，与碱反应生成亚硒酸盐，与醇溶液反应则生成相应的亚硒酸二烷基酯。当 SeO_2 以亚硒酸的形式参与有机合成反应时常作为氧化剂，最终反应物硒（Ⅵ）被还原成单质硒，例如烯丙位氧化、Riley 氧化反应等；SeO_2 也可以作为一些有机合成反应的催化剂，例如醛肟合成腈、芳环脱氢反应等，在有机合成中有着广泛的应用。

3.1.2 二氧化硒的制备方法

人们最初采用硝酸氧化粗硒—氨水中和—$(NH_4)_2S$ 除 Pb、Cu 和 Zn—用伊氏盐除 Hg—滤液用 SO_2 还原制得精硒—精硒生产氧化硒的方法生产氧化硒。该法的优点是能从低品位（70%Se）粗硒中生产精硒和纯氧化硒，其缺点是流程长，硝酸氧化排出大量氮氧化物，劳动条件恶劣，因而已为氧气氧化法所取代。

氧气氧化法的工艺流程如图 3-1 所示。其原理是利用硒的氧化物与杂质氧化物的挥发性不同，实现硒与大多数杂质的分离。该方法制备二氧化硒的主要设备

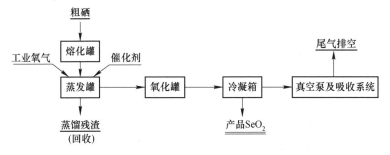

图 3-1　粗硒氧气氧化法生产二氧化硒流程图

为氧化炉，氧化炉由熔化罐、蒸发罐、冷凝箱等组成，粉状粗硒先在熔化罐中熔化、流入蒸发罐，挥发出的硒在氧化罐中氧化并以 SeO_2 的形式挥发出来，最后在冷凝罐中凝结成雪白的 SeO_2 粉末，定期出料，而粗硒中的大部分杂质则生成难挥发的氧化物等残留在蒸发罐中，从而达到硒的分离与提纯的目的。整个氧化炉为半连续装置，视粗硒品位的高低，一般 5~6 天停炉清理蒸馏渣 1 次。

3.1.3 二氧化硒的用途

3.1.3.1 光电探测器

光电探测器可通过其电学性能的微弱变化实现光学信号到电学信号的转换，已广泛应用于光通信、导弹制导、遥感成像、生物医学传感等领域。Chen 等人在 2021 年成功构建了 2D Bi_2O_2Se 太赫兹光电探测器，在室温下具有纳秒级响应时间、超低噪声等效功率（ $0.2\ pW/Hz^{1/2}$ ）和在 0.029 THz 下的高响应率。

3.1.3.2 医学领域的应用

硒元素是人体必需的微量元素之一，自发现并命名以来曾一直被认为是一种有毒、致癌物质，直至 20 世纪中期硒对人体不可或缺的生理学作用才逐步被发现。硒化合物包括无机硒和有机硒，不同形式的硒生理功能和毒性各有不同，二氧化硒溶于水后形成的亚硒酸是无机硒主要的存在形式，有研究表明，SeO_2 对多种肿瘤细胞株有抑制作用。

3.2 二氧化碲

3.2.1 二氧化碲的性质

二氧化碲是一种无机化合物，化学式为 TeO_2，白色粉末，加热变黄，熔点为 733 ℃，沸点为 1245 ℃，密度为 5.49~6.02 g/cm^3，可溶于酸碱，微溶于水。二氧化碲具有三种结构：四方晶系金红石结构的 α-TeO_2，正交晶系板钛矿结构的 β-TeO_2 及四方晶系变形金红石结构的 γ-TeO_2，但具有良好性能且被广泛研究和应用的只有 γ-TeO_2 晶体。

3.2.2 二氧化碲的制备方法

二氧化碲材料的制备方法主要有化学法（包括硝酸法和双氧水法）、溶胶-凝胶法、热蒸发法等。

3.2.2.1 硝酸法

硝酸法是以高纯碲为原料，依次经氧化、中和、过滤、洗涤、干燥、裂解等工艺，制得高纯二氧化碲[1]。图 3-2 为硝酸法制备高纯二氧化碲生产工艺。

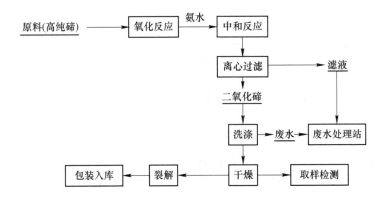

图 3-2 硝酸法制备高纯二氧化碲生产工艺图

硝酸法制备高纯二氧化碲的具体步骤如下：

（1）氧化反应。将高纯碲和过量的硝酸进行氧化反应，反应生成含碲溶液。

（2）过滤。用离心机将含碲溶液过滤。

（3）沉淀反应。用氨水将含碲滤液进行沉淀，得到二氧化碲。

（4）过滤。用离心机将沉淀出的二氧化碲过滤出来。

（5）洗涤。用纯水将二氧化碲洗涤干净，除去表面残液。

（6）干燥。将洗净的二氧化碲干燥。

（7）裂解。将干燥好的二氧化碲放入石英舟，进行高温煅烧，得到所需晶型的二氧化碲。

此方法制备高纯二氧化碲需要控制好碲与硝酸的反应速率，反应速率过快，反应温度升高，导致部分碲发生钝化反应，使产品有黑色钝化物生产；反应速率太慢，会影响二氧化碲的产量。影响碲与硝酸反应速率的主要因素有反应温度、碲粉粒径、硝酸浓度。

3.2.2.2 双氧水法

双氧水法是以高纯碲、双氧水为主要原料，依次经氧化、过滤、浓缩、冷却、裂解、球磨等工艺制得高纯二氧化碲。图 3-3 为双氧水法制备高纯二氧化碲生产工艺。

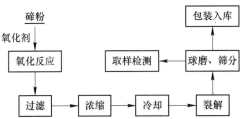

图 3-3 双氧水法制备高纯二氧化碲生产工艺图

双氧水法制备高纯二氧化碲的具体步骤如下：

（1）氧化反应。将一定目数的碲粉与双氧水放入反应釜中发生氧化反应。

（2）过滤。过滤氧化反应后的溶液，过滤出未反应完全的碲粉，继续加入氧化反应容器中反应，液体进入浓缩工序。

（3）浓缩。将过滤出的反应溶液进行加热浓缩。

（4）冷却。将浓缩过的液体冷却结晶。

（5）裂解。将制备好的二氧化碲放入裂解炉内进行高温裂解。

（6）球磨。将制备出的氧化碲在球磨罐中进行球磨。

（7）筛分。球磨好的粉料放入筛分机中筛分出一定粒径的氧化碲粉产品，取样检测合格后包装入库。

双氧水法制备高纯二氧化碲与硝酸法相比，避免了产生氮氧化物废气污染环境的问题。

3.2.2.3 溶胶-凝胶法[2]

溶胶-凝胶法可以制备薄膜材料、粉体、凝胶玻璃等。采用溶胶-凝胶法制备金属氧化物或其复合物一般是采用金属的醇盐进行制备，该过程反应简单，容易控制。但是碲的醇盐具有很高的水解活性，在空气中就会迅速水解沉淀，因此，在以碲醇盐为前驱体的物质制备过程中，通常需要加入稳定剂，以得到碲溶胶，然后生长成具有一定空间结构的凝胶，再经过干燥和热处理等过程制备出所需要的分子材料及纳米粒子等。

3.2.2.4 热蒸发法

以高纯金属碲粉为原料，在 450 ℃下采用热蒸发法在镀金玻璃基板上成功合成 TeO_2 纳米线，制备装置如图 3-4 所示[3]。具体步骤为：先将质量分数为 99.999% 的金属 Te 颗粒放置在 Al_2O_3 坩埚内，随后将镀金硅基板放置在金属 Te 颗粒上方，用以收集产物。金膜层由离子溅射法沉积而成。加盖后，将坩埚放置在马弗炉中，然后按照设定的升温、保温程序进行反应，待马弗炉自然冷却至室温后取出镀金硅基板，基板上面的白色沉积物即为生成产物 TeO_2 纳米线。

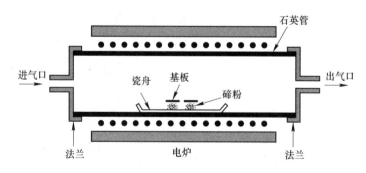

图 3-4 TeO_2 纳米线的制备装置

3.2.3 二氧化碲的用途

二氧化碲具有折射率高（波长 500 nm 处 $n_e = 2.430$，$n_o = 2.274$）、拉曼散射跃迁大、非线性光学性好、导电性好、声电学性质优异、光弹性系数大、紫外和可见光在其内部透过率高（波长 632.8 nm 处透过率大于 70%，镀膜后大于 90%）等特点，普遍用于光学放大器、声光偏转器、滤波器、光学转换设备、红外窗口材料、电子元器件、谐振器、调制器等声光学器材的制备，同时 TeO_2 溶胶还具有抑菌性和抗菌性，在生物医药领域有重要的应用前景。

3.3 三氧化二锑

三氧化二锑（Sb_2O_3）具有特殊的理化性质，被广泛用于化工合成的颜料、催化剂、阻燃剂、石油裂解的钝化剂，而且在电池制造、薄膜加工中有很好的应用前景。三氧化二锑的性能与其颗粒的形貌和粒径有很大的关系，因此研究制备不同形貌和粒径的三氧化二锑有重要的意义。

3.3.1 三氧化二锑的性质

三氧化二锑（Sb_2O_3）常温下是白色的晶体粉末[4]，熔点为 656 ℃，沸点为 1425 ℃，高温环境下容易发生升华[5]。三氧化二锑是一种两性氧化物[6]，常温下不与水和乙醇发生反应，也不易与弱酸和弱碱发生反应，能够在空气中保持较为稳定的状态。三氧化二锑有两种常见的晶型：立方晶型和斜方晶型，两种晶型之间可以互相转化，和制造工艺有很大的关系。两种晶型对其性能都有较大的影响[7-8]：立方晶型三氧化二锑稳定性好，电子迁移率较高，可以被用作催化剂材料；斜方晶型则发挥其光学性能应用于玻璃制造领域[9]。

3.3.2 三氧化二锑的制备方法

3.3.2.1 立方晶型三氧化二锑的制备方法
立方晶型三氧化二锑的制备方法主要有火法、湿法和醇盐水解法。
A 火法
火法是粗颗粒立方晶型三氧化二锑的主流制备工艺。火法工艺主要是通过反射炉将三氧化二锑颗粒蒸发挥发，随后通过晶体粗化器控制蒸气的冷却速度，并在后段收尘阶段进行风力分选，以得到晶粒尺寸合理、分布均匀的立方晶型三氧化二锑（平均粒度为 2.5~3.5 μm、立方晶型质量分数为 96.8%~97.8%）。
B 湿法
立方晶型三氧化二锑粉末可通过三氯化锑的水解得到。水解的工艺对三氧化二锑的制备有重要影响，如反应温度、处理时间、水与三氯化锑的配比等，通过控制不同条件，可得到不同的水解产物。反应方程式如下：

$$SbCl_3 + H_2O \Longrightarrow SbOCl + 2HCl \tag{3-1}$$

$$4SbCl_3 + 5H_2O \Longrightarrow Sb_4O_5Cl_2 + 10HCl \tag{3-2}$$

$$2SbCl_3 + H_2O \Longrightarrow Sb_2OCl_4 + 2HCl \tag{3-3}$$

$$2SbCl_3 + 3H_2O \Longrightarrow Sb_2O_3 + 6HCl \tag{3-4}$$

水解过程产生大量的盐酸在反应介质中积累，会影响反应的正常进行。因此水解过程中研究者常常加入碱性试剂以降低水中酸的积累，反应方程式为：

$$2SbCl_3 + 6MeOH \Longrightarrow Sb_2O_3 + 6MeCl + 3H_2O \tag{3-5}$$

C 醇盐水解法

吕志平利用三氯化锑在乙二醇中氨解制备三氧化二锑，乙二醇中的水质量分数可允许到 25%，温度也可在常温到 90 ℃的范围内进行，且所得的 Sb_2O_3 为单一立方晶体。刘立华以三氯化锑为原料，采用醇盐水解法制备三氧化二锑。三氧化二锑制备的最佳工艺条件为：起始三氯化锑质量浓度为 0.24 g/mL，HCl 与无水乙醇体积比为 1，水解温度为 45 ℃。处理后的三氧化二锑大大提高了软质 PVC 体系的阻燃性能。

3.3.2.2 斜方晶型三氧化二锑的制备方法

姚宝书取 100 mL 90%SbCl₃ 溶液，滴加在强搅拌下的 180 mL 热水（80 ℃）中，用氨水中和酸度，静置一段时间后，抽滤，洗涤，除去氯离子。在 110 ℃下烘干过滤产物，所制备的产物经 XRD 分析，结果显示，产物为斜方晶型 Sb_2O_3。光照可促进斜方 Sb_2O_3 向立方晶型的转化。晶型转化与反应过程气氛无关，速率与光照的波长有关，以 300~350 nm 波长的光照转化速度最快。光照后的斜方晶型 Sb_2O_3 颜色发生明显改变，表明产物为两种晶型的混合物。

3.3.2.3 三氧化二锑粉末的制备方法

A 醇解法

利用锑盐在水环境下的醇解特性，先合成锑化物作为中间产物，然后使其分解成三氧化二锑[10]。这种方法常被用来制备纳米级的粉末，制备的三氧化二锑往往具有粒径分布窄的优点，通过将沉淀产物进行分离处理，可以得到较纯净的产物。

B 化学还原法

化学还原法的基本原理为化学还原反应，将锑盐中的三价锑（Sb^{3+}）还原成为锑的单质，然后对单质进行氧化反应，得到所需的三氧化二锑。这种方法的优点是成本较低，实验过程伴随着锑单质的结晶长大和氧化过程[11]。化学还原法可以采取多种锑源，既是一种可行的三氧化二锑制备方法，又是一种从各种体系中回收利用锑的途径。

C 微溶胶法

让锑盐在水溶液中反应，形成微溶于水的溶胶状物质，然后将溶胶进行蒸发过滤等处理，得到三氧化二锑粉末[12]。该方法利用三氧化二锑在溶液中的不稳定胶体状态，通过溶解性处理得到所需的产物。

D 水热法

对含有高价锑元素的锑盐进行还原反应，降低锑的价态，一般得到中间产物氢氧化锑（Sb(OH)₃），在加热等条件下，氢氧化锑在水溶液中不能稳定存在，分解得到产物三氧化二锑[13]。该方法利用了中间产物氢氧化锑易于转变的特性，与化学还原法有相似的实验工艺和原理。

E 气相冷凝法

气相冷凝法是先用激光或者加热的方法使锑源发生热氧化，然后将三氧化二锑蒸气冷凝成固态的粉末颗粒，得到三氧化二锑[14]。这种方法对环境的负担小，实验的原理为物理变化，通过调控相关反应的压强、温度等因素可以达到调控反应进程和产物粒径的目的。但气相冷凝涉及的环境较为复杂，对实验的空间要求较高，需要进行多因素的调控来完成制备。

3.3.3 三氧化二锑的用途

3.3.3.1 三氧化二锑阻燃剂的应用

自 20 世纪以来，随着科技的发展及人们生活水平的提高，高分子材料的使用更加广泛，促进了阻燃剂的开发与应用，特别是卤锑阻燃剂的高速发展。在卤锑阻燃剂中，三氧化二锑的使用可以大大降低卤素阻燃剂的使用量。如在阻燃材料中单独使用含溴化合物为阻燃剂，一般当溴的添加量为 20% ~ 30% 时才能达到理想的阻燃效果，当添加 2% 的三氧化二锑后，只需要 7% 左右的含溴化合物即可满足阻燃要求。

3.3.3.2 三氧化二锑光催化剂的应用

在环境水体污染的改善方面，三氧化二锑可以被用作有效的光催化剂，其降解效果显著，有着特殊的开发前景。目前的环境治理对材料的性能提出了更高的要求，即寻找新的污染处理方式、改进现有的污染处理手段[15]。三氧化二锑的催化性能对目前发展迅速的水污染催化降解有参考价值，朱兰瑾等人[16]利用液相沉淀的方法制备了具有独特光催化性能的纳米三氧化二锑，在紫外光照射的条件下能够有效降解甲基橙。利用这种特性能改善目前的环境治理。

3.3.3.3 三氧化二锑电容器的应用

三氧化二锑的性能和它的形貌粒径有非常大的关系[17]。如在制作电容器方面，花状的三氧化二锑有较大的比表面积，复杂的多层次结构可以贮存大量的离子与电荷，从而提高材料的电导率[18]。三氧化二锑的粒径会影响粉体在使用中的界面作用和分散特性，粒径过大会直接降低粉体使用过程中的均匀程度[19]。这种重视微观结构对原料应用性能的影响能够促进材料的开发和利用[20]，所以研究制备不同形貌和粒径的三氧化二锑是复合材料发展的需要，其中的成形机理也有重要的研究价值。

3.4 氧化锗

3.4.1 氧化锗的性质

GeO_2 是自然界中广泛存在的无机氧化物，相对分子质量为 104.64，密度为 6.239 g/cm^3，熔点为 400 ℃，吉布斯自由能为 -4.983 kJ/g，常态以白色粉末存在，不溶于水，不跟水反应。

GeO_2 晶体结构通常以金红石相和 α-石英相两种状态存在。α-石英相为六角 $P3_121$ 空间群，晶格参数为 $a = 0.4987$ nm，$c = 0.5652$ nm。近年来研究表明有一种右旋的空间群 $P3_221$，被称为 β-石英相。金红石结构为四方的 $P42/mnm$ 空间群。这两种结构分别可以看作以 Ge 为中心的正四面体及正六面体构成（见图 3-5）。近年来一些高压相及非晶结构的 GeO_2 也被广泛地研究。

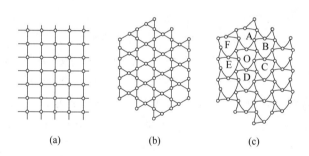

(a)   (b)   (c)

图 3-5 GeO_2 晶体结构示意图

（a）金红石相结构；（b）β-石英相结构；（c）α-石英相结构

3.4.2 氧化锗的制备方法

3.4.2.1 氧化锗薄膜的制备方法

A 化学气相沉积法

化学气相沉积法（CVD）是指把含有构成薄膜元素的一种或几种化合物、单质气体供给基片，借助气相的作用或在基片上发生的化学反应生成所需要的膜，具有设备简单、绕射性好、膜组成控制性好等特点，比较适合于制备陶瓷薄膜。Hattori[21]于 1999 年用感耦等离子体增强化学气相沉积制备 GeO_2-SiO_2 薄膜，并用反应离子刻蚀制备了在 1.55 μm 处传输损耗仅有 0.027 dB/cm 的平面光波导。燕山大学的侯蓝田等人[22]采用改良化学气相沉积法（MCVD）在石英毛细管中得到不同厚度的 GeO_2 沉积层。侯蓝田等人将 $GeCl_4$ 载气通入 MCVD 装置中与 O_2 在高温下进行反应生成 GeO_2。该 MCVD 装置由供气系统、高温炉和液氮冷却器等部分组成，如图 3-6 所示。高温炉和液氮冷却器可以来回滑动，改变其相对位置。用高压氮气，把液氮从气瓶压入冷却器的挥发室内，液氮在挥发室内膨胀挥发，大约 −50 ℃的气体由孔内的缝隙吹出，经孔心的末端喷出，使光纤在孔心里得到冷却。改变冷却器和高温炉的距离，可以得到不同冷却状态的 GeO_2 沉积膜层。

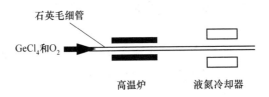

石英毛细管

$GeCl_4$ 和 O_2

高温炉　　　液氮冷却器

图 3-6　MCVD 实验装置示意图

B　溶胶-凝胶法

溶胶-凝胶法是指金属有机或者无机化合物经过溶液、溶胶、凝胶而固化，再经热处理形成氧化物或者其他固体化合物的方法。此方法可以制备多组分膜材料。1991 年 Chen[23]提出用溶胶-凝胶法制备 GeO_2-SiO_2 系统薄膜。以后其他学者，如 Duverger 等人[24]也进行了这方面的工作。他们首先以硅醇盐和锗醇盐为原料（一般是 TEOS、TEOG），用酸或碱作催化剂[25]，在含有少量水的醇溶液中水解、缩聚，生成 GeO_2、SiO_2、GeO_2-SiO_2 溶胶，同时可加 $Pr(NO_3)_3$·$6H_2O$、$Er(NO_3)_3$[26]等进行掺杂，然后用浸渍提拉法或旋涂法制备薄膜，每涂一层后在空气（或氧气）中及一定温度下烧结，最后在 H_2 还原气氛下进行热处理，从而获得具有一定光学活性的氧空位缺陷薄膜。2005 年日本东京大学 Adachi 等人[27]报道了以锗酸乙酯为前驱物，在十二烷基胺、乙酰丙酮和水形成的反应介质中合成片状 GeO_2 纳米材料。

3.4.2.2　氧化锗纳米晶的制备

A　碳热还原法

通过碳热还原反应可以制备出一系列的氧化物、氮化物及碳化物一维纳米材料。利用碳纳米管作为限域反应空间，并且碳纳米管中的碳元素作为反应生成物或中间反应物的碳源参与反应，合成一维实心纳米线。Zhou 等人[28]首次用碳纳米管为前驱体，在流动氩气保护下，合成出长度与碳纳米管相近的 SiC 纳米线。分析指出，在没有金催化剂条件下，利用碳纳米管自身高的活性及对纳米线生长具有空间限制作用可以获得一维纳米线。Wu 等人[29]用氧化锗粉末和活性炭作为反应原料，利用碳热还原反应制备了大量的直径分布在 50~120 nm，长约 100 μm 的 GeO$_2$ 纳米线。合成的 GeO$_2$ 纳米线在 221 nm 波长的光激发下，在 485 nm 处有强的且稳定的蓝光发射。

B　模板法

模板法就是通过对纳米材料的组成、结构、形貌、尺寸、取向和排布等进行控制，使制备的材料具备各种预期的或特殊的物理性质。模板法制备的一般过程是先根据合成材料的大小和形貌设计模板，基于模板的空间限域作用和模板剂的调控作用再对合成材料的大小、形貌、结构、排布等进行控制。模板根据其自身的特点和限域能力的不同通常可分为硬模板法和软模板法。

3.4.2.3　氧化锗零维材料的制备方法

目前报道的关于 GeO$_2$ 零维材料的制备方法大多是采用反胶束法。反胶束法是模板法的一种，也称为软模板法。基于胶束的空间限域作用和表面活性剂的调控作用对合成材料的大小、形貌、结构、排布等进行控制。1999 年，日本东京科技大学的 Kawai 等人[30]报道了以锗的醇盐为前驱物采用反胶束法制备出了纳米至微米尺寸的多面体状、纺锤状及立方状 GeO$_2$ 粒子。2006 年浙江大学蒋建中等人[31]报道了以四氯化锗为前驱物，采用反胶束法合成单分散的 GeO$_2$ 纳米方块。

3.4.3　氧化锗的用途

3.4.3.1　氧化锗在红外器件上的应用

GeO$_2$ 具有优异的透红外性能，尤其是在石英玻璃无法透光的中红外区域。很多黑体辐射的中心波长位于中红外区域，因此 GeO$_2$ 是制作红外探测器和夜视仪的重要材料。GeO$_2$ 可作为 SiO$_2$ 玻璃的添加剂，使玻璃的折射率和红外透过率增大。含锗玻璃的红外光透过率可达 70%~80%。含锗玻璃又可做成较大的几何尺寸，因此被广泛用作红外窗口、导流罩、广角透镜和显微镜等。华北光电技术研究所已将锗酸盐玻璃器件安装于远望号测量船、西昌卫星发射中心和测量站[32]；光学电影经纬仪已用于洲际导弹发射和我国第一颗通信实验卫星发射的追踪、搜索和弹道测量；北京建筑材料研究院用高纯 GeO$_2$ 制造红外锗玻璃，用作导弹的导流罩[33]。

3.4.3.2　氧化锗在光波导器件上的应用

关于 GeO$_2$ 掺杂石英实芯通信光纤的研究已经很广泛。在改良化学气相沉积法（MCVD）工艺设计中，通过在近芯沉积包层处掺入少量锗，可以降低光纤预制棒芯部和包层的锗的浓度梯度，从而减少拉丝过程中所形成的结构缺陷，为拉丝工艺提供一个稳定的工作范围，避免光纤在 1310 nm 和 1550 nm 下产生较高的损耗，可以优化光纤在 1550 nm 窗口下的损耗。而且这种方法生产的光纤经过熔接实验、抗拉强度实验、动态疲劳和抗老化实验，都显示了良好的性能，有效地提高了 MCVD 工艺生产的光纤在市场中的竞争能力[34]。

3.4.3.3 氧化锗的其他应用

GeO_2 可以用作高分子聚合反应的催化剂。GeO_2 纳米材料在 H_2 气氛中热处理后，可以得到金属 Ge，用来制备半导体材料。锗单晶可作晶体管，是第一代晶体管材料。锗还可用于辐射探测器及热电材料。高纯锗单晶具有高的折射系数，对红外线透明，不透过可见光和红外线，可作专透红外光的锗窗、棱镜或透镜。GeO_2 作为催化剂生产聚对苯二甲酸乙二醇酯（PET）用以制备饮料及液用食物容器。用 GeO_2 作催化剂制备的 PET 树脂具有安全无毒、耐热耐压、透明度高且有光泽、气密性好等优点，更主要的是具有不透过二氧化碳、氧气等的特性[35]。锗基片可以用于人造卫星的太阳能电池[36]。锗可与红细胞结合直接由血管吸收，可增加血液对氧的吸收能力。GeO_2 可使血中的红细胞数增加。$2 \sim 10 \ mg/kg$ 的 GeO_2 对血液系统并无影响。$15 \ mg/kg$ 有促进红细胞生成的作用，当增至 $30 \ mg/kg$ 时，红细胞增至 $6×10^6 \ mm^{-3}$，且可持续数天，血红蛋白增加 35% 左右，认为 GeO_2 对恶性贫血有益。GeO_2 能够诱导存在线粒体 DNA 突变的病变细胞，产生细胞毒性作用，抑制病变细胞的作用[37]。

参 考 文 献

[1] 许顺磊，柳忠琪，常意川，等. 高纯金属碲及其氧化物的制备方法概述 [J]. 船电技术，2019，39（5）：5.

[2] 李强，辜敏，杜云贵，等. TeO₂-SiO₂/α-TeO₂ 复合薄膜的电化学-溶胶凝胶制备及非线性光学性能 [J]. 化学学报，2012，70（5）：572-578.

[3] 马嘉伟. TeO₂ 纳米线的制备及其气敏特性研究 [D]. 沈阳：东北大学，2014.

[4] 赵金强. 纳米三氧化二锑/碳纤维增强聚丙烯复合材料力学性能的研究 [D]. 兰州：兰州理工大学，2018.

[5] 卞东. 阻燃级三氧化二锑自动化生产工艺 [J]. 有色金属（冶炼部分），1999（3）：16-17，25.

[6] 李景国，修霭田. 从含锑工业废渣中制取锑白工艺过程的研究 [J]. 无机盐工业，1996（4）：37-39.

[7] 吕志平，吴岚，李福祥，等. 立方晶体三氧化二锑的制备 [J]. 太原理工大学学报，2001（5）：510-513.

[8] 杜兆芳，李继丰，董丹丹. 超声场醇盐水解三氧化二锑颗粒的制备与表征 [J]. 材料科学与工艺，2019，27（2）：77-83.

[9] 廖光荣，单桃云，刘鹊鸣，等. 立方晶型粗颗粒三氧化二锑湿法制备工艺 [J]. 湖南有色金属，2016，32（4）：29-32.

[10] 苏加强，牛磊，刘烨. 纳米 Sb₂O₃ 的制备方法综述 [J]. 甘肃科技，2020，36（24）：44-45.

[11] CHIN H S, CHEONG K Y, RAZAK K A. Effect of process parameters on size, shape, and distribution of Sb_2O_3 nanoparticles [J]. Journal of Materials Science, 2011, 46 (15): 5129-5139.

[12] 高健. Sb_2O_5 有机溶胶的制备及其性能研究 [D]. 长沙：中南大学, 2011.

[13] SUN M, LI D Z, ZHENG Y, et al. Microwave hydrothermal synthesis of calcium antimony oxide hydroxide with high photocatalytic activity toward benzene [J]. Environmental Science & Technology, 2009, 43 (20): 7877-7882.

[14] 胡汉祥, 何晓梅, 谢华林. 从铅阳极泥中制备纳米三氧化二锑粉体的研究 [J]. 武汉理工大学学报, 2006 (4): 14-16.

[15] 杨兰, 李冰, 王昌全, 等. 改性生物炭材料对稻田原状和外源镉污染土钝化效应 [J]. 环境科学, 2016, 37 (9): 3562-3574.

[16] 朱兰瑾, 薛珲, 肖荔人, 等. 立方晶型 Sb_2O_3 纳米晶的合成及光催化性能 [J]. 无机化学学报, 2012, 28 (10): 2165-2169.

[17] 徐建林, 张亮, 周生刚, 等. 表面活性剂对球磨法制备纳米 Sb_2O_3 粉末的影响 [J]. 稀有金属材料与工程, 2014, 43 (12): 3003-3007.

[18] 刘敬强, 陈晗, 朱裔荣, 等. 花状结构三氧化二锑的制备及其在超级电容器中的应用 [J]. 包装学报, 2019, 11 (6): 17-22.

[19] 冯晓苗. 纳米 Sb_2O_3 阻燃剂的制备及应用 [D]. 南京：南京理工大学, 2004.

[20] 吴亚男. 锂离子电池锑基负极材料合成及电化学性能研究 [D]. 广州：华南理工大学, 2019.

[21] HATTORI T, SEMURA S, AKASAKA N. Inductively coupled plasma-enhanced chemical vapor deposition of SiO_2 and GeO_2-SiO_2 films for optical waveguides using tetraethylorthosilicate and tetramethylgermanium [J]. Jpn. J. Appl. Phys., 1999, 38: 2775-2778.

[22] 周桂耀, 侯峥云, 侯蓝田, 等. 空芯光纤中沉积多晶态 GeO_2 薄膜的实验研究 [J]. 材料科学与工艺, 2001, 9 (1): 4.

[23] CHEN D G. Synthesis and characterization of germanium dioxide-dioxide waveguide [J]. Dissertation Abstracts International, 1991, 52-10: 5472-5475.

[24] DUVERGER C, QUARANTA A, MAGGIONI G, et al. Synthesis and characterization of dye-containing fluorinated polyimide thin films [J]. Synthetic Metals, 2001, 124 (1): 75-77.

[25] FERRARI M, ARMELLINI C, RONCHIN S, et al. Influence of the Er^{3+} content on the luminescence properties and on the structure of Er_2O_3-SiO_2 xerogels [J]. Journal of Sol-Gel Science and Technology, 2000, 19 (1/2/3): 32-36.

[26] DUVERGERA C, MONTAGNAA M, ROLLIA R, et al. Erbium-activated silica xerogels: Spectroscopic and optical properties [J]. Journal of Non-Crystalline Solids, 2001, 280 (1-3): 261-268.

[27] ADACHI M, NAKAGAWA K, SAGO K, et al. Formation of GeO_2 nanosheets using water thin layers in lamellar phase as a confined reaction field in situ measurement of SAXS by synchrotron radiation [J]. Chem. Commun., 2005: 2381-2383.

[28] ZHOU X T, WANG N, LAI H L, et al. β-SiC nanorods synthesized by hot filament chemical

vapor deposition [J]. Appl. Phys. Lett., 1999, 74: 3942.

[29] WU X C, SONG W H, ZHAO B, et al. Preparation and photoluminescence properties of crystalline GeO₂ nanowires [J]. Chem. Phys. Lett., 2001, 349: 210-214.

[30] KAWAI T, USUI Y, KON-NO K. Synthesis and growth mechanism of GeO₂ particles in AOT reversed microcelles [J]. Colloids Surf. A: Physicochem. Eng. Aspects, 1999, 149: 39-47.

[31] WU H P, LIU J F, GE M Y, et. al, Preparation of monodisperse GeO₂ nanocubes in a reverse micelle system [J]. Chem. Mater., 2006, 18: 1817-1820.

[32] 郑能瑞. 锗的应用与市场分析 [J]. 广东微量元素科学, 1998, 5 (2): 7.

[33] OLDFORS A, TULINIUS M J. Mitochondrial encephalomyopathies [J]. Neuropathol Exp. Neuron, 2003, 62 (3): 217-227.

[34] 唐凤再. 浅析 MCVD 工艺中优化光纤 (G. 652) 损耗的一种方法 [J]. 网络电信, 2004, 6 (5): 28-30.

[35] 李志敏. PTA 法缩聚工艺中催化剂对 PET 色相的影响 [J]. 聚酯工业, 1996, 1: 18-21.

[36] 解福瑶, 郑勤红, 林为干, 等, 光纤传输太阳能的原理及其应用技术 [J]. 新能源, 1997, 19 (8): 26-30.

[37] COLLOMBET J M, MANDON G D, UMOULIN R, et al. Accumulation of mitochondrial DNA deletions in myotubes cultured from muscles of patients with mitochondria myopathies [J]. Mol. Gen. Genet., 1996, 253 (1/2): 182-188.

4 高纯硫系化合物

硫是一种非金属元素，化学符号是 S，在元素周期表中的原子序数是 16。硫是一种非常常见的非金属，纯的硫是黄色的晶体，又称为硫黄。在自然界中硫经常以硫化物或硫酸盐的形式出现，在火山地区也存在纯的硫。对所有的生物来说，硫都是一种重要的必不可少的元素，是多种氨基酸的组成成分，由此也是大多数蛋白质的组成成分。

纯的硫呈浅黄色，质地柔软，轻。与氢结成有毒化合物硫化氢后有一股臭味（臭鸡蛋味）。硫燃烧时的火焰呈蓝色，并散发出一种特别的硫黄味（二氧化硫的气味）。硫不溶于水但溶于二硫化碳。硫最常见的化学价是 −2、+2、+4 和 +6。在所有的物态中（固态、液态和气态），硫都有不同的同素异形体，这些同素异形体的相互关系还没有被完全理解。晶体的硫可以组成一个由 8 个原子组成的环——S_8。高纯硫最主要用于半导体工业上合成 In_2S、Ga_2S_3 等硫化物及其他复合硫化物。

4.1 硫化镉

4.1.1 硫化镉的性质

CdS 由 ⅡB 族金属元素和ⅥA 族元素组成。CdS 具有立方闪锌矿（ABCABCABC 重复排列）和六方纤锌矿（ABABAB 密堆积排列）两种典型的晶体结构，由于这两者晶体结构生成的自由能很接近，因此在制备过程中经常会出现两种排列方式共同存在的 CdS 纳米晶体。在高温或是微波辐射的环境下，CdS 的晶型通常会由立方相转化成六方相，这种现象是由六方相的结构更稳定所引起的[1]。其性质见表 4-1。

表 4-1 CdS 的基本性质

基本性质	参数
颜色	黄、橘黄
外观	结晶固体
毒性	微毒
半导体类型	n 型
带隙值/eV	2.4
溶解性	不溶于水

基本性质	参数
密度/g·cm^{-3}	4.82
沸点/℃	1750
熔点/℃	980

4.1.2 硫化镉的制备方法

根据合成环境的不同，将 CdS 纳米材料的制备分为以下 3 种方法。

4.1.2.1 固相法

固相法是利用固体物质为原料，在规定的温度下按照一定的比例均匀混合并进行煅烧的一种方法。固相法分为室温反应法和低温反应法两种，该方法具有反应条件温和、易于人为控制、粒径分布均匀和产率高等优点，但很难控制样品的形貌，且颗粒之间容易发生团聚现象，从而导致其比表面积不大。若想生成纳米粒子，则要在反应过程中控制成核速率快于生长速率，反之则会生成块状晶体[2]。张俊松等人[3]在常温下，利用固相法制备出了粒径平均在 10 nm 以下的 CdS 纳米粒子，所得的纳米 CdS 可以很好地分散于超声的水中，且稳定存在。曹洁明等人[4]在添加表面活性剂的条件下，借助微波辅助室温固相反应法制备出了粒径平均为 4.9 nm 的 CdS 纳米粒子。研究结果表明，温度的改变不会使样品粒径的大小发生变化，但可以改变其晶型，使其从立方相转变为六方相。

4.1.2.2 气相法

气相法是利用气态或经过一定手段可以转化为气态的物质为反应剂来制备纳米材料的一种方法。根据原料转变为气态粒子方式的不同，又可以将其分为脉冲激光沉积法、热蒸发法、气相沉积法 3 种方法。脉冲激光沉积（PLD）的原理是靶体材料的表面受脉冲激光器产生的高能激光束照射后温度急剧升高，其表面材料发生熔蚀、冷却结晶等一系列过程后合成所需的材料。借助该方法制备材料的过程大致包含 3 步：

（1）激光表面溶蚀及等离子体产生；

（2）等离子体的定向局域等温绝热膨胀发射；

（3）在衬底表面凝结成膜。

热蒸发法的制备原理类似于脉冲激光法，唯一的不同在于原料转化为气相的方式不同。热蒸发法是借助管式炉的高温来获得气态的 CdS，而脉冲激光沉积法是借助高能激光束的照射来获得。

气相沉积法是将气态的反应剂沉积到基材上的一种方法。该方法是借助管式炉炉内的高温使原材料转化为气态，然后通过载气到达衬底表面进行合成反应。

4.1.2.3 液相法

液相法是指在制备材料的过程中，原料均为溶液并通过溶液进行能量传递的方法。因此，根据能量传递方式的不同，可以分为水热/溶剂法、溶胶-凝胶法等。

水热/溶剂法是反应物和反应溶剂在高压反应釜中进行反应，借助反应釜高温高压的环境实现晶体生长和自组装的一种方法。该方法反应要求在 200 ℃ 以下的环境中进行，反应设备简单安全且易操作。通过水热法可以将常温常压下难溶或不溶的原料制备成细小的 CdS 纳米微晶，这主要归因于高温减弱了溶剂的黏度，使离子之间反应起来更加容易。袁求理等人[5]研究了络合剂的种类和用量对水热法制备 CdS 纳米材料形貌和产量的影响。Yu 等人[6]在没有模板的环境下，通过添加 Na_3PO_4 水热辅助合成了垂直排列的纳米棒 CeO_2 纳米粒子，并对此特殊结构的形成机理进行了探究。Jang 等人[7]以硝酸镉、硫脲和乙二胺为原料，160 ℃ 的环境下合成了 CdS 纳米线，发现该样品在制备过程中遵循了溶剂热法的三步变化过程，实验数据表明 CdS 纳米具有较高的光催化产氢速率。

溶胶-凝胶法是通过胶化作用，在低温或者温和的环境下利用具有高度活性的化合物为前驱体，制备目标产物的方法。Liu 等人[8]利用溶胶-凝胶法制备出了平均粒径为 20~30 nm 的锐钛矿相 TiO_2，并对其相转变和结晶过程的影响因素进行探讨，最终发现锐钛矿相的 TiO_2 结晶温度大约为 328 ℃ [9]。

4.1.3 硫化镉的用途

硫化镉是一种广受科研学者研究的半导体，它的制备方法简单，其带隙值为 2.4 eV，能够吸收波长小于 520 nm 范围内的太阳能，在纳米技术的创新开发中是一种非常有效的测试载体。硫化镉的应用领域也十分广泛，可以用于光解水制备氢、光催化还原 CO_2、光催化降解污染物（见图 4-1）等多个方面。

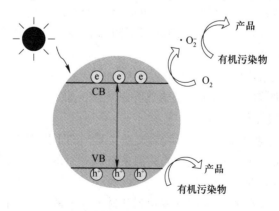

图 4-1 CdS 作为光催化剂光催化降解污染物示意图

4.2 硫化铅

4.2.1 硫化铅的性质

硫化铅是一种无机化合物，化学式为PbS，为黑色粉末，溶于酸，不溶于水和碱，其密度为 $7.5\ g/cm^3$ ，熔点为 $1114\ ℃$ ，沸点为 $1281\ ℃$ ，折射率为 3.921 。

4.2.2 硫化铅的制备方法

4.2.2.1 硫化铅纳米粒子的合成

分别配制一定浓度的 $Pb(NO_3)_2$ 、EDTA 和 Na_2S 的乙醇/水溶液，将 $Pb(NO_3)_2$ 乙醇/水溶液和 EDTA 乙醇/水溶液混合配成铅离子络合剂：乙醇/水溶液用 HNO_3 调节溶液的 pH 值，将 Na_2S 乙醇/水溶液以一定的速率滴入铅离子络合剂乙醇/水溶液中，同时不断搅拌。滴加完毕，继续搅拌 1 h，使之反应完全，用离心机离心沉淀，用体积比为 1：1 的乙醇/水溶液洗涤沉淀 3 次，在 40 ℃温度下真空干燥 24 h，最后得到黑色的 PbS 纳米粒子。该实验采用 TEM 法测定硫化铅粒子的平均粒径。图 4-2 所示为制备纳米硫化铅的工艺流程。

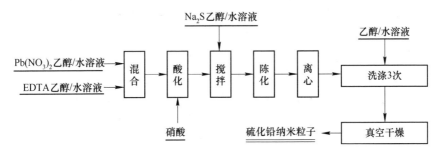

图 4-2　制备纳米硫化铅的工艺流程

4.2.2.2 纳米硫化铅敏感膜电极的制备

纳米硫化铅敏感膜中纳米 PbS、聚氯乙烯（PVC）、增塑剂（DOP）和四苯硼钠（NaTPB）四种物质的质量分数分别为 11%、25%、63% 和 1%，按此比例将准确称取的纳米硫化铅、PVC、DOP 和 NaTPB 混合，用四氢呋喃溶解PVC、DOP 等，再用超声仪超声振荡，使其混合均匀，倒入平底玻璃容器内。待四氢呋喃挥发完全后，形成硫化铅均匀分布在 PVC 中的灰色半透明并带有弹性的敏感膜。用打孔器将敏感薄膜切成 φ0.8 cm 圆片，用含 4%PVC 的四氢呋喃溶液将其黏结到电极杆上。向电极管内加入带有饱和 AgCl 的 $1.0×10^{-3}$ mol/L 的 $PbCl_2$ 溶液，插入内参比 Ag-Ag Cl 电极，即制成 PVC 敏感膜铅离子选择性电极[10]。

4.2.3　硫化铅的用途

硫化铅材料作为一种重要的短波红外（1~3 μm）直接带隙半导体，因其光学和光伏特性而被广泛研究，由于其生产成本较低，目前在替代能源和可再生能源方面的研究为太阳能电池领域带来了转机。同时，硫化铅是一种适用于红外探测的窄带材料，其禁带宽度为 0.41 eV，吸收涵盖近整个红外波段，是应用于红外探测的首批材料之一。自 20 世纪以来受到了广泛的关注与研究，被广泛应用于安防监控、红外遥感、红外制导和红外追踪等多方面，具有广泛的应用前景。

4.3　硫化铜

4.3.1　硫化铜的性质

铜的硫化物（Cu_xS）是重要的 IB-VIA 族半导体材料之一[11]，其化学计量比在 Cu_2S 至 CuS 之间存在着多种变化，并且不同的化学计量比具有不同的晶格结构，大多数铜硫化合物都展示出了半导体性质。在常温下已知有 4 种不同的稳定态：富硫条件下制备的 CuS（靛铜矿相）、$Cu_{1.75}S$（斜方蓝辉铜矿相）、$Cu_{1.8}S$（蓝辉铜矿相）、$Cu_{1.96}S$（久辉铜矿相）。

靛铜矿相 CuS 是一个重要的 p 型半导体材料，具有良好的金属导电性，其超导温度为 1.6 K[12]。CuS 为纳米状态时，其性能也会依赖于粒子尺寸，比如禁带宽度产生蓝移，这都是由量子限域效应导致的[13]。在纳米科学和科技中探索材料尺寸和功能的相互关系上，控制形貌和纳米结构的生长是两个关键环节。

4.3.2　硫化铜的制备方法

靛铜矿相 CuS 是一种重要的直接带隙半导体材料，因其具有独特的电学、光学和化学性能，是一种非常有前途的材料，在多个领域，如光电器件、锂电池、化学传感器、热电冷却材料、超级电容器正极材料、太阳能辐射吸收器、光学滤波器、快离子导体材料、光催化剂等都具有很大的潜在应用价值。

Savariraj 等人[14]利用化学沉积法制备了 CuS 量子点敏化的太阳能电池，60 ℃制备的产物在较高的短路电流和开路电压下有效增加了硫化物电解质的电催化活性和填充因子，且转换效率可高达 4.02%。Roy 等人[15]利用湿化学原位法（ISTIR）合成了双纳米棒结构的 CuS，并研究其反应机理，图4-3 为反应机理示意图，为 CuS 的制备原理提供了依据[16]。

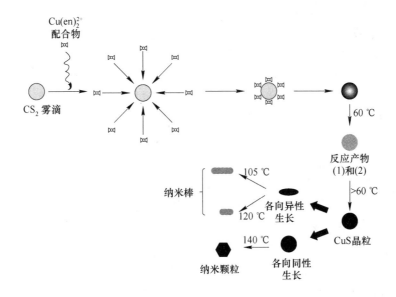

图 4-3　CuS 纳米棒和纳米颗粒的可能反应机理

4.3.3　硫化铜的用途

自工业革命以来，化石燃料的燃烧导致了大气中二氧化碳的积累，打破了碳循环的平衡，并导致各种气候变化。将二氧化碳转化为增值产品对环境保护和能源可持续性至关重要。电催化还原 CO_2（CO_2RR）是一种很有前途的策略，由可再生能源的电力驱动可以将 CO_2 转化为有价值的燃料和化学品。

铜是价格低廉、储量丰富的金属，是一种很有前途的电催化 CO_2 还原材料。由于不同中间体在铜上的吸附能力不同，很容易促进 C-C 偶联反应和加氢反应，形成大量碳氢化合物。由于硫独特的光学和电学性质，导致 CO 的选择性差，硫化被认为是调节铜电子结构性能的可靠方法之一。许多研究表明，硫化铜在 CO_2RR 中有很好的应用前景。硫修饰的铜电极对 CO 的强烈吸附，与 CO 相关的表面反应位点被阻断，使反应途径朝向 HCOOH 或 CH_4 产物进行，从而减少碳排放。

4.4　硫化铟

4.4.1　硫化铟的性质

In_2S_3 是一种ⅢA-ⅥA族半导体化合物，其作为 n 型半导体材料的光学禁带宽度为 2.0~2.2 $eV^{[17]}$，并且具有较大的比表面积。然而对 In_2S_3 属于何种带隙半导体还有诸多争议。

In$_2$S$_3$ 具有 3 种晶体结构，分别为 α-In$_2$S$_3$（立方晶系）、β-In$_2$S$_3$（四方晶系）和 γ-In$_2$S$_3$（三方晶系）[18]。一般情况得到的是 α-In$_2$S$_3$ 和 β-In$_2$S$_3$，而 γ-In$_2$S$_3$ 通常在高温（>750 ℃）条件下才可获得[19]。α-In$_2$S$_3$ 和 β-In$_2$S$_3$ 都是与 MgAl$_2$O$_4$ 一样的尖晶石相结构，其中 Al 占据所有八面体的晶格，而 Mg 占据四面体的晶格。然而，与一个正常的尖晶石相结构所不同的是，1/3 的四面体晶格是空位，从而引出了准四元化合物公式：[In$_2$]$_{Oh}$[In$_{2/3}$□$_{1/3}$]$_{Td}$S$_4$（其中，□代表空位，Td 代表四面体晶格，Oh 代表八面体晶格）。四面体结构中的阳离子空位可以被认为是沿着晶格的 c 轴有序分布。就 α-In$_2$S$_3$ 而言，其空位分布符合统计学分布，并且为立方晶系，其晶格常数 $c_\alpha = 1.0774$ nm。图 4-4（a）为 β-In$_2$S$_3$ 的晶体结构，β-In$_2$S$_3$ 由于空位的分布使得结构被描述为一个由 3 个沿 c 轴方向排布的尖晶石结构堆积起来的二次超晶胞结构，其晶格常数为 $c_\beta = 3×c_\alpha = 3.2322$ nm，相应的 $a_\beta = a_\alpha/1.414 = 0.7619$ nm。这样的晶格分布很好地解释了 β-In$_2$S$_3$ 为什么可以用 [In$_6$]$_{Oh}$[In$_2$□]$_{Td}$S$_{12}$ 来表示[20]。由于 β-In$_2$S$_3$ 的缺陷结构（最稳定）、强光敏性和物理特性，使得其 3 种晶体结构当中应用最广泛。

图 4-4（b）和（c）分别显示的是 β-In$_2$S$_3$ 的 In$_2$S$_6$ 结构和 S3 的协同结构，现在普遍认为 β-In$_2$S$_3$ 的形成是 In2 和 S3 共同协调情况下作用的结果。β-In$_2$S$_3$ 具有单斜晶系结构，单位晶胞中包含 32 个铟原子和 48 个硫原子。对于 β 物相结构的 In$_2$S$_3$ 来说，In 和 S 各有 3 种不同的晶格，如图 4-4（a）中所示 In1、In2、In3 和 S1、S2、S3[21]。

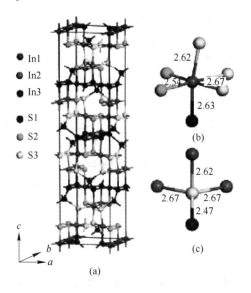

图 4-4 In$_2$S$_3$ 晶体结构

（a）β-In$_2$S$_3$ 的晶体结构；（b）八面体 In$_2$S$_6$ 的结构；（c）S3 的协同环境

4.4.2 硫化铟的制备方法

在过去十几年中，由于 In_2S_3 具有 3 种不同的结构形式，特殊的缺陷结构及优良的光学、声学和电子学性能，使其在各个领域均有广泛应用，尤其是显示、光伏、催化和传感器等领域。

4.4.2.1 离子热法

以离子液体［Hmim］［BF_4］为溶剂和模板剂，$InCl_3 \cdot 4H_2O$ 和 $Na_2S \cdot 9H_2O$ 为铟源和硫源，进行溶剂热反应。具体合成方法为：将 1 mmol 的 $InCl_3 \cdot 4H_2O$ 和 3 mmol 的 $Na_2S \cdot 9H_2O$ 溶解至 4 g［Hmim］［BF_4］，形成乳白色溶液。随后将其转移至 50 mL 高压釜中，在 120 ℃下加热 16 h。将得到的产物离心收集，并用乙醇和去离子水反复洗涤，随后进行冷冻干燥，即得到目标产物（见图 4-5 和图 4-6（a）~（d））。

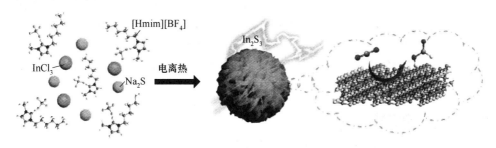

图 4-5　花状硫化铟合成示意图

4.4.2.2 水热法合成

块状硫化铟由水热法合成，即将 1 mmol 的 $InCl_3 \cdot 4H_2O$ 和 3 mmol 的 $Na_2S \cdot 9H_2O$ 溶解至 10 mL 去离子水中，充分搅拌形成白色溶液。将该溶液的 pH 值通过 1 mol/L 的盐酸调节至 3，形成黄色溶液。将该溶液转移至 50 mL 高压釜中，150 ℃下加热 24 h。将得到的产物离心收集，并用乙醇和去离子水反复洗涤，随后进行冷冻干燥，即得到目标产物，如图 4-6（e）和（f）所示。

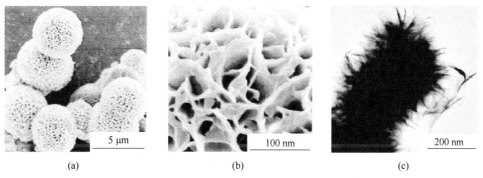

(a)　　　　　　　　(b)　　　　　　　　(c)

图 4-6 离子热法合成 In_2S_3 的 SEM 图(a，b)、TEM 图(c)和 HRTEM 图(d) 及
水热法合成 In_2S_3 的 SEM 图(e)和 HRTEM 图(f)

Fu 等人[22]利用水热法制备得到了四方晶系和立方晶系的 β-In_2S_3，在可见光照射条件下，分别以四方晶系和立方晶系的 β-In_2S_3 为催化剂，探究了其光催化分解水制氢的性能，表明样品的晶体结构对光催化效果有很大影响。立方晶系的 β-In_2S_3，有较强的光催化活性，在可见光照射下，有机污染物被有效地降解了。

4.4.3 硫化铟的用途

制造业的快速发展使企业生产过程中产生了大量的工业废水，造成了严重的水环境污染。废水中的有机污染物和无机重金属离子对公众健康有着严重的危害。目前，光催化技术对有机污染物的氧化和还原降解展示出了巨大的应用潜力。

其中，In_2S_3 作为具有代表性的ⅢA-ⅥA族硫化物，是一种光催化技术处理工业废水的有效物质。In_2S_3 有三种结晶形态：α-In_2S_3、β-In_2S_3 和 γ-In_2S_3。其中，β-In_2S_3 晶相相对较稳定，是一种禁带宽度为 2.0~2.3 eV 的 n 型半导体，具有缺陷的尖晶石结构，自身存在大量的阳离子缺位及介于导带与价带之间的缺陷能级，为红外光吸收创造了条件，而且在光学、光电学和光电应用中有很大发展潜力[23]。

4.5 硫化锌

4.5.1 硫化锌的性质

ZnS 是一种ⅡB-ⅥA族电子过剩的本征半导体材料，具有良好的荧光效应和电致发光功能，是目前国内外研究开发的热点。

ZnS 具有闪锌矿型（立方晶型）和纤锌矿型（六面体型）两种结构，常用于发光材料的 ZnS 为闪锌矿型[24]。ZnS 具有禁带能宽（3.7 eV）、光传导性好、在可见光及红外范围的分散度低等优点。它可以发出黄、绿两种基色光，是传统阴极射线管发光材料的重要组成部分。ZnS 的这些结构特点，使之成为很多发光材料的基体，现阶段以 ZnS 为基体的发光材料已广泛应用于多种仪器、仪表中，如平板显示器、光激发二极管[25]、太阳能电池等。由于纯 ZnS 材料自身的一些局限和缺陷，阻碍了它的进一步应用。纯 ZnS 材料主要有以下缺点：

（1）ZnS 不规则颗粒间会产生"织交作用"，使 ZnS 发光效果降低；

（2）纯 ZnS 自身电阻偏高，在受到激发时可能分解生成 SO_2 气体；

（3）纯 ZnS 材料所能激发的光波范围有限，常温下 ZnS 材料所能激发的最大波长约为 340 nm[26]；

（4）纯 ZnS 材料抵抗冲击（如雨淋、风蚀、撞击等）的能力有待提高[27]。

4.5.2 硫化锌的制备方法

制备 ZnS 的方法很多，鉴于其不同的用途，其制备的方法也各不相同，通常制备的 ZnS 有粉末、块状材料和薄膜等形态[28]。

4.5.2.1 多晶硫化锌的制备

A ZnS 粉末的制备

在 ZnS 材料的制备中，研究最多的是 ZnS 粉末的制备。ZnS 粉末主要应用于制备靶材和高效荧光粉等方面。随着粉末粒度的减小，ZnS 的发光性能和力学性能均有明显提高。特别是当粒径达到纳米尺寸后，由于纳米微粒具有量子尺寸效应、表面效应和宏观量子隧道效应等，因而 ZnS 纳米粉末表现出许多特有的性质和功能，如优良的光电催化活性、吸收波长与荧光发射向更高的能级移动（蓝移）。有研究表明，纳米粒子的发光中心与块状材料的发光中心明显不同，发光性质也存在差异，如高温烧结经过掺杂的 ZnS:Mn 的激发光谱和发射光谱峰值分别为 343 mm 和 580 nm，而采用化学法制得的 ZnS:Mn 纳米粉则分别为 338 nm 和 596 nm。

ZnS 粉末制备方法主要有元素直接反应法、均匀沉淀法、水热合成法、微乳法和溶胶-凝胶法[29]。在这些制备方法中，作为一种早期的制备技术，元素直接反应法因其反应能耗高、产物粒径较大、杂质含量较高等缺点，目前在研究应用方面基本被淘汰。采用沉淀法制备超细粉末研究得较多，它具有设备要求低、工艺简单、掺杂金属离子简便、均匀等优点，因此采用沉淀法制备掺杂改性的 ZnS 粉末是一种极具发展潜力的制备技术。水热合成法是指在密闭反应器（高压釜）中，采用水溶液作为反应体系，通过加热反应体系至临界温度，在其产生高压环境而进行无机合成与材料制备的一种有效方法。这种方法目前还仅停留在研究、开发阶段，存在的问题主要是工艺设备复杂、成本较高，但该方法仍是一种极有前途的制备粉末的方法。特别是以有机溶剂取代水溶液作为反应体系的溶剂热合成技术，在制备 ZnS 纳米粉方面已引起研究者的注意。以下是目前研究较多的制备 ZnS 粉末的方法：

（1）微乳法。近年来，利用反胶束或 W/O 微乳法（即在油相中加入水，形成油包水型乳状液）制备超细粒子的研究已有大量报道。在该反应体系中，利用表面活性剂使反应物在有机相中形成反相胶束的微液滴，以此为反应场进行各种特定的反应，可以制得均匀细小的纳米级微粒。以甲苯作油相，用等摩尔比混合乙酸锌和硫代乙酰胺（TAA）水溶液作水相，在乳化剂作用下超声乳化 10 min，然后在 60 ℃下加热 1 h，得到 ZnS 粒子，粒径大多数在 20 mm 以下，且粒子呈球形。有研究表明，用微波加热能得到尺寸更为均匀的球形 ZnS 颗粒。该方法的特点在于利用反相胶束的微反应场进行反应，在制备纳米级粒子方面有其独特的优势。但该方法反应不易控制，且作为一种新型的制备技术，还有诸如微反应场的反应机理及反应动力学等许多方面的问题有待进一步的研究。

（2）溶胶-凝胶法。溶胶-凝胶法是一种古老的制备化合物的技术，但作为一种制备超细粉末的方法，引起了研究者的极大兴趣。该法通常采用金属有机化合物为前驱体，经络合或水解、缩聚而成为溶液、凝胶，再经干燥、研磨形成粉末。如将叔丁醇锌（$Zn[(CH_3)_3CO]_2$）溶于甲苯作为前驱体，在室温下通入 H_2S，得到淡黄色的半透明凝胶，加热干燥制备出 ZnS 超细粉末。用溶胶-凝胶法制得的 ZnS 粉末的平均粒度约为 3 nm，产品具有纯度高、均匀度好、可得到球形的纳米级颗粒等优点，但存在反应时间长、易产生团聚、原材料成本高等缺点。通过采用无机化合物作前驱体，改进工艺条件，溶胶-凝胶法可望成为一种新型的 ZnS 纳米粉的制备方法，并且在对 ZnS 进行掺杂改性方面，该法也是一种切实可行的方法[30]。

B ZnS 块状材料的制备

由于 ZnS 的禁带宽度为 3.7 eV，是一种优良的蓝光激发二极管材料，常用 ZnS 块材作金属-绝缘体-半导体型二极管。目前，制备 ZnS 块状材料的方法主要有热压法（HP 法）和化学气相沉积法（CVD 法）两种。

在 20 世纪 60 年代，制备 ZnS 块状材料的唯一手段是热压法，如图 4-7 所示。即把 ZnS 粉末装在高温合金模具内，在真空、800~870 ℃及 232~309 MPa 的实验条件下，热压成多晶 ZnS，晶粒尺寸为 0.5~1 μm。热压的 ZnS 材料具有硬度和密度高、致密性好、生产成本较低、工艺相对简单等优点。由于此工艺会不可避免地引入杂质而造成材料的纯度降低，因而其红外透过率较低。目前，热压法仍是制备 ZnS 靶材的一种重要方法，并通过使用高纯度的超细粉末，使得热压的 ZnS 靶材制得的器件性能大大提高。

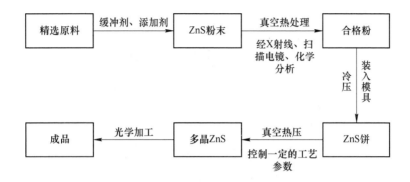

图 4-7　热压烧结法制备 ZnS 的工艺流程图

　　热压烧结在制备 ZnS 多晶块体材料上具有设备简单、可控性强、周期短和产品机械强度大等优点，但是如何控制升温速度、降温速度对于固相转变和晶体的致密性及透光性有很大影响[31]。

　　20 世纪 70 年代，CVD 法成为制备多晶 ZnS 块状材料的又一手段。CVD 法可以获得高纯度、大尺寸、均匀的 ZnS 块材，成型性好，并且其成品的光学、电学、力学性能如透过率、热冲击抗力、热导率均高于热压法。

　　有研究者利用 Zn 蒸气与 H_2S 气体间的反应：

$$Zn + H_2S \longrightarrow ZnS + H_2 \uparrow \tag{4-1}$$

在石墨衬底上成功地制备出淡黄色的 ZnS 块状材料，晶型为立方结构。ZnS 沉积速率为 7120 $\mu m/h$，样品厚度为 2.5 nm，所制得的 CVD-ZnS 的透过率在 4 μm 处为 73.8%，在 10 μm 处为 76.8%，与理论值基本相符。也有研究者用该方法制得了低电阻率的 ZnS 块状材料，热处理后其电阻率降低了 10^2 $\Omega \cdot cm$，以该块材制得的光激发二极管的激发波长在 430~450 nm 之间。但 CVD 法相对来说工艺较复杂，且生产成本较高。随着对工艺设备的改进和掺杂技术的开发应用，CVD 法可望成为制备高纯度、高性能 ZnS 块状材料的重要方法。CVD-ZnS 多晶的制备过程和工艺如图 4-8 所示。

　　选用高纯单质硫粉和锌粉为原料，在真空高温下将其转变为 S 蒸气和 Zn 蒸气，加入 H_2。调整 S 蒸气和 H_2 的浓度使其先生成 H_2S，在 600~800 ℃、真空或低压（氩气）条件下 Zn 蒸气与 H_2S 进行反应（见图 4-9），反应方程式为：

$$S + H_2 =\!=\!= H_2S \tag{4-2}$$

$$Zn + H_2S =\!=\!= ZnS + H_2 \tag{4-3}$$

　　选取石墨作为衬底材料，生成的 ZnS 气体分子在衬底材料上形成厚度均匀的多晶 ZnS 晶体材料，通过控制温度及压强等参数，改变生成多晶 ZnS 的沉积速度。CVD 法制备的 ZnS 优点较多，如可控性好、产品厚度均匀、透过率高、热

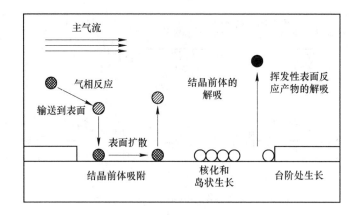

图 4-8　CVD 法制备 ZnS 多晶工艺过程示意图

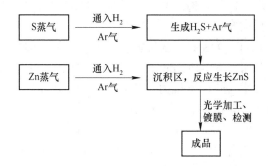

图 4-9　CVD 法 ZnS 晶体生长过程示意图

冲击抗力和颗粒抗冲击能力较好；缺点是设备投资大、生产周期长、反应速率慢、材料的硬度及其断裂强度较低。此外，反应生成的 H_2S 气体较难处理，不利于环境保护。

4.5.2.2 硫化锌薄膜的制备

硫化锌薄膜的制备主要有以下几种方法：

（1）浸渍法。浸渍法制备薄膜是一种简单有效的方法。如用该方法制备掺杂 Mn^{2+} 的 ZnS 薄膜，先把含 $ZnCl_2$ 和 $MnCl_2$ 的溶液加入聚氧化乙烯，混合后均匀涂于玻璃片上，干燥后放入六甲基二硅硫和环己烷的混合液中，硫化锌掺锰的纳米晶就开始在薄膜中形成，最后得到晶粒尺寸为 3~4 nm、尺寸均匀、呈球形的 ZnS 纳米晶。但该方法只能制得小尺寸的薄膜，且热处理后有残余碳杂质存在，纯度不高[32]。

（2）真空蒸发法。真空蒸发技术具有设备简单、易于操作、成本低廉等特点。将清洗烘干的玻璃衬底放入蒸发室内，把高纯 ZnS 粉末放入蒸发钼舟中，将蒸发室抽真空至 10^{-3} Pa 进行蒸发，即可得到均匀透明的高阻 ZnS 薄膜。经过适当热处理后的薄膜具有立方晶系闪锌矿结构（β-ZnS），平均晶粒尺寸约为 0.2 μm，且在可见光范围内有较高的透过率[33]。

（3）电子束蒸发法。该方法在高真空下用电子束轰击 ZnS 靶材，使 ZnS 在高温、高能下汽化，然后沉积在钽片上，沉积速率控制在 1 nm/s，经过与无定型含氟聚合物交叉沉积，最后形成多层薄膜涂层。生成的硫化锌薄膜均匀性好、透光率高，且能耗较低，但形成的 ZnS 晶粒较粗。

（4）溅射法。人们对用溅射法制备硫化锌薄膜也有所研究，如用射频磁控溅射技术在氩气气氛中于玻璃、抛光硅片、钽片等衬底上沉积硫化锌薄膜，所用靶材为 ZnS:Cu 和 ErF$_3$ 粉末冷压而成。结果表明，随溅射功率增大，结晶颗粒越细，膜越致密，其表面形貌也比电子束所制薄膜要好[34]，且功率较高时，ZnS 晶粒具有六方纤锌矿结构（α-ZnS）。但靶材中所固有的杂质同时也会被带入薄膜中，其纯度取决于原始靶材质量。

上述几种方法一般都是通过 ZnS 的粉末或靶材再经蒸发或溅射来制取 ZnS 薄膜的，制得的薄膜尺寸都较小，且纯度不高，掺杂其他离子较困难。

（5）化学气相沉积法（CVD 法）。化学气相沉积法在制备 ZnS 薄膜方面应用较多，根据反应物及条件的不同，该方法可以分为两类：一类是使锌蒸气与 H$_2$S 气体在反应室内反应，生成 ZnS 沉积到基材上，通过控制生长时间和反应气体流速，可以得到均匀致密的薄膜；另一类是用金属有机物作前驱体，经过加热使其分解，生成 ZnS 沉积在基材上，该方法称 MOCVD 法[35]。人们对后一种方法的研究工作开展得较多，有人用二乙基二硫化氨基甲酸锌（Zn[S$_2$CN(C$_2$H$_5$)$_2$]$_2$）作前驱物制得 ZnS 薄膜。实验结果表明，所得薄膜中的晶粒具有立方闪锌矿结构，热解温度在 400 ℃ 左右时，晶粒尺寸约为 50 nm。通过控制晶粒生长时间，可得到厚度为 150~170 nm 的薄膜。用二硫代氨基甲酸锌（[NH$_2$C(S)S]$_2$Zn）和黄原酸锌（[R-OC(s)S]Zn）作为前驱物，根据前驱物的不同，可得立方或六方的晶体结构，薄膜厚度在 0.1~5 μm 之间。用 MOCVD 法制取 ZnS 薄膜相对来说易于控制，且能耗较低，但在薄膜中存在碳等杂质，在一定程度上影响了产品的性能。CVD 法制膜虽然研究开发的时间不太长，但制得的 ZnS 薄膜具有高的发光性能，且晶粒分布均匀，易于掺杂，特别是通过控制生产条件可得到纳米 ZnS 晶粒，大大提高了薄膜的性能，因而在工业上得到了迅速应用。

4.5.3 硫化锌的用途

在 ZnS 材料为人们所大量研究、认识并不断得以实际应用的同时，ZnS 基材其他方面的特性也成为人们探索的热门方向。长期研究发现，ZnS 基材还具有光致发光、场致发光、摩擦致发光等特性。

（1）光致发光。ZnS 基材的光致发光是由光能激发 ZnS 基材，再逐步将能量释放，可用于太阳能利用及其带动的一系列环保型储光材料的开发。

（2）场致发光（即电致发光）。ZnS 基材的场致发光，是利用电场使特定材料基板上的电子通过 ZnS 基材薄膜层激发薄膜内发光中心发光，此机制可以产生高强度、宽范围的全色彩光，其应用于显示器中，成像清晰度高，色彩逼真，是传统阴极射线发光机制显示器的理想替代品。如将 InO 导体粉末混入 ZnS：Ag、Cl 荧光粉，产品用于场制发光装置中大大提高了其发光亮度[36]。

（3）摩擦致发光。ZnS 基材的摩擦致发光功能又称为机械发光，是由机械能激发 ZnS 基材发光的机理发展而来的一种功能。摩擦致发光又可分为破坏性发光（在摩擦过程表面）、弹性致发光（由无摩擦弹性变形引起）、塑性致发光（由无摩擦塑性变形引起）三种发光机制，其中涉及冲击、粉碎、碾磨等多种作用方式。如将掺杂 5%（摩尔分数）Mn 的 ZnS：Mn 沉积于玻璃基板上，形成黏性薄膜并在真空石英玻璃管中进行热处理，薄膜致发光性能良好且结构紧密，可以应用于无电显示、地震预报、材料断裂预检等领域。

（4）其他应用方面。ZnS 基材还可以以膜的形式涂于其他发光材料上，如制备成 CdSe/ZnS 材料，不但可以增强基体材料发光的稳定性，防止材料氧化消耗，同时还能增强其发光强度。有发现将 ZnS 基有机复合材料应用于功能陶瓷中也能产生很好的效果，在其他光催化剂方面的研究也有重大意义。

4.6 硫化锡

4.6.1 硫化锡的性质

ⅣA-ⅥA 族中的半导体材料一般都具有以下优点：禁带宽度适宜、原料充足、无毒且低廉，这使许多科研人员对此类材料广泛关注。其中 Sn 和 S 元素组成了许多不同的化合物，如 SnS、SnS_2、Sn_2S_3、Sn_3S_4 和 Sn_4S_5 等。对这些硫化物的性能研究中，SnS_2 半导体材料是最被广泛探究的。SnS_2 是一种无机硫化物，粉末呈现金黄色又被称为"金粉"，可应用于涂料方面，粉末不溶于水、硝酸和盐酸等溶液，可溶于王水和热碱中。从 SnS_2 的导电方式来看，它属于 n 型半导体，室温下测得的 SnS_2 带隙值为 2.0～2.6 eV[37]。研究发现，SnS_2 材料具有良好的电学、光学、气敏及光催化性能，在太阳能电池、锂电池、超级电容器、气敏传感器材料和光催化材料等研究方向具有广阔前景。此外，SnS_2 的晶体结构与六方片层结构的 CdI_2 半导体相同，晶格常数 $a = 0.365$ nm，$b = 0.365$ nm，$c = 0.589$ nm。在 SnS_2 中，Sn 元素与 S 元素的连接方式为 S—Sn—S，形成了独特的三层状结构，范德华力将层和层连接在一起[38]（见图4-10），这使得该作用力很容易被消除，可以制备出更多不同形貌的 SnS_2。

4.6.2 硫化锡的制备方法

硫化锡及其相关复合材料在诸多领域都有着举足轻重的作用，它们的制备方法也备受关注。李攻科等人[39]公开了一种二硫化锡-金复合材料及其制备方法。将二硫化锡纳米片、金前驱体、溶剂混合，经超声辅助还原，得到二硫化锡-金复合材料。此方法制备的二硫化锡-金复合材料能够用于快速检测甲巯咪唑或结晶紫的含量，不仅具有金纳米颗粒的尺寸可控和制备方法简单、不需要使用还原剂的优势，而且将其应用于检测分析中能够具有灵敏度高、重现性好、稳定性好、操作简单等效果，具有很高的实际应用价值。锁国权等人[40]提供了一种三维互联双碳限域硫化锡纳米结构的制备方法，该负极材料包含

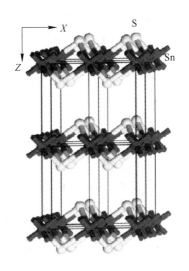

图 4-10　SnS_2 结构示意图

双层碳和硫化锡，内层碳为硫化锡包覆碳，外层碳包覆在硫化锡包碳表层并且互相连接成三维网络结构。作为钾离子电池负极，双碳限域有效缓冲硫化锡体积膨胀，同时改善硫化锡导电性，有效改善了硫化锡储钾性能。狄廷敏等人[41]公开了一种铜掺杂二硫化锡复合光催化材料的制备方法，将 $SnCl_4 \cdot 5H_2O$ 和 L-半胱氨酸溶于去离子水中，滴加 $CuCl_2$ 水溶液，转移到高压釜的聚四氟乙烯内衬中，并将其在 130~160 ℃保温 8~16 h，得到的沉淀物经过水和乙醇充分洗涤，干燥并研磨成粉末，即得到铜掺杂二硫化锡复合光催化材料。该技术采用简单便捷的原位水热方法，通过在合成二硫化锡的水热过程中，原位加入铜源，获得薄的二硫化锡纳米片。施利毅等人[42]提供了一种长寿命硫化锡负极材料及其制备方法：取一定量 TiO_2 球分散于乙二醇中，依次滴加 $SnCl_2 \cdot 2H_2O$-乙二醇分散液、硫代乙酰胺-乙二醇分散液，接着将葡萄糖粉末加到上述混合液中搅拌均匀后放入特氟龙高压釜中 160 ℃反应 12 h，将产物离心洗涤干燥后置于管式炉中煅烧，升温至 600 ℃保温 3 h，最后得到碳复合的 SnS 包覆的 TiO_2 负极材料。该方法操作简单，得到的负极材料具有较好循环稳定性和倍率性能。周伟等人[43]公开了一种过渡金属掺杂的单层二硫化锡纳米片及其制备方法，单层二硫化锡纳米片掺杂有过渡金属元素，过渡金属元素的摩尔分数为 2%~8%。其制备方法为：按比例称取 $SnCl_4 \cdot 5H_2O$、硫代乙酰胺和过渡金属元素的盐酸盐溶解到去离子水中，加入盐酸并搅拌均匀；水热反应后得到 $Sn_{1-x}M_xS_2$ 沉淀物，将沉淀物通过超声水浴洗涤除去杂质离子，干燥；将得到过渡金属掺杂的二硫化锡纳米片粉末分散到甲酰胺中，回流后得到的悬浊液超声水浴，离心后的上层悬浊液真空干燥可得到插层

剥离的过渡金属的掺杂单层纳米二硫化锡粉末。通过掺杂过渡金属影响表面硫原子对氢离子的吸附能力，从而提高产氢速率。

综上，可以发现，二硫化锡的制备简单易得，可采用三种方法进行制备：

（1）直接合成法。将纯 Sn 粉与 S 粉混合，在碘的存在下加热直接化合得到 SnS_2 材料。但锡粉在空气中容易氧化，在制备过程中需要控制好仪器的封闭性，防止其他产物的干扰。

（2）气体通入法。将硫化氢气体直接通入锡（Ⅳ）盐或者锡（Ⅳ）酸盐中，加热后得到的黄色沉淀即为 SnS_2。该方法中用到的硫化氢为剧毒气体且进入空气后易爆炸，因而危险性大，需要严格做好相应防护。

（3）溶剂热法。将锡（Ⅳ）盐与硫化物混合溶液置于高压反应釜中，经过一定时间加热后得到 SnS_2。该方法简单易操作，且无剧毒和不稳定材料的使用，因而 SnS_2 制备多采用溶剂热法。

4.6.3 硫化锡的用途

虽然 SnS_2 是一种新型的窄带隙半导体材料，但是关于其性能的研究已经取得了不少进展。在 2007 年就有相关报道，SnS_2 与 TiO_2 复合的比例适宜时，TiO_2 光催化降解甲基橙的效率得到大幅度提升。在 SnS_2 的改性研究中，科研人员制备出了花状形貌的 SnS_2，这种结构具有更大的比表面积，因此在光催化性能研究中，SnS_2 染料降解的效率比 TiO_2 更强[44]，这打破了之前仅把 SnS_2 作为辅助材料来研究的现状，使得以 SnS_2 作为光催化基底材料的研究越来越多。Zhang 等人[45]探究了制备 SnS_2 的反应条件，如反应温度和反应时间等一系列外界因素的影响，之后比较发现在一定条件下 SnS_2 具备较多的活性位点，可吸收可见光，具备良好的还原六价 Cr 元素和吸附能力。Xia 等人[46]在制备 SnS_2 时加入表面活性剂 CTAB，通过水热法制备出了空心球状的 SnS_2，通过电化学测试，发现材料的瞬时光电流强度较大，另外比表面积也不小，制成电极材料后可提高锂离子电池的电化学性能。Sun 等人[47]采用液体剥离技术制备得到了六边形的单层 SnS_2 材料，它的厚度仅有 3 个原子层的厚度，最重要的是制备的单层 SnS_2 纳米材料，对可见光的利用率明显提高，这使得 SnS_2 光催化材料受到更多关注。

虽然单一的 SnS_2 半导体也具有光催化活性，但其催化降解效果仍不令人满意，提高其活性可利用掺杂、构建异质结等方法。近年来许多学者已经探索出了许多新的 SnS_2 复合材料，如 Li 等人[48]通过掺杂 Ce 离子，制备出了呈螺旋状生长的玫瑰花状 SnS_2 样品，结果证明其对 Cr(Ⅵ) 具有优异的还原性能。Park 等人[49]通过溶剂热法将纳米粒子 Au 掺杂到了 SnS_2 表面上，形成了 Au-SnS_2 的结构，如图 4-11 所示。Au-SnS_2 的光催化性能优于单纯的 SnS_2，这是由于 Au 与 SnS_2 复合后，Au-SnS_2 材料表面吸收光子能量后，光生电子没有直接在复合材料表面与亚甲基蓝反应，而是先跃迁到了 SnS_2 的导带上，再迁移到 Au 的表面与溶解的氧气反应生成 O^{2-}，这种氧化性更强的自由基会在 Au 表面参与氧化亚甲基蓝的反应，而空穴则留在 SnS_2 的表面上进行光催化反应，促进了降解的速率。Luo 等人[50]将 SnS_2 半导体材料与 Ag_2CO_3 复合时发现，2% 的 Ag_2CO_3 加入量可获得高光降解效率的样品，且高于 SnS_2 的效率。这是由于 Ag_2CO_3 对可见光的响应较强，当光照在其表面时易发生光电分离，SnS_2 与 Ag_2CO_3 形成的异质结促进了载流子的分离，加快了电子的传输速率，使得在 SnS_2 上的光生电子易于传递到 Ag_2CO_3 的价带上，然后与 O_2 反应生成更多的高活性的 O^{2-} 并氧化亚甲基蓝，同时 Ag_2CO_3 上的空穴也会转移到 SnS_2，将有机染料氧化成 CO_2 和 H_2O 等无害产物，具体的光催化过程如图 4-12 所示[51]。

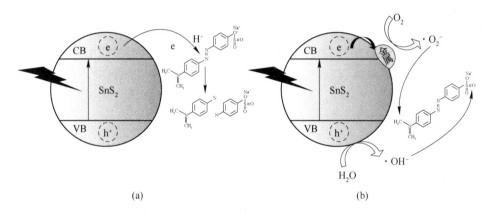

图 4-11　Au-SnS_2 能带结构与 SnS_2 能带结构对比图

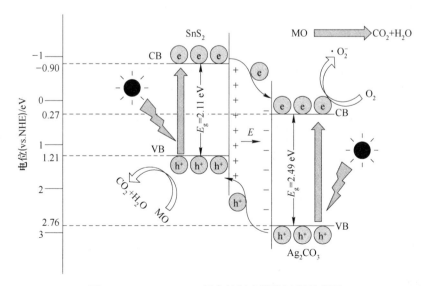

图 4-12　Ag_2CO_3-SnS_2 复合材料光催化过程示意图

尽管 SnS_2 有着独特的结构、超高的理论容量、简单多样的制备方法等诸多优势，但是随着人们的深入研究，发现 SnS_2 在钠离子电池应用过程中存在着几个亟待解决的问题：

（1）SnS_2 作为半导体材料，能带带隙较宽（$2.2 \sim 2.4$ eV），电子电导率较差（约 10^{-5} S/cm），作为电极材料应用，其电子迁移性能力较差，电池的倍率性能受到影响。

（2）离子电导率较差，虽然具有较宽的层间距（0.59 nm），但是层间仅靠较弱的范德华力连接，在快速充放电下，体积形变问题依然严重，循环寿命有待提高。

（3）由于储钠过程牵涉到插入—转化—合金化多种反应机理，储钠过程中会有较多的副反应，这致使 SnS_2 的理论容量虽高，但是并不能全部转化为可逆容量。

（4）涉及转换反应步骤时，生成的 Na-S 化合物在有机电解液中会发生溶解，产生不可逆的容量衰减。

4.7   硫化锑

4.7.1   硫化锑的性质

硫化锑（Sb_2S_3）是 VA-VIA 族重要的直接带隙半导体材料，空间群为 *Pbnm*，属于正交晶系晶体结构，室温下的带隙能为 1.72 eV。其正交晶体结构里包含独特的各向异性的原子链或层，由于具有良好的光电、光导特性和优异的热电性能，在光伏电池制备上有着广泛的应用前景，并且广泛应用于热电冷却技术、微波器件、电子和光电子器件、红外光电子学及光催化降解等领域[52]。

Sb_2S_3 属于正交晶系晶体结构[53]，空间群为 *Pbnm*[54]。图 4-13 为 Sb_2S_3 晶体结构示意图[55]。在 Sb_2S_3 晶体结构中 S 原子有 3 种类型、Sb 原子有 2 种类型。这 3 种形式的 S 原子有 2 种在形式上表现为 3 价，一种为 2 价。在 Sb_2S_3 链间方向，一种 3 价 S 原子以较弱的范德华作用力与其平行链上 Sb 原子结合，这种作用力容易被外界破坏从而引起链的破裂，即容易在（010）面沿着 *c* 轴方向断裂[56]。而在 Sb_2S_3 的链内方向，一种 3 价 S 原子和一种 2 价 S 原子通过强的共价键与 Sb 原子相连，使 Sb_2S_3 晶体容易沿 *c* 轴方向择优生长，具有沿着链内方向择优生长的趋势[57]。因此，Sb_2S_3 是一种具有高度各向异性的半导体材料，容易沿着 *c* 轴生长或断裂，从而形成纳米线[58]、纳米棒[59]、纳米管等一维纳米结构。

近年来，利用化学气相沉积法、加热回流法、微波法、水热/溶剂热法等方

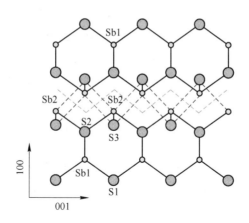

图 4-13 Sb₂S₃ 晶体结构示意图

法制备了多种形貌的硫化锑微纳米材料,包括微米棒、微米球等。其中,微波辐射加热具有快速、均匀、无温度梯度和滞后效应等优点。它不同于传统的由表及里加热,是在电磁场中由介质引起的介电加热产生热效应,其加热不仅速度快,而且操作简便、高效、节能、省时[60]。虽然已有微波法合成硫化锑微纳米材料的报道,但采用微波法合成硫化锑微米棒,特别是可控合成具有不同长径比棒状材料的研究较少。长径比是棒状材料重要的形貌参数,对其理化性能具有重要影响,一般来说长径比越大,比表面积越大,对光的吸收效果越好,光催化活性越高,因此合成大长径比的硫化锑微米棒具有重要意义。相关学者研究采用微波法可控合成了硫化锑微米棒,并探究了表面活性剂种类、表面活性剂的用量、微波加热反应时间和反应体系的酸碱性等对合成硫化锑微米棒形貌的影响[61]。

4.7.2 硫化锑的制备方法

4.7.2.1 硫化锑纳米材料的制备

目前制备 Sb₂S₃ 半导体材料的方法还是以化学浴沉积(CBD)为主[62]。1991 年 Lokhande 等人[63] 用 Na₂S₂O₃ 和 Sb₂O₃ 分别作为 S 源和 Sb 源,以 EDTA 作为络合剂,制备了均匀致密的 Sb₂S₃ 薄膜,这是最早应用 CBD 方法合成 Sb₂S₃ 材料的报道。1994 年 Savadogo 等人[64] 首次采用化学浴方法在镉衬底上制备出 Sb₂S₃ 太阳能电池,得到了 5.19% 的光电转换效率,从此拉开了太阳能电池研究的序幕。

CBD 方法由于合成简单、成本低从而引起人们极大的关注。为了提高沉积速率及避免 Sb 盐的水解,人们对 CBD 方法做了一些优化,使用 SbCl₃ 溶液作为 Sb 源,溶于丙酮中,然后再加入 Na₂S₂O₃ 溶液作为 S 源,将干净的 FTO 导电衬底垂直放置于烧杯中[65]，得到结晶质量更好的薄膜。反应示意图如图 4-14（a）所示，反应时 FTO 垂直放置于烧杯中，然后把反应装置置于冰箱中，反应温度 4 ℃，反应 2~4 h，可以得到结晶质量较好的薄膜，反应原理如下：

$$2SbCl_3 + 3Na_2S_2O_3 \Longrightarrow Sb_2(S_2O_3)_3 + 6NaCl \tag{4-4}$$

$$Sb_2(S_2O_3)_3 + 6H_2O \Longrightarrow Sb_2S_3 + 3HSO_4^- + 3H_3O^+ \tag{4-5}$$

$SbCl_3$ 与 $Na_2S_2O_3$ 反应形成 $Sb_2(S_2O_3)_3$，然后水解形成 Sb_2S_3，在 300 ℃ 下退火 10 min。

Wang 等人[66]通过快速化学方法，将 Sb_2O_3 粉末溶解于二硫化碳（CS_2）和正丁胺混合溶液中，形成 Sb 的络合物前驱液，采用旋涂法在 FTO 衬底上旋涂前驱液，然后在 300 ℃下退火 2 min，得到较大晶粒的 Sb_2S_3 晶体，如图 4-14（b）所示。Li 等人[67]使用连续沉积法使 $SbCl_3$ 溶液沉积在多孔 TiO_2 上，然后在 H_2S 气氛中反应和退火，可以得到 6.27% 的光电转换效率，如图 4-14（c）所示。Hu 等人[68]使用 $SbCl_3$ 和硫脲为 Sb 和 S 源，使用乙醇为溶剂，得到了 Sb_2S_3 纳米微球，使用 $SbCl_3$ 和 Na_2S 反应形成 Sb_2S_3 纳米线。

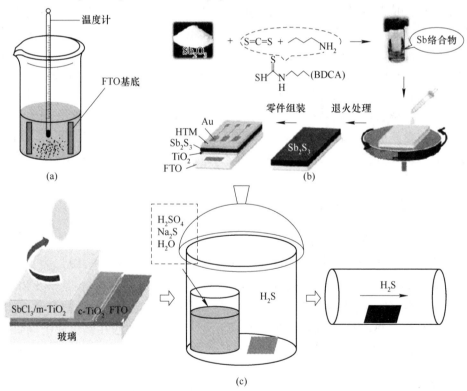

图 4-14 Sb_2S_3 半导体材料的制备示意图

（a）CBD 法合成 Sb_2S_3；（b）快速化学法制备 Sb_2S_3；（c）连续沉积法制备 Sb_2S_3

4.7.2.2 硫化锑薄膜的制备

Sb_2S_3 熔点为 500 ℃左右,不需要较高的温度就可以使其熔化,因此可以通过各种物理沉积的方法制备。

Deng 等人[69]通过快速热蒸发的方法(RTE)制备了 Sb_2S_3 薄膜,加热分为两部分,首先预加热 15 min,然后快速热蒸发 25 s,反应示意图如图 4-15(a)所示。Kim 等人[70]报道了使用原子沉积法(ALD)制备 Sb_2S_3 薄膜,形成了均匀致密、杂质较少并且厚度可控的薄膜。但是 ALD 法对设备要求较高,需要较高的真空环境并且存在成膜速率较慢等问题,反应示意图如图 4-15(b)所示。Medina-Montes 等人[71]通过磁控溅射(RF)的方法制备了 Sb_2S_3 薄膜,然后研究了基底温度对其形貌的影响。

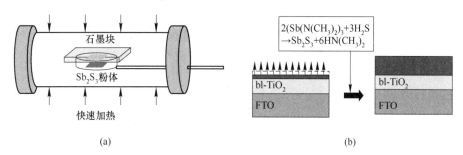

图 4-15 Sb_2S_3 薄膜的制备示意图

(a) RTE 法制备 Sb_2S_3;(b) ALD 法制备 Sb_2S_3

4.7.3 硫化锑的用途

硫化锑(Sb_2S_3)是金属硫属化合物的重要一员,具有合适的带隙为 1.5~2.5 eV(通过改变尺寸、形貌、结晶性等得到不同的带隙),可以应用在热电制冷、太阳能转化、可见和近红外光的探测器件[72]。由于 Sb_2S_3 优异的半导体材料特性及光电特性,许多研究工作致力于合成高质量的 Sb_2S_3 纳米线并应用在器件中。目前,不同形貌结构的 Sb_2S_3 纳米线已经通过不同的方法被合成出来,例如水热法、溶剂热法、多元醇辅助法等[73]。接下来介绍一种通过有机分子辅助的水热方法合成的 Sb_2S_3 纳米线[74],如图 4-16 所示。通过分析发现这些纳米线直径为 100~500 nm,长度为 10 μm,偏向于沿着 [001] 晶向生长。而已经制备得到的单根 Sb_2S_3 纳米线展现出非线性的电流电压特性,表明纳米线在微纳电子器件方面的潜在应用。接着研究了该纳米线的导电机制,在不同的电场强度偏置下,当电场低于 400 V/cm 时,纳米线处于欧姆导电特性;当电场处于 400~1200 V/cm 时,纳米线处于肖特基发射状态;当电场高于 1200 V/cm 时,纳米线的导电特性处于空间电荷限制状态。

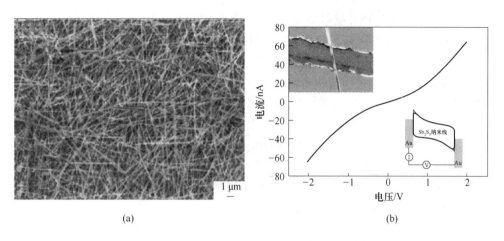

(a)　　　　　　　　　　　　(b)

图 4-16　水热法合成的硫化锑及其相关电子器件

(a) SEM 图；(b) 典型的基于单根纳米线的器件

　　由于 Sb_2S_3 具有较高的光吸收系数（$\alpha = 10^5\ cm^{-1}$），同时是非常有潜力的光伏材料，近年来，以 Sb_2S_3 作为光吸收材料的太阳能电池备受关注。其中，研究最多的是使用 Sb_2S_3 量子点作为敏化剂和光吸收材料制备固态染料敏化电池及使用 Sb_2S_3 薄膜制备无机薄膜太阳能电池及杂化型 PSC[75]。与量子点相比，长径比较大的一维纳米线结构更有利于电子传输，并且比表面积比薄膜大，对光的利用率较高。因此，利用 Sb_2S_3 纳米线制备太阳电池比其他形貌结构的性能好。图 4-17 所示是利用溶剂热法制备出的高质量 Sb_2S_3 纳米线[76]。结果表明，Sb_2S_3 纳米线直径为 60~70 nm，长度为 4~6 μm，同样偏向于 [001] 晶向生长，在紫外

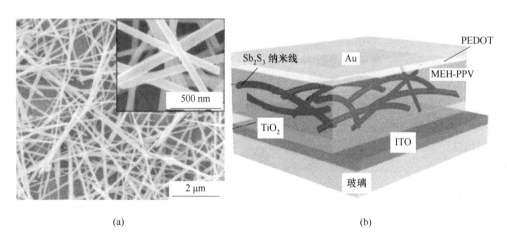

(a)　　　　　　　　　　　　(b)

图 4-17　溶剂热法合成的硫化锑纳米线及其光电器件应用

(a) SEM 图；(b) 太阳能电池结构

可见光区有较强的吸收，光学带隙为 1.57 eV。太阳能电池性能表明 Sb_2S_3 纳米线作为辅助光吸收材料及有效的电子传输材料，提高了对可见光的利用率；Sb_2S_3 的补充吸收作用使 Sb_2S_3/MEH-PPV 共混电池具有一定的宽谱响应特点，提高了太阳能电池的效率[77]。

4.8 硫化锗

4.8.1 硫化锗的性质

硫化锗是一种窄禁带为 1.55~1.65 eV 的层状 p 型半导体，在光电特性、光电探测器、太阳能电池光伏材料等方面具有极好的应用潜质。到目前为止，在实验中已经合成了许多种 GeS 纳米结构，如 0D 形态的量子点[78]、1D 形态的半导体纳米带、2D 形态的纳米片[79] 及 3D 纳米颗粒[80]。由于溶液法适用于大规模生产，因此可以通过简单的溶液处理技术制造大面积的光电器件。

4.8.2 硫化锗的制备方法

Vaughn 通过加热 GeI_4、六甲基二硅烷（HMDS）、油胺、油酸、正十二硫醇（硫源）或三辛硒（硒源）混合物到 320 ℃，反应 24 h 合成了 GeS 纳米结构。合成得到的 GeS 纳米片为细长的六边形，平均宽度为 0.5~1 μm，平均长度为 2~4 μm，厚度为 3~20 nm。采用了 TEM、SAED、SEM、AFM、XRD、漫发射光谱等手段进行表征，最后还测得其间接带隙为 1.58 eV（见图 4-18）。该合成 GeS 的步骤与合成晶体锗纳米颗粒的步骤相似，唯一不同的是加入正十二硫醇作为硫源，而烷基硫醇通常都是用作表面稳定剂的。

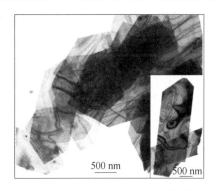
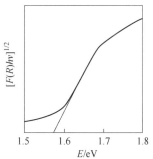

图 4-18　溶剂热法制备的 GeS 纳米片

Murugesan 等人在室温下，离子液体体系中以 $GeCl_4$ 和 1,4-二硫基丁烷为原料，在三电极体系中电沉积合成了 GeS_x 膜，还用电化学方法将 Ag^+ 掺杂到 GeS_x 膜上（见图 4-19）。

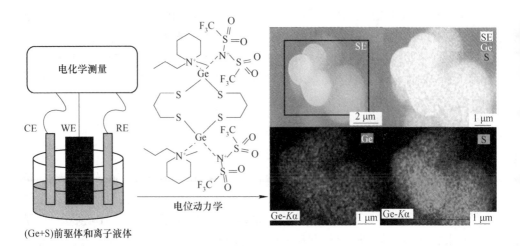

图 4-19　电化学沉积制备 GeS

4.8.3　硫化锗的用途

GeS 是一种 p 型层状半导体，在可见光区具有直接带隙，结构如图 4-20 所示，从 y 轴方向观察 GeS 呈 Z 字形，从 x 轴方向观察 GeS 呈扶手状，从 z 轴方向观察投影呈类似于黑磷一样的对称性较低的六元环。这类褶皱结构使类似于黑磷的一类类金属化合物的晶体结构具有明显的各向异性，如偏振光吸收、光导电性及铁电性等多铁性行为。GeS 有一个重要的优点，比起其他的半导体（尤其是含有重金属的半导体），GeS 的毒性很低，对环境影响很小。因此 GeS 具有作为日常生活半导体及优秀的高效光电学器件的潜质，是应用在高效太阳能电池及光电

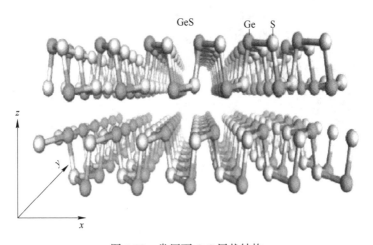

图 4-20　常压下 GeS 层状结构

探测器的理想材料。根据 2012 年北卡罗来纳大学科学家发表在 *ACS Nano* 上的一篇文章，科研人员参考植物光合作用的模型，用气相沉积等方法用 GeS 培育出了一种纳米花朵。尽管纳米花朵体积很小，厚度仅为 20~30 nm，但类似花瓣的结构使它拥有较大的表面积且可以存储很多的能量，这表明 GeS 在制作新一代太阳能电池及研究超级电容器方面有很大的开发空间。

4.9 硫铟铜

4.9.1 硫铟铜的性质

IB-ⅢA-ⅥA 族三元金属硫化物半导体材料由于其具有独特的光电化学性质和良好的催化性能，在光催化领域成了研究的热点。其中 $CuInS_2$ 作为直接带隙半导体，具有较宽的光响应范围，且不含有毒元素，生物兼容性好，在光催化制氢方面具有潜在的应用价值。

$CuInS_2$ 具有三种晶体结构，包括黄铜矿结构、纤锌矿结构和闪锌矿结构，其中当 $CuInS_2$ 制备温度低于 1255 K 时，合成的半导体材料属于黄铜矿结构，而纤锌矿结构和闪锌矿结构的 $CuInS_2$ 半导体材料制备温度要高于 1255 K。在室温条件下，纤锌矿相和闪锌矿相的 $CuInS_2$ 是亚稳态，而黄铜矿相的 $CuInS_2$ 属于稳态，但是三种晶体结构的 $CuInS_2$ 半导体材料均可稳定存在。$CuInS_2$ 属于正方晶系，晶格常数 $a=b=0.5958$ nm。图 4-21 所示为 $CuInS_2$ 不同晶体结构示意图，图 4-21（a）为 $CuInS_2$ 半导体材料的黄铜矿结构，从图中可以看出 Cu 和 In 有序分布。当 Cu 和 In 无序占据晶格位点时，即属于闪锌矿结构（见图 4-21（b））。$CuInS_2$ 半导

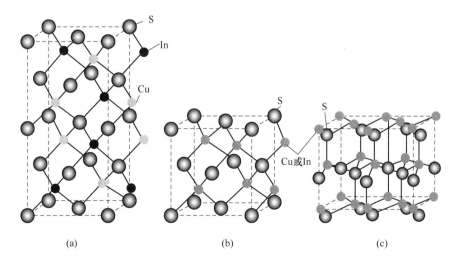

(a)   (b)   (c)

图 4-21　$CuInS_2$ 的晶体结构

（a）黄铜矿结构；（b）闪锌矿结构；（c）纤锌矿结构

体材料纤锌矿相和闪锌矿相的晶体结构类似，但是纤锌矿相中（见图 4-21（c））的 Cu 和 In 随机无序分布的程度更大[81]。不同晶体结构的 CuInS$_2$ 半导体材料具有不同的光学性质。目前以晶体结构为黄铜矿相的 CuInS$_2$ 半导体材料为主要的应用研究对象，其中禁带宽度 1.50 eV 左右，具有较强的光吸收系数和较好的热稳定性[82]。

4.9.2 硫铟铜的制备方法

通过不同的前驱物或合成方法制备 CuInS$_2$ 半导体材料，获得的样品形貌和晶体结构会有所差异，从而影响其光催化性能。目前常用的合成方法是电化学沉积法、微波加热法、真空热蒸法和水热法等[83]。

（1）电化学沉积法。电化学沉积法是在电解池中通过外加电流的方式将目标产物沉积到固定基板上，电解液中含有目标产物的前驱物，以耐腐性强且稳定的材料作为阴极，固定基板作为阳极。Moses 等人[84]利用电化学配体交换电沉积制备了 CuInS$_2$ 半导体材料，应用于太阳能光敏电池。

（2）微波加热法。微波加热法是指利用微波的能量特征，对前驱物进行加热的过程。微波具有波长短、能量高等明显特征，所以微波加热技术具有能够有效地提高反应转换率和节能的优势。Hosseinpour-Mashkani 等人[85]利用微波加热法制备了不同形貌的 CuInS$_2$ 半导体材料，与电化学沉积法相比不仅节省了反应时间还降低了反应成本。

（3）真空热蒸法。真空热蒸法是在真空条件下进行的蒸发操作，加热蒸发前驱物至气化状态反应并沉积到基底表面形成固体薄膜。真空热蒸法使用的设备简单、操作便捷，制备的薄膜材料纯度较高且厚度可通过反应时间控制。Rabeh 等人[86]利用真空热蒸法在玻璃基底上制备了 CuInS$_2$ 半导体薄膜材料，最终通过退火处理得到最终的产物。

（4）水热法。水热法是指将前驱物溶于水溶液（有机溶液）中置于高压反应釜内，在一定的高温、高压条件下进行水热反应，经过一系列的离心、洗涤、干燥操作之后最终得到目标产物的方法。水热法与上述方法相比有更加明显的优势，包括工艺流程简单、易操作、制备的粉体材料具有较好的结晶性、粒径大小分布均匀等优点。Xie 等人[87]在 200 ℃ 的高温反应条件下，通过控制水热反应时间来制备 CuInS$_2$ 半导体材料，并且通过 SEM 和 XRD 表征手段详细探究了 CuInS$_2$ 的成核过程。

4.9.3 硫铟铜的用途

CuInS$_2$ 在太阳能电池方面具有较高的理论转换效率（28% ~ 32%）、在可见光的范围内具有很高的吸收系数（>105 cm^{-1}）[88]，拥有与太阳光谱极为匹配的禁带宽度（在室温下约为 1.55 eV）；通过调整自身元素成分的比例可以获得不同的导电类型（当 Cu/In 的比小于 1 的时候为 n 型半导体材料，Cu/In 的比大于 1 的时候为 p 型半导体材料）[89]，拥有较高的抗辐射性和热稳定性，以及相对于 CuInSe$_2$ 来说拥有低毒性等优点，因此 CuInS$_2$ 被认为是最有潜力的高效薄膜太阳能电池吸收层材料，到目前为止，文献报道 CuInS$_2$ 薄膜的转化效率已达 12.5%。

相较之传统的薄膜制备的高真空技术，液相法具有低的生产成本及高产量的优势，适宜大规模生产及柔性衬底的使用，更有利于低耗、高效太阳能电池的制备。

近年来 CuInS$_2$ 纳米结构制备及基于其的光伏器件的应用引起了人们极大的关注。目前已知的通过单源前驱体法[90]、热注入法[91]、混合加热法[92]等成功实现了纳米级别的单分 CuInS$_2$ 胶态晶体的制备，基于 CuInS$_2$ 的光伏器件的最高转换效率已经达到了 4%。然而这些合成方法的缺点也很明显：反应需要较高的实验温度、复杂的有机反应及有毒的反应试剂。相对于其他合成方法，常规的液相反应尤其是水热/溶剂热反应，由于实验设备较为简单、操作简易方便，在合成 CuInS$_2$ 纳米颗粒[93]、纳米棒[94]、纳米管[95]、花状微球[96]、空心球等纳米结构中取得了不错的实验进展。此外，人们还尝试了通过电化学沉积技术来实现 ITO 衬底上 CuInS$_2$ 纳米阵列的生长[97]。

4.10 硫化铋

4.10.1 硫化铋的性质

Bi$_2$S$_3$ 是一种重要的半导体化合物，属于 V A-VI A 族化合物，其禁带宽度为 1.30 eV。Bi$_2$S$_3$ 属于 *Pnma* 空间群，正交晶系，其晶胞参数 a = 1.1149 nm，b = 1.1304 nm，c = 0.3981 nm，其每个晶胞包含 20 个原子[98]。图 4-22 为其晶体结构示意图[99]。如图 4-22 所示，Bi$_2$S$_3$ 晶体为层状结构，每个层状结构都是一条长的原子链，Bi 原子和 S 原子之间以共价键相结合，层内的 S、Bi 距离为 0.25 nm，层间 S、Bi 距离为 0.32 nm，层状结构沿着 [001] 方向无限延伸。其中相邻的层状结构之间靠范德华力结合，作用力较弱[100]。因其层状结构和各向异性的本质，Bi$_2$S$_3$ 易长成具有高长径比形貌特征的产物，如纳米棒、纳米线和纳米管等[101]。

与其他半导体材料相比，Bi$_2$S$_3$ 以其独特的内部结构引起人们的广泛关注，开发出一系列制备纳米 Bi$_2$S$_3$ 材料的方法，获得多种具有高长径比形貌特征的 Bi$_2$S$_3$ 纳米颗粒，发挥其层状结构在光学、催化、电化学等领域的优势。

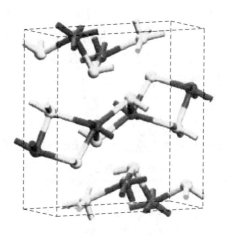

图 4-22 Bi_2S_3 的晶体结构示意图

4.10.2 硫化铋的制备方法

近年来，有关 Bi_2S_3 纳米材料的制备研究主要聚焦于开发简单快速、绿色环保的制备方法。据文献报道，常用的 Bi_2S_3 纳米材料的制备方法正在由早期开发的高温固相法向目前常用的微波法、水热/溶剂热法等方法过渡。这些制备方法各具特色，都可用于制备具有独特形貌特征的 Bi_2S_3 纳米颗粒。

4.10.2.1 高温固相法

高温固相法起源较早，其制备工艺十分成熟。定义为固体原料在高温（1000~1500 ℃）下经过反应、成核和晶体生长过程，最终生成预期产物的一种方法。Arivuoli 等人[102]以高纯单质铋和硫为原料，将其置于真空石英瓶内，通过高温加热使两者分别汽化后发生化合反应，从而制得了片状 Bi_2S_3 纳米颗粒。Shen 等人[103]将自制的铋硫复合盐——[$Bi(S_2CNEt_2)_3$]放置于石英管中作为单一前驱体，在距离其 5 cm 处放置硅片作为基底，于 530 ℃ 的管式炉中反应 2 h 后，制得 Bi_2S_3 纳米管的组装体，SEM 表征显示纳米管由中心向四周多个方向生长，呈现束状结构。Solanki 等人[104]提出了简单的一步制备纳米 Bi_2S_3 的方法：直接将单质铋和硫粉置于高温高压下，熔化后得到 Bi_2S_3 固块，接着对固块进行研磨和筛分，即得 Bi_2S_3 纳米颗粒，通过调节硫源的加入量，可以制得具有不同晶胞常数、形貌和禁带宽度的 Bi_2S_3 纳米材料。该方法的不足之处在于需要高温环境、能量耗费大并具有潜在危险性，制约了材料制备的工业化。

4.10.2.2 常压沸腾回流法

常压沸腾回流法是一种液相化学法，在常压下经多次回流制得纳米颗粒。此外，回流法所用实验装置简单，适宜大规模生产，是合成纳米材料的重要方法之一。Monteiro 等人[105]将二硫化碳通入氧化铋的乙醇悬浮液中,制得 Bi{S₂CN(CH₃)(C₆H₁₃)},以此为单一前驱体,以乙基乙二醇为溶剂,在 132 ℃ 下回流反应 2 h,即制得 Bi₂S₃ 纳米纤维。Srivastava 等人[106]以五硝酸二铋和二硫化碳为原料,以三乙醇胺和氨水的混合液为溶剂,并加入聚乙二醇辛基苯基醚作为保护剂,在较低温度下利用回流法反应 18 h 后,制得单晶 Bi₂S₃ 纳米管。通过改变回流温度和回流时间,还可制得 Bi₂S₃ 纳米颗粒。Wu 等人[107]分别使用柠檬酸铋和硫脲作为铋源和硫源,以乙二醇为溶剂,并添加十六烷基三甲基溴化铵作为保护剂,在 160 ℃ 下回流反应 2 h 后,制得由 Bi₂S₃ 纳米棒高度有序组装而成的三维雪花状 Bi₂S₃ 纳米颗粒,表征结果显示,雪花状颗粒为正交晶系单晶颗粒。常压沸腾回流法具有能耗低、易于工业化等优点,被广泛应用于 Bi₂S₃ 纳米材料的制备。但回流法不适用于制备在高温、高压等特殊环境下才能得到的产物。

4.10.2.3 微波合成法

微波是指频率为 300 MHz ~ 300 GHz 的电磁波。微波加热属于一种内加热,与传统加热方式相比,其具有加热迅速和材料受热均匀等优点。近年来微波合成法受到了人们的重视,被广泛应用于 Bi₂S₃ 纳米材料的制备。Liao 等人[108]分别以硝酸铋和硫脲为铋源和硫源,以 40% 的甲醛溶液为溶剂,利用微波加热反应 20 min,制得长度约 300 nm、直径约 10 nm 的纳米棒,X 射线衍射表征显示,样品结晶良好,属正交晶相 Bi₂S₃。推测其反应过程为:Bi³⁺和硫脲在溶液中先生成稳定的配合物,在微波作用下,配合物进一步转变为 Bi₂S₃ 纳米棒。Jiang 等人[109]利用微波合成法仅用 30 s 即合成出刺球状 Bi₂S₃ 纳米颗粒,具体合成方法为:先将 Bi₂O₃ 溶于乙二醇和盐酸的混合液中,再将硫代硫酸钠的乙二醇溶液加入上述混合液中,微波加热至 190 ℃ 并持续 30 s 即得产物。实验发现,若向上述体系中加入十二烷基硫酸钠和十六烷基三甲基溴化铵作为保护剂,则有利于 Bi₂S₃ 纳米棒的合成。Thongtem 等人[110]以硝酸铋和硫脲为原料、硝酸为溶剂,以聚乙烯基吡咯烷酮作为保护剂,利用微波加热至 200 ℃,反应 1 h 后制得 Bi₂S₃ 样品。将同样的原料加入高压釜中,利用水热法在 200 ℃ 下反应 24 h,将所得产物与采用微波法所得产物作对比,结果表明,通过微波法合成的 Bi₂S₃ 结晶度更高、形貌更规整,颗粒的尺寸均一性和分散性均更好。微波合成法虽然具有简单、快速、高效等优势,但其不足之处在于仅适合用于小批量样品的制备,放大效应较严重,难以实现工业放大。

4.10.2.4 离子液体法

离子液体指全部由离子组成的液体,具有独特的物化性质,如黏度大、热稳定性好、离子传导性高、溶解能力强和液态温度区间宽等,因此常被用作反应介质[111]。到目前为止,人们已经利用离子液体制备出各种形貌的 Bi₂S₃ 纳米材料。Jiang 等人[112]利用 1-甲基咪唑和 AgBF₄ 的反应制得 1-丁基-3-甲基咪唑四氟硼酸盐（[BMIM][BF$_4$]）离子液体，以[BMIM][BF$_4$]和水的混合物作为反应溶剂，以氯化铋和硫代乙酰胺为原料，在 120 ℃下反应 0.5 h 后制得了由纳米线规则组装而成的花状 Bi$_2$S$_3$ 纳米颗粒。实验观察到离子液体溶液中有囊泡存在，证实离子液体在花状 Bi$_2$S$_3$ 纳米颗粒的合成中起到模板作用。Zhu 等人[113]以氧化铋和硫代硫酸钠为反应物，在离子液体[BMIM][BF$_4$]的存在下合成出单晶 Bi$_2$S$_3$ 纳米棒。杨振江等人[114]依次将硝酸铋、硫脲和咪唑基离子液体溶于乙二醇，利用微波加热至 140 ℃反应 5 min 后制得粒径约 30 nm 的 Bi$_2$S$_3$ 纳米颗粒，通过改变离子液体种类、反应时间和温度，还可制得棒状和针状 Bi$_2$S$_3$ 纳米颗粒。实验证明离子液体中的阳离子[BMIM]$^+$能很好地吸收微波，从而大幅度提高反应速率、缩短反应时间，并且具有的特殊结构，能引导高度有序的纳米结构的形成。

该方法优点在于离子液体的种类很多，可通过改变离子液体的组成来控制合成具有典型形貌、独特性能的纳米颗粒，为纳米材料的可控合成提供新途径。但是离子液体存在成本高、难以与产物分离等缺点。

4.10.2.5　超声化学法

超声波是一种频率高于 20000 Hz 的声波，其穿透能力很强。超声化学法是指将超声波作用于反应体系，引发并控制化学反应的进行，以达到获得目标产物的目的。在超声的作用下，液体中不断发生气泡的形成、生长、收缩和再生长过程，最终气泡高速崩裂，瞬间产生巨大能量，致使局部发生各种物理化学反应。Huang 等人[115]利用简单的超声化学法，以氯化铋和硫代硫酸钠为原料，在聚乙二醇和水的混合液中，制备得到单晶 Bi$_2$S$_3$ 纳米棒。Zhu 等人[116]以硝酸铋和硫代硫酸钠为反应物、水为溶剂，为了使 Bi^{3+}在水中缓慢释放，添加三乙胺作为铋的络合剂，将反应液置于敞口容器并在空气中经超声波辐射 2 h，即制得直径约 10 nm、长约 60 nm 的 Bi$_2$S$_3$ 纳米棒，此制备方法简单方便、绿色环保。

Wang 等人[117]利用超声法合成了 Bi$_2$S$_3$ 纳米棒，探讨了硫源、络合剂和溶剂对样品形貌和粒径的影响，得到了制备 Bi$_2$S$_3$ 纳米棒的最优实验条件：以硝酸铋为铋源、硫代硫酸钠为硫源、三乙胺为络合剂、20%的 DMF 水溶液为溶剂。超声化学法具有以下优点：局部产生巨大能量，可以使要求苛刻的反应得以进行；制得的纳米颗粒分散性好；操作便利、装置简单等。但是超声条件下反应机理尚不清楚，液体中发生的具体化学行为还有待进一步探讨。

4.10.2.6　水热/溶剂热法

水热法来源于模拟地矿的生成环境，是利用水溶液中的物质，在高温（100~1000 ℃）和高压（1~100 MPa）下发生化学反应，来合成 Bi$_2$S$_3$ 纳米材料的一种方法。水热法提供了特殊的物化环境，使前驱体在溶液中得以充分溶解，并形成过饱和溶液，通过成核、结晶等步骤，最终生长成 Bi$_2$S$_3$ 纳米颗粒。利用水热法制备纳米材料具有以下优点：易制得通过传统方法难以得到的产物；制得的纳米颗粒纯度高、结晶度高、形貌易于调控等。有学者先将硝酸铋溶于水中生成硝酸氧铋，再将巯基乙酸和硫脲作为硫源加入上述溶液，将所得反应液置于高压釜中经 200 ℃水热处理 16 h，得到长达 20 μm 的 Bi_2S_3 纳米棒。Yu 等人[118]以硝酸铋和硫代硫酸钠为原料，利用简单的一步水热反应制得单晶 Bi_2S_3 纳米线，SEM 观察表明，纳米线径向尺寸均一，约为 60 nm，长度为几百纳米到几微米，通过改变反应时间，还可得到颗粒状和棒状 Bi_2S_3 纳米颗粒。Yang 等人[119]依次将乙二胺四乙酸、氯化铋和硫化钠溶于水，用盐酸调节溶液的 pH 值为 9.3 后，将反应液移至高压反应釜中，在 150 ℃下反应 6 h，即制得棒状 Bi_2S_3 纳米颗粒。姚国光等人[120]分别将硝酸铋溶于乙二醇中、硫代硫酸钠溶于水形成溶液，将两者混合后加入尿素，利用水热法制得纳米管，X 射线衍射结果表明所得产物为纯净的正交晶系 Bi_2S_3 纳米颗粒。

为了克服水热法不适用于非水体系这一缺点，人们尝试以有机溶剂代替水作为溶剂，并称之为溶剂热法。溶剂热法适宜于制备在水溶液中无法长成、易氧化、易水解或对水敏感的材料。Lou 等人[121]以自制的铋硫复合盐——$Bi[S_2P(OC_8H_{17})_2]_3$ 作为单一前驱体，以油胺为溶剂，通过溶剂热法在 160 ℃下反应 3 min，即制得单分散的 Bi_2S_3 纳米棒，研究发现，随着前驱体浓度的增加，纳米棒的直径不变而长度减小，通过改变反应温度、时间还可制得纳米颗粒或不同尺寸的纳米棒。Chen 等人[122]依次将硝酸铋和硫代乙酰胺溶于乙二醇中，于 160 ℃下反应 18 min，制得粒径在 20~100 nm 之间的 Bi_2S_3 纳米颗粒，保持其他的反应条件不变，仅以硫脲和 L-半胱氨酸代替硫代乙酰胺，分别获得由纳米棒组装而成的 Bi_2S_3 刺球和由纳米片组装而成的 Bi_2S_3 微球。Song 等人[123]以氯化铋为铋源、二乙基二硫代氨基甲酸酯为硫源、乙醇为溶剂，以 PVP 为保护剂，于 170 ℃下经溶剂热反应 6 h 后制得分散均匀且尺寸均一的花状 Bi_2S_3 纳米颗粒，SEM 表征显示其由厚度仅为 10 nm 的片状物构成，通过改变铋硫元素摩尔比和反应时间，还可调节产物的形貌为纳米线和纳米带。水热/溶剂热法因其工艺简单、成本低、易于操作等优点，已被广泛应用于 Bi_2S_3 纳米材料的制备，同样的，水热/溶剂热法也存在一定的不足之处：需要高温高压的环境，存在一定安全隐患。

4.10.2.7 常规液相法

常规液相法是指在常压和较低温度下，通过液相化学反应，合成纳米 Bi_2S_3 材料的一种方法。Li 等人[124]以氯化铋为铋源，为避免其水解，选择乙二醇作为溶剂，以硫脲为硫源、油酸钾为保护剂，将反应体系静置于 90 ℃下保持 5 h 即得纤维状 Bi_2S_3 纳米颗粒。Dong 等人[125]以硝酸铋为铋源，为了抑制铋盐的水解，选用稀盐酸为溶剂，接着加入硫代乙酰胺并搅拌均匀后，将反应液于空气中、室温下静置 24 h 后，制得棒束状和刺球状 Bi_2S_3 纳米颗粒。通过分析样品形貌随反应时间的变化，发现样品的生长符合晶体分裂和自组装机理，合成过程不需加热或搅拌，简单易行、绿色环保。常规液相法具有装置简单、能耗低、便于在不同时间下取样等优点，是一种很重要的纳米材料合成方法。

4.10.2.8 其他方法

Zhao 等人[126]将硝酸铋和硫代乙酰胺溶于水中，添加氨基三乙酸作为络合剂，反应液置于 $\lambda > 290$ nm 的水银灯下照射，其间利用循环冷却水保持体系温度为 25 ℃，3 h 后制得 Bi_2S_3 纳米纤维。Peng 等人[127]以氯化铋和单质硫为原料，二甲亚砜为溶剂，以多孔阳极氧化铝为模板，利用电化学沉积法使 Bi_2S_3 沿着氧化铝的纳米孔道生长，之后再用 NaOH 溶液将模板去除，从而制得了高度有序和结晶良好的 Bi_2S_3 纳米线阵列，光学研究表明其禁带宽度为 1.56 eV，与块状固体（1.30 eV）相比偏大，表现出一定的量子尺寸效应。Ye 等人[128]利用气相传输法合成了 Bi_2S_3 纳米管，具体操作如下：以自制 Bi_2S_3 颗粒和单质硫为原料，分别置于陶瓷管的两端，并放入硅片作为基底，原料加热至 640 ℃使原料分别蒸发，两种原料以蒸汽形式相遇后反应生成 BiS_2，BiS_2 在硅片上分解为 Bi_2S_3 微粒，以此为生长核心在基底上继续生长，2 h 后即得直径约 35 nm 的 Bi_2S_3 纳米管，其管状结构可能是由准层状结构卷曲而成。Wu 等人[129]采用热注射法，先将氯化铋溶于油酸中，加热至 150 ℃后注入含有硫代乙酰胺的油酸溶液中，急速升温至 180 ℃，保持 5~10 min 后即得棒状 Bi_2S_3 纳米颗粒。实验发现，在上述反应体系中，若仅增加铋的浓度，则有利于点状 Bi_2S_3 纳米颗粒的生成[130]。

4.10.3 硫化铋的用途

随着制备方法的增多，形貌特征的多样化，光学、电学等性质研究的深入，Bi_2S_3 纳米材料的应用范围被扩展至光学、催化、生物探针、医学及电化学等诸多领域中。

4.10.3.1 光学领域

Tahir 等人[131]采用气溶胶辅助化学气相沉积的方法合成 Bi_2S_3 纳米管薄膜，在光照条件下表现出优异的光敏性和光响应信号，这一性质使其可用作光感应器和光敏开关。Li 等人[132]利用水热法合成了单晶膜状 Bi_2S_3 纳米线网格，通过胶带可将其转移至柔性塑料基底上。实验结果表明，Bi_2S_3 纳米线薄膜在可见光下电导率明显增大，并且其光响应时间可缩短至 2 ms，以此作为光开关具有成本低、效率高等优点。

4.10.3.2 催化领域

Wu 等人利用热注射技术制备点状 Bi_2S_3 纳米颗粒，将 10 mg 样品加入 40 mL 浓度为 20 mg/L 的罗丹明 B 中，反应体系在 500 W 水银灯照射下经历 2 h，对罗丹明 B 的降解效率就达到 100%，是一种理想的光催化剂。Chen 等人[133]采用改进的复合熔盐法制备的单晶 Bi_2S_3 纳米线，具有比表面积大、孔道多的优点，将其作为载体制成 Pt/Bi_2S_3 催化剂，用于酸性介质中催化氧化甲醇和乙醇时，其表现出比 Pt/C 更高的催化活性和稳定性。

4.10.3.3 生物领域

Dutta 等人[134]用自制铋硫复合盐——$C_{18}H_{24}BiN_3S_6$ 作为单一前驱体，采用溶剂热法制得 Bi_2S_3 纳米棒，用该纳米颗粒改性的玻碳电极作为生物探针，来检测溶液中 H_2O_2 的含量，具有稳定性高、最低检出限低等优点。Wang 等人[135]利用水热法合成了 Bi_2S_3 纳米棒，光学研究表明其具有优异的光电转换效率，以此为光活性材料，沉积于 ITO 薄膜，并添加纳米金颗粒等制成 RNA 生物探针，具有极高的灵敏度，对 RNA 的检测限可达 3.5 fM，甚至能够检测单个错误匹配的 RNA。

4.10.3.4 医学领域

Rabin 等人[136]采用两步法合成多聚物包覆的 Bi_2S_3 纳米颗粒，研究发现将其作为 X 射线计算机断层扫描（CT）显像剂，具有稳定性高、对 X 射线的吸收率高和循环时间长等优点。与传统的碘化物 CT 显像剂相比，Bi_2S_3 纳米颗粒具有灵敏度高、准确度高、毒副作用低等优点。

4.10.3.5 电化学领域

Bi_2S_3 纳米材料具有优异的电学性质，因此常被用作电池材料，如 Jin 等人[137]利用溶剂热法制得松树状 Bi_2S_3 颗粒，将其用作锂离子电池的阳极材料并探讨电池的充放电过程，结果表明松树状 Bi_2S_3 颗粒具有理想的电化学插锂性质。Nair 等人[138]以 BiI_3 和 H_2S 为原料，制得粒径小于 5 nm 的 Bi_2S_3 纳米颗粒，研究发现，将其与 SnO_2 一起制成电极，可有效地将太阳能转换为电能，具有作为光电化学电池材料进行开发利用的潜力。Zhang 等人[139]以硝酸铋为铋源、L-半胱氨酸为硫源制得花状 Bi_2S_3 纳米颗粒，循环伏安测试和充放电测试共同表明其具有理想的电化学储氢性质。

4.11 三硫化二镓

4.11.1 三硫化二镓的性质

三硫化二镓（Ga_2S_3）为黄白色固体，密度为 3.46~3.65 g/cm，熔点为 1090~1255 ℃，缓慢溶于冷水，易溶于浓碱生成镓酸盐，也易溶于盐酸和硝酸。在空气中稳定，加热易氧化。目前有单斜结构、六方结构、立方结构等。Ga_2S_3 的禁带宽度约为 3.4 eV[140]，属于宽禁带半导体。硫化镓具有特殊的电学、光学性质，是一种具有潜在应用的半导体材料，目前主要被应用于红外玻璃中。通过拉曼测试可知，发现 Ga_2S_3 有弱的声子能量。

4.11.2   三硫化二镓的制备方法

溶剂热合成有机溶剂除水提纯之后将镓源（自制氯化镓）、硫源、模板剂及草酸按一定配比装入 12 mL 聚四氟乙烯反应釜中后搅拌 30 min；加入无水有机溶剂，使反应釜填充度达到 80%，用氮气吹出多余空气，封好反应釜；放入不同温度的烘箱中进行溶剂热反应；取出反应釜，使其自然冷却至室温，之后离心固液混合物，使产品与反应液分离，且用蒸馏水及酒精反复洗涤固体；在低温下或真空条件下烘干。流程如图 4-23 所示。

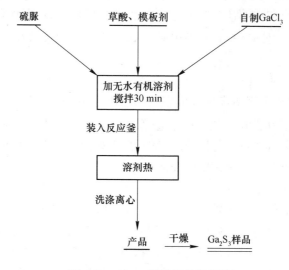

图 4-23 Ga_2S_3 样品制备流程图

采用溶剂热法制备硫化镓粉体，溶剂为苯及乙二醇二甲醚时可制备出的粉体具有不同的表面形貌，根据 SEM 和 TEM 表征可知，得到的样品表面形貌有 4 种一维、3 种二维及 4 种三维硫化镓粉体，分析它们的结构与性质，可得以下结果：

（1）乙二醇二甲醚为溶剂易于制备出一维纳米材料，无模板剂可制备出棒状一维纳米材料，反应条件：$GaCl_3$：$(NH_2)_2CS$：草酸 = 1：5：5，$GaCl_3$ 浓度为 0.1 mol/L，反应温度及时间为 190 ℃两天；$GaCl_3$：$(NH_2)_2CS$：草酸 = 1：5：5，$GaCl_3$ 浓度为 0.05 mol/L，反应温度及时间为 200 ℃两天。添加 PVP 为模板剂可制备出一维管状硫化镓样品，反应条件：$GaCl_3$：$(NH_2)_2CS$：草酸 = 1：5：5，$GaCl_3$ 浓度为 0.75 mol/L，反应温度及时间为 200 ℃两天；$GaCl_3$：$(NH_2)_2CS$：草酸 = 1：5：5，$GaCl_3$ 浓度为 0.1 mol/L，反应温度及时间为 200 ℃两天。制备得到的一维硫化镓样品为纯相，随粒径变小，光致发光最大发射波长蓝移，表面光电压光谱谱峰红移。

（2）苯为溶剂添加 PVP 为模板剂易于制备二维纳米材料，反应条件：$GaCl_3$：$(NH_2)_2CS$：草酸 = 1 ∶ 3 ∶ 3，$GaCl_3$ 浓度为 0.1 mol/L，反应温度及时间为 200 ℃ 两天；$GaCl_3$：$(NH_2)_2CS$：草酸 = 1 ∶ 5 ∶ 5，$GaCl_3$ 浓度为 0.05 mol/L，反应温度及时间为 180 ℃ 两天；$GaCl_3$：$(NH_2)_2CS$：草酸 = 1 ∶ 5 ∶ 5，$GaCl_3$ 浓度为 0.1 mol/L，反应温度及时间为 200 ℃ 两天。制备得到的二维硫化镓粉体为纯相，随粒径变小，光致发光最大发射波长蓝移，随着粒径变大，表面光电压光谱谱峰发生宽化。

（3）苯及乙二醇二甲醚为溶剂都可制备出三维硫化镓粉体。苯为溶剂无模板剂时，可制备出花状及四面体状样品，反应条件：$GaCl_3$：$(NH_2)_2CS$：草酸 = 1 ∶ 3 ∶ 3，$GaCl_3$ 浓度为 0.05 mol/L，反应温度及时间为 200 ℃ 两天；$GaCl_3$：$(NH_2)_2CS$：草酸 = 1 ∶ 5 ∶ 5，$GaCl_3$ 浓度为 0.1 mol/L，反应温度及时间为 200 ℃ 两天；$GaCl_3$：$(NH_2)_2CS$：草酸 = 1 ∶ 4.5 ∶ 4.5，$GaCl_3$ 浓度为 0.1 mol/L，反应温度及时间为 200 ℃ 两天。乙二醇二甲醚为溶剂 PVP 为模板剂时，可制备出三维的菜花簇、梭状及花状硫化镓样品，反应条件：$GaCl_3$：$(NH_2)_2CS$：草酸 = 1 ∶ 3 ∶ 3，$GaCl_3$ 浓度为 0.1 mol/L，反应温度及时间为 200 ℃ 两天；$GaCl_3$：$(NH_2)_2CS$：草酸 = 1 ∶ 5 ∶ 5，$GaCl_3$ 浓度为 0.05 mol/L；$GaCl_3$：$(NH_2)_2CS$：草酸 = 1 ∶ 3 ∶ 3，$GaCl_3$ 浓度为 0.05 mol/L，反应温度及时间为 200 ℃ 两天。制备得到的三维硫化镓样品为纯相。三维硫化镓粉体的光致发光最大发射波长范围较大[141]。

4.11.3 三硫化二镓的用途

染料敏化太阳能电池（DSSCs）主要是由涂有 TiO_2、ZnO、SnO_2、ZrO_2、MgO、Al_2O 及 Y_2O_3 等半导体的导电玻璃组成的光阳极，金属配合物作为染料敏化剂，电解液和涂有 C 或 Pt(Au) 层的导电玻璃组成的对电极组成的。染料敏化太阳能电池的主要优势是：原材料丰富（TiO_2、ZnO 等）、成本低（仅为硅太阳能电池的 1/10～1/5）、制备工艺简单、对环境友好（材料和生产工艺无毒无污染）。DSSCs 具有的这些优点在工业化生产中具有较大的优势，且对保护人类环境具有重要的意义，同时部分材料可以回收利用，节省了原料。目前，为了提高染料敏化太阳能电池的光电转化效率，在不改变电池的其他优点的前提下，可将硫化镓粉体应用在 TiO_2 薄膜上，对光阳极进行改性，从而提高光电转化效率。

参 考 文 献

[1] GU Z J, MA Y, ZHAI T Y, et al. A simple hydrothermal method for the large-scale synthesis of single-crystal potassium tungsten bronze nanowires [J]. Chemistry (Weinheim an der Bergstrasse, Germany), 2006, 12 (29): 7717-7723.

[2] 郑永珠. 纳米硫化物的制备方法及其优缺点 [D]. 长春：东北师范大学, 2007.

［3］ 张俊松, 马娟, 周益明, 等. 低温固相反应法合成水分散性 CdS 纳米晶 ［J］. 无机化学学报, 2005 (2): 150, 295-297.

［4］ 曹洁明, 房宝青, 刘劲松, 等. 微波固相反应制备 CdS 纳米粒子 ［J］. 无机化学学报, 2005 (1): 8, 105-108.

［5］ 袁求理, 聂秋林. 多臂 CdS 纳米晶体的水热控制合成 ［J］. 无机材料学报, 2007 (1): 49-52.

［6］ YU Y, ZHONG L, ZHONG Q, et al. Controllable synthesis of CeO_2 nanoparticles with different sizes and shapes and their application in NO oxidation ［J］. RSC Advances, 2016, 6 (56): 50680-50687.

［7］ JANG J S, JOSHI U A, LEE J S. Solvothermal synthesis of CdS nanowires for photocatalytic hydrogen and electricity production ［J］. J. Phys. Chem. C, 2007 (35): 13280-13287.

［8］ LIU X C. Preparation and characterization of pure anatase nanocrystals by sol-gel method ［J］. Powder Technology, 2012, 224: 287-290.

［9］ 张静. 改性硫化镉的制备及其光催化性能的研究 ［D］. 太原: 太原理工大学, 2021.

［10］ 张学峰, 庄云龙. 纳米硫化铅离子敏感材料的研究 ［J］. 化学传感器, 2004, 24 (1): 50-54.

［11］ GORAI S, GANGULI D, CHAUDHURI S. Shape selective solvothermal synthesis of copper sulphides: Role of ethylenediamine-water solvent system ［J］. Materials Science & Engineering B. Solid-State Materials for Advanced Technology, 2005, 116 (2): 221-225.

［12］ BENEDETTO F D, BORGHERESI M, CANESCHI A, et al. First evidence of natural superconductivity: Covellite ［J］. European Journal of Mineralogy, 2006, 18 (3): 283-287.

［13］ MAJI S K, MUKHERJEE N, DUTTA A K, et al. Deposition of nanocrystalline CuS thin film from a single precursor: Structural, optical and electrical properties ［J］. Materials Chemistry and Physics, 2011, 130 (1): 392-397.

［14］ SAVARIRAJ A D, VISWANATHAN K K, PRABAKAR K. CuS nano flakes and nano platelets as counter electrode for quantum dots sensitized solar cells ［J］. Electrochimica Acta, 2014, 149: 364-369.

［15］ ROY P, MONDAL K, SRIVASTAVA S K. Synthesis of twinned CuS nanorods by a simple wet chemical method ［J］. Crystal Growth & Design, 2008, 8 (5): 1530-1534.

［16］ 李晓江. 窄带隙 CuS, In_2S_3, $CuInS_2$ 半导体纳米材料的制备及其光催化性能研究 ［D］. 天津: 天津理工大学, 2016.

［17］ DAVOODI A, MADDAHFAR M, RAMEZANI M. Application of mercaptoacetic acid as a capping agent, solvent, and precursor to fabricate In_2S_3 nanostructures ［J］. Journal of Industrial and Engineering Chemistry, 2015, 22: 368-372.

［18］ JIANG J Z, ZOU J, ZHANG Y X, et al. A novel synthesis and characterization of 3D chrysanthemum-like β-In_2S_3 by surfactantfree hydrothermal method ［J］. Materials Letters, 2012, 79: 132-135.

［19］ GORAI S, GUHA P, GANGULI D, et al. Chemical synthesis of β-In_2S_3 powder and its optical characterization ［J］. Materials Chemistry and Physics, 2003, 82 (3): 974-979.

[20] BARREAU N. Indium sulfide and relatives in the world of photovoltaics [J]. Solar Energy, 2008, 83 (3): 363-371.

[21] 张伟, 郜梦迪, 谢永辉, 等. In₂S₃/ZnO 薄膜太阳能电池的制备及光电特性研究 [J]. 当代化工, 2018, 47 (4): 731-734.

[22] FU X L, WANG X X, CHEN Z X, et al. Photocatalytic performance of tetragonal and cubic β-In₂S₃ for the water splitting under visible light irradiation [J]. Applied Catalysis B, Environmental, 2010, 95 (3): 393-399.

[23] 高文文. 多硫化铟及其复合宽谱光催化材料的制备与应用 [D]. 济南: 齐鲁工业大学, 2015.

[24] 杨桦, 王子忱, 宋利珠, 等. 发光材料硫化锌纳米晶的合成与结构表征 [J]. 功能材料, 1996 (4): 15-17.

[25] 郑修麟, 刘正堂, 惄勇. ZnS 的不同制备方法及性能的对比 [J]. 材料导报, 1995 (4): 35-38.

[26] 舒磊, 俞书宏, 钱逸泰. 半导体硫化物纳米微粒的制备 [J]. 无机化学学报, 1999 (1): 5-11.

[27] 贾宝平, 贺跃辉, 唐建成, 等. ZnS 掺杂技术研究及应用现状 [J]. 材料导报, 2002 (8): 20-23.

[28] 史新宇. 硫化锌的制备及其光学特性的研究 [D]. 烟台: 烟台大学, 2009.

[29] 邓意达, 贺跃辉, 唐建成, 等. ZnS 光电材料制备技术的研究进展 [J]. 粉末冶金材料科学与工程, 2002 (1): 7.

[30] 张苓. ZnS 薄膜及粉体材料的制备与表征 [D]. 西安: 西安理工大学, 2006.

[31] 王丽娟. 硫化锌多晶块体材料的高温高压制备及其性能研究 [D]. 牡丹江: 牡丹江师范学院, 2019.

[32] 刘西中. 形貌可控 ZnS 材料的水热/溶剂热法制备 [D]. 青岛: 中国海洋大学, 2010.

[33] 李炜, 陈俊芳. 真空蒸发硫化法制备硫化锌薄膜的研究 [J]. 新余高专学报, 2008 (4): 64-66.

[34] 王彩凤. ZnS/PS 复合体系的白光发射研究 [D]. 曲阜: 曲阜师范大学, 2007.

[35] 孙赟. 化学浴沉积法制备硫化铜薄膜的研究 [D]. 合肥: 安徽建筑大学, 2019.

[36] 乔阳. ZnS 及其掺杂的第一性原理研究 [D]. 济南: 山东大学, 2010.

[37] SUN Y F, CHENG H, GAO S, et al. Atomically thick bismuth selenide freestanding single layers achieving enhanced thermoelectric energy harvesting [J]. Journal of the American Chemical Society, 2012, 134 (50): 20294-20297.

[38] LI G W, SU R, RAO J C, et al. Band gap narrowing of SnS₂ superstructures with improved hydrogen production [J]. Journal of Materials Chemistry A, 2016, 4: 209-216.

[39] 李攻科, 赖华圣, 张卓旻. 一种二硫化锡-金复合材料及其制备方法和应用: 中国, CN115283668A [P]. 2022-11-04.

[40] 锁国权, 赵保国, 李冉, 等. 一种三维互联双碳限域硫化锡纳米结构制备及应用: 中国, CN115295778A [P]. 2022-11-04.

[41] 狄廷敏, 邓泉荣, 王戈明, 等. 一种铜掺杂二硫化锡复合光催化材料的制备方法:

中国，CN115090298A［P］. 2022-09-23.

［42］施利毅，张登松，陈国荣，等．一种长寿命硫化锡负极材料及其制备方法：中国，CN109935804B［P］. 2022-06-03.

［43］周伟，胡玉高，薄婷婷，等．过渡金属掺杂的二硫化锡纳米花及其制备方法：中国，CN113753942A［P］. 2021-12-07.

［44］DAI G P, QIN H Q, ZHOU H, et al. Template-free fabrication of hierarchical macro/mesoporous SnS_2/TiO_2 composite with enhanced photocatalytic degradation of Methyl Orange (MO)［J］. Applied Surface Science, 2018, 430: 488-495.

［45］ZHANG Y C, DU Z N, LI K W, et al. Size-controlled hydrothermal synthesis of SnS_2 nanoparticles with high performance in visible light-driven photocatalytic degradation of aqueous methyl orange［J］. Separation and Purification Technology, 2011, 81 (1): 101-107.

［46］XIA J, LI G C, MAO Y C, et al. Hydrothermal growth of SnS_2 hollow spheres and their electrochemical properties［J］. Cryst. Eng. Comm., 2012, 14: 4279-4283.

［47］SUN Y F, CHENG H, GAO S, et al. Freestanding tin disulfide single-layers realizing efficient visible-light water splitting［J］. Angewandte Chemie, 2012, 51 (35): 8727-8731.

［48］李国辉，孙元元，邢华隆，等．玫瑰花状铈掺杂二硫化锡的一步合成及其光催化还原Cr(Ⅵ) 的性能［J］. 无机化学学报, 2019, 35 (2): 194-202.

［49］PARK S, PARK J, SELVARAJ R, et al. Facile microwave-assisted synthesis of SnS_2 nanoparticles for visible-light responsive photocatalyst［J］. Journal of Industrial and Engineering Chemistry, 2015, 31: 269-275.

［50］LUO J, ZHOU X S, ZHANG J Q, et al. Fabrication and characterization of Ag_2CO_3/SnS_2 composites with enhanced visible-light photocatalytic activity for the degradation of organic pollutants［J］. RSC Advances, 2015, 5 (105): 86705-86712.

［51］赵志巍．二硫化锡基纳米材料的制备及其光催化性能的研究［D］. 天津：天津理工大学, 2021.

［52］叶明富，孔祥荣，潘正凯，等．微波法合成树枝状纳米硫化锑［J］. 安徽工业大学学报（自然科学版）, 2012, 29 (4): 338-341.

［53］KONDROTAS R, CHEN C, TANG J. Sb_2S_3 solar cells［J］. Joule, 2018, 2 (5): 857-878.

［54］WANG X M, TANG R F, WU C Y, et al. Development of antimony sulfide-selenide $Sb_2(S,Se)_3$-based solar cells［J］. Journal of Energy Chemistry, 2018, 27 (3): 713-721.

［55］CHEN G Y, ZHANG W X, XU A W. Synthesis and characterization of single-crystal Sb_2S_3 nanotubes via an EDTA-assisted hydrothermal route［J］. Materials Chemistry and Physics, 2010, 123 (1): 236-240.

［56］林庭浩．硫化锑材料的制备及其太阳能电池的应用［D］. 武汉：华中农业大学, 2019.

［57］TIGAU N, GHEORGHIES C, RUSR G I, et al. The influence of the post-deposition treatment on some physical properties of Sb_2S_3 thin films［J］. Journal of Non-Crystalline Solids, 2005, 351 (12/13): 987-992.

［58］CHEN X Y, ZHANG X F, SHI C W, et al. A simple biomolecule-assisted hydrothermal approach to antimony sulfide nanowires［J］. Solid State Communications, 2005, 134 (9):

613-615.

[59] OTA J, SRIVASTAVA S K. Tartaric acid assisted growth of Sb_2S_3 nanorods by a simple wet chemical method [J]. Crystal Growth & Design, 2007, 7 (2): 343-347.

[60] 吴际良. 微波法合成含铋纳米材料及其表征 [D]. 武汉: 武汉工程大学, 2010.

[61] 唐其金, 钟昕, 吕中, 等. 微波法可控合成硫化锑微纳米材料 [J]. 化工新型材料, 2021, 49 (12): 194-198.

[62] BESSEGATO G G, CARDOSO J C, DA SILVA B F, et al. Enhanced photoabsorption properties of composites of Ti/TiO$_2$ nanotubes decorated by Sb_2S_3 and improvement of degradation of hair dye [J]. Journal of Photochemistry & Photobiology, A: Chemistry, 2014, 276: 96-103.

[63] LOKHANDE C D. Chemical deposition of metal chalcogenide thin films [J]. Materials Chemistry and Physics, 1991, 27 (1): 1-43.

[64] SAVADOGO O, MANDAL K C. Low-cost technique for preparing n-Sb_2S_3/p-Si heterojunction solar cells [J]. Appl. Phys. Lett., 1993, 63: 228-230.

[65] LEI H W, YANG G, GUO Y X, et al. Efficient planar Sb_2S_3 solar cells using a low-temperature solution-processed tin oxide electron conductor [J]. Physical Chemistry Chemical Physics: PCCP, 2016, 18 (24): 16436-16443.

[66] WANG X M, LI J M, LIU W F, et al. A fast chemical approach towards Sb_2S_4 film with a large grain size for high-performance planar heterojunction solar cells [J]. Nanoscale, 2017, 9: 3386-3390.

[67] ZHENG L, JIANG K J, HUANG J H, et al. Solid-state nanocrystalline solar cells with antimony sulfide absorber deposited by in-situ sold-gas reaction [J]. Journal Mater. Chem. A, 2017, 5: 4791-4796.

[68] HU H M, MO M S, YANG B J, et al. Solvothermal synthesis of Sb_2S_3 nanowires on a large scale [J]. Journal of Crystal Growth, 2003, 258 (1): 106-112.

[69] DENG H, YUAN S J, YANG X K, et al. Efficient and stable TiO$_2$/Sb_2S_3 planar solar cells from absorber crystallization and Se-atmosphere annealing [J]. Materials Today Energy, 2017, 3: 15-23.

[70] KIM D H, LEE S J, PARK M S, et al. Highly reproducible planar Sb_2S_3-sensitized solar cells based on atomic layer deposition [J]. Nanoscale, 2014, 6 (23): 14549-14554.

[71] MEDINA-MONTES M I, MONTIEL-GONZÁLEZ Z, MATHEWS N R, et al. The influence of film deposition temperature on the subsequent post-annealing and crystallization of sputtered Sb_2S_3 thin films [J]. Journal of Physics and Chemistry of Solids, 2017, 111: 182-189.

[72] MESSINA S, NAIR M T S, NAIR P K. Antimony sulfide thin films in chemically deposited thin film photovoltaic cells [J]. Thin Solid Films, 2006, 515 (15): 5777-5782.

[73] WANG G H, CHEUNG C L. Building crystalline Sb_2S_3 nanowire dandelions with multiple crystal splitting motif [J]. Materials Letters, 2011, 67 (1): 222-225.

[74] BAO H F, CUI X Q, LI C M, et al. Synthesis and Electrical Transport Properties of Single-Crystal Antimony Sulfide Nanowires [J]. J. Phys. Chem. C, 2007, 111 (45): 17131-17135.

[75] AH C J, HUI R J, HYUK I S, et al. High-performance nanostructured inorganic-organic heterojunction solar cells [J]. Nano Letters, 2010, 10 (7): 2609-2612.

[76] 张慧, 吴璠, 韩昌报, 等. Sb$_2$S$_3$ 纳米丝的合成及杂化太阳电池研究 [J]. 高等学校化学学报, 2013, 34 (10): 2401-2407.

[77] 罗涛. 基于锑化镓和硫化锑纳米线光探测器件的光电特性研究 [D]. 武汉: 华中科技大学, 2015.

[78] ALIVISATOS A P. Semiconductor clusters, nanocrystals, and quantum dots [J]. Science, 1996, 271 (5251): 933-937.

[79] CHUN L, LIANG H, PONGUR S G, et al. Role of boundary layer diffusion in vapor deposition growth of chalcogenide nanosheets: The case of GeS [J]. ACS Nano, 2012, 6 (10): 8868-8877.

[80] JAE C Y, SOON I H, SUNG K H, et al. Tetragonal phase germanium nanocrystals in lithium ion batteries [J]. ACS Nano, 2013, 7 (10): 9075-9084.

[81] ZHANG W X, ZENG H, YANG Z H, et al. New strategy to the controllable synthesis of CuInS$_2$ hollow nanospheres and their applications in lithium ion batteries [J]. Journal of Solid State Chemistry, 2012, 186: 58-63.

[82] DO J Y, CHAVA R K, KIM S K, et al. Fabrication of core@ interface: Shell structured CuS @ CuInS$_2$: In$_2$S$_3$ particles for highly efficient solar hydrogen production [J]. Applied Surface Science, 2018, 451: 86-98.

[83] 乔小磊. 硫铟铜复合光催化剂的制备及其可见光下分解水性能的研究 [D]. 南京: 江苏大学, 2020.

[84] LI L, COATES N, MOSE S D. Solution-processed inorganic solar cell based on in situ synthesis and film deposition of CuInS$_2$ nanocrystals [J]. Journal of the American Chemical Society, 2010, 132 (1): 22-23.

[85] HOSSEINPOUR-MASHKANI S M, SALAVATI-NIASARI M, MOHANDES F. CuInS$_2$ nanostructures: Synthesis, characterization, formation mechanism and solar cell applications [J]. Journal of Industrial and Engineering Chemistry, 2014, 20 (5): 3800-3807.

[86] RABEH M B, KANZARI M, REZIG B. Role of oxygen in enhancing N-type conductivity of CuInS$_2$ thin films [J]. Thin Solid Films, 2006, 515 (15): 5943-5948.

[87] ZHENG L, XU Y, SONG Y, et al. Nearly monodisperse CuInS$_2$ hierarchical microarchitectures for photocatalytic H$_2$ evolution under visible light [J]. Inorganic Chemistry, 2009, 48 (9): 4003-4009.

[88] ALONSO M I, WAKITA K, PASCUAL J, et al. Optical functions and electronic structure of CuInSe$_2$, CuGaSe$_2$, CuInS$_2$, and CuGaS$_2$ [J]. Physical Review B, 2001, 63 (7): 075203-1-075203-13.

[89] COURTEL F M, PAYNTER R W, MARSAN B. Synthesis, characterization, and growth mechanism of n-type CuInS$_2$ colloidal particles [J]. Chemistry of Materials: A Publication of the American Chemistry Society, 2009, 21 (16): 3752-3762.

[90] CASTRO S L, BAILEY S G, RAFFAELLE R P, et al. Synthesis and Characterization of

colloidal CuInS$_2$ nanoparticles from a molecular single-source precursor [J]. J. Phys. Chem. B, 2004, 108 (33): 12429-12435.

[91] ZHONG Z, ZHOU Y, YE M F. Controlled synthesis and optical properties of colloidal ternary chalcogenide CuInS$_2$ nanocrystals [J]. Chemistry of Materials: A Publication of the American Chemistry Society, 2008, 20 (20): 6434-6443.

[92] 王秀英, 刘学彦, 赵家龙. CuInS$_2$ 纳米晶的制备和发光性质 [J]. 发光学报, 2012, 33 (1): 7-11.

[93] GORAI S, BHATTACHARYA S, LIAROKAPIS E, et al. Morphology controlled solvothermal synthesis of copper indium sulphide powder and its characterization [J]. Materials Letters, 2005, 59 (28): 3535-3538.

[94] XIAO J P, XIE Y, TANG R, et al. Synthesis and characterization of ternary CuInS$_2$ nanorods via a hydrothermal route [J]. Journal of Solid State Chemistry, 2001, 161 (2): 179-183.

[95] SHI L, PEI C J, LI Q. Ordered arrays of shape tunable CuInS$_2$ nanostructures, from nanotubes to nano test tubes and nanowires [J]. Nanoscale, 2010, 2 (10): 2126-2130.

[96] QI Y X, LIU Q C, TANG K B. Synthesis and characterization of nanostructured wurtzite CuInS$_2$: A new cation disordered polymorph of CuInS$_2$ [J]. The Journal of Physical Chemistry, C. Nanomaterials and Interfaces, 2009, 113 (10): 6383-6393.

[97] 周国方. CuInS$_2$ 纳米结构的液相合成及其光电特性研究 [D]. 合肥: 合肥工业大学, 2013.

[98] MALLOCI G, BONGIOVANNI G, CALZIA V. Electronic properties and quantum confinement in Bi$_2$S$_3$ ribbon-like nanostructures [J]. The Journal of Physical Chemistry C. Nanomaterials and Interfaces, 2013, 117 (42): 21923-21929.

[99] QUAN Z W, YANG J, YANG P P, et al. Facile synthesis and characterization of single crystalline Bi$_2$S$_3$ with various morphologies [J]. Cryst. Growth Des., 2007, 8 (1): 200-207.

[100] LIU Z P, XU D, LIANG J B, et al. Low-temperature synthesis and growth mechanism of uniform nanorods of bismuth sulfide [J]. Journal of Solid State Chemistry, 2004, 178 (3): 950-955.

[101] Wang Y, CHEN J, WANG P, et al. Syntheses, growth mechanism, and optical properties of [001] growing Bi$_2$S$_3$ nanorods [J]. J. Phys. Chem. C, 2009 (36): 16009-16014.

[102] ARIVUOLI D, GNANAM F D, RAMASAMY P. Growth and microhardness studies of chalcogneides of arsenic, antimony and bismuth [J]. Journal of Materials Science Letters, 2004, 7 (7): 711-713.

[103] SHEN X P, YIN G, ZHANG W L, et al. Synthesis and characterization of Bi$_2$S$_3$ faceted nanotube bundles [J]. Solid State Communications, 2006, 140 (3): 116-119.

[104] SOLANKI S I, PATEL I B, SHAH N M. Synthesis of Bi$_2$S$_3$ with different sulfur content by conventional high temperature solid state solvothermal route [J]. AIP Conference Proceedings, 2015, 1591 (1): 1473-1475.

[105] MONTEIRO O C, TRINDADE T. Preparation of Bi$_2$S$_3$ nanofibers using a single-source method

[J]. Journal of Materials Science Letters, 2000, 19 (10): 859-861.

[106] OTA J R, SRIVASTAVA S K. Low temperature micelle-template assisted growth of Bi_2S_3 nanotubes [J]. Nanotechnology, 2005, 16 (10): 2415-2419.

[107] WU J L, QIN F, CHAN F Y F, et al. Fabrication of three-dimensional snowflake-like bismuth sulfide nanostructures by simple refluxing [J]. Materials Letters, 2009, 64 (3): 287-290.

[108] LIAO X H, WANG H, ZHU J J, et al. Preparation of Bi_2S_3 nanorods by microwave irradiation [J]. Materials Research Bulletin, 2001, 36 (13): 2339-2346.

[109] JIANG Y, ZHU Y J, XU Z L. Rapid synthesis of Bi_2S_3 nanocrystals with different morphologies by microwave heating [J]. Materials Letters, 2005, 60 (17): 2294-2298.

[110] THONGTEM T, PILAPONG C, KAVINCHAN J, et al. Microwave-assisted hydrothermal synthesis of Bi_2S_3 nanorods in flower-shaped bundles [J]. Journal of Alloys and Compounds, 2010, 500 (2): 195-199.

[111] ZHANG H, JI Y J, MA X Y. Long Bi_2S_3 nanowires prepared by a simple hydrothermal method [J]. Nanotechnology, 2003, 14 (9): 974-977.

[112] JIANG J, YU S H, YAO W T, et al. Morphogenesis and crystallization of Bi_2S_3 nanostructures by an ionic liquid-assisted templating route: Synthesis, formation mechanism, and properties [J]. ChemInform, 2006, 37 (8): 6094-6100.

[113] JIANG Y, ZHU Y J. Microwave-assisted synthesis of sulfide M_2S_3 (M = Bi, Sb) nanorods using an ionic liquid [J]. The Journal of Physical Chemistry B, 2005, 109 (10): 4361-4364.

[114] 杨振江, 宋家奎, 郑明波, 等. 离子液体中微波合成纳米结构的 Bi_2S_3 和 $Bi_{19}Br_3S_{27}$ [J]. 化学学报, 2008, 66 (22): 2558-2562.

[115] HUANG Y F, CAI Y B, LIU H. A Self-assembly approach to fabricate Bi_2S_3 nanorods [J]. Advanced Materials Research, 2010, 139-141: 51-54.

[116] ZHU J M, YANG K, ZHU J J, et al. The microstructure studies of bismuth sulfide nanorods prepared by sonochemical method [J]. Optical Materials, 2003, 23 (1): 89-92.

[117] WANG H, ZHU J J, ZHU J M, et al. Sonochemical method for the preparation of bismuth sulfide nanorods [J]. The Journal of Physical Chemistry, B. Condensed Matter, Materials, Surfaces, Interfaces & Biophysical, 2002, 106 (15): 3848-3854.

[118] YU Y, SUN W T. Uniform Bi_2S_3 nanowires: Structure, growth, and field-effect transistors [J]. Materials Letters, 2009, 63 (22): 1917-1920.

[119] YU S H, YANG J, WU Y S, et al. Hydrothermal preparation and characterization of rod-like ultrafine powders of bismuth sulfide [J]. Materials Research Bulletin, 1998, 33 (11): 1661-1666.

[120] 姚国光, 马红, 朱刚强. 水热法合成不同形貌的 Bi_2S_3 纳米结构 [J]. 人工晶体学报, 2009, 38 (6): 1404-1409.

[121] LOU W J, CHEN M, WANG X B, et al. Novel single-source precursors approach to prepare highly uniform Bi_2S_3 and Sb_2S_3 nanorods via a solvothermal treatment [J]. Chemistry of

Materials: A Publication of the American Chemistry Society, 2007, 19 (4): 872-878.

[122] CHEN J S, QIN S Y, SONG G X, et al. Shape-controlled solvothermal synthesis of Bi_2S_3 for photocatalytic reduction of CO_2 to methyl formate in methanol [J]. Dalton Transactions, 2013, 42 (42): 15133-15138.

[123] SONG C X, WANG D B, YANG T, et al. Morphology-controlled synthesis of Bi_2S_3 microstructures [J]. Cryst-Eng-Comm., 2011, 13: 3087-3092.

[124] LI Q, SHAO M W, WU J, et al. Synthesis of nano-fibrillar bismuth sulfide by a surfactant-assisted approach [J]. Inorganic Chemistry Communications, 2002, 5 (11): 933-936.

[125] DONG L H, CHU Y, ZHANG W. A very simple and low cost route to Bi_2S_3 nanorods bundles and dandelion-like nanostructures [J]. Materials Letters, 2008, 62 (27): 4269-4272.

[126] ZHAO W B, ZHU J J, ZHAO Y, et al. Photochemical synthesis and characterization of Bi_2S_3 nanofibers [J]. Materials Science & Engineering B, 2004, 110 (3): 307-313.

[127] PENG X S, MENG G W, ZHANG J, et al. Electrochemical fabrication of ordered Bi_2S_3 nanowire arrays [J]. Materials Research Bulletin, 2002, 37 (7): 1369-1375.

[128] YE C H, MENG G W, JIANG Z, et al. Rational growth of Bi_2S_3 nanotubes from quasi-two-dimensional precursors [J]. Journal of the American Chemical Society, 2002, 124 (51): 15180-15181.

[129] WU Y, ZHOU X G, ZHANG H, et al. Bi_2S_3 nanostructures: A new photocatalyst [J]. Nano Research, 2010, 3 (5): 379-386.

[130] 胡海霞. 纳米硫化铋材料的制备, 表征及性质研究 [D]. 天津: 天津大学, 2015.

[131] TAHIR A A, EHSAN M A, MAZHAR M. Photoelectrochemical and photoresponsive properties of Bi_2S_3 nanotube and nanoparticle thin films [J]. Chemistry of Materials: A Publication of the American Chemistry Society, 2010, 22 (17): 5084-5092.

[132] BAO H F, LI C M, CUI X Q, et al. Single-crystalline Bi_2S_3 nanowire network film and its optical switches [J]. Nanotechnology, 2008, 19 (33): 335302-1-335302-5.

[133] CHEN L, YANG Q, HUA H, et al. Pt nanoparticles supported on Bi_2S_3 nanowires for methanol and ethanol electrooxidation [J]. Energy and Environment Focus, 2014, 3 (4): 383-387.

[134] DUTTA A K, MAJI S K, MITRA K, et al. Single source precursor approach to the synthesis of Bi_2S_3 nanoparticles: A new amperometric hydrogen peroxide biosensor [J]. Sensors & Actuators: B. Chemical, 2014, 192: 578-585.

[135] WANG M, YANG Z Q, GUO Y L, et al. Visible-light induced photoelectrochemical biosensor for the detection of microRNA based on Bi_2S_3 nanorods and streptavidin on an ITO electrode [J]. Microchimica Acta, 2014, 182 (1/2): 241-248.

[136] RABIN O, PEREZ J M, GRIMM J, et al. An X-ray computed tomography imaging agent based on long-circulating bismuth sulphide nanoparticles. [J]. Nature materials, 2006, 5 (2): 118-122.

[137] JIN R C, LIU J S, LI G H, et al. Solvothermal synthesis and good electrochemical property of pinetree like Bi_2S_3 [J]. Crystal Research and Technology, 2013, 48 (12): 1050-1054.

[138] SUAREZ R, KAMAT P V, NAIR P K. Photoelectrochemical behavior of Bi_2S_3 nanoclusters and nanostructured thin films [J]. Langmuir: The ACS Journal of Surfaces and Colloids, 1998, 14 (12): 3236-3241.

[139] ZHANG B, YE X C, HOU W Y, et al. Biomolecule-assisted synthesis and electrochemical hydrogen storage of Bi_2S_3 flowerlike patterns with well-aligned nanorods [J]. The Journal of Physical Chemistry. B, 2006, 110 (18): 8978-8985.

[140] DUTTA D P, SHARMA G, TYAGI A K, et al. Gallium sulfide and indium sulfide nanoparticles from complex precursors: Synthesis and characterization [J]. Materials Science & Engineering B, 2007, 138 (1): 60-64.

[141] 石岩. Ga/In 硫化合物的溶剂热/水热合成及光电性能研究 [D]. 哈尔滨: 哈尔滨工业大学, 2013.

5 高纯硒系化合物

硒的性质介于金属与非金属之间，是一种较为珍稀的微量元素。硒在元素周期表中位于第 4 周期第ⅥA族，原子序数为 34，相对原子质量为 78.96，熔点为 221 ℃，沸点为 684.9 ℃，20 ℃时密度为 4.81 g/cm³。固态硒分无定型和晶体两种，无定型硒又分红色粉状、玻璃状和胶体状三种。晶体硒有单斜晶体和六方晶体之分，其中以灰色六方晶体最为稳定，红色的单斜晶体和灰色的六方晶体是硒的同素异形体。红硒在受热后，会迅速变成灰硒。灰硒的熔点为 217 ℃。灰硒的重要特性是它具有典型的半导体性能，可以用于无线电的检波和整流。硒整流器具有耐负荷、耐高温、电稳定性好等特点。

5.1 硒化锌

ZnSe 是ⅡB-ⅥA族的化合物的杰出代表，ZnSe 及 ZnSe 基半导体材料的研究是一个正在迅速发展的领域。

5.1.1 硒化锌的性质

ZnSe 为亮黄色晶体，主要有两种晶型，即高温稳定相六方纤锌矿结构和常温稳定相立方闪锌矿结构，二者相转变温度在 1425 ℃附近（见图 5-1）。纤锌矿结构为六方密堆积结构，其晶格常数为 $a = 0.398$ nm，$c = 0.653$ nm。立方闪锌矿结构的 ZnSe 的构型是 Zn 和 Se 原子构成的面心立方格子相互嵌套而成，其晶格常数为 0.5668 nm，禁带宽度 2.7 eV。

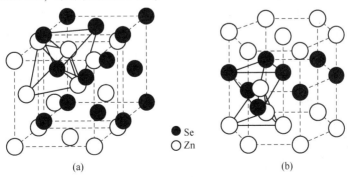

图 5-1 ZnSe 的晶体结构

（a）闪锌矿；（b）纤锌矿

硒化锌的主要物理性质见表 5-1。从表 5-1 中可以看出，ZnSe 的线膨胀系数较低而热导率较高，适合用作窗口材料。

表 5-1 ZnSe 的主要物理性质

物理性能	强度/MPa	努氏硬度/kg·mm⁻²	弹性模量/GPa	线膨胀系数/K⁻¹	热导率/W·(m·K)⁻¹	密度/g·cm⁻³	熔点/K	比热容/J·(kg·K)⁻¹
数值	55	105	67	7.8×10^{-6}	18	5.27	1790	0.34

5.1.2 硒化锌的制备方法

5.1.2.1 硒化锌多晶料的制备方法

A 物理气相沉积法

物理气相沉积（PVD）是指在接近真空条件下，将材料源气化成原子、分子或电离成离子，并通过气相输运过程在衬底上沉积薄膜、半导体、陶瓷等材料的技术。物理气相沉积法制备材料的基本过程为：通过蒸发、升华、溅射和分解等一系列物理过程从材料源上发射出粒子；将粒子定向输运到沉积基片，在这个输运过程中，各个粒子之间发生相互碰撞、产生离化、复合、反应等一系列物理与化学过程，粒子之间发生能量和动量交换；粒子在沉积基底上凝结、成核、长大。

1988 年报道了用物理气相沉积法成功合成硒化锌晶体。首先采用湿法工艺制备了硒化锌粉末。然后将粉料冷压成型，装入气相沉积炉中，在 350~600 ℃真空处理 5 h 后，在 900~1000 ℃进行升华沉积实验。沉积基板的温度控制在 730~750 ℃。

PVD 法与 CVD 法相比较，由于避免了使用毒性很大的硒化氢气体作为原料，因此具有工艺简单、污染小、成本低等优势。

B 化学气相沉积法

化学气相沉积法（CVD）是反应物质在气态条件下发生化学反应，生成固态物质沉积在加热的固态基体表面，从而获得固体材料的技术。其基本原理是：将两种或两种以上的气态原材料导入一个反应室内，通过气态原材料的化学反应形成新的材料，沉积到基体表面上。反应过程为：反应气体向衬底表面扩散，反应气体被吸附于衬底表面，在衬底表面进行化学反应、表面移动、成核及膜生长，生成物从表面解吸，并在表面扩散。

CVD 使用的基体材料需要满足一定的标准，具体为：（1）基体材料的热膨胀系数与被沉积的材料相近；（2）基体材料不能与反应试剂发生反应，也不能与沉积材料发生反应；（3）基体材料必须足够致密以防止沉积材料向基体扩散；（4）基体材料易于与沉积的材料分开。

20世纪80年代开始，化学气相沉积法被用来制备硒化锌晶体和硫化锌晶体，美国的Goela等人于1989年制备成功CVD-ZnSe[1]。他们采用锌和硒化氢为原料，在730~825℃，反应腔体压力为$2.7×10^{-3}~5.3×10^{-3}$ Pa时，得到1 μm/min的沉积速率，并研究了化学气相沉积率与温度的关系。其反应方程式为：

$$Zn + H_2Se \Longrightarrow ZnSe + H_2 \tag{5-1}$$

由于硒化氢剧毒且昂贵，研究者尝试不同的方法制备CVD-ZnSe。周育先等人在2005年报道了用单质Zn、Se和H_2为原料制备成功硒化锌多晶。

C　热压烧结法

热压烧结法在国内外被广泛应用于合成功能材料。烧结是指原料粉末或坯体在高温下的致密化过程。随着温度的上升和时间的延长，固体颗粒相互键连，晶粒长大，气孔和晶界逐渐减少。通过物质的扩散传递，烧结体的总体积下降，密度增加，最后成为多晶体。

烧结过程可以分为两大类：不加压烧结和加压烧结。对松散粉末或粉末压坯同时施以高温和外压，就是所谓的热压烧结。如果烧结过程是在接近真空的环境中进行，那么就称为真空热压烧结。热压烧结时，由于粉料处于热塑性状态，形变阻力小，易于塑性流动和致密化，因此热压烧结所需的成型压力仅为冷压法的约1/10。由于同时加热、加压，有助于粉末颗粒的接触和扩散、流动等传质过程，降低烧结温度和缩短烧结时间，抑制了晶粒的长大。热压法容易获得密度接近理论密度、气孔率接近于零的烧结体，容易得到细晶粒的组织，容易实现晶体的取向效应，因而容易得到具有良好力学性能、电学性能的产品。图5-2为热压烧结法制备ZnSe的工艺流程。

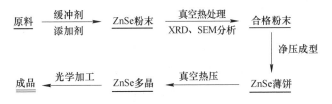

图5-2　热压烧结法制备ZnSe的工艺流程

D　其他方法

除了物理气相沉积法、化学气相沉积法和热压烧结法，还出现了一种制备硒化锌多晶的新工艺，即沉积—热压工艺[2]。该工艺既保留了传统热压工艺和气相沉积工艺的各自优点，又排除了两者固有的缺陷，是获得力学性能和光学性能兼优的硒化锌多晶的有效手段。另外有研究者研究了热等静压处理对CVD-ZnSe多晶性能的提升，具体包括热等静压温度、时间对CVD-ZnSe多晶的结构与光学特征的影响[3]。

5.1.2.2 硒化锌单晶的制备方法

A 化学气相输运法

化学气相输运（CVT）又称化学反应助升华法，是利用化学可逆反应在不同温度下反应朝不同方向进行而生长晶体的方法。其设备简单、生长温度低、单晶质量很高。

该方法是生长硒化锌高质量单晶材料最为常用也是最为成熟的方法。主要原理就是在真空密封石英管的一端放上所需生长晶体的单质元素 Zn 和 Se，用 I_2、Br_2 等作输运剂，或再加上合适的辅助矿化剂，然后将带有原料的一端放置在高温区，另一端放置在低温区，输运剂会带着原料 A 和 B 达到低温区，由于低于 A 和 B 的熔点，A 和 B 进行反应之后沉积在低温一端，如此合成生长制备高质量的单晶材料。经过理论研究和科学实验证明，运用 CVT 法既能够生长制备高质量的块状单晶，也能直接生长制备高质量的单层二维材料。

以常用的气相输运剂 I_2 为例介绍 CVT 的生长晶体控制机理：

$$ZnSe(s) + I_2(g) \Longrightarrow ZnI_2(g) + 0.5Se_2(g) \tag{5-2}$$

采用相应的热力学数据可以计算得到式（5-2）的平衡常数 K，根据平衡常数 K 随温度的关系可以判断出晶体的生长是从高温区向低温区传质还是相反。以前者为例，若 K 随温度提高而上升，这就意味着上式的正向反应随着 T 升高，即 ZnSe（s）的分解反应将在高温区占优。反之在低温区，ZnSe（s）的生成将占优，这样若在反应器内存在温差，则 ZnSe 将在冷段沉积形成单晶。实际操作中只需控制温度和温差即可达到控制晶体生长的目的。

B 导向温度梯度法

导向温度梯度法（TGT）主要是依靠在固-液界面处合适的温度梯度来生长晶体。固-液界面处的温度梯度是影响晶体生长的重要因素之一。由于 ZnSe 的热导率很小，在晶体生长时如果温度梯度较大，会造成局部的过饱和度过大，易形成缺陷，甚至生成多晶 ZnSe，从而影响晶体的质量。通常情况下，主要是通过石墨发热体、坩埚、坩埚外围保温装置及冷却装置来调节温度梯度。生长前对温度梯度炉抽高真空到 10^{-3} Pa，然后充入氩气作为保护气体。在氩气的保护下，开始运行控温程序。当温度升到 1550 ℃时恒温 2 h，以保证原料充分熔化，然后开始降温并生长晶体，降温速率小于 5 ℃/h。当温度降到 1000 ℃左右时，可以适当加快降温速率。在降温的过程中尽量保持温场和温度的恒定，使固-液界面的推进速度稳定，确保生长出高质量的单晶。

5.1.2.3 硒化锌薄膜的制备方法

红外镀膜中，合适的镀膜材料较少，尤其是在波长较长的区域，可用的材料更少。MgF_2 只能透到 10 μm，SiO_2 只能透到 8 μm，ZnS 也只能透到 15 μm。若镀膜工作要向更长的波段推进，势必只有使用卤族化合物。这类材料的特点是折射率低，能透过较长的波段，但最大的弱点是吸水性大，对镀制过程及产品的使用都带来很大的不方便。硒化锌虽不具有卤族化合物那样长的红外透明区，但硒化锌大块材料从可见光区直到微米波段内是透明的，它的薄膜态到 30 μm 也是透明的，所以一般在小于 30 μm 波段内都可采用硒化锌，而不必使用易吸潮的卤族化合物。

A 热蒸发沉积法

硒化锌熔点是 1530 ℃，它在 900 ℃左右直接从固体升华，所以硒化锌的蒸发温度比硫化锌低得多，这一点在镀制工艺中是一个很大的优点。硫化锌蒸发温度高，在蒸镀过程中，使被镀工件温度上升很快，要使工件温度保持恒定很困难。而使用硒化锌就能克服这一缺点，它在蒸镀过程中不会使工件温度上升很多，便于控制工件温度，使整个蒸镀过程稳定，而且重复性也提高了。

硒化锌可采用钼舟加热蒸发，钼片厚 0.1 mm，制成舟形即可。国外资料中介绍也可用铂舟来蒸发，但铂舟成本极高，张文德[4]试验中发现用铂舟蒸发的硒化锌薄膜的性质并不比用钼舟蒸发的好。经过长期使用，钼舟也无腐蚀现象产生。蒸发速率 120~160 g/(cm^2·s)。

B 射频溅射沉积法

射频溅射沉积，也称溅射镀膜，属气相沉积方法。将涂覆用材料制成靶作为阴极，被离子轰击后溅射出原子或分子，在电场作用下沉积于被镀工件（底材）表面形成薄膜。射频溅射是用高频电磁场来维持辉光放电，产生轰击离子使溅射不断进行。

射频溅射薄膜优于热蒸发沉积薄膜，已越来越被薄膜研究者所重视。热蒸发沉积薄膜的材料从蒸发源飞出来的原子平均能量约为 10^{-1} eV，即使蒸发源的温度达到熔点以上，在一般条件下，从蒸发源飞出的原子能量也不会超过 1 eV。而溅射原子其能量有 10^{-3} eV，比蒸发原子能量大 1~2 个数量级。因此用溅射法沉积的薄膜的填充系数、粘接系数、附着力、抗潮性均优于热蒸发沉积的薄膜。但是，溅射系统中各参量间的相互影响繁多，在对薄膜均匀性要求不太高的行业，如半导体工业、陶瓷和塑料的金属化等行业已得到比较广泛的应用，而用溅射法制造光学薄膜方面，目前国内外还处于前期阶段。

5.1.3 硒化锌的用途

多年来，ZnSe 晶体材料一直是 ⅡB-ⅥA 族的化合物研究的热点，其在激光红外等光电子技术领域的重要性是无可争议的，ZnSe 晶体材料的常见应用领域如下：

（1）ZnSe 晶体材料最重要的应用或基础用途是作为晶体外延生长和制造光

电器件的衬底[5-6]。在光电器件制备中，也有使用 GaAs 作衬底的，但由于 ZnSe 和 GaAs 失配达 0.27%，导致外延层缺陷严重。因此，在 GaAs 衬底上外延获得大的 ZnSe 光电器件的发光强度和荧光寿命十分有限，而采用 ZnSe 衬底同质外延后，其光电性能均得到大大改善。因此，获得衬底级 ZnSe 晶体对该材料的应用开拓十分关键。

（2）ZnSe 的另一重要应用是作为蓝光半导体激光器件（LED）和光发射器件（LD）。由于蓝光半导体激光可广泛应用于海洋和天空探测、平面显示和提高激光存储密度等领域，ZnSe 基半导体激光器件和发光二极管开发已成为半导体光源开发的焦点之一。1991 年美国 3M 公司首次成功开发了 ZnSe 激光器件是这一领域的历史性贡献[7]，随后这一方面又有了长足发展，并获得了 LED 的连续波输出[8]。国内也有 ZnSe-PN 二极管的电致发光与受激发射的报道。ZnSe 体单晶可以直接作为激光工作物质，并已经成功在（1,1,1）取向的 ZnSe 体单晶中，在室温下用染料激光泵浦获得绿色激光输出。ZnSe 的反斯托克斯发光对该材料的激光应用拓展是有益的[9]。人的眼睛对 550 nm 波段左右的光最敏感，因而绿光有非常重要的应用价值。虽然近年来 GaN 蓝光晶体材料发展飞速，但发射 510~550 nm 的绿光对 GaN 来讲是困难的，而 ZnSe 却可以，GaN 一般可以发生 370~420 nm 的紫外光到蓝光，因而 ZnSe 和 GaN 各有特点，二者不能相互取代。

（3）ZnSe 晶体是非常重要的非线性光学晶体，1966 年 Patel 首先发现了 ZnSe 的二次谐波（SHG，倍频效应）产生，对于位相匹配二次谐波的产生，ZnSe 可作为非双折射材料，这方面研究较少，发展空间很大。ZnSe 的另一非线性光学特征是非线性吸收和折射，这方面的研究是 ZnSe 晶体材料用作光开关等器件的重要基础。

（4）ZnSe 也是重要的红外光学材料，满足红外材料最基本的要求，一般的 ZnSe 单晶在 0.5~22 μm 有良好的透过性质，基本覆盖了可见光至红外光波段范围，因此可广泛应用于红外热像仪、激光窗口、高速飞行器窗口和导流罩材料，另外，由于 ZnSe 能全部透过太阳光，又与 GaAs 晶格失配小，因此可以作为 GaAs 太阳能电池的窗口层。

（5）近年来 ZnSe 材料的应用仍在不断扩展，例如可用 ZnSe 单晶制备固态核辐射探测器、肖特基势垒光探测器；利用 ZnSe 晶体的 Faraday 效益和 Pockel 效应制备磁光传感器测量 50~100 Hz 的磁场强度，利用高阻 ZnSe 制备微波传输气室（MSGCS）来探测宽能量范围的粒子、光子辐射和软 X 射线，用 ZnSe 多晶制备高压光导 ZnSe 开关。

由此可见，ZnSe 材料的应用涉及激光、红外、非线性光学、核辐射探测和光电信息处理等领域。

5.2 硒化铋

5.2.1 硒化铋的性质

金属硒化物的晶体结构有闪锌矿型、六方型和纤维锌矿型等类型。硒化铋（Bi_2Se_3）为层状晶体材料，结构呈斜方六面体，晶体的空间群为 $D3d5$（$R3m$）。它的层状结构如图 5-3 所示，在图 5-3（a）中，每个单胞含 5 个原子，原子排列成夹心结构。单层硒化铋的层状结构可以视为 5 个亚层构成，连接亚层之间的作用力是较强的共价键作用。不同的亚层原子依次为 Se（1）—Bi—Se（2）—Bi—Se（1），其中 Bi—Se（1）之间以共价键和离子键相结合，Bi—Se（2）之间为共价键，而 Se（1）—Se（1）之间则以范德华力相结合，因此晶体很容易在 Se（1）原子面间发生解理。这个亚原子层做五倍层（quintuple layers，QL），层间靠微弱的范德华作用力相连接。如图 5-3（b）所示，每个亚层内的原子都位于上下亚层的原子构成的等边三角形中心。从上到下依次为 A-B-C-A-B-C。亚层之间的共价键作用力远高于层间之间的范德华作用力，因此层状硒化铋是很容易解离的[10]。

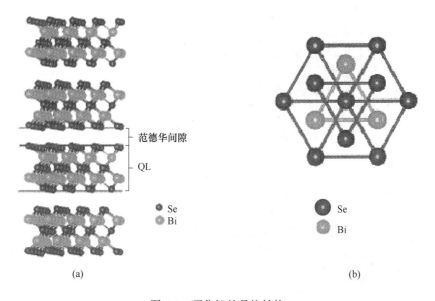

(a)   (b)

图 5-3　硒化铋的晶格结构

5.2.2 硒化铋的制备方法

5.2.2.1 硒化铋晶体的制备方法

目前科学研究领域中硒化铋合金的制备方法主要包括：布里奇曼晶体生长

法、分子束外延和真空管式炉蒸镀法等。不同的制备方法其制备设备、原理和制备过程均不同，然而这些合金制备方法均存在一个共同特点：它们都是通过物理蒸镀法来实现的，并且需要在实验过程中对原材料进行加热升温处理。目前普遍采用的硒化铋合金制备方法主要是布里奇曼晶体生长法和分子束外延。因为它们在控制合金薄膜结构的生长速率和高质量薄膜结构方面具有很大的优越性。

A 布里奇曼晶体生长法

布里奇曼晶体生长法（Bridgman-Stockbarge method）也被称为坩埚下降法[11]，还被称为提拉式晶体生长法。它是一种比较常见的合金晶体生长方法，其基本结构和原理如图 5-4（a）所示。其基本结构主要包括坩埚、加热线圈和炉体等。在工作过程中，从上到下可以将整个炉体结构依次分为加热区、梯度区和冷却区。其温度分布与炉内位置之间的关系如图 5-4（b）所示，在加热区，温度从室温到原材料的熔点呈梯度分布；在梯度区，温度基本保持在略高于原材料熔点的温度；在冷却区，温度从略高于原材料熔点的温度逐步下降至室温。

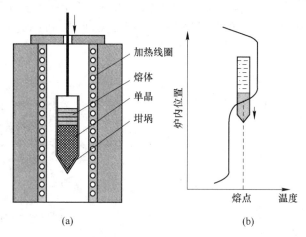

图 5-4 布里奇曼晶体生长法的基本结构(a)和温度分布(b)

布里奇曼晶体生长法晶体制备过程具体如下：将用于合金晶体生长的原材料按照事先准备的一定化学配比混合装在圆柱形的坩埚中，置于炉上方，密闭布里奇曼炉，然后抽真空，当真空值达到一定的标准后，再把坩埚缓慢的下降；在下降过程中，坩埚先经过加热区，然后通过一个具有一定温度梯度的梯度区，梯度区域中炉温控制在略高于材料的熔点附近。根据材料的性质加热器件可以选用电阻炉或者高频炉。当坩埚下降经过加热区域时，坩埚中的原材料温度逐渐升高，最后达到其熔点，确保原材料的预熔和熔化，并且坩埚的下降速度比较慢，温度保持的时间足以让原材料得到充分的熔化，当坩埚持续下降时，坩埚底部的温度率先下降到熔点以下，在这个过程中，原材料才开始重新结晶，随着坩埚的不断下降，结晶的晶体也持续性地长大。布里奇曼晶体生长法的优点在于设备简单、操作性简易、实用性广，可以按照事先制定的方案得到理想的合金结构；缺点在于整个合金制备过程周期较长，每次实验需要整体持续若干天，主要时间用于实验准备、熔化过程和降温保持过程。

B 分子束外延

分子束外延（MBE）是目前世界上制备薄膜最先进的晶体生长技术[12-15]，主要应用于科学研究领域中。分子束外延的薄膜生长工艺过程按照时间的先后顺序主要分为3部分：衬底处理、生长过程的控制和后续工艺。衬底处理主要包括衬底的选片、抛光、清洗、腐蚀、装片和预除气等环节；生长过程包括在制备薄膜的过程中温度、电流电压、生长周期等的控制；后续处理主要包括对刚制备的样品进行表面钝化、镀电极、扫描探针显微镜（SPM）扫描等工艺。

图5-5详细描述了分子束外延的结构原理，其结构主要包括：具有热挡板的喷射炉、钼加热块、电子衍射枪、俄歇分析仪和观察孔等。分子束外延的主要原理是：将经过清洗工艺处理完毕的半导体衬底基片放置在超高真空腔体中的钼加热片上，并且同时将需要生长的单晶物质原材料按照元素的种类分别放在相应的喷射炉中，然后对各种原材料进行相应的加热处理，使得各种单晶原材料元素喷

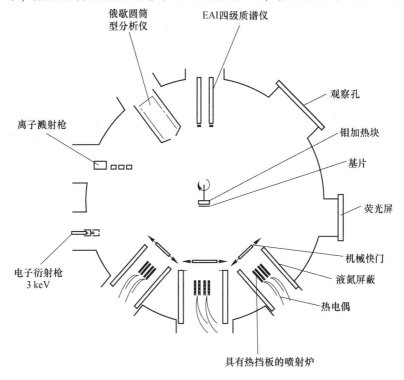

图5-5 分子束外延原理图

射后形成的分子流沉积在上述衬底上，最后生长出很薄的（可以薄到单分子水平）单晶和若干种物质交替生长的超晶格结构，并且其生长过程可以用系统配套的 SPM、反射高能电子衍射仪（RHEED）和俄歇分析仪等软件和系统进行即时观察和检测。目前分子束外延研究的方向主要分为两个方向：在相同材料的前提下，可以改变每一层材料的沉积厚度、沉积顺序和沉积层数，最终制备出不同结构的薄膜；在结构完全相同的前提下，利用不同的单晶原材料制备出类似的晶体薄膜和超晶格结构。

　　和其他外延方法相比，分子束外延具有如下的优点：（1）原材料和半导体衬底基片分别进行加热处理和精确的控制，生长温度比较低；（2）生长速率相对比较慢，可以通过系统准确地控制掺杂剂量、结构组合和薄膜的厚度，是一种原子层面级别的外延生长技术，在多层异质薄膜结构的制备方面有其独特的优势；（3）和传统的薄膜制备过程不同，分子束外延生长不是在热平衡条件下进行的，是一个动力学过程，它对于对制备过程中很难把握热平衡的晶体的制备提供了可能性；（4）生长过程中，半导体衬底表面和单晶原材料都处于超高真空中，可以利用附带的其他设备进行及时观测、控制、分析及研究生长过程、组分和表面状态等；（5）当完全掌握所需晶体薄膜的制备过程后，每次得到样品的结构和性能比较稳定。

　　其缺点在于：（1）一次性制备的样品数目有限，不便于大批量生产；（2）生长速率比较慢；（3）当更换新的材料体系时，需耗费大量时间来完善新的实验方案。

　　C　真空蒸镀法

　　作为物理气相沉积薄膜技术中使用最早的技术，真空蒸镀法实用性很广泛，并且发展了很多年，还延伸出其他类似的沉积薄膜技术[16]。其基本原理是：在真空环境下，将金属、金属合金或者化合物等原材料进行加热并且蒸发，使得大量的原子、分子气化并离开镀料或者固体镀料表面，也就是升华；然后气态的原子和分子等在真空中经过很少的碰撞，并且借助于惰性气体使它们迁移到基体上；镀料原子和分子沉积在基体表面形成薄膜。比较常用的蒸发源是电阻蒸发源和电子束蒸发源。

　　真空蒸镀的基本工艺过程如下：（1）镀前处理，包括清洗衬底和预处理；（2）称料装炉，称量实验所用的蒸发源，并且将蒸发源和衬底一起放入管式炉中，记录蒸发源和衬底之间的距离和位置；（3）抽真空，打开机械泵，静等真空度达到实验的要求为止；（4）设定程序，主要包括升温速率、升温时间、蒸发温度、保持蒸发温度的时间、降温速率等一系列实验参数；（5）关闭真空，出炉；（6）后续处理和样品的保存。

　　真空蒸镀法的主要优点在于：设备简单、蒸发速率较高、蒸发原子的运动具有方向性、气体杂质含量较低、耗时短和工艺简单等。缺点在于：不适用于高熔点材料、不容易控制薄膜沉积速率和薄膜厚度、薄膜容易脱落和不适应于大规模的生产。

5.2.2.2　硒化铋二维层状材料的制备方法

2016 年 10 月，中国科学院深圳先进技术研究院与武汉大学、香港城市大学的研究人员合作，制备出了超薄硒化铋二维层状材料，并成功将其应用于光声成像引导的光热治疗。

作为二维层状材料的一种，硒化铋具有显著的热电和光电性能，同时具有良好的生物活性和生物相容性，引起了科学家的广泛关注。为了制备出超薄超小的硒化铋纳米片，我国研究人员研发了一种简单的液相合成方法，实现了硒化铋纳米片的大规模制备。制得的硒化铋纳米片厚度仅为 1.7 nm，片层大小约为 31.4 nm。研究发现，这种超薄硒化铋纳米片具有优异的近红外光学性能，光热转换效率达 34.6%，还具有较高的光声转换效率，可实现光声引导的肿瘤光热治疗，并能够有效代谢出体外，在生物医学、光子学领域具有巨大的应用潜力。

5.2.3　硒化铋的用途

5.2.3.1　热电应用

Bi_2Te_3 及其合金结构一直被认为是热电优值最高的材料[17-19]，作为层状化合物材料，它的结构是由共价键结合的五原子网状结构（Te-Bi-Te-Bi-Te），因此，和它结构相似的层状结构 Bi_2Se_3 薄膜及其合金结构也逐渐被应用于热电领域的研究。

目前，Bi_2Se_3 薄膜提高优值的方法主要有：通过制作纳米结构来改善硒化铋的输运特性，一方面降低了声子传导的平均自由程，可以大幅度降低热导率；另一方面加强了载流子的散射可以提高 Seebeck 系数；通过元素掺杂改变硒化铋的能带结构，进一步调控载流子浓度，提高其热电性能，比如掺杂 Sb、S、Ca 等元素。而 Bi_2Se_3 和 Bi_2Te_3 的赝二元合金化合物的热电效率是一个很重要的研究方向，可以通过调节其合金薄膜结构来调控载流子浓度同时降低晶格的热导率。

5.2.3.2　硒化铋拓扑绝缘体

2009 年中国科学院物理研究所的方忠、戴希研究员与张首晟教授合作，预言了一类全新的拓扑绝缘体：Bi_2Se_3、Bi_2Te_3 及 Sb_2Te[20]。这一类拓扑绝缘体主要由 VA、VIA 族元素组成，具有稳定的化学配比，结构简单，易于合成，能带间隙很宽而且只有一个狄拉克锥。并且根据它们及其他的一些材料的能带计算，结果表明 Bi_2Se_3 是强拓扑绝缘体材料，并且给出了其表面的单个狄拉克能谱的低能有效模型。

几乎同时，美国普林斯顿大学的 Hasan 教授和 Cava 教授合作利用 ARPES 给

出了 Bi_2Se_3 的能带结构[21]，验证了这一新型的拓扑绝缘体材料，而且它的能隙宽度达到了 0.3 eV，独特的能隙使得它为制备室温工作的自旋电子学器件创造了可能，被称为第二代拓扑绝缘体[22]。和 $Bi_{1-x}Sb_x$ 不同的是，Bi_2Se_3 是晶体，可以获得纯度很高的样品，具有更大的潜在研究价值。薛其坤教授等人通过分子束外延的方法，生长出了高质量的 Bi_2Se_3 和 Bi_2Te_3 薄膜结构，并通过了 ARPES 的实验又一次验证了表面狄拉克锥的存在[23]。

5.3 硒化镉

作为ⅡB-ⅥA族化合物半导体材料之一，硒化镉（CdSe）具有ⅡB-ⅥA族化合物半导体材料的共同特征，如它是一种直接跃迁式宽带系半导体材料，且被认为是响应可见光的一种极好的光电导材料，可用来制作光导摄像管靶、光电池、光二极管和 X 射线、γ 射线及可见光探测器等光电器件。

5.3.1 硒化镉的性质

CdSe 是一种性能优良的ⅡB-ⅥA族直接带隙半导体化合物，具有优秀的电学和光学性质。基于 CdSe 材料的优秀性质，在很多领域有重要应用价值，是一种可实现红外激光调谐输出的非线性光学晶体材料，同时也是一种能实现室温核辐射探测的半导体材料，另外在提升太阳能电池转换效率方面[24-25]和大口径中红外波片方面[26]也有很重要的应用价值与应用前景。

5.3.1.1 结构性质

CdSe 晶体具有两种晶体结构：六方纤锌矿型结构（α-CdSe）和立方闪锌矿型结构（β-CdSe）。目前人们对 α-CdSe 研究较为深入，因此书中出现的 CdSe 均指的是 α-CdSe，CdSe 是一种具有混合键的离子晶体，其中含有离子键和共价键但离子键的成分较大，其晶体结构如图 5-6 所示。CdSe 中的 Cd 原子按照六方紧密堆积排列，Se 原子填充一半数量的由 Cd 原子组成的四面体的空隙，Se 原子层和 Cd 原子层交替排列。则这些由 Cd-Se4（或 Se-Cd4）组成的四面体顶角相连并沿 c 轴方向层状分布，相邻两层的四面体以沿 c 轴和 c 负轴呈相反方向结晶且交替排列。

在一个 CdSe 原胞中含有 4 个原子，Se 原子和 Cd 原子的数目比为 1∶1，晶格常数 a、b 和 c 分别为 0.4299 nm、0.4299 nm 和 0.711 nm，c/a = 1.633，α = 90°，β = 120°。由晶格常数可以求得 CdSe 每立方厘米的体积内约有 8.3×10^{22} 个原子，即 4.15×10^{22} 个 Se 原子和 4.15×10^{22} 个 Cd 原子。CdSe 具有（100）和（110）两个解离面，（100）面上 Se 3d 和 Cd 4d 态电子能谱的表面芯能级位移（SCLS）分别为 -0.42 eV 和 0.38 eV，（110）面上 Se 3d 和 Cd 4d 态电子能谱的 SCLS 分别为 -0.33 eV 和 0.28 eV[26]。

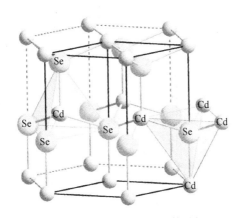

图 5-6 纤锌矿型 CdSe 晶体结构

　　Se 和 Cd 原子的排列顺序与组合方式导致 CdSe 是一种极性半导体,其中 Se 和 Cd 原子在(110)面和(100)面上的投影分别如图 5-7(a)和(b)所示。从图中可以看出,(100)和(110)面上 Cd 和 Se 原子的悬挂键数相同,因此(100)面和(110)面为非极性面。Cd 和 Se 原子的悬挂键数目不同的面为极性面,其中(001)面上 Cd 原子悬挂键多,即 Cd 面;(100)面上 Se 原子悬挂键多,即 Se 面。极性面的物化性能不同,可通过用酸溶液腐蚀的方法区分 Cd 面和 Se 面,腐蚀后 Cd 面会比 Se 面更亮,且腐蚀后表面状态不同。

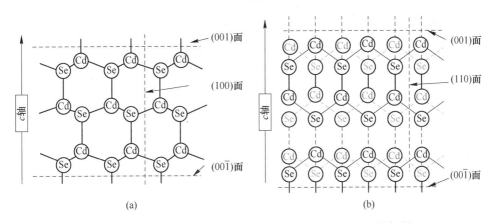

图 5-7 Cd 和 Se 原子分别在(110)面(a)和(100)面(b)上的投影

5.3.1.2　带隙结构

　　CdSe 是一种直接禁带半导体,即在能带结构图中导带极小值和价带极大值均位于布里渊区中心的波矢 $k=0$ 处,室温下禁带宽度为 1.7 eV。基于第一性原理计算 CdSe 的带隙结构得到直接跃迁型的能带结构图[27],如图 5-8 所示,从图中可以看到价带分为轻空穴带和重空穴带。

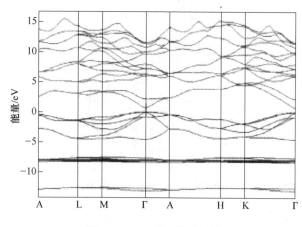

图 5-8 CdSe 理论能带结构

点缺陷在能带中形成的能级：CdSe 晶体中可能存在起施主作用的本征点缺陷有 Cd 间隙原子（Cdi）、Se 空位（VSe）和 Se 替 Cd 反位原子（SeCd）；其受主作用的本征点缺陷有 Se 间隙（Sei）、Cd 空位（VCd）和 Cd 替 Se 反位（CdSe）。Rose 等人提出了自补偿带隙结构[28]，如图 5-9 所示，其中价带顶之上 0.105 eV 处存在一个浅受主能级，而在价带顶之上 1.3 eV 处存在一个由 Se 反位原子产生的深施主能级。Tchakpele 等人[29]基于格林函数方法，使用紧束缚近似计算了纤锌矿型 CdSe 晶体中理想空位存在的电子状态和引起的缺陷能级，表明 VCd 在价带顶之上产生一个 0.45 eV 的深受主能级。

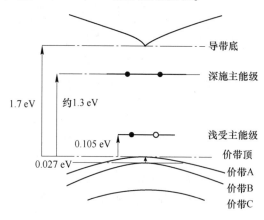

图 5-9 非掺杂 CdSe 能带模型[30]

杂质在能带结构中引入杂质能级：杂质元素在硅、锗等元素半导体和砷化镓、磷化铟等ⅢA-ⅤA 族化合物半导体中引入能级的研究较为广泛，相应的理论基础与掺杂技术相对成熟，可以通过控制掺杂元素的种类和浓度调控半导体的性能。

5.3.1.3 光学性质

光学材料的结构及性质决定该材料的透过波长范围，其中能带结构的带隙 E_g 决定了短波透过截止限，晶格的热振动及结构决定材料的长波透过截止限[31]。当入射光光子能量大于等于材料禁带宽度时，即 $hc/\lambda \geqslant E_g$，光子被材料内产生的电子-空穴对吸收；当入射光光子能量小于材料禁带宽度时，即 $hc/\lambda < E_g$，光子有可能透过，可透过的最小临界波长 λ 由 $\lambda = 1.24/E_g$ 来计算。对 ⅡB-ⅥA 族化合物来说，影响红外吸收的主要因素有杂质吸收、缺陷吸收、自由载流子吸收、晶格振动吸收、沉淀相和夹杂吸收等，其中沉淀相与夹杂吸收主要在短波处，如 Te 夹杂相和 Te 沉淀相吸收影响 ZnCdTe 在 2 μm 处的透过率；自由载流子的吸收主要发生在中长波且吸收强度随波长增大而增加，如自由载流子浓度高的 CdSe 晶体在 10 μm 处的透过率很低。

杂质吸收对晶体材料透过率的影响取决于杂质在晶体中形成的能级位置和杂质浓度，当入射光子能量等于或大于杂质上电子（空穴）的电离能时，才会发生杂质吸收，且吸收谱线集中在吸收限附近。一般浅能级杂质的吸收谱线不易观察，因为浅能级杂质的电离能很小，室温下已经发生电离，只能在低温下和大部分杂质未被电离的前提下可以观察到杂质吸收谱线。在 CdSe 晶体中掺入 Cr 杂质，在 1.7～2.2 μm 近红外区域内引起吸收，可见 Cr 是一种深能级杂质，电离能为 0.64 eV[32]。

CdSe 晶体具有六角对称性，平行和垂直于六角轴方向上的介电性能不同，所以具有双折射现象，CdSe 是正单轴晶体，非寻常光（e 光）的折射率 n_e 大于寻常光（o 光）的折射率 n_o，双折射率 $\Delta n = n_e - n_o$ 为 0.019，根据最佳色散关系方程（20 ℃）[33]，绘制折射率与入射波长的曲线，如图 5-10 所示，由图可以看出折射率 n_o 和 n_e 均随波长的增大而减小。

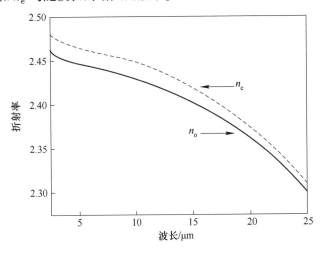

图 5-10 CdSe 晶体最佳色散关系曲线

5.3.1.4 电学性质

对于 Si、Ge 和 GaAs 等半导体材料,掺杂是改变半导体的导电类型、载流子浓度和电阻率等电学性能的主要方法之一。对于具有直接带隙结构 ⅡB-ⅥA 族化合物半导体而言,理论上制作 p-n 结结构的发光二极管将会有很大的电光转换效率,是极具应用前景的光电转换材料,但这类半导体材料具有很强的自补偿效应,造成很难通过掺杂改变其导电性,这一原因从根本上限制了 ⅡB-ⅥA 族化合物半导体在发光器件上的广泛应用。传统的自补偿效应可以解释为当掺入起施主(或受主)作用的杂质时,在晶体中会形成与之相互补偿的空位缺陷造成掺杂无效[34]。表 5-2 给出了几种 ⅡB-ⅥA 族化合物的导电类型,其中除了 CdTe 既可以做 n 型和 p 型导电外,其余化合物半导体都是单性导电类型,ZnTe 只能为 p 型导电,S 和 Se 的 ⅡB 族金属化合物均为 n 型导电。

表 5-2   ⅡB-ⅥA 化合物导电类型

化合物	ZnS	ZnSe	ZnTe	CdS	CdSe	CdTe
导电类型	n	n	p	n	n	n/p

ⅡB-ⅥA 化合物半导体内原子之间以离子键和共价键两种形式化合,但离子键的成分更大,导致晶体呈现出较强的离子性。共价键的键能比离子键的键能更大,因此在离子晶体或离子性强的晶体中更容易出现缺陷。晶体的导电类型与晶体组分的化学计量比有关,尤其是在离子性强的半导体中,空位的形成能较低,是一种主要的点缺陷,空位在晶体中起浅施主或受主的作用,是影响半导体电阻率的主要因素之一。

空位的形成也与化合物半导体中离子半径的大小有关,对于离子半径小的原子,空位的形成能小,因此易形成该原子空位。在 ZnS、CdS 和 CdSe 材料中,阴离子 S^{2-} 和 Se^{2-} 的半径小于阳离子 Zn^{2+} 和 Cd^{2+},因此化合物中易形成阴离子空位 VS 和 VSe,并电离出电子,所以这些材料呈现出 n 型导电。同理,对于 ZnTe 材料,阴离子 Te^{2-} 的半径大于阳离子 Zn^{2+},阳离子 Zn^{2+} 空位容易形成,伴随空位的形成电离出空穴,所以 ZnTe 呈 p 型导电。

CdSe 晶体是 n 型半导体,晶体内部的空位形成能低,由于其本身具有很强的自补偿效应,很难通过掺杂的方法生长 p 型大尺寸 CdSe 单晶。Kutra 等人的离子注入研究表明[35],在高温惰性气体环境下,通过离子注入可获得 p 型 CdSe 薄层,空穴迁移率仅为 $0.4 \sim 0.6 \ cm^2/(V \cdot s)$。

5.3.2   硒化镉的制备方法

5.3.2.1   硒化镉单晶的制备方法

大部分的 ⅡB-ⅥA 族化合物的熔点高、蒸气压也高,而且 ⅡB 族和 ⅥA 族的元素蒸气压也高，不再适合用传统的布里奇曼法进行生长。从降低生长温度角度得到的生长方法有气相法和熔剂法；从抑制熔点附近组分挥发和平衡蒸气压角度得到的生长方法有高压熔体法。

A 气相法

气相法生长晶体的基本原理是升高温度使固态的原料挥发、升华变为气态，并调节温场结构，气态分子在结晶区再凝结为固体的过程，控制挥发速率与结晶区的温场，可以实现单晶的生长。该方法的优点是可在低于熔点温度下实现晶体生长而且实验设备及装置较为简单，缺点主要是生长周期较长且尺寸较小。

Keller 等人[36]将 CdSe 粉末封结在石英坩埚中，在源区温度 950 ℃ 环境下采用气相法得到微米级针状和片状六方相 CdSe 单晶，并对晶体性能进行分析，在 740~800 nm 范围内晶体透过率为 45% 左右。Kasiyan 等人使用纯度 99.9999% 以上的 CdSe 原料，采用有籽晶的物理气相传输法（PVT）得到直径 40~50 mm 且厚度为 10 mm 的 CdSe 单晶晶锭。俄罗斯莫斯科物理技术学院 Akimov 等人[37]采用 PVT 法在籽晶上得到直径 30~40 mm 和厚度为 15 mm 的掺 Cr^+ 的 CdSe 晶体。

国内对 CdSe 晶体的研究开展较晚，在 2000 年到 2009 年间，四川大学材料科学系朱世富和赵北君课题组[38]采用多级提纯的垂直无籽晶气相生长（VUVG）法对 CdSe 的单晶生长及加工进行大量研究并对相关性质进行了分析，其生长出的 CdSe 电阻率有了很大的改善，位错密度较低，主要用来制作核辐射探测器，红外透过率平均为 62%。2011 年，曾体贤等人[39]对 CdSe 的气相法生长过程进行了热分析研究，控制源区和生长区的温度分别为 1373 K 和 1348 K，以每天 2.8 mm 的提拉速率，最终得到尺寸为 $\phi26$ mm×45 mm 的 CdSe 单晶，测试表明晶体的红外透过率达到 70%。2016 年，中国电科 46 所张颖武等人[40]采用有籽晶的 PVT 法，得到了直径 45 mm 的 CdSe 单晶，其中（001）面晶体摇摆曲线半峰宽为 108″。

B 熔剂法

熔剂法是一种高温熔融熔剂中生长晶体的方法，适用于熔点高和在熔点下相变或分解的晶体。在高温环境下，晶体在低熔点的助熔剂中熔解并形成均匀的饱和熔体，局部降低温度，使得该区域熔体处于过饱和状态，并不断地析出晶体，其本质上与溶液法生长晶体相似。该方法的优点是可以在低于晶体熔点的温度下，实现晶体的生长。缺点是晶体中不可避免地会有助熔剂的残留，导致晶体利用率低。

1991 年，Buger 等人[41]使用 Se 熔剂区熔法生长出电阻 10^6~10^7 Ω·cm 范围的 CdSe 晶体，并研究了载流子吸收的红外吸收特性。2010 年，中科院安徽光机所吴海信等人采用温度梯度熔体区熔（TGSZ）法得到 $\phi19$ mm×70 mm 的 CdSe 单晶，晶锭中底部和顶部均存在大量 Se 的夹杂，晶体利用率不高，影响晶体质量与器件性能[42]。2011 年，倪友保等人[43]采用有籽晶的 TGSZ 法生长了直径 20 mm 和长度 80 mm 的 CdSe 晶体，晶体在 2.5～20 μm 的波段的透过率高于 65%，并使用 2.797 μm 的激光泵浦尺寸为 5 mm×5 mm×30 mm 的 CdSe 器件，得到 400 μJ 的 8 μm 闲频参量光输出。

C 熔体法

熔体法是一种实现大尺寸高质量单晶生长的有效方式，即将原料加热到熔点温度以上，使其熔化，然后再按一定的方式使熔体冷却，当熔体温度低于凝固点时开始结晶变为固体。对于高熔点、易分解和组分蒸气压大的晶体，通常采用高压布里奇曼法（HPVB）进行单晶生长[44]。

Buger 等人使用区熔法生长出电阻率 $10^3 \sim 10^4$ $\Omega \cdot cm$ 范围的 CdSe 晶体，并研究了载流子吸收的红外吸收特性。Kolesnikov 等人应用 HPVB 法生长能生长出 $\phi40$ mm×150 mm 的 CdSe 晶锭，在 2.5～15 μm 内的红外透过率大于 70%，且能根据不同需求生长电阻不同的 CdSe 晶体，最高电阻率能达到 10^{12} $\Omega \cdot cm$ 及以上，最低电阻率能达到 1 $\Omega \cdot cm$ 以下，表明 HPVB 法是一种获取大尺寸 CdSe 单晶的有效方法。2014 年，García 等人[45]对采用 HPVB 法生长的 CdSe 晶片进行测试，位错密度在 10^5 cm^{-2} 量级。

5.3.2.2 硒化镉量子点的制备方法

半导体量子点（QDs），又称为半导体纳米晶，通常是由几十到几千个原子所组成，三个维度尺寸均小于对应体相半导体材料激子玻尔半径，量子点中载流子由于受到静电势、界面或表面间相互作用，或者以上三者作用力的结合约束而不能自由运动。根据量子力学理论，在三个维度方向上，量子点结构中的载流子能量是量子化的，态密度分布由一系列分立函数组成。研究者们可调控 QDs 的几何形状和尺寸改变其电子态结构，实现量子点器件的电学和光学性质的"裁剪"，此工作是目前"能带工程"设计的一个重要组成部分，也是国际研究的前沿热点。

早期的量子点合成主要是在水相中完成，Berry 等人利用共沉淀制备出具有光学性能的 CdS 和 AgI 半导体颗粒[46]，但因成核和生长阶段不能分开，所以合成出的纳米晶 PLQY 很低，后期经过研究者们不断探索与研究，探究出有机相合成方法。一般在有机溶液中，合成单分散性的胶体量子点有两种方法，分别是 Bawendi 等人[47]提出的热注入法和 Cao 等人[48]提出的一锅法。

A 热注入法

热注入法是合成高质量量子点的常用方法，通过将过量的前驱体溶液（如金属前驱体、硫前驱体）快速注入热的表面活性剂溶液内，由此产生良好的过饱和度,同时又借助于溶液中的自由能,引发快速成核与生长。有机相热注入方法已经被广泛用于多种结构量子点的合成,此方法制备得到的 QDs 的优点包括:高的结晶性、高的均匀性及良好的分散性(粒子尺寸分布可达 5%~10%)等。

B 一锅法

经过前期"热注入法"的铺垫,合成技术获得了很大的提高和改善。Cao 等人[49]进一步将合成方法改善,将阴阳离子提前混合在反应瓶中然后快速升温。因 Se 的熔点较高,低于 220 ℃ 很难溶解于十八烯(ODE)中,利用 Se 粉作为 Se 前驱体,与溶液中的 Cd 前驱体反应,形成高质量的 CdSe 量子点。这种方法俗称"一锅法",可成功制备出高质量的量子点。这种方法被认为是比高温热注入法更适合于大规模生产的一种方法,但依赖于前驱体的反应活性与温度。该方法需要的反应温度通常比较高,而从室温升到某一特定高温需要一定时间。如果前驱体活性过高,则成核与生长周期分不开,将会影响量子点的结晶性;若前驱体活性相当稳定,则成核较为困难。虽说"一锅法"简便易操作,但是对前驱体活性要求较为严苛,因此不适宜所需特定结构的后期外壳层生长。

5.3.3 硒化镉的用途

5.3.3.1 太阳能电池

室温下硒化镉(CdSe)的禁带宽度约为 1.7 eV,与太阳能光谱中可见光波段相适宜,能有效地吸收可见光,因而被用于制作光电化学太阳能电池和量子点敏化太阳能电池等领域。进入 21 世纪以来,CdSe 在太阳能电池方面的应用越来越受到关注,对 CdSe 太阳能电池材料的制备进行了更广泛的研究。

5.3.3.2 光催化剂

光催化剂是一种能加快太阳能转化为化学能过程的半导体材料,目前,CdSe 半导体光催化剂成为了有效处理这些环境污染物的催化剂之一。CdSe 作为光催化剂的两个主要用途分别是光催化降解有机染料和光解水制取氢气。例如,TiO_2 是解决环境问题最主要的半导体光催化剂之一[50],然而单独的 TiO_2 存在较严重的电子-空穴复合现象。为了促进光吸收和电荷分离,提高 TiO_2 的光催化效率,目前采用较多的方法就是将光敏材料经化学键合或物理吸附在高比表面积的 TiO_2 纳米晶上,使宽带隙的 TiO_2 敏化。CdSe 作为重要的窄禁带半导体,具有较宽的光吸收范围,能有效提高 TiO_2 的光催化活性。

5.3.3.3 发光二极管

发光二极管(LED)是一种把电能转化为光能的半导体器件。发光二极管具有单向导电性,主要由一个 p-n 结组成。p-n 结附近聚集无数电子-空穴对,两者一旦复合就会自发辐射出可见光。半导体材料不同,其内部载流子的能量状态就不同，那么电荷复合时将释放出的能量不同，发出光的颜色也各异。市场上主要有红光、黄光或绿光二极管。早在 1994 年，Colvin 等人[51]通过 TOPO 辅助有机合成方法制备 CdSe，并将其溶解在甲苯溶液中后，涂抹到 ITO/PPV（聚对苯乙烯）导电基底上，制备 CdSe/PPV 发光二极管。这种方法制备的 CdSe 纳米粒子尺寸小，并且最大吸收波长可以达到 580~620 nm。由于 CdSe 半导体纳米粒子具有粒子尺寸效应，通过改变 CdSe 粒子的大小，这种发光二极管光载体复合时可以发出红光和黄光。

5.3.3.4 气敏传感器

气体传感器是一种将气体的浓度或成分等信息转换成对应电信号的装置[52]。气体传感器根据原理主要分为接触燃烧式、光学式、固体电解质式、电化学式及半导体式等气体传感器[53]。早在 1994 年，Patel 等人[54]利用热蒸发技术在洁净的玻璃基底上沉积 CdSe 薄膜，并用其作为气体传感器检测 CO_2 气体。通过变换温度来改变 CdSe 薄膜的生长环境及厚度，可以获得良好的 CO_2 气敏效率。

5.3.3.5 探测器

CdSe 是一种直接跃迁带隙结构的 ⅡB-ⅥA 族半导体，其具有六方结构（α-CdSe，属于 $6mm$ 点群）和立方结构（β-CdSe，属于 $43m$ 点群）。六方结构的 CdSe 纳米晶体是一种新型且性能优越的室温半导体探测器材料，相比于其他探测器，CdSe 具有以下优点：（1）较高的原子序数（序数为 41），密度大（约 5.74 g/cm^3），这意味着它与低能光子间具有较强的光电效应、对 X 射线和 γ 射线有良好的阻止本领和较高的灵敏度；（2）较高的晶体电阻率（10^{12} Ω·cm），较大的禁带宽度（$E_g = 1.70$ eV），因此它在室温高偏压下，漏电流较小，且可在 300 Pa 以下[55]；（3）电子-空穴的寿命均在 10^{-6} s 量级，较大的电子-空穴迁移率（$\mu_e = 650$ $cm^2/(V \cdot s)$，$\mu_h = 75$ $cm^2/(V \cdot s)$），较高的电荷收集效率和较大的载流子的迁移率-寿命积[56]；（4）CdSe 稳定性也较好，不易潮解，机械强度适中，加工性好，且无极化现象等。以上这些特点使得 CdSe 有望代替 CdTe 和 HgI，成为一种新型室温核辐射探测器材料[57]。

5.4 硒化镓

5.4.1 硒化镓的性质

ⅢA-ⅥA 主族 GaSe 晶体是红棕色层状半导体材料，且其层状结构与 c 轴方向垂直，它具有 β、γ、δ 和 ε 四种结构类型[58]，如图 5-11 所示。

其中四种类型 GaSe 晶体的晶格常数的 a 都为 0.3755 nm，β 型 GaSe 晶体和 ε 型 GaSe 晶体都属于六方层状结构，晶格常数 $c = 0.1595$ nm，空间群为 $P6m2$，但

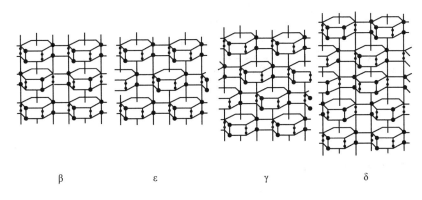

β   ε   γ   δ

图 5-11 不同类型 GaSe 晶体的空间结构示意图

是 ε 型 GaSe 属于负单轴晶体（$n_o > n_e$）；δ 型 GaSe 晶体也六方晶系，但是其空间群为 $P63mc$，晶格常数 $c = 3.1990$ nm；而 γ 型 GaSe 晶体属于三方晶系，空间群为 $R3m$，晶格常数 $c = 2.392$ nm。

硒化镓晶体是一种层状结构，每个单元层中包含 4 个原子，即两个镓原子和两个硒原子，单元层中的这 4 个原子的是按照 c 轴方向排列的，它们的顺序依次为 Se-Ga-Ga-Se。在层状硒化镓晶体中，硒和镓在同层内的结合形式主要是以共价键为主，还有一小部分的离子键，正是由于同层之间这种结合形式，造成同层之间的结合力较强的，而在层状硒化镓晶体的层与层之间的作用形式为范德华力结合[59]，因此硒化镓晶体的层与层之间结合较弱。GaSe 晶体的原子结构化学键示意图及晶体层状结构示意如图 5-12 所示。此外，GaSe 晶体的相对分子质量为 148.68[60]，GaSe 晶体的密度为 5.03 g/cm³[61]。

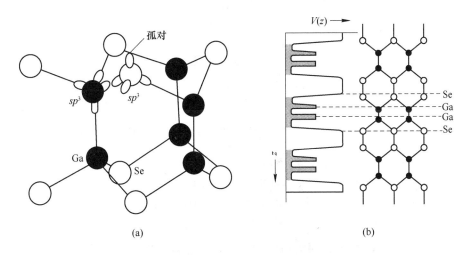

(a)   (b)

图 5-12 GaSe 晶体的原子结构化学键示意图(a)及晶体层状结构示意(b)

GaSe 的一些基本性质见表 5-3。

表 5-3　300K 时 GaSe 晶体的热学和电学参数

热导率 k/W·(cm·K)$^{-1}$	线膨胀系数 α/℃$^{-1}$	电阻率 ρ/Ω·cm	迁移率 μ/cm^2·(V·s)$^{-1}$
$k_{iC} = 0.02$ $k_{NC} = 0.162$	10.8×10^{-6}	$10^3 \sim 10^9$	$\mu_e = 80$ $\mu_h = 210$

5.4.2　硒化镓的制备方法

5.4.2.1　GaSe 多晶的合成方法

A　双温区法

俄罗斯 Voevodin 等专家[62]采用双温区的多晶合成方法，实验原料 Ga 和 Se 的纯度均达到 99.9999%，单次合成的装料量为 100~150 g。合成是在一个抽真空至 0.133×10^{-5} kPa 的石英安瓿中进行的。镓放在舟里，舟嵌入石英安瓿中，硒以蒸气的方式运送到舟里，这样合成的 GaSe 多晶全部包含在舟里。

按其温度分布差异，可以将其合成分为三段（见图 5-13），第一段是完成硒蒸气的传输，保持蒸气压足够低以至于使其包含在石英安瓿中。第二阶段确保熔化均匀进行。第三阶段目的是使多晶生长均匀一致。

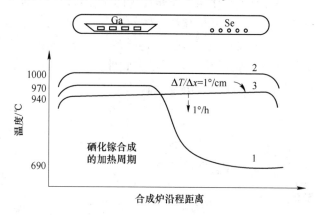

图 5-13　硒化镓晶体合成的温度条件示意图

此外，俄罗斯的 Kolesnikov 等人[63]采取同样的方法合成出了硒化镓多晶。实验中他们采用硒和镓的纯度分别为 99.999% 和 99.9999%，混合物放入水平管式炉内的抽真空的石英管中进行合成反应，在 900 ℃下反应 24 h。

B　温度振荡法

印度的 Abdullah 等科研人员[64]采用温度振荡法进行多晶合成。首先将大块的硒研细，然后把硒和镓按照化学计量比混合密封在石英安瓿中，镓和硒的纯度分别为99.999%和99.99%。石英安瓿直径为10 mm，长度为100 mm，安瓿在使用前首先用蒸馏水清洗，然后用丙酮清洗。在400 ℃退火4 h后，将装有硒和镓混合物的安瓿抽真空至10^{-6} Pa，密封且抽真空的安瓿在水平炉的均匀温区内加热，水平炉可以在30 s的时间段内实现±30 ℃的振荡。以确保反应物能够完全的混合。整个程序总共运行时间为50 h，7个程序段。8 h加热到700 ℃，保持4 h。经过3 h逐渐增加到1000 ℃，保持6 h。在这段时间里，硒与其可能形成的化合物分解，确保为GaSe提供更好的反应物。然后2 h从1000 ℃降到960 ℃，保持4 h。在这个温度进行±30 ℃的振荡，使硒和镓适当的混合，然后从熔点以0.5 ℃/min的速率下降23 h。炉体温度振荡的时间段分别为第8～12 h、第15～21 h、第23～27 h。

C 单温区法

Kok等研究员[65]采用单温区法合成硒化多晶料。首先所有的石英管管件应在酸的混合物（HNO_3：HF=1：1）中浸泡30 min，在用二级蒸馏水清洗之后，放入干燥箱中烘干。然后在1250 K下退火几个小时。合成原料Ga和Se的纯度分别为99.9997%和99.99%。此外，它们还要通过在连续不断排空的安瓿中再熔进行提纯。称重的精度控制在±0.1 mg。多晶合成时安瓿的真空度达到$1.33×10^{-2}$ Pa。合成量较小可以采用单温区法直接互熔，而合成量较大时，采用双温区法更适合。原料Ga和Se放在细长安瓿的两端，在双温区炉体中加热。元素Ga放在炉体的高温区，迅速地加热到合成物的熔点，而元素Se放在低温区，依照合成反应的进度，升温速度应慢一些。但是该课题组对GaSe多晶的合成方法进行了改进，使其合成过程更加简化。采用单温区水平炉，炉体温度分布是通过对中嵌入的加热线圈施以不同的频率而形成的。安瓿部分嵌入炉体的内部，炉体升高到合成物的熔点，如图5-14（a）上图所示。在炉体开口末端的温场分布的最大值应该能够补偿安瓿带来的热损失。在对安瓿冷端的易挥发组分Se进行加热时，应在炉体包裹物和安瓿之间嵌入一段距离的保温棉，防止Se的温度过热。同时保温棉也可以使安瓿倾斜一定的角度（3°～5°），保持Ga在高温区，使高黏度的Se缓慢地流动。同时，在Se达到沸点的位置，它也可以重新蒸发冷凝到安瓿的低温区。在找到安瓿所在的位置可以满足熔体S的流动速率和蒸发速率相等后，如图5-14（a）中图所示，再逐渐地将安瓿推到炉体内部。通过观察安瓿内部颜色的变化，判断内部的压力情况，从而决定安瓿的移动速率。

当没有液态Se在冷却区被观察到时，安瓿全部放到炉体中，如图5-14（a）下图所示。在熔化均匀几个小时之后，温度以10 K/h的速度降低到熔点以下40 K，然后关闭炉体，自然降温。得到GaSe多晶料。合成出的硒化镓多晶如图5-14（b）所示。

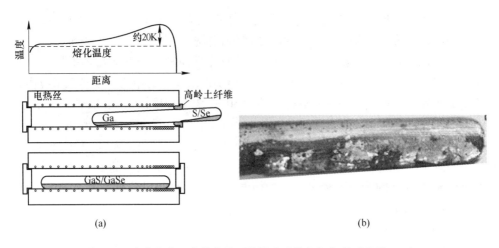

图 5-14   合成炉内温度分布及硒化镓合成的起初与最后阶段(a)和
Kok 合成的硒化镓多晶料(b)

5.4.2.2   GaSe 单晶的生长技术

A   气相传输法

气相传输法在 1970—1987 年曾被广泛使用，硒化镓晶体可以通过熔融、气相沉积、分子束外延技术获得。日本东京工业大学 Kojima[66] 领导的研究小组对 GaSe 晶体的分子束外延生长技术做了较多的研究。他们成功地通过分子束外延技术在 (001) GaAs 基质上生长出 GaSe 晶体。分子束外延生长的生长室的基准压力为 4×10^{-4} Pa。元素 Ga 和 Se 通过克努森池蒸发，它们的流量可以通过离子流量计监测。(001) GaAs 基质需要在 60℃混酸 ($H_2SO_4 : H_2O_2 : H_2O = 3 : 1 : 1$) 中刻蚀 1.5 min。接下来在室温下放入 1%的 $Br_2\text{-}CH_3OH$ 溶液中浸泡 2 min。在刻蚀之后，将基质引入生长室中，在生长之前，基质要在 550~580 ℃下加热一段时间，直至通过反射高能电子衍射测得表面的氧化物被去除。在基质温度稳定在生长温度之后，生长开始进行，但要避免基质表面与周围的 Se 发生反应。图 5-15 显示了在不同生长条件下，(001) GaAs 基质上生长出 GaSe 晶体的表面形貌，ⅥA/ⅢA 的配比是 3，生长温度和 Ga 分子束流量是变量。

在 350℃的生长条件下，外延生长 GaSe 的 c 轴垂直于基质。当温度为 500 ℃，Ga 的束流为 1.067×10^{-5} Pa 时，GaSe 会重新蒸发，外延生长不会发生。但是在 500 ℃，Ga 的束流为 6.666×10^{-5} Pa 时，GaSe 的 c 轴会发生倾斜。结果表明高的温度和 Ga 与 Se 的束流有利于 GaSe 与基质之间化学键的形成。此外，该研究小组也在 (111) GaAs 和 (112) GaAs 的基质上进行了 GaSe 外延生长。他们在实验中发现，在 (111) GaAs 基质上生长的外延 GaSe 的 c 轴垂直于基质，而在 (112) GaAs 基质上生长，c 轴则会发生偏离。但是这些技术由于它的生长和形态动力学不可控，使成功的可能性受到限制。同时，组分 Ga (30 ℃) 和 Se

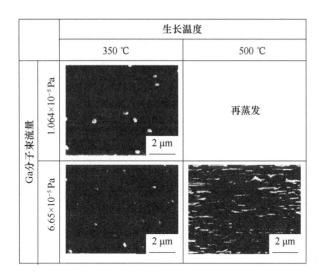

图 5-15　不同条件下在(001)GaAs 上生长的 GaSe 薄膜表面形貌的 SEM

(217 ℃) 熔点较低，使两者按照一定的配比生长 Ga-Se 合金有困难。这个技术需要消耗很大的能量和很多的烧结时间。

B　布里奇曼生长技术

印度的科学家采用垂直布里奇曼生长技术（VBT），可以获得六方相结构的 GaSe 单晶。首先合成的硒化镓多晶密封在透明的石英安瓿中，石英安瓿的长度为 100 mm，直径为 10 mm。安瓿在使用前首先用蒸馏水清洗，然后用丙酮清洗。在 400 ℃退火 4 h 后，用高真空系统将装有多晶粉末的安瓿抽真空至 10^{-6} Pa，将密封且抽真空的安瓿放入具有适宜温度梯度的炉膛内。依照轴向温度的分布，可以将炉体分为 3 个部分，即高温区、梯度区、低温区。首先将安瓿安放在炉膛内的高温区，温度逐渐升高到 975 ℃，比晶体的熔点高 15 ℃，在此温度下保温 4 h，在 Bridgman-Stockbarger 旋转技术的帮助下，可以使熔体分布均匀。然后启动坩埚下降系统，使安瓿沿着炉膛的轴向运动，下降速度为 4 mm/h，安瓿下降的同时旋转，可以补偿炉体温度的分布。在运转结束后，以 1 ℃/min 的速度下降到 25 ℃，最后关掉炉子，隔夜自然冷却到室温。他们所使用的炉体的控温仪表的精度在 ±1 ℃，同时使用 UPS 保证电源的连续供应。该课题组生长的单晶尺寸直径为 10 mm，长度为 25 mm。此外俄罗斯的 Kok 等研究人员也利用布里奇曼技术成功生长硒化镓单晶，如图 5-16 所示。

C　液封布里奇曼生长技术

美国的诺斯洛普格拉曼公司 Singh 等人采用液封布里奇曼生长技术进行晶体生长，在熔体的上部采用 B_2O_3 进行液封[34-35]。首先，在高温下热裂解丙酮对石英管内部镀碳，防止来自石英管的杂质对晶体造成污染。对镀碳的石英管进行清

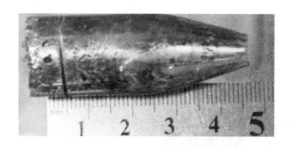

图 5-16　硒化镓单晶

洗，然后在 1000 ℃下退火处理，除去残存的杂质。炉体内梯度区的温度梯度在 30 K/cm 左右，且炉体的最高温维持在 1050 ℃左右。反应石英管放入炉体的恰当位置后，以大约 2 h 升至指定温度值，熔体在此温度下均匀化 4~6 h。然后开始下降反应石英管，下降速度为 2~3 cm/d，液封布里奇曼技术生长得到的硒化镓单晶如图 5-17 所示。

图 5-17　液封布里奇曼技术生长的 GaSe 单晶

5.4.2.3　硒化镓二维材料的制备方法

A　机械剥离法

机械剥离法（MEM）制备二维 GaSe 材料的具体过程为：首先，利用 Scoth 透明胶带从块体 GaSe 上反复撕离获得较为透明的二维 GaSe 薄片；然后，将粘有透明薄片的胶带均匀缓慢地贴在清洗干净的目标衬底 SiO$_2$/Si 上，轻压胶带和衬底的接触面并等待一段时间，使透明 GaSe 薄片充分转移到目标衬底上；最后，缓慢剥离胶带使二维 GaSe 纳米材料由于范德华力或者毛细力紧密接触从而在衬底上得到厚度不一的二维 GaSe 纳米材料[67]。机械剥离法制备出的二维材料的特点为缺陷少、表面平整度高、晶体结构完整且迁移率高，但是由于实验可控性较低，导致制备材料的生产效率低下，形貌及尺寸难以控制，并且难以实现生产效率方面的大规模制备。

B　化学气相沉积法

化学气相沉积（CVD）法制备二维 GaSe 纳米材料的具体过程为：将 Ga$_2$Se$_3$ 和 Ga 粉末按比例混合装入准备好的合适的石英舟中，然后将石英舟置于管式炉的炉心并在管式炉中心距离反应物 20 cm 处放入清洁好的 SiO$_2$/Si 衬底。为了在实验加热开始前去除管中的氧气和水分以达到清洁管中空气的目的，首先向管式炉中通入流量为 450 mL/min 的 Ar/H₂ 混合气体，然后，使混合原料在 940 ℃、533.3 Pa 的压力和 Ar/H₂ 混合载气流量为 60 mL/min 的条件下反应 20 min，即可在衬底表面沉积一定厚度的二维 GaSe 纳米材料[63-64]。CVD 法可通过改变衬底温度、反应气体的压强、反应区温度、气体流速等条件控制材料的生长过程[68]。通过 CVD 法生成的产物质量高、致密性与结晶度良好，但 CVD 法的操作过程较为烦琐且设备的成本较高[69]。2014 年 Li 等人[70]首次运用 CVD 法成功制备出了单层二维 GaSe 纳米材料。

C 分子束外延法

分子束外延法（MBE）制备二维 GaSe 纳米材料的具体过程为：在 MBE 系统中控制 Se∶Ga 通量比为 10∶1，将高纯度 Ga 和 Se 蒸发到处理好的衬底（如云母、清洁的 Si 片等）上生长二维 GaSe 材料，生长温度为 580 ℃，最后得到生长好的二维 GaSe 纳米材料。MBE 法制备出的晶体薄膜质量高，薄膜生长温度低且分子束的束流强度可控，但该方法操作过程繁杂、效率较低、对设备要求较高等缺点限制了 MBE 法的大规模推广和应用，目前 MBE 法多用于科学研究。2015 年 Yuan 等人[71]运用 MBE 法成功制备出了二维 GaSe 纳米材料。

D 液相剥离法

液相剥离法（LPE）制备二维 GaSe 材料的具体过程为：将块体 GaSe 和异丙醇（IPA）溶剂按照一定比例放入烧杯中，在 35 W 的功率和 42000 Hz 的频率下超声处理 24 h。超声处理后，将 GaSe 和 IPA 混合液在 8000 r/min 下离心处理 15 min（从溶液中去除未剥离的块体 GaSe）得到含有二维 GaSe 纳米片的上清液。GaSe 纳米片/IPA 溶液可直接用于进一步的实验。LPE 具有低成本、可扩展性高和可大规模制备等优势，但是传统 LPE 法中，用于剥离大多数二维材料的有机溶剂 N-甲基-2-吡咯烷酮（NMP）和 N,N-二甲基甲酰胺（DMF）具有沸点高、毒性强且会损坏并降低设备性能等特点。2016 年 Lu 等人[72]用 LPE 法成功剥离出了二维 GaSe 材料。

5.4.3 硒化镓的用途

5.4.3.1 非线性光学领域的应用

1972 年提出了 GaSe 晶体具有非线性光学方面的应用前景，此后的几十年里通过学者的不断努力，GaSe 晶体在非线性光学的应用变得更加成熟。二维 GaSe 具有增强硅光子学中非线性过程的巨大潜力，扩展其在非线性效应和芯片集成有源器件中的光电应用。

二维 GaSe 表现出良好的饱和吸收性能，在脉冲激光器的产生中有重要应用。2019 年 Zhang 等人[73]研究了 GaSe 饱和吸收器在 Q-开关 TM∶YAG 激光器的应用，获得重复频率为 66.8 Hz，最窄脉宽为 500 ns。Ma 等人[74]研究了 GaSe 饱和吸收器锁模掺 Yb 光纤激光器，获得了重复频率为 42 MHz、最窄脉冲宽度为 8 ps 和输出激光光谱 13 nm，泵浦功率为 7 W 时，最高输出功率为 0.19 W。这说明在宽波长范围，GaSe 是一种良好的二维饱和吸收材料。

5.4.3.2　光电子器件领域的应用

GaSe 是综合性能优异的非线性光学晶体，还是用于光电器件等领域的一种重要二维材料。与块体 GaSe 相比，由于量子限制效应，超薄二维 GaSe 具有可调谐带隙和良好的光响应性能，在光电器件等领域有着广泛应用。目前引起学者们对纳米结构光探测器产生强烈兴趣的原因主要有两个：一是大的表面体积比和小尺寸；二是纳米材料带隙是可调谐的。光电探测器是一种光或其他电磁辐射传感器，它可以将入射辐射转换成电信号，其在医学、显示成像、军事、光通信等多个领域的创新技术发展中发挥着重要作用。由于 GaSe 层状结构的低霍尔迁移率和高电阻率具有非常低的暗电流，这对光电探测器是非常有利的。另外，它在表面没有悬空键，并且热稳定性好，这使它成为光探测的一个很好的候选物。

5.4.3.3　气体传感领域的应用

二维层状材料由于其高的表面体积比而被认为是气体传感应用的一种很有前途的候选材料。2019 年 Zhao 等人[75]研究了基于 GaSe 高灵敏度的 NO_2 传感器，室温下灵敏度为 $0.5 \times 10^{-7}\%$。研究发现，灵敏度与 NO_2 浓度（$0.5 \times 10^{-7}\% \sim 100 \times 10^{-7}\%$）的函数能很好地拟合经典的 Langmuir 等温模型。并且其具有较好的选择性，与其他可能干扰的环境气体相比，NO_2 选择性比率大于 100。这表明了 GaSe 纳米片将是有效检测 NO_2 的传感材料的良好选择。

5.5　硒化铟

硒化铟纳米材料具有独特的光学和电学性能，其极快的载流子输运速度和较小直接带隙的能带结构及较高的光吸收率和良好的稳定性，使得基于硒化铟纳米层状材料的光电子与微电子器件具有非常大的应用潜力。

5.5.1　硒化铟的性质

硒化铟是一类复杂的 ⅢA-ⅥA 族半导体，包括多种不同化学组成的物质，其中 InSe 和 In_2Se_3 是最常见也是被研究得最多的。InSe 和 In_2Se_3 是典型的 ⅢA-ⅥA 族层状半导体，InSe 是由 4 个原子 Se-In-In-Se 堆叠而成的层状结构，而 In_2Se_3 是由 5 个原子 Se-In-Se-In-Se 堆叠而成的层状结构，相邻的层与层之间通过较弱的范德华力相结合。InSe 和 In_2Se_3 的熔点分别是 660 ℃和 890 ℃，具有较好的热稳定性；两种半导体材料都是直接带隙，能带值分别是 1.26 eV 和 1.36 eV；因此，在红外光探测、光电器件和太阳能电池方面具有巨大的应用前景。两种材料都具有较小的有效电子质量（InSe 是 $0.143m_0$（其中，m_0 为电子质量），In_2Se_3 是 $0.24m_0$），表现出高的电子迁移率，而且对周围环境比较稳定，因此在高性能的微电子器件领域具有很大的应用前景。

5.5.2 硒化铟的制备方法

5.5.2.1 硒化铟二维层状材料的制备方法

A 由上至下法

硒化铟与其他层状材料具有相同的特征，即层与层之间通过较弱的范德华力相结合，因而都较容易剥离。首次通过机械剥离法得到单层石墨烯后[76]，该方法被广泛地应用于类石墨烯层状半导体的研究。这是因为通过机械剥离法可以在大量不同的衬底上得到高质量、表面清洁和微米尺寸的二维半导体，可以满足材料性质的基础研究和器件的制备。首次关于二维 InSe 纳米片的研究工作就是基于机械剥离法制备的 γ-InSe 展开的。Mudd 等人[77]通过布里奇曼法制备块体的 γ-InSe，然后通过机械剥离法制备了二维 InSe 纳米片，研究了 InSe 纳米片的量子效应。

由上至下法主要包括机械剥离法和液相剥离法。到目前为止，大部分关于硒化铟的研究都是基于机械剥离法制备的样品。尽管机械剥离法制备的材料质量高，但是得到材料的尺寸大小、厚度和形貌都不可控，随机性太强，且产量太小，这些都限制了其实际应用的前景。液相剥离法可以得到大量的样品[78]，但目前还没有关于液相法制备二维硒化铟材料的报道。因此，急需探索可控制备高质量的、大面积的二维硒化铟薄膜的方法。

B 由下至上法

由下至上法主要包括化学气相沉积法、物理气相沉积法和脉冲激光沉积法。化学气相沉积法已经成功应用于制备高质量和大面积的 TMD 材料，并且制备的材料具有较好的电学和光电性质。但是目前该方法还没有成功应用于二维硒化铟薄膜的制备。目前关于采用脉冲激光沉积法制备二维 InSe 薄膜的报道仍然较少[79]。直接生长二维 In_2Se_3 的制备主要采用物理气相沉积法。

2017 年，Yang 等人首次报道了脉冲激光沉积法制备大面积二维 InSe 薄膜的合成方法，如图 5-18 所示。通过原位精准的调控（真空度、衬底的温度和激光的能量），在二氧化硅基底上制备的二维 InSe 薄膜具有良好的结晶度和均匀的形貌。

2013 年，北京大学 Lin 等人[80]首次发表了直接生长二维 In_2Se_3 的研究工作。该研究以 In_2Se_3 粉末作为原料，通过物理气相沉积法，在氟金云母表面外

 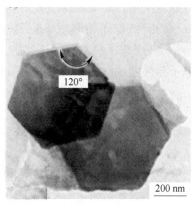

(a)   (b)

图 5-18 脉冲激光沉积法制备二维 InSe

（a）脉冲激光沉积；（b）薄膜的 TEM 照片

延生长原子层厚度的二维 In_2Se_3 纳米片，如图 5-19 所示，产物的厚度、生长方向、成核点和物相都可以通过反应条件调控。例如在 5~40 min、载气流量为 40~60 mL/min 和 6.67 kPa 的实验条件下，得到的大多数纳米薄膜厚度为 1~3 nm；而当实验条件变为 40~90 min、载气流量为 40~100 mL/min 和 2.67~6.67 kPa 时，可以得到大面积的薄膜；通过改变氟金云母表面形貌，可以图案化生长 In_2Se_3 薄膜；通过调节降温的速率，可控得到两种不同物相的 In_2Se_3 纳米片：慢速降温可得到正常的半导体性质的 In_2Se_3 纳米薄膜，而快速降温可得到半金属性质的、超晶格结构的 In_2Se_3 纳米薄膜。这是由于慢速降温使原子具有足够的时间在晶体内部扩散，而快速降温原子没有足够的时间在晶体内部扩散造成的。

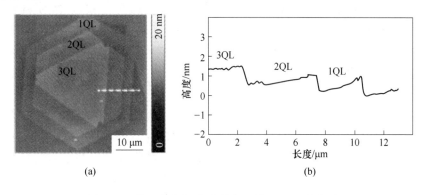

(a)   (b)

图 5-19 物理气相沉积法制备二维 In_2Se_3 纳米片

（a）光学图像；（b）剖面图

外延生长在氟金云母衬底的二维 In_2Se_3 需要转移到硅基衬底上制备成微纳米电子器件，需要使用氢氟酸溶液刻蚀氟金云母，增加了操作的危险性。为了避免转移引入缺陷和杂质，以及操作上的危险，苏州大学 Li 等人[81]采用物理气相沉积法，在 In_2Se_3 纳米线上外延生长 In_2Se_3 纳米薄膜。该方法制备的 In_2Se_3 纳米薄膜厚度为 20~40 nm，且厚度总是小于纳米线的直径。2015 年，新加坡南洋理工大学的 Zhou 等人[82]实现了单层 In_2Se_3 在硅片上的可控生长。如图 5-20 所示，该实验以 In_2Se_3 粉末作为原料，通过物理气相沉积法，在常压下制备单层 In_2Se_3 纳米薄膜。可以通过反应时间，控制制备 In_2Se_3 纳米薄膜的尺寸和层数：生长时间为 5 min 时，可以得到 5 μm 的单层三角形 In_2Se_3 纳米薄膜；延长生长时间到 10 min，单层 In_2Se_3 纳米薄膜的尺寸可以增大到 10μm。通过拉曼光谱确定生长的单层 In_2Se_3 纳米薄膜为 α 构型晶体；观察到单层 In_2Se_3 纳米片的 PL，峰值位置为 801 nm，对应的光学能带为 1.55 eV。该方法制备的单层 In_2Se_3 纳米片表现为 p 型半导体运输性质，与之前实验报道的 n 型输运性质相反；这是由于在高温条件下，In_2Se_3 粉末会发生分解，导致合成的 In_2Se_3 纳米薄膜存在大量的 In 空穴，致使合成的单层 In_2Se_3 纳米薄膜表现为 p 型半导体；测试得到的空穴迁移率值是 2.5 $cm^2/(V \cdot s)$，比 GaS、GaSe 和 GaTe 的迁移率值高[83]。

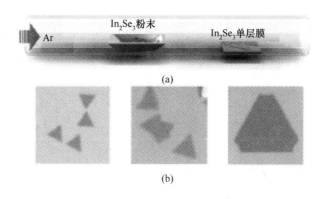

图 5-20 硅片上生长单层 In_2Se_3 纳米片

（a）硅片上生长单层 In_2Se_3 纳米片实验原理图；（b）单层三角形 In_2Se_3 纳米片

5.5.2.2 硒化铟纳米线的制备方法

最早有关 In_2Se_3 纳米线的报道是在 2006 年，孙旭辉教授研究组首次用物理热蒸发气相沉积方法合成出高质量单晶 In_2Se_3 纳米线，并对所合成 In_2Se_3 纳米线进行了详细的表征和分析了其生长机理[84]。2007 年崔屹等人利用同样的方法[85]，以 α-In_2Se_3 粉末为原料，利用 Au 作为催化剂合成出直径范围在 20~150 nm、长达 100 μm 的 α-In$_2$Se$_3$ 纳米线，通过 TEM 和 XPS 测试表明所合成出来的单根 α-In$_2$Se$_3$ 纳米线在整个长度区间内直径均匀，同时在顶部的 Au 小颗粒也证明了其是 VLS 生长机制（见图 5-21）。该研究组还发现在合成过程中加入 CuI 粉末可以合成出 CuInSe$_2$ 纳米线，而且在 2009 年利用固态反应的方法使已合成的 In$_2$Se$_3$ 纳米线转变为 CuInSe$_2$ 纳米线。在 2013 年同样是该研究小组，利用同样的方法，先将合成的 In$_2$Se$_3$ 纳米线转换为 CuInSe$_2$ 纳米线，之后沉积一层 CdS 形成核壳结构的异质结，在此基础上构建的太阳能电池单元展现出了优异的性能[86]。

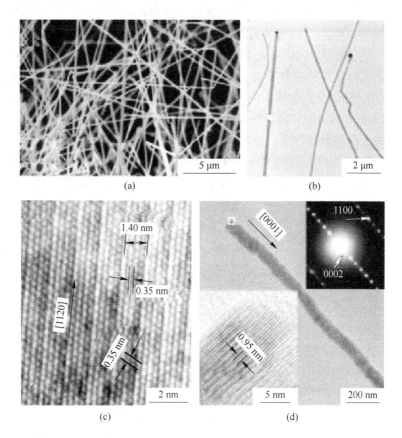

图 5-21 α-In$_2$Se$_3$ 纳米线的 SEM 图(a)和 TEM 图(b)~(d)

5.5.3 硒化铟的用途

5.5.3.1 基于硒化铟的异质结器件

具有惊人迁移率的石墨烯其光吸收率较弱，并且可以通过引入偏置电场来对石墨烯的功函数可进行分调控，利用这一性质可以与具有不同能带结构的半导体进行能带匹配，因而石墨烯可以被当作一种十分优秀的电极材料来进行使用。

2014 年，在 Mudd 的领导下，英国诺丁汉大学的科研工作者们，采用石墨烯电极，实现了石墨烯-硒化铟-石墨烯的异质结，利用这一结构将其制作成了光电探测器，此探测器具有很宽的相应频谱和较高的光电响应值，以及快速的光响应度（见图 5-22）。与金等传统电极材料相对比，石墨烯超高的电子迁移率与独特的能带结构可以有效地消除肖特基势垒的影响。在 2015 年 Chen 及其同事制作了一种简单结构的基于石墨烯/InSe 材料的异质结结构[87]，作为透明电极的石墨烯也能起到钝化层的作用，使纳米 InSe 片在普通情况下稳定存在。研究人员制作了基于该结构的光电探测器，在激发光的照射下，该光电探测器的光响应值达到了传统金电极的 10^4 倍，这是由于石墨烯电极与半导体间形成良好的欧姆接触。

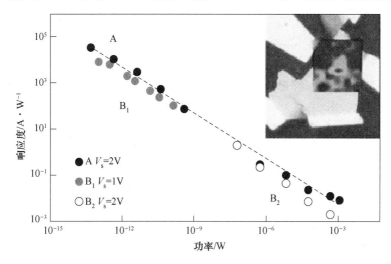

图 5-22　石墨烯-n-InSe-石墨烯光探测器 A 和 B 光响应度与激光功率的关系

5.5.3.2　硒化铟光电探测器

光电探测技术作为当今社会一种十分重要技术，不仅影响着人们的日常生活，在国防等领域中也有十分广泛的应用。有了可低至原子级别厚度的二维材料的加持，使得柔性和超薄的光电探测器件成为可能并体现出了巨大的应用潜力。作为二维材料家族老大哥的石墨烯已被全世界各地的科学家们进行了广泛的研究，但其极大的暗电流与基底的光吸收严重地降低了其在光电探测领域的应用价值。由于硒化铟材料具有直接带隙半导体的性质且具备较小的禁带宽度，因此这两种材料在宽响应度光谱探测领域具有极高的应用价值。

2014 年，美国莱斯大学的 Lei[88] 及其同事首次制作出了少层 InSe 薄膜纳米材料的光电探测器。该探测器在 532 nm 激光照射下，具有数值为 34.7 mA/W 的光响应值及 8.1% 的外量子效率。此器件具有可达 488 μs 的超快响应速度，基本上比基于二硫化钼的器件反应速度快了一个数量级（见图 5-23）。

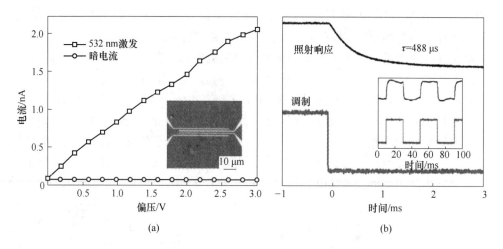

图 5-23 InSe 金属半导体光电探测器的光电流响应

（a）黑暗条件下电流与电压曲线；（b）由衰减曲线测得的器件的响应时间

5.5.3.3 硒化铟场效应晶体管

具有很小的电子有效质量的 InSe 有着非常高的电子迁移率，同时也具备着良好的稳定性，在未来的微电子器件领域有着十分巨大的潜力[89]。在应用过程中，晶体管器件的性能会受到截面缺陷、粗糙度等各种因素带来的散射所造成的影响，使其性能明显地降低[90]。在 2017 年，Sucharitakul 等人[91]用四探针和两探针测试法对多层 InSe 薄膜的迁移率随温度及衬底的变化进行了研究，在 PMMA 衬底上，两探针测试法所得到的结果显示随着温度的降低，薄膜的电子迁移率也随之降低，在 $300 \sim 1250 \ cm^2/(V \cdot s)$ 范围内变动，四探针测试结果则体现出迁移率与温度极弱的相关关系。在研究 InSe 薄膜在不同衬底上包括 SiO_2、Si_3N_4 及通过 HDMS 所修饰过的石英衬底迁移率随温度变化的关系时发现，这些衬底上薄膜迁移率随温度的变化成反比，但其迁移率都不及 PMMA 衬底上在低温下可达 $2000 \ cm^2/(V \cdot s)$ 的 InSe 薄膜的电子迁移率。

5.6 硒化锑

Sb_2Se_3 是一种廉价、无毒、稳定的新型薄膜太阳能电池吸收层材料，具有禁带宽度合适（约 1.1 eV）、吸光系数大（$10^5 \ cm^{-1}$）、物相简单、长晶温度低等优势[5]，发展潜力巨大。

5.6.1 硒化锑的性质

5.6.1.1 晶体结构

Sb_2Se_3 是一种 VA-VIA 族半导体，如图 5-24 所示，属于正交晶系，空间群为 Pnma，晶格常数 $a = 1.1633$ nm，$b = 1.178$ nm，$c = 0.3985$ nm，晶胞体积为 0.546 nm^3，相对分子质量为 480.4，密度为 5.84 g/cm^3[92]。在自然界中以辉锑矿的形式存在。其晶体由 $(Sb_4Se_6)_n$ 长链在 a 和 b 方向通过范德华力堆积而成；而在 c 方向，$(Sb_4Se_6)_n$ 长链通过 Sb—Se 共价键连接[93]，因此 Sb_2Se_3 为一维链状晶体结构，相邻两条链之间最短的间距为 0.329 nm[94]。

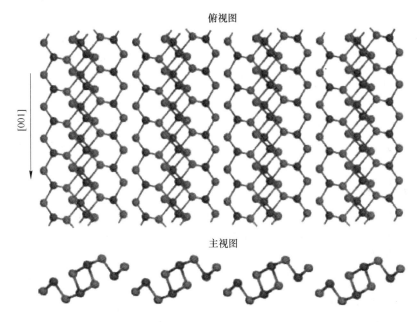

图 5-24 Sb_2Se_3 的晶体结构示意图

Sb_2Se_3 原料绿色无毒，且 Sb 和 Se 的元素丰度较高，分别为 $0.2\times10^{-4}\%$ 和 $0.05\times10^{-4}\%$，高于 In（$0.049\times10^{-4}\%$）和 Te（$0.001\times10^{-4}\%$）的元素丰度。Sb_2Se_3 熔点在 611~617 ℃ 之间，蒸气压非常大[95]，在 450 ℃ 就开始升华，且 Sb_2Se_3 的结晶温度只有 133 ℃[96]，因此在柔性器件方面具有非常大的应用前景。Sb_2Se_3 只有一种相，在制备 Sb_2Se_3 的过程中不必担心二次相的问题，可以极大地降低工艺难度。

5.6.1.2 光学性质

硒化锑的光学性质比较有趣，早期的报道认为这是一个直接带隙半导体，带隙在 1.12 eV 左右。但实际随着人们对硒化锑研究的深入，发现这是一个间接带隙半导体。硒化锑的间接和直接带隙分别为 1.17 eV 和 1.03 eV。这样大小的带隙对于光伏器件来说是很合适的，通过 Shockley-Queisser 理论计算，在 Sb_2Se_3 的带隙大小下制备的单结太阳能电池的转化效率可以超过 30%。除此之外，硒化锑的吸收系数也非常高，在紫外和可见光波段它的吸收系数可以达到 10^5 cm^{-1}，这样高的吸收系数意味着只要非常薄的薄膜厚度就可以完全吸收太阳光，而这个也是薄膜太阳能电池可以降低成本的基础。

5.6.1.3 光学性质

从电学性质上来说，硒化锑是一种 p 型半导体，电子迁移率在 15 cm^2/(V·s) 左右，空穴迁移率在 42 cm^2/(V·s)，这个空穴迁移率是比较高的，几乎和碲化镉相当，要远大于铜锌锡硫（一般认为低于 10 cm^2/(V·s)）。另外硒化锑的相对介电常数在 15 左右，高于铜铟镓硒的 13.7 和碲化镉的 7.1，这样的高相对介电常数可以使得缺陷的结合能变小，在相同情况下有可能降低缺陷引起的复合损失，从而提高太阳能电池器件的性能。

5.6.1.4 物理化学性质

硒化锑是一种简单的二元化合物，并且常温常压下只有正交相一种，这就使得制备其纯相变得非常的简单。相比起复杂的多元化合物类似铜铟镓硒或者铜锌锡硫，硒化锑在制备时可以有效地避免杂相的生成，同时也没有像在铜锌锡硫中对组分的严格要求。

硒化锑的熔点为 608 ℃，在较低的温度就可以获得较大的晶粒，可以减少制备材料时的能源损耗。而锑在地壳中的丰度大致为 0.2×10^{-4}% ~ 0.5×10^{-4}%，其含量超过了大概一百种矿物。同时根据英国地质调查局的报告，中国是世界上锑产量最大的国家，中国的锑产量约占了全球的 88.9%，远远超出了其他国家，这就使得在国内锑金属的价格将会非常的低廉，为中国获得一种独立的能源转换材料提供了可能。

5.6.1.5 电子结构

室温下 Sb$_2$Se$_3$ 晶体结构确定，因此有人对其电子结构进行计算，其中 Giustino 课题组对 Sb$_2$Se$_3$ 的计算研究比较详细。他们课题组利用第一性原理计算了 TiO$_2$ 与 Sb$_2$Se$_3$ 的能带结构，可以形成 Type Ⅱ 类接触，由于 Sb$_2$Se$_3$ 合适的带隙，TiO$_2$ 与 Sb$_2$Se$_3$ 可以组成较高转化效率的太阳能电池器件，同时他们的计算结果表明 Sb$_2$Se$_3$ 为直接带隙半导体，基于 Sb$_2$Se$_3$ 的染料敏化太阳能电池的理论转化效率为 25%。Martin 课题组将 Sb$_2$Se$_3$ 引入纳米结构太阳能电池，计算了 Sb$_2$Se$_3$ 在宏观尺度及纳米尺度能带图，发现受到量子局域效应的影响，Sb$_2$Se$_3$ 的带隙从宏观尺度的 1.3 eV 上升到 1.66 eV。

5.6.2 硒化锑的制备方法

Sb$_2$Se$_3$ 材料现在的研究方向主要分为薄膜材料和纳米材料，相关的制备方法也有很多种。研究者们对 Sb$_2$Se$_3$ 制备方法和材料性能都进行了表征。

5.6.2.1 Sb$_2$Se$_3$ 薄膜的制备方法

A 热蒸发法

热蒸发法是指在真空室中高温加热蒸发源，使其原子或分子逸出形成蒸气流，沉积到衬底或基片表面，结晶形核制备薄膜的方法。2008 年，El-Sayad 研究组通过采用热蒸发的薄膜制备工艺制备了 Sb$_2$Se$_3$ 及 Sb$_2$Se$_{3-x}$S$_x$ 合金的非晶薄膜[97]。

热蒸发工艺具有薄膜表面无污染、纯度高、源可控性好等优点；但也存在缺点，如实验条件苛刻（高温、高真空度等）、实验设备价格昂贵、对于多组分薄膜成分可控性低等。热蒸发的制备工艺存在的问题制约了化合物薄膜走向商业化的发展。

B 电沉积法

电沉积法是在电场的作用下电解质溶液在电极表面发生氧化还原反应，从而得到所要制备的薄膜。在 2012 年，中南大学的赖延清就利用电沉积的制备工艺制备出了 Sb$_2$Se$_3$ 薄膜，并且研究了其光学性能，证明了 Sb$_2$Se$_3$ 为直接跃迁的半导体材料，他们课题组制备的 Sb$_2$Se$_3$ 薄膜的禁带宽度为 1.04 eV，对可见光的吸收系数大于 10^5 cm^{-1}[98]。

电化学沉积法的优点为：可在常温常压下进行，制备薄膜时不需要高真空度，操作简单，有利于大面积制膜。但是电沉积法影响因素相当复杂，薄膜的重复性很差。

C 溶液法

溶液法为近几年研究薄膜制备方法的热点，主要是指将化合物或单质溶解于溶剂中得到前驱液，采用旋涂或提拉等工艺制膜，再经过热处理烧结成膜。溶液法操作简单，实验设备价格低廉，易于实现卷对卷的大规模生产等。周英等人[99]通过将锑和硒元素溶解于肼溶液中得到前驱体溶液，然后旋涂烧结制备得到纯相、大晶粒的、致密 Sb$_2$Se$_3$ 薄膜。肼溶液法的优点是制备工艺简单，不会引入杂质使物相不纯。但是肼有剧毒，且具有很强的挥发性，进行实验时操作人员要非常仔细小心，这也限制了大规模生产。所以寻找清洁低毒、环境友好的溶剂是溶液法未来需要解决的一个关键问题。

5.6.2.2 Sb$_2$Se$_3$ 纳米晶的制备方法

Sb$_2$Se$_3$ 纳米晶的制备方法主要是水热法[100]、溶剂热法[101]、气相-液相-固相技术[102]、热注入法、微波合成等方法。水热法和溶剂热法耗时很长，通常反应时间在 12~72 h，还要额外的保护剂来控制 Sb$_2$Se$_3$ 纳米晶的形貌和尺寸。而气-液-固技术需要高真空度，设备价格昂贵。热注入法操作简单，设备价格低廉，实验周期短，通过控制反应液的温度、反应时间可以调节产物的结晶性、形貌和尺寸。可以将热注入法得到的 Sb$_2$Se$_3$ 纳米晶制备成胶体墨水，然后采用提拉、旋涂、刮涂或滴涂等工艺在基底上制备出 Sb_2Se_3 的薄膜，表征其性能。

A 水热法

水热法是合成无机材料的重要方法之一，是指在特制的密闭反应器（高压釜）中，以水为介质通过对反应体系加热产生一个高温高压的环境，进而进行无机合成和材料制备的一种有效方法，具有条件温和、污染小、成本低、工艺简单等特点[103]。

Wang 等人[104]以氯化锑和硒粉为原料，水合肼为还原剂，150 ℃水热反应24 h 合成了硒化锑纳米棒。Yu 等人[105]先将氯化锑加入水中并强烈搅拌，接着加入一定量乙二醇，最后加入硒粉和硼氢化钠，将上述混合物转移到反应釜中，180 ℃水热反应 3 天获得了硒化锑纳米带，如图 5-25 所示。Zhai 等人[106]研究了该硒化锑纳米线的场发射性能及光探测器性能。Ma 等人[107]将乙酸锑和亚硒酸钠溶解于去离子水中，加入水合肼作还原剂，在 120~220 ℃范围水热反应 24 h 获得了不同形貌一维纳米硒化锑。Wang 等人[108]以氯化锑和亚硒酸钠为反应原料，次磷酸钠为还原剂，140 ℃反应 24 h 获得了长约 10 μm，直径约为 40 nm 的硒化锑纳米棒。张艳华等人[109]以氯化锑和硒粉为原料，水合肼为还原剂，150 ℃反应 24 h 获得了硒化锑纳米线，并研究了它对 Bi_2Te_3 热电性能影响。陈广义等人[110]以十六烷基三甲基溴化铵（CTAB）为表面活性剂，酒石酸锑钾、硒粉及硼氢化钠为原料，180 ℃水热反应 12 h 制备了大量高长径比 Sb_2Se_3 纳米带，并指出 CTAB 作为形貌控制剂对纳米带的形成也起到了至关重要的作用。Ota 等人[111]在氢氧化钠溶液中加入硒粉及水合肼，搅拌 15 min 后加入一定量氯化锑，将此混合液转移至反应釜，150 ℃反应 12 h，得到直径 40~100 nm、长达数微米的硒化锑纳米棒。

10 μm

200 nm

(a)   (b)

图 5-25 Sb_2Se_3 纳米带 SEM 照片

(a) 低倍；(b) 高倍

B 溶剂热法

溶剂热法是水热法的延伸，以有机溶剂替代水，在新的溶剂体系中设计新的合成路线，可以制备在水溶液中无法合成、易氧化、易水解或对水敏感的材料，扩大了水热法的应用范围。

Wang 等人[112]将氯化锑溶于二甘醇中，搅拌下加入氨水、亚硫酸钠（作还原剂）、硒粉，100~140 ℃溶剂热反应 60 h，最后获得了长 2~8 μm、直径 20~50 nm 的硒化锑纳米线。Zheng 等人[113]以氯化锑和硒粉为原料，乙醇为溶剂，100~140 ℃反应 2~7 天，获得了硒化锑纳米线、纳米管。Lu 等人[114]将氯化锑与酒石酸溶于 N,N-二甲基甲酰胺中，搅拌下加入硒粉，180 ℃反应 4 h 获得了宽约 20 nm 的硒化锑纳米带；研究表明若其他条件不变，不加入酒石酸或用柠檬酸/CTAB 代替酒石酸，只能获得硒化锑纳米棒。

C 微波合成法

微波是指频率范围为 300 MHz~300 GHz 的电磁波，对被照物有很强的穿透力，对反应物起深层加热作用。微波合成具有装置简单、加热速率快、加热均匀、无温度梯度和无滞后效应等特点，对化学反应和纳米晶的形成具有促进作用。

Zhao 等人[115]以硒粉和酒石酸锑钠为原料，甘油为溶剂，氮气保护下 120 ℃微波反应 30 min 获得了直径 40~70 nm、长为 400~1200 nm 的硒化锑纳米棒。Zhou 等人[116]将化学计量为 2:3 的酒石酸锑钠和硒粉加入内盛乙二醇带回流冷凝管的圆底烧瓶中，微波反应 3 h，最终获得了直径 100~200 nm、长数微米甚至数十微米硒化锑纳米棒；当反应时间不够长，如反应 1 h，则除了产物硒化锑外仍有未反应的硒粉存在。加入了非离子表面活性剂或阴离子表面活性剂或阳离子表面活性剂，如聚乙二醇（PEG-2000）、十二烷基硫酸钠、十二烷基苯磺酸钠、CTAB、聚乙烯吡咯烷酮（PVP, K-30），试图使产物形貌更均匀，但结果表明没有明显改变。研究表明该反应机理为微波条件下首先三价锑离子被还原为零价锑，随即零价锑与硒粉反应生成硒化锑纳米棒。Guo 等人[117]将 2:3 化学计量比的氯化锑与亚硒酸钠加入甘油中强烈搅拌 1 h，然后微波加热，当反应 10 min 时获得长 10~30 μm、厚 500~1000 nm、壁厚 100~200 nm 的管状硒化锑，如图 5-26 所示。研究表明，随着反应时间的增加，管状物逐渐减少而球状物明显变多，如反应 30 min 时绝大多数产物为直径 2~4 μm 的球状硒化锑。

5.6.3 硒化锑的用途

5.6.3.1 在太阳能电池领域的应用

由于 Sb_2Se_3 具有优异的光电性能，并且前期积累了大量制备薄膜的经验，因此 Sb_2Se_3 在制备太阳能电池方面有很大的应用前景，目前已有一些关于

(a)   (b)

图 5-26　微波反应所得 Sb$_2$Se$_3$ 纳米管 SEM 照片

（a）低倍；（b）高倍

Sb$_2$Se$_3$ 太阳能电池的报道。自 2009 年至 2015 年，多个课题组都对 Sb$_2$Se$_3$ 太阳能电池进行了研究，效率最高的是敏化结构的 Sb$_2$Se$_3$ 太阳能电池，取得了 6.6% 的光电转换效率。

2009 年，墨西哥的 Messina 研究组[118]通过采用化学浴的方法制备了 Sb$_2$Se$_{3-x}$S$_x$:Sb$_2$O$_3$ 薄膜，取得了 0.66% 的器件光电转换效率。由于器件结构复杂而且电池的转换效率偏低，因此没有引起同行的强烈关注。在之后的 Sb$_2$Se$_3$ 太阳能电池发展过程中，2014 年韩国的 Choi 课题组[119]报道了利用热分解法制备的 Sb$_2$Se$_3$ 敏化 TiO$_2$ 的敏化太阳能电池取得了 3.21% 的电池光电转换效率。之后，该课题组在原有的基础上，通过在 Sb$_2$Se$_3$ 层上面采用化学浴的方法沉积一层 Sb$_2$S$_3$ 层，在氩气气氛下退火得到 Sb$_2$(S$_x$Se$_{1-x}$)$_3$ 的合金。经过这一过程，Sb$_2$Se$_3$ 太阳能电池的电池效率提高到 6.6%[120]。2015 年，周英课题组[121]利用快速热蒸发法制备出了形貌是一维纳米带的 Sb$_2$Se$_3$ 薄膜，取得了 5.6% 的器件光电转换效率。此效率是目前报道的平面结构的 Sb$_2$Se$_3$ 太阳能电池的最高转换效率。

虽然目前为止 Sb$_2$Se$_3$ 太阳能电池的光电转换效率还不是很高，但是经计算其理论电池效率可达 30% 以上，所以应用前景还是很乐观的。

5.6.3.2　在光电探测器领域的应用

光电探测器在现代生活和科技领域中不仅起着举足轻重的作用，而且占据着重要地位。近几年，Sb$_2$Se$_3$ 在光电探测器方面也有诸多报道。2009 年 Sun 等人[122]报道了将采用溶剂热法制备出单晶的 Sb$_2$Se$_3$ 纳米棒制备成光电探测器，研究了其 I-V 特性。Huang 课题组[123]在 2014 年报道了 (Sb$_{1-x}$Bi$_x$)$_2$Se$_3$ 纳米线基的光电探测器的光响应率与 Bi 原子含量的关系。同年，Zhang 等人[124]通过采用制备 Sb$_2$Se$_3$/Cu$_2$GeSe$_3$ 异质结的结构加强了光电探测器的光吸收，使得异质结的光电流有很大的提升，这表明 Sb_2Se_3 的异质结有助于提升器件的光电特性。2014年，Liu 等人[125]用微波辅助法制备出了 Sb_2Se_3 纳米线，研究了其光电性能。氙灯作为光源，研究了不同光照强度对器件性能的影响。同年，Choi 课题组[126]为了改善 Sb_2Se_3 本身电导率大、EQE 较低等问题，对合成的 Sb_2Se_3 进行了 Ag 修饰。最终得到的是 Ag_2Se 颗粒修饰的 Sb_2Se_3 纳米线，并将 Sb_2Se_3 和 Ag_2Se 颗粒修饰的 Sb_2Se_3 纳米线分别构建了光电探测器，研究了其光电性能的差异。结果证明 Ag_2Se 颗粒修饰的 Sb_2Se_3 纳米线的光电性能优于纯 Sb_2Se_3。2015 年，Chen课题组[127]通过采用溶剂热的方法制备出直径 10~20 nm、长度 30 μm 的 Sb_2Se_3纳米线，并将 Sb_2Se_3 纳米线涂覆在 PET 和印刷纸上得到一个可柔性的 Sb_2Se_3 薄膜的光电探测器，并且研究了在不同衬底上光电探测器的性能变化。2016 年，Chen 等人[128]报道利用热注入法制备了一维的 Sb_2Se_3 纳米棒，并在刚性衬底上制备 Sb_2Se_3 纳米棒薄膜的光电探测器，研究了光电探测器对于不同波长的光的响应率，结果表明 Sb_2Se_3 光电探测器对红光最敏感。2016 年，Hasan 等人[129]报道了用乙二胺和 1,2-乙二硫醇的混合溶剂将 Sb、Se 的单质溶解，然后旋涂在柔性衬底上，之后制备成光电探测器，研究了其光照（870 nm）和黑暗下的光电特性。这种方法步骤简单、没有杂质引入，大大简化了实验步骤，降低过程能耗，并且提高了原材料的利用率。

5.7　硒化铜

金属铜基半导体作为纳米无机半导体的一个重要领域，广泛应用于光电探测器、光催化、太阳能电池、传感器、热电器件和超级电容器等领域[9]。其中硒化铜因其独特的光电特性而受到广泛关注。

5.7.1　硒化铜的性质

硒化铜是重要的 p 型半导体之一，广泛应用于太阳能电池、气体传感器、超离子导体和热电变换器。由于硒化纳米材料的激子玻尔半径较大，硒化纳米材料表现出极强的量子约束效应[130]，因此，可在光电和机械领域发展出一系列新的特性。硒化铜的直接带隙在 2.1~2.39 eV 范围内，间接带隙在 1.2~1.7 eV 范围内，非常接近太阳能利用的最佳值。同时硒化铜晶体具有多种不同的结构，这使得硒化铜纳米材料成为科学研究的热点。

5.7.2　硒化铜纳米材料的制备方法

纳米 CuSe 的制备方法有很多，如溶剂热法[131]、电化学技术[132]、胶体合成[133]、微波辅助非水法[134]、溶液相反应[135]、化学浴沉积[136]和脉冲激光沉积[137]等。

5.7.2.1 水热法

采用水热法合成的粉末可以避免因高温煅烧而使纳米粒子重新聚集和被污染。水热法制备金属或金属氧化物已成为近年来的发展趋势。在水热法制备纳米粉体的过程中，操作温度、压力和反应路径都会影响颗粒的形状和大小。

Gu 等人[138]以 CuCl 和 Se 粉为原料，采用浓碱性水热法制备了横向尺寸为 200~800 nm、厚度为 15~40 nm 的六方 CuSe 纳米薄片。实验结果表明，聚乙烯吡咯烷酮的用量和氢氧化钠的浓度对六方 CuSe 纳米薄片的形成起重要作用。Hou 等人[139]以硫酸铜和硒粉为原料，采用简单快速的水热法制备了 CuSe 纳米板。以 EDTA-2Na 为表面活性剂，对 CuSe 纳米粒子的形貌进行了调节。Mao 等人[140]首次以聚乙烯吡咯烷酮（PVP）作为还原剂和表面活性剂，建立了一种简单的无模板绿色水热法制备硒化铜（CuSe）的单晶超结构。Sobhani 等人[141]成功地利用水热法制备了硒化铜半导体。铜盐种类、表面活性剂、还原剂、Cu 与 Se 的摩尔比、反应时间和温度等各种合成参数对产物的粒径、相纯度和形貌都有显著影响。

5.7.2.2 多元醇溶液化学法

多元醇法就是利用醇中羟基缩合或者局部形成的微量水环境来达到纳米材料生长的过程。常用有机溶剂介质合成法因其环境污染小、毒性小、成本低、易于提取纯化微纳米晶而受到广泛关注。

Ma 等人[142]以三甘醇（TEG）、三乙基四胺（TETA）和聚乙烯吡咯烷酮（PVP）为反应溶剂、还原剂和封盖剂，采用多元醇溶液化学法成功地合成了 (0001) 定向六方蓝硒铜矿 CuSe 纳米板，主要研究了合成温度、TETA 加入量和回流时间对反应的影响。结果表明，还原剂 TETA 对单相六边形合金的形成起了关键作用。随着 TETA 含量的增加，产物的杂质相由 $CuSe_2$ 变为 $Cu_{2-x}Se$。在相同的 TETA 条件下，注入温度越高越容易合成立方相 $Cu_{2-x}Se$。Wang 等人[143]通过简单的一锅多元醇方法，发现只要改变前驱体的供给比例就可以轻易地获得各种硒化铜纳米结构（Cu_2Se 纳米颗粒、CuSe 纳米板和 $CuSe_2$ 纳米板）。与以往报道的方法相比，该方法具有成本低、反应温度相对较低、最终产物在极性和非极性溶剂中的分散性好等优点。Liu 等人[144]以三甘醇为溶剂，三乙基四胺为助剂，聚乙烯基吡咯烷酮为封盖剂，采用气压多元醇法制备单分散八面体 $CuSe_2$ 粒子，考察了三乙烯四胺加成量和合成温度的影响。结果表明，TETA 添加量和反应溶液温度影响形成最后阶段和形态。

5.7.2.3 溶液胶体法

溶液胶体法是制备微纳米晶体的一条新的途径，它利用带有配位基团的有机长链分子作为溶剂。在高温液相中生长微纳米晶体，在该过程中，有机分子的配位基团与金属离子间发生络合反应，从而阻止晶体的生长。

Deka 等人[145]使用胶体方法合成了 $Cu_{2-x}Se$ 微纳米晶，避免了磷的使用。Senthilkumar 等人[146]采用低成本、环境友好的表面活性剂，采用溶液胶体法制备了具有层次形貌的硒化铜微纳米晶。以油酸、1-十二烷基硫醇和 1-十八烯为表面活性剂，合成了相互连接的纳米薄片、堆叠的六方纳米血小板和纳米层状形貌。Wang 等人[147]采用胶体热溶液注入法，在氩气流动下，由无水 CuCl 与 Ph_2Se_2 反应成功合成了具有明确八面体形态的硒化铜（$Cu_{2-x}Se$）微纳米晶，其中 1-十八烯（ODE）和油胺（OAm）分别作为溶剂和表面活性剂。Tian 等人以高品质三角 $Cu_{2-x}Se$ 以十八烯（ODE）为前驱体，通过无绿色膦的单锅胶体法成功地合成了 $Cu_{2-x}Se$ 微纳米晶。以 $CuSt_2$ 为反应物，OAM 为溶剂。通过采用这种新的非注射方法，简单地控制反应时间，合成了尺寸从 2.8 ~ 12 nm 不等的三角 $Cu_{2-x}Se$ 微纳米晶。

5.7.2.4　沉积法

Singh 等人以 $CuSO_4$、H_2O、SeO_2、PVP 和少量 H_2SO_4 的水溶液为原料，在室温下采用电沉积法制备了纳米线。Guzeldir 等人[148]采用连续离子层吸附与反应（SILAR）、旋涂法和喷雾热解法等不同的化学方法在玻璃基板上沉积硒化铜薄膜。Bari 等人[149]采用化学浴沉积技术在温度低于 60℃ 的玻璃基板上制备了化学计量和非化学计量的硒化铜薄膜，发现晶粒尺寸随着铜含量的降低而增大。Hankare 等人[150]在碱性水介质中，使用含硫酸铜（0.25 mol/L）、25% 氨水和硒硫酸钠（0.25 mol/L）的前驱体溶液沉积了硒化铜薄膜。这些生长的薄膜可以很好地附着在玻璃基底上，颜色呈暗红色。Hsu 等人[151]制备了一种新合成的硒桥铜簇 $[Cu_4\{Se_2P(OiPr)_2\}_4]$，首次采用单源化学气相沉积（SSCV）工艺制备非化学计量的 $Cu_{2-x}Se$ 单晶纳米线，该制备方法是第一个将离散的、硒根桥联的铜簇成功地用于制作一维铜硫化物纳米结构。

5.7.2.5　微波辅助法

微波对化学反应的高效性来自它对极性物质的热效应，即极性分子接受微波辐射能量后，通过分子偶极高速旋转产生内热效应，说明微波对极性分子的热效应比较明显。

Liu 等人[52]采用微波辅助合成了硒铜蓝硒化铜纳米片（CuSeNS），并进行了表征。纳米片表面光滑，呈六边形。探讨了 $CuSe/SeO_2$ 的摩尔比、反应温度和反应时间对 CuSeNS 生长的影响。提出了六边形 CuSeNS 的生长是由油胺的模板效应和 CuSeNS 的固有晶体性质决定的。Jing 等人采用微波辅助非水处理方法，通过控制反应溶剂，在铜基体上合成了不同相和形态的硒化铜薄膜。结果表明，在环己醇反应体系中可以合成枝晶，以环己醇或苄醇为溶剂可以得到纯 $Cu_{2-x}Se$ 薄膜。

5.7.2.6　溶剂热法

溶剂热法顾名思义与水热法类似，但是溶剂热法所用的溶剂为有机溶剂，其主要原理为在密闭环境中，将反应物分散在有机溶剂中使其变得更加活泼，随着反应的缓慢进行生成产物。溶剂热法可有效地防止反应过程中有毒物质的挥发。

Wang 等人[153]采用一种新型的低温溶剂热法制备纳米 $Cu_{2-x}Se$，将 CuI 和 Se 以乙二胺为溶剂反应，所制备的 $Cu_{2-x}Se$ 晶粒几乎呈球形，与 Cu^+ 配位的乙二胺可能在 $Cu_{2-x}Se$ 微纳米晶的形成中起着重要作用。Li 等人研究了在氨水体系中，三水合硝酸铜与硒、巯基乙酸钠反应制备硒化亚铜微纳米晶的方法。在室温条件下，用简单的方法成功地合成了纯度高、分散性好的 Cu_2Se 微纳米晶。巯基乙酸钠溶液在反应过程中起着关键作用，是反应的必要条件，可以阻止微纳米晶体的进一步生长。

5.7.2.7　牺牲模板法

牺牲模板法的形成机制可能基于 Kirkendall 效应和之后的 Ostwald 生长过程。Cao 等人[154]利用形状控制的 Cu_2O 作为牺牲芯、前驱体或模板，采用单一技术在室温下成功制备了立方型、八面体型和球形的 $Cu_{2-x}Se$ 空心笼。以聚乙烯吡咯烷酮为盖层剂，在不同的还原剂作用下，在水介质中制备了立方型、八面体型和球形 Cu_2O 微纳米晶。在室温下添加硒源，可以将这些微纳米晶体转化为中空的 $Cu_{2-x}Se$ 微纳米晶体，并保持其原始形态。Zhang 等人提出了一种制备硒化铜纳米管的新方法。该方法基于模板定向合成，以三角形硒纳米管作为模板定向试剂。除了 CuSe 纳米管外，通过改变前驱体中 Cu 和 Se 的原子比，还可以得到 Cu_3Se_2、$Cu_{2-x}Se$ 和 Cu_2Se 的单向（1D）微纳米晶。

5.7.3　硒化铜的用途

5.7.3.1　传感器方面的应用

生物传感器是收集反应中的电子，将被测物质的浓度转化为物理化学变化信号的分析测试装置，广泛应用于临床诊断、工业控制、食品药品分析、环境保护和生物芯片等领域[155]。在过去的几十年里，半导体型气体传感器一直是研究的热点。然而，目前半导体型气体传感器主要是基于半导体氧化物，开发具有超低检测限、快速恢复和高选择性的传感器[156]。

Xha 等人[157]采用溶液相法成功地制备了 $Cu_{2-x}Se$ 纳米颗粒催化剂。采用 $Cu_{2-x}Se$ 纳米颗粒修饰的电极对葡萄糖进行检测，结果表明，$Cu_{2-x}Se$ 纳米颗粒电极对葡萄糖氧化反应具有良好的催化活性，证明 $Cu_{2-x}Se$ 纳米颗粒作为一种很有前途的纳米材料可以成功地用于非酶葡萄糖传感器中葡萄糖的测定。Wang 等人[158]利用 Cu_2O 纳米管为牺牲硬模板，通过湿化学方法成功制备了具有明确中空结构的 $Cu_{2-x}Se$ 纳米盒。气敏特性的研究表明，合成的 $Cu_{2-x}Se$ 纳米盒对乙醇和丙酮等有机气体具有良好的灵敏度和较短的响应/恢复时间，这表明制备的 $Cu_{2-x}Se$ 纳米盒在纳米传感器中有潜在的应用。

5.7.3.2 电化学方面的应用

二氧化碳（CO_2）是一个潜在的可将能源转换为高能化学物质的资源，电催化将 CO_2 还原为甲醇，能够产生高电流密度和高选择性的活性强的电催化剂是实现大规模应用的关键[159]。Yang 等人[160]利用硒化铜作为催化剂进行二氧化碳的电化学还原，硒化铜纳米催化剂在电化学还原二氧化碳为甲醇方面的性能优异，在 285 mV 的低电位下，电流密度高达 41.5 mA/cm^2，法拉第效率为 77.6%。

高效、稳健的析氢反应（HER）催化剂是减少未来碳排放的清洁能源技术的关键组成部分之一。析氢反应（HER）通过电化学分解水产生 H_2，为可再生能源的生产提供了一种有效的替代方法，Bai 等人[161]采用一种原位阴离子交换法制备超薄 $Cu_{2-x}Se$ 纳米层结构。由于其特殊的结构特征促进了质量扩散/转移性能，$Cu_{2-x}Se$ 催化剂电催化活性显著提高。同时，自支撑结构可有效消除催化剂-基体界面的过电位。

5.7.3.3 光热转换方面的应用

纳米材料的光热转换由于其在纳米尺度热源[162]、生物成像和光热治疗方面的潜在应用而受到广泛关注。Jia 等人利用微波辅助合成的 $Cu_{2-x}Se$ 具有较强的 LSPR 和特殊的中空结构，而且具有良好的光稳定性，表明 $Cu_{2-x}Se$ 中空纳米结构可用于纳米尺度的热源和肿瘤治疗。

5.7.3.4 量子点敏化太阳能电池方面的应用

近年来，量子点敏化太阳能电池（QDSSC）在开发清洁可持续能源方面显示出巨大潜力。量子点具有高消光系数、快速电荷分离、可能产生多个激子等特性，这些特性使 QDSSC 具有吸引力，并且使效率超过 10% 的第三代光伏太阳能电池成为新兴市场。在过去的几年中，人们在其结构优化方面做了大量的工作，包括对介孔金属氧化物、量子点本身、电解和对电极的精心修饰，提高了 QDSSC 的性能。

Kamat 等人[163]通过简单的化学路线制备了 CuSe 和 CuS 对电极，并利用 CuSe、CuS 和常规 Pt 对电极研究了钛基 QDSSC 的光伏性能。采用 CuSe 和 CuS 对电极的 TiO_2/CdS QDSSC 的效率分别为 1.68% 和 1.38%，高于常规 Pt 对电极的 0.69%。CuSe 对电极比 CuS 和 Pt 对电极对电解质的氧化还原反应更强。因此，CuSe 对电极被认为是 QDSSC 中极有希望替代 CuS 和 Pt 对电极的一种方法。Meng 等人提出了一种简单制备 CuSe 薄膜的两步方法：首先在导电衬底上电镀一薄层铜，然后进行简单的聚硒化盐处理，其探究 CuSe 对电极在 QDSSC 中作为对电极（CE）的应用。这一易于处理和省时的 CuSe 薄膜制备方法，消除了严格的制备条件，推动了 QDSSC 简单和环保的高催化 CE 的实现。Moloto 等人[164]报道了用改进的水热法和热注入法合成硒化铜和一维纳米晶，进一步研究了这些纳米晶体作为肖特基太阳能电池的活性层的性能。结果表明，一维硒化铜在 QD 太阳能转换效率较好，分别为 0.62% 和 2.2%，并推测一维纳米结构的优良性能可能是由于它们能够相互重叠并形成连续的网络，有助于电荷传输。

5.7.3.5　光催化方面的应用

近几十年来，由于工业和生活方式的现代化而产生的有害环境问题，全面地影响了水的再利用，增加了对清洁水的需求。利用不同纳米结构的多相光催化的性质，在去除有害有机化合物和净化污水方面得到了广泛的应用，因其成本低和催化剂的惰性而受到广泛关注。为了最大限度地利用太阳能，人们对可见光驱动的光催化剂进行了各种研究，开发出了许多具有良好光催化活性的令人印象深刻的光催化剂。其中，硒化铜为新兴光催化剂的代表。

Ghosh 等人[165]研究了亚甲基蓝（MB）和玫瑰-孟加拉（RB）染料在可见光照射下在 $Cu_{2-x}Se$ 薄膜上的光催化变色。在 H_2O_2 的作用下，通过功率因数和价值系数对热电性能进行了评价，发现 $Cu_{2-x}Se$ 薄膜对 MB 的催化活性高于 RB。Gu 等人以 CuCl 和 Se 粉为原料，采用浓碱性水热法制备了横向尺寸为 200~800 nm、厚度为 15~40 nm 的六方 CuSe 纳米薄片。通过在自然光照下对有机亚甲基蓝（MB）的光催化降解，研究了合成的六方 CuSe 纳米薄片的光催化活性。结果表明，六方 CuSe 纳米薄片具有良好的光催化活性和可重复性，在过氧化氢的存在下，阳光照射 25 min 后可以降解废水中 99% 以上的 MB 污染物。

5.7.3.6　热电转换材料方面的应用

热电能量转换是利用最先进的技术实现能源热和电之间的直接转换，作为化石能源的替代品，有望取得更重要的角色。

Choi 等人[166]报道了二阶相变 Cu_2Se 半导体结构的涨落，打破了正常相热电输运的常规趋势。结果表明，动态结构变换引入了强涨落和极端的复杂性，增强了载流子的熵和热功率，并使载流子和声子发生强烈的散射，从而使它们的输运行为具有决定性。Ma 等人[167]采用熔合—淬火的方法合成了 $Cu_{2-x}Se$（$0 \leqslant x \leqslant 0.25$）化合物，再通过火花等离子烧结得到块料，研究了其在 300~750 K 温度范围内 Cu 含量对 $Cu_{2-x}Se$ 相变和热电性能的影响。热电性能测试表明，随着铜含量的增加，电导率降低，塞贝克系数增大，导热系数降低。

5.8　硒化铅

硒化铅（PbSe）是一种窄的直接带隙化合物半导体材料，具有氯化钠型立方晶体结构（$a = 0.6122$ nm）。鉴于其在光学和电学方面的独特性质，近些年引起了越来越多人的关注。硒化铅具有良好的光电导效应、噪声低、对外界条件的影响反应灵敏等特性，被广泛用于红外探测器、半导体激光器、量子点光纤放大器等领域。

5.8.1 硒化铅的性质

作为一种直接窄带隙的 ⅣA-ⅥA 族半导体材料，PbSe 的禁带宽度在室温下为 0.27 eV[168]。PbSe 具有 NaCl 型的晶体结构，属于面心立方点阵，晶体结构如图 5-27 所示。其晶格常数 $a=0.612$ nm，所属空间群为 $Fm3m$。此外，PbSe 的激子玻尔半径为 46 nm，与其他半导体材料相比量子限域效应更加突出。且 PbSe 由于自身的电子有效质量和空穴有效质量都较低，能够表现出较高的载流子迁移率，对 PbSe 在光伏器件和光催化领域的应用有很重要的作用[169]。PbSe 的基本物理参数见表 5-4。

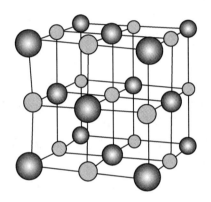

图 5-27　PbSe 的立方 NaCl 结构示意图

表 5-4　PbSe 的基本物理参数

物理参数	参数值
相对分子质量/g·mol^{-1}	286.16
密度/g·cm^{-3}	8.1
熔点/℃	1078
禁带宽度/eV	0.27
导热系数（$T=300$ K）/W·(m·K)$^{-1}$	2
激子玻尔半径/nm	46
电子和空穴的有效质量	0.1

5.8.2 硒化铅的制备方法

目前人们已用多种物理和化学方法得到了 PbSe 薄膜或纳米晶，主要有化学浴沉积法、分子束外延法、电化学沉积法、真空蒸发法等。此外激光脉冲法、溶剂热法、声化学法、光分解沉积等均曾被用于 PbSe 薄膜的制备。

5.8.2.1　化学浴沉积法

化学浴沉积法用于 PbSe 薄膜的沉积始于 20 世纪 40 年代末，随着研究的发展已得到纳米级的 PbSe 薄膜，并观测到了量子尺寸效应。在化学浴沉积过程中主要控制参数为：溶液温度、pH 值、配位剂种类及沉积时间等。溶液温度越高、pH 值越大，晶粒尺寸越大；配位剂种类、浓度则直接影响金属离子的络合程度，影响产物的形貌、组成与性能。Sarkal 等人考察了柠檬酸钠和氢氧化钾（KOH）作为配位剂对化学浴沉积法制备 PbSe 薄膜的影响。结果显示，以柠檬酸钠为配位剂时制备出的 PbSe 粒径大小为 5nm，出现薄膜表面氧化和缺乏 Se 的现象。以高 pH 值的溶液为配位剂时沉积的 PbSe 嵌入无定型的氧化铅基体中，粒径为 4nm。Sarkal 还指出不同配位剂条件下，形成的薄膜表面也存在差别，表面组成的细微差别也会对它们的化学性质产生很大影响。Bhardwaj 等人则研究了溶液 pH 值及温度对薄膜中 PbSe 粒径的影响。结果表明，随 pH 值及温度的升高颗粒尺寸增大，且颗粒形状由球形逐步过渡到正方形。此外，值得提出的是他们的研究还发现随着晶粒尺寸减小，光学带隙宽度有较明显增加。

5.8.2.2　分子束外延法

分子束外延（MBE）法是已建立的制备高质量铅盐材料最重要的技术之一。相较于其他外延技术，MBE 薄膜生长温度相对较低，因此具有明显的优势：界面陡峭、稳定性好，并可以在生长过程中控制金相形貌和电气结点的形貌。所以，MBE 可能是最适合用来制造下一代红外探测器精细结构的技术。与大多数ⅡA-ⅥA 和ⅢA-ⅤA 半导体具有闪锌矿结构不同，PbSe 是氯化钠结构，所以利用MBE 生长 PbSe 薄膜需要注意晶格失配的问题。晶格失配问题可以通过改变基片或基片温度、生长缓冲层、控制薄膜厚度等方法来改善。

由于 BaF_2 与 PbSe 均属于立方晶系，两者热膨胀系数接近，晶格失配度小，因此常用 BaF_2 为衬底来沉积 PbSe 薄膜。GaAs 基体由于其可以高质量、大面积生成，相对于 BaF_2 衬底成本较低，常用于异质外延生长半导体材料。Wang 等人利用 MBE 分别研究了直接在 GaAs（100）或 GaAs（211）基底上生长 PbSe 薄膜和以 ZnTe 为缓冲层在 GaAS（211）生长 PbSe 薄膜。实验结果表明，直接在GaAs（100）面或 GaAs（211）面上可以生长单晶 PbSe，但是薄膜表面具有非常显著的突变界面；以 ZnTe 为缓冲层生长的 PbSe 薄膜表面平滑、连续。利用 MBE在 GaAs（100）面上<100>方向可以生长 PbSe 是由于应力松弛和失配位错的作用。GaAs（211）面上 PbSe 的生长并不在<211>方向，而是更接近<511>方向，这可能是由于 PbSe（211）面与 GaAs（211）面间存在夹角（16°），PbSe 的生长在近<511>方向具有更低的晶格失配度（降低了 4.1%）。

5.8.2.3 电化学沉积法

电化学沉积法是一种前景广阔的合成半导体的方法，可用于制备多晶薄膜、外延薄膜、异质结构、超晶格、多层结构及纳米粒子等。PbSe 薄膜可以通过包含 $Pb(NO_3)_2$ 和 SeO_2 的普通酸性电解液电沉积在金属（如 Au、Pt）、Si 等基片上。Streltsov 和 Ivanova 都研究了电化学法沉积 PbSe 薄膜的过程，并探讨了电化学沉积过程中电位对产物组成的影响。Ivanova 等人的研究表明在 n-Si（100）基片上 3D Pb 和 3D Se 晶核同时沉积并发生化学反应，在异质结形成后 Pb 和 Se 的沉积速率会发生变化，但最终形成 Pb、Se 比为 1:1 的 PbSe。他们指出电化学沉积 PbSe 时电极电位 E 应略高于平衡电势 E_{Pb^{2+}/Pb^0}，这时 Se 和 Pb 的共沉积反应就可形成 PbSe。当 E 比 E_{Pb^{2+}/Pb^0} 大几毫伏时，Se 和 Pb 的原子比接近化学计量之比 1:1。当 E 为 $100\sim300$ mV 远大于 E_{Pb^{2+}/Pb^0} 时会产生 Se 的富沉积，产物为 PbSe 和无定型 Se 的混合物。

相较于一些气相方法，电化学沉积过程可被精确控制，反应更接近于平衡状态，并且不涉及有毒气体，是应用非常广泛的镀膜方法，但不能实现对晶核的形成和长大速率的控制，所得薄膜结晶性能不佳。电化学沉积法也不适用于制备组成复杂的薄膜。

5.8.2.4 真空蒸发法

真空蒸发法是一种获得化学计量学、形态学及晶体学意义上高质量薄膜的可行性制备技术，被广泛用于各种薄膜材料的制备。El-Shazly 等人利用热蒸发技术在玻璃和石英衬底上沉积 PbSe 薄膜，得到简单面心立方结构的多晶 PbSe 薄膜。Shyju 和 Arivazhagan 分别考察了衬底温度、薄膜厚度对 PbSe 薄膜性能的影响。Shyju 研究发现衬底温度增加，PbSe 的禁带宽度由 1.62 eV 降低至 1.42 eV。Arivazhagan 的研究则表明光学吸收随薄膜厚度的降低会发生蓝移，禁带宽度相应由 1.9 eV 降低至 1.5 eV。

真空蒸发法制备薄膜，衬底上不同位置的膜厚取决于蒸发源的形状、基板与蒸发源的相对位置及蒸发源物质的蒸发量。所以能否在基板上获得均匀膜厚是真空蒸发镀膜过程的关键。

5.8.2.5 磁控溅射法制备 PbSe 薄膜

磁控溅射法制备的薄膜具有可重复性好、膜厚可控及"低温"等特点。"低温"使得溅射粒子刚沉积在衬底表面时具有较大的过冷度，有利于形核，后续溅射过程衬底温度有所增加，过冷度减小，晶粒逐渐长大，所以利用磁控溅射法制备的薄膜一般结晶性能较好。此外磁控溅射磁场对溅射粒子产生"束缚"作用，粒子到达基片的方向相对一致，这也对薄膜生长有一定影响。近来，射频磁控溅射法已被用于 PbSe 的制备。Jung 等人利用该方法在 SiO_2/Si 衬底上沉积 PbSe，在<111>方向观察到了直径约 100 nm 的 PbSe 纳米线，呈无规则紧凑排列的三角形结构，如图 5-28 所示。

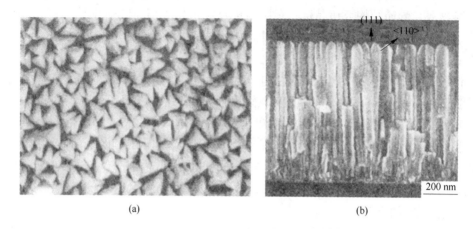

(a)   (b)

图 5-28   PbSe 纳米线的 SEM 图

(a) 平面视图，PbSe 呈三角形；(b) 截面视图

PbSe 纳米线在<111>方向排列一致，并非一层层排列，且与衬底方向无关。相较于块体 PbSe，他们制备的 PbSe 纳米线在冷致发光和吸收方面发生很大的蓝移，表现出量子限制。

5.8.3 硒化铅的用途

硒化铅在红外探测器、半导体激光器、量子点光纤放大器等光电器件方面有重要的应用，在薄膜太阳电池领域也具有潜在应用价值。

5.8.3.1 在红外探测器上的应用

光电探测器作为光电探测系统中实现光电转换的关键元件，其性能很大程度上决定了光电探测系统的探测能力和精度。PbSe 红外光电探测器能够接收由目标发出的红外辐射信号，并将之转换为电信号，具有较高的响应度和探测度。PbSe 光电导探测器是通过一个恒定的直流偏置电流来检测电导率因光产生的变化，这个变化正比于入射到探测器上的辐射功率。其适用波长为 3.0~5.0 μm，具有良好的光电导效应，对外界的影响反应灵敏、噪声低，探测率可达到其他同类产品的 2~3 倍。硒化铅探测器具有显著的非线性特性，该非线性是光子辐射的函数，与被照明面积和辐射照射波长无关。

5.8.3.2 在半导体激光器材上的应用

PbTe/PbSnTe 和 PbTS/PbSnSe 是研究最广泛的长波长半导体激光器材料。它们的工作温度理论上可以高于室温，但这些材料热导率低，所以工作时会积累大量热量不能散失，导致其连续工作时的最高温度不能超过 223 K，器件仍需要在液氮冷却下工作。改进器件性能或降低器件的阈值电流密度可降低工作时产生的焦耳热。采用量子点作为激光器的有源层可以降低激光器的阈值电流,从而降低注入电流,这为提高ⅣA-ⅥA激光器的工作温度、改进激光器的性能提供了可能。

5.8.3.3 在量子点光纤放大器(QDFA)上的应用

量子点是由少量的原子构成的准零维纳米材料。大部分硒化铅量子点是立方体形状,具有单分散性和自组装结构,其内部电子的运动受到强烈限制。PbSe量子点在1000~2300 nm的红外波段有强烈的辐射和吸收,其典型峰的半高宽为100~200 nm。量子点尺寸增大,PL光谱和吸收光谱中的峰位向长波长方向移动。其辐射和吸收波段的可调性,使其用于通信光纤的掺杂具有较大优势。

5.8.3.4 在太阳能电池上的应用

基于PbSe的"多载流子效应"和带隙可调的特点,可将其作为太阳能电池的吸收层。有研究报道了在有肖特基势垒的ITO/PbSe纳米晶(4 nm, E_g 为0.9 eV)/Ca-Al电极太阳能电池中,获得了高的短路电流密度(J_{sc})21.4 mA/cm^2、开路电压(V_{oc})239 mV及2.1%的转换效率。在ITO/导电高分子/PbSe(1.8 nm)/ZnO-Al电极的太阳能电池中转换效率达到了3.4%。Barrios-Salgado将PbSe薄膜作为CdS/Sb$_2$S$_3$电池的补充吸收层,形成了结构为CdS/Sb$_2$S$_3$/PbSe的电池。添加PbSe补充吸收层后,电池效率由0.04%提升至0.99%,效果非常明显。

5.9 硒化锡

硒化锡(SnSe)是一种双原子层状结构窄带隙半导体,其带隙与传统半导体材料Si接近,在紫外光、可见光、近红外光区域都有很强的吸收,是一种新型光伏产品和近红外光电探测器潜在候选半导体材。

5.9.1 硒化锡的性质

早在20世纪初,人们就发现SnSe材料具有热电性能,但是由于它在中低温段的电导率很低,因此一直没有引起重视。直到2014年,Zhao等人[170]报道纯相SnSe单晶具有极佳的热电性能,沿着b轴和c轴方向,SnSe的热电性能优值(ZT)在923 K时分别高达2.6和2.3,打破了块状热电材料ZT值的纪录。

Se原子的最外层电子排布为$4s^24p^4$,Sn原子的最外层电子排布为$4d^{10}5s^25p^2$,当这两种原子结合后,电负性强的Se原子会比较容易获得两个电子,而电负性弱的Sn会比较容易失去两个电子,相应的,它们最外层电子排布分别变为了$4s^2p^6$和$4d^{10}5s^25p^0$。因为s^2p^2杂化轨道的关系,每个原子都可以跟另外3个原子形成共价键,所以SnSe在微观下呈现为褶皱状。另外Sn原子5s轨道的电子对晶体结构的扭曲及层间相互作用力都有一定的影响[171]。

由于大量本征 Sn 空位的存在，纯相 SnSe 表现 p 型。在室温下，SnSe 为正交结构，属于低对称的 *Pnma* 空间群，它的晶格常数分别为 $a=1.149$ nm，$b=0.444$ nm，$c=0.4135$ nm。图 5-29 (a) 是 SnSe *Pnma* 相的一个晶胞，每个晶胞含有 8 个原子。图 5-29 (b)~(d) 分别是 SnSe 沿着 a、b、c 轴的晶体结构，从该结构中可以看出 SnSe 有着层状结构，表现出明显的各向异性。沿着 b 轴方向，Sn 和 Se 原子排列呈 "Z" 字形，沿着 c 轴方向呈弹簧状，在 bc 面内，原子之间由强化学键连接，而垂直于 bc 方向的原子由范德华力连接，所以单晶 SnSe 易沿着 (100) 面解离。当温度升高后 (>800 K)，SnSe 会发生二级相变，从对称性较低的 *Pnma* 相转变成对称性较高的 *Cmcm* 相，此时晶格常数变为：$a=0.431$ nm，$b=1.19$ nm，$c=0.431$ nm。而当温度降低时，SnSe 又会恢复到 *Pnma* 相。

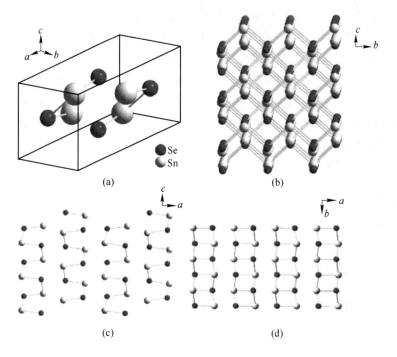

图 5-29 SnSe 晶胞及结构

(a) SnSe 单胞；(b)~(d) SnSe 沿着 a、b、c 轴的晶体结构

5.9.2 硒化锡的制备方法

5.9.2.1 多晶 SnSe 的制备方法

多晶 SnSe 主要有 4 种制备方法：熔融法、电弧熔炼法、高能球磨法及水热合成法。

A 熔融法

熔融法是热电材料的常见制备方法,顾名思义,就是将材料加热到熔融状态的方法。在实际应用时,熔融后需要进行淬火和退火等工艺来消除晶体内应力,然后再结合热压(HP)或者放电等离子烧结(SPS)形成较为致密的铸锭。如此制备的多晶 SnSe 电导率会远不及单晶 SnSe,但是该方法工艺相对简单,大多数实验室可进行完整的制备流程。

B 电弧熔炼法

电弧熔炼法是通过电弧熔融炼制金属的方法。用电弧熔炼法制备多晶 SnSe 不需要进行额外的烧结步骤,周期较短,而且可以精确控制成分,但目前该方法还没有得到广泛应用。

C 高能球磨法

高能球磨法又称为机械合金法,通常是将按化学计量比称量好的原料及一定比值的钢球一起球磨,高速旋转带来的高能量密度的机械能可以在颗粒中产生大量的缺陷和应变,从而获得纳米级的粉末,粉末再进行烧结便可以获得致密的铸锭。该方法工艺简单,但是粉体易氧化,不利于 SnSe 热性能的降低。

D 水热合成法

水热合成法是将一定化学计量比的前驱粉体和催化剂等配置成溶液,放入高压反应釜中,在高温高压下进行水热反应,再通过离心、抽滤洗涤等操作获得干燥粉末的方法。水热合成法获得的粉末相较于高能球磨法获得的粉末细得多,有利于降低合成铸锭的热导率。但是水热法在合成过程中有许多难以人为控制的因素,并且该方法产量较低,不利于大规模生产。

5.9.2.2 单晶 SnSe 的制备方法

制备 SnSe 单晶的常见方法为布里奇曼法、溶剂热法、气相生长法及温度梯度法。

A 布里奇曼法

布里奇曼法是一种比较简单的生长晶体的技术,在坩埚中的原料会随着坩埚从高温区移至低温区,在这个过程中原料会经过一个温度梯度,首先形成过冷区域的坩埚底部的原料会先形成晶核,随后结晶会延伸至全部原料。布里奇曼法具有良好的密闭性,可以实现晶体的真空生长,所以可以避免晶体生长过程中受到外界污染及原料挥发损耗。但是坩埚与晶体的接触,会使晶体受到压迫,从而损害晶体质量。

B 溶剂热法

溶剂热法通常被用于制备小尺寸单晶,这些小尺寸单晶可用作烧结块状样品的前驱体。其具体步骤为:将生长晶体所需的原料与合适的溶剂元素混合,在高温下熔融混合,再经过缓慢冷却使原料在溶剂中结晶并长大,最后在高于溶剂熔点并且低于晶体熔点的温度下通过离心等技术将生长所得的单晶从溶剂中分离出来。该方法能在较低的温度下得到高纯度、结晶性良好的晶体，而且结晶速度较快，在制备小尺寸晶体方面具有大好的前景。

C 气相生长法

气相生长法是结晶和固体纯化不可或缺的技术，其原理如图 5-30 所示。以 SnSe 单晶的气相生长为例，将 Sn 和过量的 Se 装入密闭的石英管中，原料在高温端反应生成 SnSe，而后在温度梯度的驱动下扩散到低温端沉积，生成 SnSe 单晶。该方法可以用于生长大尺寸的单晶 SnSe，但是由于过量 Se 的存在，样品中会存在少量的 $SnSe_2$。

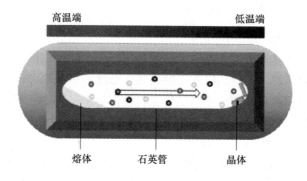

图 5-30 气相生长法示意图

D 温度梯度法

温度梯度法是通过在熔体中生成定向的籽晶，再诱导原料单结晶的方法，单晶生长可在一个拥有温控装置的立式炉中完成，如图 5-31 所示。以生长单晶 SnSe 为例，将高纯度原料 Sn 和 Se 置于石英管中，缓慢将温度升至 SnSe 熔点以

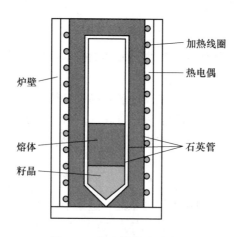

图 5-31 温度梯度法示意图

上，并在该温度保持一段时间，以保证 Sn 和 Se 充分反应形成 SnSe，然后再缓慢降温至熔点以下，最后降至室温。其间石英管底部的温度应低于中部温度，以保证底部熔体温度首先降至熔点附近而形成单一籽晶。用温度梯度法生长单晶，各个部件都不发生移动，可以防止热对流对晶体形成产生影响，并且形成籽晶后，晶体仍处于加热熔融的原料中，这有利于控制降温速度，减少热应力，以达到减少晶体裂纹和位错生成的目的。温度梯度法是制备单晶 SnSe 的简单有效方法。

5.9.2.3 硒化锡二维纳米材料的制备方法

A 微机械剥离法

微机械剥离法是指利用透明胶带的黏附力将二维纳米片剥落的剥离工艺[172]。Cho 等人[173]成功地将块状 SnSe 剥离成单相正交 SnSe 单晶薄片。该 SnSe 薄片具有 *Pnma* 空间群。Yang 等人[174]采用了类似的方法来制备从几十到几百纳米厚度的 SnSe 纳米薄片。结果表明，纳米厚的 SnSe 晶体呈现正交几何形状。Yang 等人[175]成功地剥离出了 28 nm 厚的 SnSe 薄片。

微机械剥离有很多的优点，例如工艺相对简单，二维薄片的晶体质量较高，是制备二维材料的最简单和最快速的方法。但所生产的纳米片存在尺寸和层数难重现的问题。获得的单层纳米片伴随着较厚薄片且单层或少层纳米片占极少数，选择性较差，使得这种技术不可扩展用于较大的生产。同时，由于强大的层间力和面内各向异性，单层的剥离仍然是一个挑战。

B 液相剥离法

液相剥离法最早是 Colemand 等人提出并运用该方法将石墨剥离成为高质量的石墨烯。然后大量的二硫化钼、氮化硼等二维纳米材料也被该方法制备出来。根据施加外力的方式，可以将液相剥离法分为液相超声剥离法、液相球磨剥离法、液相剪切剥离法。液相超声剥离方法依靠溶剂分子和层状晶体之间的良好相互作用来稳定分散材料，同时施加外力（例如通过超声波处理或剪切混合）来剥离这些层状材料。Huang 等人[176]开发了一种可扩展的液相剥离方法来制备高质量的晶体 SnSe 纳米片，是典型的水浴超声剥离法。Ye 等人[177]研究了在 7 种不同的溶剂中采用液相剥离法来制备 SnSe 纳米片。这 7 种溶剂中，在 N-甲基吡咯烷酮（NMP）中剥离得到的 SnSe 纳米片具有较大的横向尺寸且厚度比较小。所制备的 SnSe 纳米片与块体 SnSe 晶体结构一致。Li 等人[178]成功地在水-乙醇（0.7/0.3）溶剂中用功率为 200 W 的水浴超声持续超声 24 h，接着用超声功率为 500 W 的探针超声处理 6 h，开/关循环时间为 4 s/6 s，成功地制备出了厚度为 8~10 nm 的 SnSe 纳米片。

C 离子插入法

离子插入法是借助某种方法将小分子化合物插入被剥离材料的层间，再借助外部作用力来达到剥离效果的方法。Qiao 等人[179]利用氢氧化锂和乙二醇溶液将

SnSe 粉末在高压灭菌器中加热 24 h 进行锂嵌入，然后借助超声产生的空化作用将 SnSe 粉末剥离。Kim 等人利用球磨法将锂离子通过水热过程插入层间，乙二醇在水热反应中既是溶剂又是还原剂，锂离子溶解在乙二醇中来插层，然后将锂离子插层过的 SnSe 放入水中，生成 LiOH 和 H_2，由于 SnSe 层间距迅速扩大被成功剥离为 SnSe 纳米片。离子插层法是有效的剥离方法，而且这种方法具有很好的剥离普适性。剥离的效果与插层离子的大小和层状材料层间距的吻合性有关，如果选择的插层离子相对于层状材料的层间距太大，可能会导致插层离子无法进入材料层间，这样会大大降低剥离效率。如果选择的插层离子相对于层状材料的层间距太小，可能会导致插层离子进入材料层间后不能有效地破坏层间的相互作用力，不能有效地将层状块体材料剥离开来。所以插层离子的大小要与剥离材料的层间距吻合。此外，离子插入法剥离需要的环境要求比较苛刻，通常在无氧条件下进行。

　　D 湿化学合成法

　　湿化学合成法（WCS）是指前驱体在液相中发生化学反应得到材料的方法。该方法主要包括热注射、模板法、水热/溶剂热合成法、自组装合成法、表面合成法、一锅法和顺序沉积法。2013 年，Li 等人[180]采用一锅法合成了横向大小尺寸约 300 nm、厚度约 1 nm 的单晶 SnSe 纳米片。二氧化硒被用作硒的前驱体，以取代昂贵的、对空气敏感的高毒性的含硒化合物，如双（三甲基甲硅烷基）硒和有机膦硒化物，以及在有机溶剂中溶解性差的硒粉。这是首次合成具有 4 原子厚度的单层单晶 SnSe 纳米片，通过带隙测定和光电测试发现超薄 SnSe 纳米片在光电探测器和光伏等方面的巨大潜力[181]。湿化学法，常用于合成均匀分散的纳米材料。但是，此方法剥离工艺中要求密闭的高温环境，反应过程不均匀导致制备的材料质量差，不利于规模化制备和进一步的广泛应用。

5.9.3 硒化锡的用途

　　相比于传统的块体材料，第ⅥA族元素如锡硫化合物和锡硒化合物是更绿色环保的优良替代品，它们不仅廉价，而且在自然界含量丰富。半导体纳米材料优异的光学、电学性质及其潜在应用激起了研究者们的广泛关注。ⅣA-ⅥA族硫化物、硒化物如 SnS、SnSe[182]等在材料科学的所有领域都发挥着重要的作用，由于具有优异的非线性光学性能等其他重要的物化性能，其在半导体、光伏产品、红外探测器等方面有着良好的应用前景[183]。

5.10 硒化锗

5.10.1 硒化锗的性质

5.10.1.1 晶体结构

硒化锗是一种层叠的 p 型半导体，正交结构，空间群为 $Pnma$[184]。它作为一种新型的二维材料，在理论上被认为是一种具有直接带隙的材料，少层的硒化锗具有类似扭曲的 NaCl 结构，它由双层的 Ge、Se 原子组成，呈锯齿状结构，并通过范德华力相互作用堆积在一起。研究人员用第一性原理计算了硒化锗空间分布的带隙（1.1 eV），与太阳光谱非常吻合[185]。

　　研究还表明了硒化锗具有从可见光到近红外光的非常宽的光谱范围，还从理论上预测单层硒化锗的光电转换效率可以达到 40%，说明硒化锗作为太阳能储能材料，是非常具有研究价值和应用前景的[186]。硒化锗除了光谱范围宽以外，硒化锗层内的强共价键、硒化锗层间的弱范德华力的相互作用，使其硒化锗悬空键和表面态的消除，从而使得硒化锗纳米片具有化学惰性和相当好的稳定性。从理论结构上来说，硒化锗具有 5 种同素异形体，如图 5-32 所示，在这 5 种同素异形体中，α-GeSe 是最稳定的相位。

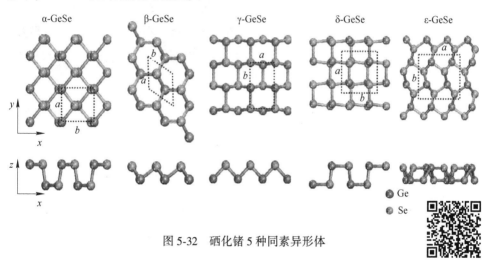

图 5-32　硒化锗 5 种同素异形体

彩图

5.10.1.2　光学性质

GeSe 在光伏应用方面展现出优越的光学特性。理论计算和实验测试结果表明，GeSe 的直接禁带宽度值和间接禁带宽度值比较接近，在室温下为 1.1~1.2 eV[187]，与太阳光谱重叠得相当好。根据 Shockley-Queisser 理论计算，GeSe 单结太阳能电池理论光电转换效率能达到 30% 以上[188]。GeSe 的吸光范围能够达到 1100 nm，在短波段可见光范围内展现出较高的吸收系数（>10^5 cm^{-1}），因此 GeSe 薄膜的厚度小于 1 μm 就能够实现对入射太阳光的充分吸收。

5.10.1.3　电学性质

GeSe 是一种 p 型半导体，其空穴迁移率高达 128 cm^2/(V·s)[189]，甚至高于 CdTe 的空穴迁移率，因此能够有效地提高光生载流子的传输和收集。GeSe 薄膜在 660~1500 nm 波长范围内的相对介电常数为 15.3~22.2[190]，高于 CdTe 的 10.0 及薄膜太阳能电池（CIGS）的 15.2，说明 GeSe 的缺陷对于其空穴或自由电子的俘获能力较低，因此能够减少由缺陷所引起的复合缺失。

5.10.2　硒化锗的制备方法

5.10.2.1　机械剥离法

机械剥离法是指首先使用胶带反复粘贴块状材料得到较薄的纳米片，然后将其转移到目标基底上的过程，主要用于物性研究和器件构筑[191]。机械剥离二维材料的方法操作过程简单，制备的二维材料样品质量高。如图 5-33 所示，Mao 等人[192]通过胶带和激光照射成功剥离出了单层 GeSe 样品，首先用胶带使硒化锗单晶分离，然后转移到 Si/SiO$_2$ 衬底上利用激光进行进一步的减薄，最终制备出单层硒化锗样品。然而这样制备样品的方法生产效率较低，无法实现大规模化制备。

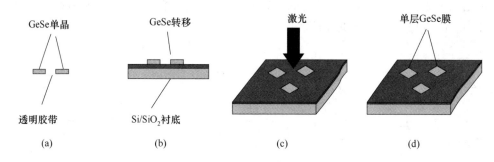

图 5-33　机械剥离 GeSe 的示意图

(a) 使用透明胶带将大块硒化锗初步剥离；(b) 移动至 Si/SiO$_2$ 表面；

(c) 激光减薄；(d) 单层硒化锗

5.10.2.2　液相剥离法

液相剥离法（LPE）是指以剥离介质为媒介，通过超声探针裂解大块的晶体材料。在这一过程中，层间的范德华力会被打破，而溶剂与纳米片之间的相互作用可以平衡纳米片间的引力[193]。液相剥离法近年来得到了深入的研究，该方法的剥离过程是物理剥离过程，没有任何化学反应参与不会有新物质的产生，能够很好地保证原料纯度。Ma 等人[194]利用液相剥离制备了高质量的 GeSe 纳米片，具体制备过程如图 5-34 所示，将块状 GeSe 分散在有机溶剂 NMP（N-甲基-2 吡咯烷酮）中形成分散液；对分散液在冰浴环境下进行超声处理，超声后将上述得到的 GeSe 溶液进行离心处理，对离心后的上清液进行抽滤干燥处理获得 GeSe 纳米片。液相剥离法相比于其他制备二维材料的方法的优势在于操作相对简单，不需要其他精密仪器，同时成本低廉适合大规模制备。

5.10.2.3　物理气相沉积

物理气相沉积（PVD）指在高温状态下，反应炉中的物质发生热蒸发等现象，然后这些蒸气粒子沉积到基片上形成薄膜的物理反应过程，实验过程中通过控制前驱体的量来控制所制备薄膜的层数。Choi 等人[195]利用物理气相沉积技术合成了高质量的、微米大小的单晶 GeSe 纳米片，如图 5-35 所示，该技术的缺点是设备昂贵，加工成本高。

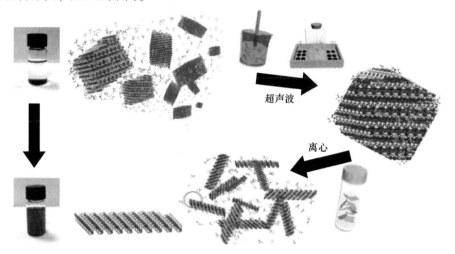

图 5-34 液相剥离 GeSe 的原理图

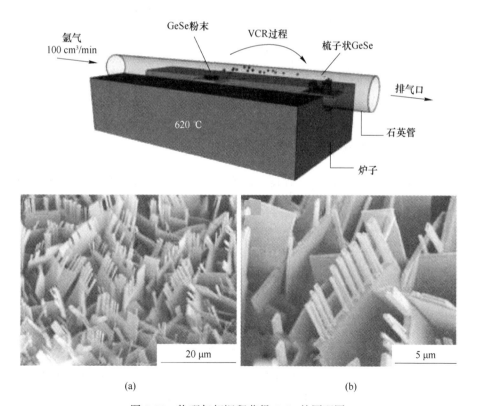

图 5-35 物理气相沉积获得 GeSe 的原理图

5.10.2.4　化学气相沉积

化学气相沉积法（CVD）是指在高温状态下将多种气体作为反应原料通入反应炉中，然后在反应炉中发生化学反应生成新的物质，最后沉积在基底表面获得二维材料的过程[196]。Hu 等人[197]通过化学气相沉积法成功地合成了具有高质量单晶的超薄 GeSe 纳米片，如图 5-36 所示。由于沿 [010] 方向优先生长，生长的 GeSe 纳米片呈矩形，样品厚度大约 5 nm（8 层），显示出优异的光电性能，不过也存在生产成本较高的缺点。

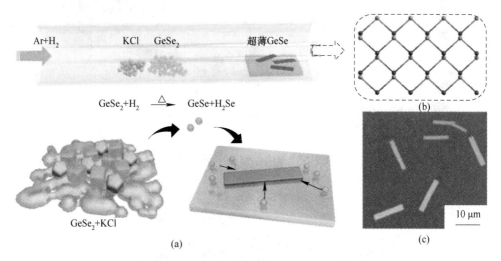

图 5-36　化学气相沉积获得 GeSe 的原理图

5.10.3　硒化锗的用途

GeSe 具有黑磷类似结构，有良好的环境稳定性和高度各向异性的平面内性能。GeSe 是一种 p 型半导体，其直接和间接带隙位于 1.1 ~ 1.2 eV 范围内[198]，与太阳光谱匹配良好，此外 GeSe 在可见光范围内具有 10^5 cm^{-1} 的高吸收系数和 128.6 cm^2/(V·s) 的高空穴迁移率[199]，使其在电子学和光电子学领域具有广阔的应用前景。此外，低对称结构可能会引起前所未有的物理性质，如各向异性，为调节光学和电子性质提供了一个新的自由度。近年来，基于 GeSe 纳米片的光电探测器已被广泛应用。

参　考　文　献

[1] GOELA J S, et al. Monolithic material fabrication by chemical vapour deposition [J]. Journal of Materials Science 1988, 23 (12): 4331-4339.

[2] 郭晓维, 杜树国, 杜力等. 硒化锌多晶的淀积-热压工艺 [J]. 人工晶体学报, 1990 (3):

223-227.

[3] WEI N G, JIANG L, LI D, et al. A hot isostatic pressing strategy for improving the optical transmission of polycrystalline CVD ZnSe [J]. Applied Physics A, 2019, 125 (11): 1-6.

[4] 张文德. 硒化锌薄膜 [J]. 激光与红外, 1979 (3): 4-7.

[5] BUKEGAWA T, KADOTSUJI F, TSUJIMOTO T, et al. Preparation of ZnSe substrates by PVD and selective etching [J]. J. Crystal Growth, 1997, 74: 289-292.

[6] SATO K, SEKI Y, MATSUDA Y, et al. Recent developments in II-VI substrates [J]. J. Cyrstal Growth, 1999, 197: 413-422.

[7] HAASE M A, QIU J, DEPUYDT J M, et al. Blue-green laser diodes [J]. Appl. Phys. Lett, 1991, 59 (11): 1272-1274.

[8] OHKI A, OHNO T, MATSUOKA T, et al. Continuous-wave operation of ZnSe-based laser diodes homoepitaxially grown on semi-insulating ZnSe substrates [J]. Electronics Letters, 1997, 33 (II): 990-991.

[9] SWERBIL P P, GORELIK V S, KARUZSKLI A L, et al. Anti-Stokes luminescence in ZnSe single crystals at 4. 2K [J]. Inorg. Mater, 2002, 38 (6): 545-547.

[10] 庄阿伟. 硒化铋纳米材料的可控制备：螺旋、层状及枝状生长模式 [D]. 合肥：中国科学技术大学, 2014.

[11] BARTHOLOMEW D M L, HELLAWELL A. Changes of growth conditions in the vertical Bridgman-Stockbarger method for the solidification of aluminum [J]. Journal of Crystal Growth, 1980, 50 (2): 453-460.

[12] CHO A Y, ARTHUR J R. Molecular beam epitaxy [J]. Progress in Solid State Chemistry, 1975, 10: 157-191 .

[13] JOYCE B A. Molecular beam epitaxy [J]. Reports on Progress in Physics, 1985, 48 (12): 1637.

[14] PANISH M B. Molecular beam epitaxy [J]. Science, 1980, 208 (4446): 916-922.

[15] ARTHUR J R. Molecular beam epitaxy [J]. Surface Science, 2002, 500 (1): 189-217.

[16] HOLLAND L, STECKELMACHER W. The distribution of thin films condensed on surfaces by the vacuum evaporation method [J]. Vacuum, 1952, 2 (4): 346-364.

[17] POUDEL B, HAO Q, MA Y, et al. High-thermoelectric performance of nanostructured bismuth antimony telluride bulk alloys [J]. Science, 2008, 320 (5876): 634-638.

[18] MA Y, HAO Q, MA Y, et al. Enhanced thermoelectric figure-of-merit in p-type nanostructured bismuth antimony tellurium alloys made from elemental chunks [J]. Nano Letters, 2008, 8 (8): 2580-2584.

[19] LEE J, FARHANGFAR S, LEE J, et al. Tuning the crystallinity of thermoelectric Bi_2Te_3 nanowire arrays grown by pulsed electrodeposition [J]. Nanotechnology, 2008, 19 (36): 365701.

[20] ZHANG H, LIU C X, QI X L, et al. Topological insulators in Bi_2Se_3, Bi_2Te_3 and Sb_2Te_3 with a single Dirac cone on the surface [J]. Nature Physics, 2009, 5 (6): 438-442.

[21] XIA Y, QIAN D, HSIEH D, et al. Observation of a large-gap topological-insulator class with a

single Dirac cone on the surface [J]. Nature Physics, 2009, 5 (6): 398-402.

[22] MOORE J. Topological insulators: The next generation [J]. Nature Physics, 2009, 5 (6): 378-380.

[23] LI Y Y, WANG G, ZHU X G, et al. Intrinsic topological insulator Bi_2Te_3 thin films on Si and their thickness limit [J]. Advanced Materials, 2010, 22 (36): 4002-4007.

[24] YAACOBIGROSS N, SORENIHARARI M, ZIMIN M, et al. Molecular control of quantum-dot internal electric field and its application to Cd Se-based solar cells [J]. Nature Materials, 2011, 10 (12): 974-979.

[25] 杨辉, 张志勇, 张敏, 等. 硒化镉单晶体的研究进展 [J]. 人工晶体学报, 2016, 45 (9): 2269-2273.

[26] LEIRO J A, HEINONEN M H, GRANROTH S S, et al. Characterization of wurtzite CdSe single crystal surfaces [J]. Journal of Physics & Chemistry of Solids, 2014, 75 (5): 624-628.

[27] HUANG C B, WANG Z Y, WU H X, et al. Ab initio study of the linear and nonlinear optical properties of hexagonal CdSe [J]. Computational Condensed Matter, 2015, 3: 41-45.

[28] ROSEN D L, LI Q X, ALFANO R R. Native defects in undoped semi-insulating CdSe studied by photoluminescence and absorption [J]. Physical Review B, 1985, 31 (4): 2396-2403.

[29] TCHAKPELE K, ALBERT J P, GOUT C. Study of ideal vacancies in CdS and CdSe in the wurtzite structure [J]. Physica B+C, 1983, 117: 200-202.

[30] ROSEN D L, LI Q X, ALFANO R R. Native defects in undoped semi-insulating CdSe studied by photoluminescence and absorption [J]. Physical Review B, 1985, 31 (4): 2396-2403.

[31] TÜRE I E, CLAYBOURN M, BRINKMAN A W, et al. Defects in cadmium selenide [J]. Journal of Crystal Growth, 1985, 72 (1): 189-193.

[32] KASIYAN V, DASHEVSKY Z, SHNECK R, et al. Optical and transport properties of chromium-doped CdSe and $CdS_{0.67}Se_{0.33}$ crystals [J]. Journal of Crystal Growth, 2006, 290 (1): 50-55.

[33] DMITRIEV V G, GURZADYAN G G, NIKOGOSYAN D N. 非线性光学晶体手册 [M]. 3 版. 王继扬, 译. 北京: 高等教育出版社, 2009.

[34] HENRY C H, NASSAU K, SHIEVER J W. Optical studies of shallow acceptors in CdS and CdSe [J]. Physical Review B, 1971, 4 (8): 2453-2463.

[35] KUTRA J, SAKALAS A, ZINDULIS A. Electrical properties of p-CdSe layers obtained by the ion implantation of selenium [J]. Thin Solid Films, 1978, 52 (3): 421-423.

[36] KELLER S P, PETTIT G D. Optical properties of CdSe single crystals [J]. Physical Review, 1960, 120 (6): 1974-1977.

[37] AKIMOV V A, FROLOV M P, Korostelin YV. Vapor growth of CdSe: Cr and CdS: Cr single crystals formid-infrared lasers [J]. Optical Materials, 2009, 31 (12): 1888-1890.

[38] ZHU S F, ZHAO B J, JIN Y R, et al. Growth and characterization of CdSe single crystals by modified vertical vapor phase method [J]. Journal of Crystal Growth, 2002, 240 (3/4): 454-458.

[39] ZENG T X, ZHAO B J, ZHU S F, et al. Optimizing the growth for CdSe crystal by thermal analysis techniques [J]. Journal of Crystal Growth, 2011, 316 (1): 15-19.

[40] 张颖武, 李晖, 程红娟. 硒化镉晶体生长及性能表征 [J]. 压电与声光, 2016, 38 (3): 427-429.

[41] BURGER A, HENDERSON D O, MORGAN S H, et al. Purification, crystal growth and characterization of CdSe single crystal [J]. Journal of Crystal Growth, 1991, 109 (1): 304-308.

[42] 吴海信, 黄飞, 倪友保, 等. 中远红外非线性晶体材料 CdSe 生长及光学性能研究 [J]. 量子电子学报, 2010, 27 (6): 711-715.

[43] NI Y B, WU H X, MAO M S, et al. Synthesis and growth of nonlinear infrared crystal material CdSe via seeded oriented temperature gradient solution zoning method [J]. Frontiers of Optoelectronics in China, 2011, 4 (2): 141-145.

[44] KOLESNIKOV N N, JAMES R B, BERZIGIAROVA N S, et al. HPVB and HPVZM shaped growth of CdZnTe, CdSe and ZnSe crystals [R]. Office of Scientific & Technical Information Technical Reports, 2003, 4784: 93-104.

[45] GARCÍA J N, DELÍA R, HEREDIA E, et al. Crystalline quality of CdSe single crystalline commercial wafer [J]. Procedia Materials Science, 2015, 9: 444-449.

[46] BERRY C R. Structure and optical absorption of AgI microcrystals [J]. Physical Review, 1967, 161 (3): 848-851.

[47] MURRAY C B, NORRIS D J, BAWENDI M G. Synthesis and characterization of nearly monodisperse CdE (E = S, Se, Te) semiconductor nanocrystallites [J]. Journal of the American Chemical Society, 1993, 115 (19): 8706-8715.

[48] DENG Z T, CAO L, TANG F Q, et al. A new route to zinc-blende CdSe nanocrystals mechanism and synthesis [J]. Journal of Physical Chemistry B, 2005, 109 (35): 16671-16675.

[49] YANG Y A, WU H M, WILLIAMS K R, et al. Synthesis of CdSe and CdTe nanocrystals without precursor injection [J]. Angewandte Chemie International Edition, 2005, 44 (41): 6712-6715.

[50] HOFFMANN M R, MARTIN S T, CHOI W, et al. Environmental applications of semiconductor photocatalysis [J]. Chemical Reviews, 1995, 95: 69-96.

[51] COLVIN V. L, SCHLAMP M C, ALIVISATOS A P. Light-emitting diodes made from cadmium selenide nanocrystals and a semiconducting polymer [J]. Nature, 1994, 370: 354-357.

[52] BARSAN N, KOZIEJ D, WEIMAR U, et al. Metal oxide-based gas sensor research: How to? [J]. Sensors and Actuators B: Chemical, 2007, 121: 18-35.

[53] 马戎, 周王民, 陈明. 气体传感器的研究及发展方向 [J]. 航空计测技术, 2004, 24: 1-4.

[54] PATEL N G, PANCHAL C J, MAKHIJA K K, et al. Use of cadmium selenide thin films as a carbon dioxide gas sensor [J]. Crystal Research & Technology, 1994, 29: 1013-1020.

[55] BUEGRE A, ROTH M, SCHIEBER M, et al. The ternary $Cd_{0.7}Zn_{0.3}Se$ compound, a novel room temperature X-ray detector [J]. IEEE Transactions on Nuclear Science, 1985, 32:

556-558.

[56] 朱世富. 材料制备工艺学 [M]. 成都：四川大学出版社, 1993.

[57] BURGER A, SHILO I, Schieber M. Cadmium selenide, a promising room temperature radiation detector [J]. IEEE Transactions on Nuclear Science, 1983, 30: 368-370.

[58] MADELUNG O. Semiconductors other than group IV elements and III-V compounds [J]. Data in Science And Technology, 1992, 34: 116.

[59] TERHELL J M. Crystal Structure and Interatomic Distances in GaSe [J]. Materials Research Bulletin, 1975, 10: 577.

[60] MINDER R, OTTAVIANI G, CANALI C. Charge Transport in Layer Semiconductors [J]. Journal of Physics and Chemistry of Solids, 1976, 37: 417-424.

[61] GATULLE M, FISCHER M, CHEVY A. Elastic Constants of the Layered Compounds GaS, GaSe, InSe, and their Pressure Dependence. I. Experimental Part [J]. Physica Status Solidi, 1983, 119 : 327-336.

[62] VOEVODIN V G, VOEVODINA O V, BEREZNAYA S A, et al. Large single crystals of gallium selenide: growing, goping by In and characterization [J]. Optical Materials, 2004 , 26: 495-499.

[63] KOLESNIKOV N N, BORISENKO E B, BORISENKO D N, et al. Influence of growth conditions on microstructure and properties of GaSe crystals [J]. Journal of Crystal Growth, 2007 (300): 294-298.

[64] ABDULLAH M M, BHAGAVAN G, WAHAB M A. Growth and characterization of GaSe single crystal [J]. Journal of Crystal Growth, 2010, 312: 1534-1537.

[65] KOK K A, ANDREEV Y M, SVET V A, et al. Growth of GaSe and GaS single crystals [J]. Crystal Research and Technology, 2011, 46 (4): 327-330.

[66] KOJIMA N, SATO M K, BUDIMAN M. Molecular beam epitaxial growth and characterization of epitaxial GaSe films on (001) GaAs [J]. Journal of Crystal Growth, 1995, 150: 1175-1179.

[67] HU P A, WEN Z, WANG L, et al. Synthesis of few-layer GaSe nanosheets for high performance photodetectors [J]. Acs Nano, 2012, 6 (7): 5988.

[68] 朱慧男. GaSe 微米带的可控合成及光电性能研究 [D]. 合肥：合肥工业大学, 2020.

[69] 唐路平. 硒化镓纳米结构的 CVD 制备及其光电特性研究 [D]. 长沙：湖南大学：2018.

[70] LI X, LIN M W, PURETZKY A, et al. Controlled vapor phase growth of single crystalline, two-dimensional GaSe crystals with high photoresponse [J]. Sci. Rep., 2014, 4: 5497.

[71] YUAN X, TANG L, LIU S, et al. Arrayed van der waals vertical heterostructures based on 2D GaSe grown by molecular beam epitaxy [J]. Nano Letters, 2015, 13 (5): 3571-3577.

[72] LU R, LIU J, LUO H, et al. Graphene/GaSe-nanosheet hybrid: towards high gain and fast photoresponse [J]. Rep., 2016, 6 (1): 19161.

[73] ZHANG W, BAI H L, GUO L P, et al. Self-Q-switched operation in Tm: YAG crystal and passively Q-switched operation using GaSe saturable absorber [J]. Infrared Physics & Technology, 2020, 105: 103208.

[74] MA Q, GE S L, LI M X, et al. Ga Se saturable absorber for mode-locked Yb-doped fiber laser

at 1. 04μm [J]. Infrared Physics & Technology, 2020, 105: 103251.

[75] ZHAO Y F, FUH H R, COILEÁIN C O, et al. Highly sensitive, selective, stable, and flexible NO₂ sensor based on GaSe [J]. Advanced Materials Technologies, 2020. 5 (4): 1901085.

[76] NOVOSELOV K S, GEIM A K, MOROZOV S, et al. Electric field effect in atomically thin carbon films [J]. Science, 2004, 306 (5696): 666-669.

[77] MUDD G W, SVATEK S A, REN T, et al. Tuning the bandgap of exfoliated InSe nanosheets by quantum confinement [J]. Advanced Materials, 2013, 25 (40): 5714-5718.

[78] HARVEY A, BACKES C, GHOLAMVAND Z, et al. Preparation of gallium sulfide nanosheets by liquid exfoliation and their application as hydrogen evolution catalysts [J]. Chemistry of Materials, 2015, 27 (9): 3483-3493.

[79] YANG Z, JIE W, MAK C, et al. Wafer-scale synthesis of high-quality semiconducting two-dimensional layered InSe with broadband photoresponse [J]. ACS Nano, 2017, 11 (4): 4225-4236.

[80] LIN M, WU D, ZHOU Y, et al. Controlled growth of atomically thin In₂Se₃ flakes by Van Der Waals epitaxy [J]. Journal of the American Chemical Society, 2013, 135 (36): 13274-13277.

[81] LI Q L, LIU C H, NIE Y T, et al. Phototransistor based on single In₂Se₃ nanosheets [J]. Nanoscale, 2014, 6 (23): 14538-14542.

[82] ZHOU J, ZENG Q, LV D, et al. Controlled synthesis of high-quality monolayered α-In₂Se₃ via physical vapor deposition [J]. Nano Letters, 2015, 15 (10): 6400-6405.

[83] LATE D J, LIU B, LUO J, et al. GaS and GaSe ultrathin layer transistors [J]. Advanced Materials, 2012, 24 (26): 3549-3554.

[84] SUN X H, YU B, NG G, et al. III-VI compound semiconductor indium selenide (In₂Se₃) nanowires: synthesis and characterization [J]. Appl. Phys. Lett. , 2006, 89: 233121. 1-233121. 3.

[85] PENG H L, SCHOEN DAVID T, STENFEN M, et al. Synthesis and phase transformation of In₂Se₃ and CuInSe₂ nanowires [J]. Journal of the American Chemical Society, 2007, 129 (1): 34-35.

[86] SCHOEN D T, PENG H L, CUI Y. CuInSe₂ nanowires from facile chemicaltransformation of In₂Se₃ and their integration in single-nanowire devices [J]. ACS Nano, 2013, 7 (4): 3205-3211.

[87] MUDD G W, SVATEK S A, HAGUE L, et al. High Broad-band photoresponsivity of mechanically formed InSe-graphene van der Waals heterostructures [J]. Advanced Materials, 2015, 27 (25): 3760-3766.

[88] LEI S, GE L, NAJMAEI S, et al. Evolution of the electronic band structure and efficient photo-detection in atomic layers of InSe [J]. ACS Nano, 2014, 8 (2): 1263-1272.

[89] IMAI K, SUZUKI K, HAGA T, et al. Phase diagram of In-Se system and crystal growth of indium monoselenide [J]. Journal of Crystal Growth, 1981, 54 (3): 501-506.

[90] YU Z, ONG Z Y, PAN Y, et al. Realization of room-temperature phonon-limited carrier transport in monolayer MoS₂ by dielectric and carrier screening [J]. Advanced Materials, 2016,

28 (3): 547-552.

[91] SUCHARITAKUL S, GOBLE N J, KUMAR U R, et al. Intrinsic electron mobility exceeding 103 cm²/(V · s) in multilayer InSe FETs [J]. Nano Letters, 2015, 15 (6): 3815-3819.

[92] OTFRIED M. Semiconductors: Data Handbook [M]. Springer Science & Business Media, 2012.

[93] RAJASEKARAKUMAR V, SRIDEVI K, HULUSI Y, et al. Self-standing nanoribbons of antimony selenide and antimony sulfide with well-defined size and band gap [J]. Nanotechnology, 2011, 22 (17): 175705-1-175705-5.

[94] SONG H B, LI T Y, ZHANG J, et al. Highly anisotropic Sb$_2$Se$_3$ nanosheets: gentle exfoliation from the bulk precursors possessing 1D crystal structure [J]. Advanced Materials, 2017, 29 (29): 1700441. 1-1700441. 7.

[95] LIU X S, CHEN J, LUO M, et al. Thermal evaporation and characterization of Sb$_2$Se$_3$ thin film for substrate Sb$_2$Se$_3$/CdS solar cells [J]. ACS Applied Materials & Interfaces, 2014, 6 (13): 10687-10695.

[96] ČERNOŠKOVÁ E, TODOROV R, ČERNOŠEK Z, et al. Thermal properties and the structure of amorphous Sb$_2$Se$_3$ thin film [J]. Journal of Thermal Analysis and Calorimetry, 2014, 118 (1): 105-110.

[97] El-SAYAD E A. Compositional dependence of the optical properties of amorphous Sb$_2$Se$_{3-x}$S$_x$ thin films [J]. Journal of Non-Crystalline Solids, 2008, 354 (32): 3806-3811.

[98] LAI Y, CHEN Z, HAN C, et al. Preparation and characterization of Sb$_2$Se$_3$ thin films by electrodeposition and annealing treatment [J]. Applied Surface Science, 2012, 261: 510-514.

[99] ZHOU Y, LENG M Y, XIA Z, et al. Solution-processed antimony selenide heterojunction solar cells [J]. Advanced Energy Materials, 2014, 4 (8): 1301846.

[100] XIE Q, LIU Z P, SHAO M W, et al. Polymer-controlled growth of Sb$_2$Se$_3$ nanoribbons via a hydrothermal process [J]. Journal of Crystal Growth, 2003, 252 (4): 570-574.

[101] LU J, HAN Q F, YANG X J, et al. Preparation of ultra-long Sb$_2$Se$_3$ nanoribbons via a short-time solvothermal process [J]. Materials Letters, 2008, 62 (16): 2415-2418.

[102] YANG R B, BACHMANN J, PIPPEL E, et al. Pulsed vapor-liquid-solid growth of antimony selenide and antimony sulfide nanowires [J]. Advanced Materials, 2009, 21 (31): 3170-3174.

[103] 徐如人, 庞文琴. 无机合成与制备化学 [M]. 北京: 高等教育出版社, 2001, 523-542.

[104] WANG J W, DENG Z X, LI Y D. Synthesis and characterization of Sb$_2$Se$_3$ nanorods [J]. Materials Research Bulletin, 2002, 37 (3): 495-502.

[105] YU Y, WANG R H, CHEN Q, et al. High-quality ultralong Sb$_2$Se$_3$ and Sb$_2$S$_3$ nanoribbons on a large scale via a simple chemical route [J] Journal of Physical Chemistry B, 2006, 110 (27): 13415-13419.

[106] ZHAI T Y, YE M F, LI L, et al. Single-crystalline Sb$_2$Se$_3$ nanowires for high-performance field emitters and photodetectors [J]. Advanced Materials, 2010, 22 (40): 4530-4533.

[107] MA J M, WANG Y P, WANG Y J, et al. Controlled synthesis of one-dimensional Sb$_2$Se$_3$

nanostructures and their electrochemical properties [J]. Journal of Physical Chemistry C, 2009, 113 (31): 13588-13592.

[108] WANG Q, JIANG C L, YU C F, et al. General solution-based route to Ⅴ-Ⅵ semiconductors nanorods from hydrolysate [J]. Journal of Nanoparticle Research, 2007, 9 (2): 269-274.

[109] 张艳华, 徐桂英, 郭志教, 等. 水热合成 Sb_2Se_3 纳米线及其对 BiTe: 纳米粉末热电性能的影响 [J]. 无机材料学报, 2010, 25 (6): 615-620.

[110] 陈广义, 张万喜, 梁继才, 等. Sb_2Se_3 单晶纳米带的水热制备、表征及性能 [J]. 稀有金属材料与工程, 2010, 39 (z1): 1-4.

[111] OTA J, SRIVASTAVA S K. Synthesis and optical properties of Sb_2Se_3 nanorods [J]. Optical Materials, 2010, 32 (11): 1488-1492.

[112] WANG D B, YU D B, SHAO M W, et al. Solvothermal preparation of Sb_2Se_3 nanowires [J]. Chemistry Letters, 2002, 31 (10): 1056-1057.

[113] ZHENG X W, XIE Y, ZHU L Y, et al. Growth of Sb_2E_3 (E = S, Se) polygonal tubular crystals via a novel solvent-relief-self-seeding process [J]. Inorganic Chemistry, 2002, 41 (3): 455-461.

[114] LU J, HAN Q F, YANG X J, et al. Modification and modulation of saccharides on elemental selenium nanoparticles in liquid phase [J]. Materials Letters, 2008, 62 (15): 2415-2418.

[115] ZHAO C, CAO X B, LAN X M. Microwave-enhanced rapid and green synthesis of well crystalline Sb_2Se_3 nanorods with a flat cross section [J]. Materials Letters, 2007, 61 (29): 5083-5086.

[116] ZHOU B, ZHU J J. Microwave-assisted synthesis of Sb_2Se_3 submicron rods, compared with those of Bi_2Te_3 and Sb_2Te_3 [J]. Nanotechnology, 2009, 20 (8): 085604.

[117] GUO L, JI G B, CHANG X F, et al. Microwave-assisted synthesis of Sb_2Se_3 submicrontetragonal tubular and sphericalcrystals [J]. Nanotechnology, 2010, 21 (3): 035606.

[118] MESSINA S, NAIR M T S, NAIR P K. Antimony selenide absorber thin films in all-chemically deposited solar cells [J]. The Electrochemical Society, 2009, 156 (5): H327-H332.

[119] CHOI Y C, MANDAL T N, YANG W S, et al. Sb_2Se_3-sensitized inorganic-organic heterojunction solar cells fabricated using a single-source precursor [J]. Angewandte Chemie International Edition, 2014, 53: 1329-1333.

[120] Choi Y C, Lee Y H, Im S H, et al. Efficient inorganic-organic heterojunction solar cells employing Sb_2 (S_x/Se_{1-x})$_3$ graded-composition sensitizers [J]. Advanced Energy Materials, 2014, 4 (7): 1301680-1301684.

[121] ZHOU Y, WANG L, CHEN S Y, et al. Thin-film Sb_2Se_3 photovoltaics with oriented one-dimensional ribbons and benign grain boundaries [J]. Nature Photonics, 2015, 9 (6): 409-415.

[122] SUN K W, KO T Y. Optical and electrical properties of single Sb_2Se_3 nanorod [J]. Journal of Luminescence, 2009, 129: 1747-1749.

[123] HUANG R, ZHANG J, Wei F, et al. Ultrahigh responsivity of ternary Sb-Bi-Se nanowire photodetectors [J]. Advanced Functional Materials, 2014, 24: 3581-3586.

[124] ZHANG X, XU Y, SHEN Q, et al. Enhancement of charge photo-generation and transport via an internal network of Sb_2Se_3/Cu_2GeSe_3 heterojunctions [J]. Journal of Materials Chemistry A, 2014, 2: 17099-17106.

[125] LIU Y Q, ZHANG M, WANG F X, et al. Facile microwave-assisted synthesis of uniform Sb_2Se_3 nanowires for high performance photodetectors [J]. Journal of Materials Chemistry C, 2014, 2 (2): 240-244.

[126] CHOI D, JANG Y, LEE J, et al. Diameter-controlled and surface-modified Sb_2Se_3 nanowires and their photodetector performance [J]. Scientific Reports, 2014, 4: 6714.

[127] CHEN G, WANG W, WANG C, et al. Controlled synthesis of ultrathin Sb_2Se_3 nanowires and application for flexible photodetectors [J]. Advanced Science, 2015, 2 (10): 1500109.

[128] CHEN S, QIAO X, WANG F, et al. Facile synthesis of hybrid nanorods with $Sb_2Se_3/AgSbSe_2$ heterojunction structure for high performance photodetectors [J]. Nanoscale, 2016, 8 (4): 2277-2283.

[129] HASAN M R, ARINZE E S, SINGH A K, et al. An antimony Selenide molecular ink for flexible broadband photodetectors [J]. Advanced Electronic Materials, 2016, 2 (9): 1600182.

[130] ESMAEILI-ZARE M, SSLAVATI-NIASARI M, SOBHANI A. Simple sonochemical synthesis and characterizationof Hg Se nanoparticles [J]. Ultrasonics Sonochemistry, 2012, 19 (5): 1079-1086.

[131] GAO, LONG F, CHI S S, et al. Synthesis of $In_2S_3/CuSe$ core-shell powders by solvothermal method [J]. Chinese Journal of Inorganic Chemistry, 2012, 28 (8): 1656-1660.

[132] JAGMINAS A, JUSKENAS R, GAILIUTE I, et al. Electrochemical synthesis and optical characterization of copper selenide nanowire arrays within the alumina pores [J]. Journal of Crystal Growth, 2006, 294 (2): 343-348.

[133] VIKULOV S, et al. Fully solution-processed conductive films based on colloidal copper selenide nanosheets for flexible electronics [J]. Advanced Functional Materials, 2016, 26 (21): 3670-3677.

[134] LI J, FA W, LI Y, et al. Chem inform abstract: Simultaneous phase and morphology controllable synthesis of copper selenide films by microwave-assisted nonaqueous Approach [J]. Journal of Cheminformatics, 2013, 44 (21): 125-129.

[135] VINOD T P, XING J, KIM J. Hexagonal nanoplatelets of CuSe synthesized through facile solution phase reaction [J]. Materials Research Bulletin, 2011, 46 (3): 340-344.

[136] GARCA V M, NAIR P K, NAIR M. Copper selenide thin films by chemical bath deposition [J]. Journal of Crystal Growth, 1999, 203 (1/2): 113-124.

[137] XUE M Z, ZHOU Y N, ZHANG B, et al. Fabrication and electrochemical characterization of copper selenide thin films by pulsed laser deposition [J]. Journal of the Electrochemical Society, 2006, 153 (12): 2262.

[138] GU Y, SU Y, DA C, et al. Hydrothermal synthesis of hexagonal CuSe nanoflakes with excellent sunlight-driven photocatalytic activity [J]. Cryst. Eng. Comm., 2014, 16 (39): 9185-9190.

[139] HOU X, XIE P, XUE S, et al. The study of morphology-controlled synthesis and the optical properties of CuSe nanoplates based on the hydrothermal method [J]. Materials Science in Semiconductor Processing, 2018, 79 (1): 92-98.

[140] MAO Y T, ZOU H Y, WANG Q, et al. Large-scale preparation of fernwort-like single-crystalline superstructures of Cu Se as Fenton-like catalysts for dye decolorization [J]. Science China Chemistry, 2016, 59 (7): 903-909.

[141] SOBHANI A, SALAVATI-NIASARI M. A new simple route for the preparation of nanosized copper selenides under different conditions [J]. Ceramics International, 2014, 40 (6): 8173-8182.

[142] MA Y, JI H, JIN Z, et al. Hexagonal plate-shaped CuSe nanocrystals by polylol solution chemical synthesis [J]. Integrated Ferroelectrics, 2017, 181 (1): 102-112.

[143] WANG X, MIAO Z, Ma Y, et al. One-pot solution synthesis of shape-controlled copper selenide nanostructures and their potential applications in photocatalysis and photothermal therapy [J]. Nanoscale, 2017, 9 (38): 14512-14519.

[144] LIU T, JIN Z, L J, et al. Monodispersed octahedral-shaped pyrite $CuSe_2$ particles by polyol solution chemical synthesis [J]. Cryst. Eng. Comm., 2013, 15 (44): 8903-8906.

[145] DEKA O S. Phosphine-free synthesis of p-type copper (I) selenide nanocrystals in hot coordinating solvents [J]. Journal of the American Chemical Society, 2010, 132 (26): 8912-8914.

[146] SENTHIKUMAR M, MARY C I, BA BU S M. Morphological controlled synthesis of hierarchical copper selenide nanocrystals by oleic acid, 1-dodecanethiol and 1-octadecene as surfactants [J]. Journal of Crystal Growth, 2017, 468 (15): 169-174.

[147] WANG W L, ZHANG L, CHEN H, et al. $Cu_{2-x}Se$ nanooctahedra: Controllable synthesis and optoelectronic properties [J]. Cryst. Eng. Comm., 2015, 17 (9): 1975-1981.

[148] GÜZELDIR B, SA LAM M . Using different chemical methods for deposition of copper selenide thin films and comparison of their characterization [J]. Spectrochimica Acta Part A Molecular and Biomolecular Spectroscopy, 2015, 150: 111-119.

[149] BARI R H, GANESAN V, POTADAR S, et al. Structural, optical and electrical properties of chemically deposited copper selenide films [J]. Bulletin of Materials Science, 2006, 29 (5): 529-534.

[150] HANKARE P P, KHOMANE A S, CHATE P A, et al. Preparation of copper selenide thin films by simple chemical route at low temperature and their characterization [J]. Journal of Alloys & Compounds, 2009, 469 (1/2): 478-482.

[151] HSU Y J. [Cu_4{ $Se_2P (O_iPr)_2$ }$_4$]: A novel precursor enabling preparation of non-stoichiometric copper selenide ($Cu_{2-x}Se$) Nanowires [J]. Chemistry of Materials, 2006, 18 (14): 3323-3329.

[152] LIU Y Q, WANG F X, XIAO Y, et al. Facile microwave-assisted synthesis of Klockmannite CuSe nanosheets and their exceptional electrical properties [J]. Scientific Reports, 2014, 4: 5998.

[153] WANG W Z, YAN P, LIU F Y, et al. Preparation and characterization of nanocrystalline $Cu_{2-x}Se$ by a novel solvothermal pathway [J]. Journal of Materials Chemistry, 1998, 8 (11): 2321-2322.

[154] CAO H, QIAN X, ZAI J, et al. Conversion of Cu_2O nanocrystals into hollow $Cu_{2-x}Se$ nanocages with the preservation of morphologies [J]. Chemical Communications, 2006 (43): 4548-4550.

[155] TAJIK S, TAHER M A, BEITOLLAHI H. Simultaneous determination of droxidopa and carbidopa using a carbon nanotubes paste electrode [J]. Sensors and Actuators B, 2013, 188: 923-930.

[156] KELLY F M, JOHNSTON J H. Colored and functional silver nanoparticle-wool fiber composites [J]. ACS Applied Materials & Interfaces, 2011, 3 (4): 1083-1092.

[157] XHA B, JJA B, YING C, et al. Monodisperse copper selenide nanoparticles for ultrasensitive and selective non-enzymatic glucose biosensor [J]. Electrochimica Acta, 2019, 327 (10): 135020.

[158] WANG Z H, PENG F, WU Y C, et al. Template synthesis of $Cu_{2-x}Se$ nanoboxes and their gas sensing properties [J]. Cryst. Eng. Comm., 2012, 14 (10): 3528-3533.

[159] GRACIANI J, MUDIYANSELAGE K, XU F, et al. Highly active copper-ceria and copper-ceria-titania catalysts for methanol synthesis from CO_2 [J]. Science, 2014, 345 (6196): 546-550.

[160] YANG D, ZHU Q, CHEN C, et al. Selective electroreduction of carbon dioxide to methanol on copper selenide nanocatalysts [J]. Nature Communications, 2019, 10 (1): 677.

[161] ZHANG W, D FU, BAI Y, et al. In-situ anion exchange synthesis of copper selenide electrode as electrocatalyst for hydrogen evolution reaction [J]. International Journal of Hydrogen Energy, 2017, 42 (16): 10925-10930.

[162] BERNAL M M, PIERRO A D, NOVARA C, et al. Edge-grafted molecular junctions between graphene nanoplatelets: Applied chemistry to enhance heat transfer in nanomaterials [J]. Advanced Functional Materials, 2018, 28 (18): 1706.

[163] KAMAT P V. Quantum dot solar cells. Semiconductor nanocrystals as light harvesters [J]. Journal of Physical Chemistry C, 2008, 112 (48): 18737-18753.

[164] MOLOTO N, PUGGENS H, GOVINDRAJU S, et al. Schottky solar cells: Anisotropic versus isotropic CuSe nanocrystals [J]. Thin Solid Films, 2013, 531 (15): 446-450.

[165] GHOSH A, KULSI C, BANERJEE D, et al. Galvanic synthesis of $Cu_{2-x}Se$ thin films and their photocatalytic and thermoelectric properties [J]. Applied Surface Science, 2016, 369 (30): 525-534.

[166] CHOI S, PARK S, YANG S A, et al. Selective self-assembly of adenine-silver nanoparticles forms rings resembling the size of cells [J]. Scientific Reports, 2015, 5: 17805.

[167] MA G, ZHOU Y, LI X, et al. Self-assembly of copper sulfide nanoparticles into nanoribbons with continuous crystallinity [J]. Acs Nano, 2013, 7 (10): 9010.

[168] HUJDIC J E, TAGGART D K, KUNG S C, et al. Lead selenide nanowires prepared by

lithographically patterned nanowire electrodeposition [J]. The Journal of Physical Chemistry Letters, 2010, 1 (7): 1055-1059.

[169] CHO K S, TALAPIN D V, GASCHLER W, et al. Designing PbSe nanowires and nanorings through oriented attachment of nanoparticles [J]. Journal of the American Chemical Society, 2005, 127 (19): 7140-7147.

[170] ZHAO L D, LO S H, ZHANG Y, et al. Ultralow thermal conductivity and high thermoelectric figure of merit in SnSe crystals [J]. Nature, 2014, 508 (7496): 373-377.

[171] 张闪闪, 闫艳慈, 彭坤岭, 等. 单晶 SnSe 热电材料研究进展 [J]. 现代技术陶瓷, 2019, 40 (4): 215-234.

[172] YANG Y, HUANG L, DAI Q, et al. Fabrication of beta-cyclodextrin-crosslinked epoxy polybutadiene/hydroxylated boron nitride nanocomposites with improved mechanical and thermal-conducting properties [J]. Journal of Materials Research and Technology, 2019, 8 (6): 5853-5861.

[173] CHO S H, CHO K, PARK N W, et al. Multi-layer SnSe nanoflake field-effect transistors with low- resistance Au ohmic contacts [J]. Nanoscale Research Letters, 2017, 12 (1): 373-379.

[174] YANG S, LIU Y, WU M, et al. Highly-anisotropic optical and electrical properties in layered SnSe [J]. Nano Research, 2017, 11 (1): 554-564.

[175] YANG S, WU M, WANG B, et al. Enhanced electrical and optoelectronic characteristics of few- layer type-II SnSe/MoS$_2$ van der Waals heterojunctions [J]. ACS Applied Materals & Interfaces, 2017, 9 (48): 42149-42155.

[176] HUANG Y, LI L, LIN Y H, et al. Liquid exfoliation few-layer SnSe nanosheets with tunable band gap [J]. The Journal of Physical Chemistry C, 2017, 121 (32): 17530-17537.

[177] YE Y, XIAN Y, CAI J, et al. Linear and nonlinear optical properties of few-layer exfoliated SnSe nanosheets [J]. Advanced Optical Materials, 2019, 7 (5): 1800579-1800587.

[178] LI X, SONG Z, ZHAO H, et al. SnSe nanosheets: from facile synthesis to applications in broadband photodetections [J]. Nanomaterials, 2020, 11 (1): 49-62.

[179] QIAO H, HUANG Z, REN X, et al. Photoresponse improvement in liquid-exfoliated SnSe nanosheets by reduced graphene oxide hybridization [J]. Journal of Materials Science, 2017, 53 (6): 4371-4377.

[180] LI L, CHEN Z, Hu Y, et al. Single-layer single-crystalline SnSe nanosheets [J]. Journal of the American Chemical Society, 2013, 135 (4): 1213-1216.

[181] LIU S, GUO X, LI M, et al. Solution-phase synthesis and characterization of single-crystalline SnSe nanowires [J]. Angewandte Chemie International Edition, 50 (50): 12050-12053.

[182] FRANZMAN M A, SCHLENKER, C W, THOMPSON M E, et al. Solution-phase synthesis of SnSe nanocrystals for use in solar cells [J]. J. Am. Chem. Soc., 2010, 132 (12): 4060-4061.

[183] ZHANG J B, GAO J B, CHURCH C P, et al. PbSe quantum dot solar cells with more than 6% efficiency fabricated in ambient atmosphere [J]. Nano Lett., 2014, 14 (10): 6010-6015.

[184] DUTTA N, JEFFREY G A. On the tructure of germanium elenide and related binary IV/VI compounds [J]. Inorganic Chemistry, 1965, 4 (9): 1363-1366.

[185] VAUGHN D D, PATEL R J, HICKNER M A, et al. Single-crystal colloidal nanosheets of GeS and GeSe [J]. Journal of the American Chemical Society, 2010, 132 (43): 15170-15172.

[186] HI G, KIOUPAKIS F. Anisotropic pin transport and trong visible-light Absorbance in few-layer SnSe and GeSe [J]. Nano Letters, 2015, 15 (10): 6926-6931.

[187] DIMITRI V, DU S, SCOTT L. Colloidal synthesis and electrical properties of GeSe Nanobelts [J]. Chemistry of Materials, 2012, 24 (18): 3643-3649.

[188] SHOCKLEY W, QUEISSER H J. Slip patterns on boron-doped silicon surfaces [J]. Journal of Applied Physics, 1961, 32 (9): 1776-1782.

[189] SOLANKI G K, DESHPANDE M P, AGARWAL M K. Thermoelectric power factor measurements in GeSe single crystals grown using different transporting agents [J]. Journal of Materials Science Letters, 2003, 22 (14): 985-987.

[190] LIU S C, MI Y, XUE D J, et al. Investigation of physical and electronic properties of GeSe for photovoltaic applications [J]. Advanced Electronic Materials, 2017, 2: 1700141-1700148.

[191] YUANG L, GE J, PENG X, et al. A reliable way of mechanical exfoliation of large scale two dimensional materials with high quality [J]. AIP Advances, 2016, 6 (12): 125201-125209.

[192] ZHAO H, MAO Y, MAO X, et al. Band structure and photoelectric characterization of GeSe monolayers [J]. Advanced Functional Materials, 2017, 28 (6): 1704855-1704862.

[193] COLEMAN J N, LOTYA M, et al. Two-dimensional nanosheets produced by liquid exfoliation of layered materials [J]. Science, 2011, 331 (6017): 568-571.

[194] MA D T, ZHAO J L, WANG R, et al. Ultrathin GeSe nanosheets: from systematic synthesis to studies of carrier dynamics and applications for a high-performance UV-Vis photodetector [J]. ACS Applied Materials & Interfaces, 2019, 11 (4): 4278-4287.

[195] YOON S M, SONG H J, et al. p-type semiconducting GeSe combs by a vaporization-condensation-recrystallization (VCR) process [J]. Adv. Mater., 2010, 22 (19): 2164-2167.

[196] ZHANG J, WANG F, SHENOY V B, et al. Towards controlled synthesis of 2D crystals by chemical vapor deposition (CVD) [J]. Materials Today, 2020, 40: 132-139.

[197] HU X, HUANG P, LIU K, et al. Salt-assisted growth of ultrathin GeSe rectangular flakes for phototransistors with ultrahigh responsivity [J]. ACS Appl. Mater. Interfaces, 2019, 11 (26): 23353-23360.

[198] HU Y, ZHANG S, et al. GeSe monolayer semiconductor with tunable direct band gap and small carrier effective mass [J]. Applied Physics Letters, 2015, 107 (12): 122107-122115.

[199] KIOUPAKIS G E. Anisotropic spin transport and strong visiblelight absorbance in few-layer SnSe and GeSe [J]. Nano Letters, 2015, 17 (3): 170-189.

6 高纯碲系化合物

6.1 概述

碲，元素符号为 Te，位于元素周期表中第 5 周期第 ⅥA 族，原子序数 52，相对原子质量为 127.6，熔点为 452 ℃，沸点为 1390 ℃，密度为 6.25 g/cm³。碲具有 20 种同位素，两种同素异形体，即黑色粉末状的无定型碲和具有银白色金属光泽的晶体碲，晶体碲属于六方晶体结构，包括 α-Te 和 β-Te 两种形态，当温度高于 354 ℃时，α-Te 可以向 β-Te 转化。非晶体碲经过热处理后可以转化为晶体碲。

晶体碲具有多种物理性能，如强度、压缩性、热膨胀性、偏振光性、光吸收性、电导率等。常温下的碲本身很脆，但是经加热后可以进行挤压加工。同时，碲具有稳定的化学性质，在空气中燃烧带有蓝色火焰，生成二氧化碲，可与卤素、硫酸、硝酸、王水等强氧化剂反应，溶于氢氧化钾溶液呈红色，但不与硫、硒反应。

碲在冶金、合金、石油裂化、化工、电镀、医疗、半导体及热电材料等诸多领域都有着广泛的应用。碲作为一种表面处理材料涂抹在铸件表面，从而控制铸件的收缩率和冷却速度，使表面更加抗磨、耐腐蚀。比如，在钢中加入少量碲，能提高其力学性能并增加硬度；在铜合金中加入碲，可以改善切削性能，抑制铜的偏析；在铅制品中加入碲，可以提高铅制品的使用寿命、抗疲劳性、耐腐蚀性等，同时还能增加铅的硬度，便于制作电池极板、海底电缆的护套等；在石油裂解过程中，碲可用作催化剂的添加剂及制取乙二醇的催化剂；在医疗方面，碲可以作为制造杀菌剂的原料、提取碘的同位素，用于治愈甲状腺类疾病。另外，在定时炸药中，碲还是延时爆炸的引信[1]。

随着对高纯碲研究的不断深入，制备得到的高纯碲纯度也在不断提高。高纯碲是合成各种红外光学材料、半导体材料及热电材料的原料之一，被广泛应用在尖端科技领域。目前，有报道过的用来制备碲的方法主要包括纯碱焙烧法、碱性高压浸出法、硫酸化焙烧法、氧化酸浸法、溶剂萃取法、液膜分离法、微生物法等，而制备高纯碲的方法主要有电解精炼法、真空蒸馏法[2]、区域熔炼法[3]、熔融结晶法[4]、直拉法[5]等提纯方法。

纳米半导体材料在纳米器件中潜在的重要应用受到越来越广泛的关注，特别是一维纳米材料具有的优异物理化学性质，在纳米科技领域具有广阔的应用前景。纳米材料的晶体结构、电子结构、表面结构、维度结构等直接影响着材料的性能。

为了改善碲化物纳米材料的性能，多种新方法和新技术应用到合成研究领域，特别是提高反应物的活性、加快反应的速率、调节晶体成核和生长的动力学等措施已经成为制备特异性质低维碲化物纳米材料的重要手段。如利用微波辅助合成 Bi_2Te_3、$Cu_{2-x}Te$、$HgTe$；射线辐照法合成 CdTe 晶体和 GeTe；超声合成 Bi_2Te_3、$PbTe$、Ag_2Te 等。近年来，李亚栋和钱逸泰等人把溶剂热法引入硫族化合物半导体纳米材料的合成，而且在乙二胺体系中成功合成 CdS 纳米棒。水热合成法和溶剂热合成法在碲化物纳米半导体材料的合成、维度和形貌的控制方面取得了重大突破，相继合成了纳米颗粒、纳米片、纳米棒、纳米线和纳米管。目前，在温和的条件下，采用溶剂热法已制备了多种碲化合物，有力推动了无机合成化学的发展。然而通过水热合成法和溶剂热合成法合成的多数产物为无规则的纳米粒子，而不同维度产物的生成也具有随机性；同时，为了控制产物的形貌和尺寸，需要使用各种有机表面活性剂和络合剂，而这些有机物在最后的产物中很难彻底去除，从而影响晶体的物理化学性质；另外，合成中水或有机溶剂在升温过程中产生高压，需要的反应设备复杂、费用高，同时大量使用有机溶剂，对环境十分有害，且不利于大批量生产。为此，研究和发展一种新型的低温常压、操作简单、成本低廉、便于工业化推广的碲化物纳米半导体的合成方法显得非常必要，且具有重大的理论和现实意义。

6.2 碲化镉

6.2.1 碲化镉的性质

碲化镉，化学式为 CdTe，相对分子质量为 240.01，熔点为 1041 ℃，密度为 6.2015 g/cm³，不溶于水和大多数酸，但能与硝酸发生分解反应，潮湿环境下易被空气氧化。碲化镉作为一种重要的 ⅡB-ⅥA 族化合物半导体材料，晶体结构为闪锌矿型，具有直接跃迁型能带结构，晶格常数为 0.6481 nm，最小禁带宽度为 1.45 eV（25 ℃），室温电子迁移率为 1050 cm²/(V·s)，室温空穴迁移率为 80 cm²/(V·s)，电子有效质量为 0.096，因此具有优异的热电性能和光学性能。同时，CdTe 具有很高的光吸收系数（>5×10⁵ cm⁻¹），报道表明，当吸收光子能量高于带隙能量时，仅 2 μm 厚度的 CdTe 薄膜在标准 AM1.5 条件下光学吸收率超过 90%，最高理论转换效率高达 28%。对于单结太阳能电池，为了平衡电压-电流获得高功率转换效率，半导体材料的最佳带隙在 1.1~1.5 eV 的范围内，CdTe 带隙和光电性能均属于最佳范围内[6]。

6.2.2 碲化镉的制备方法

由于碲化镉的广泛应用，碲化镉制备方法也愈加成熟，本节主要对液相还原法、磁控溅射法、近空间升华法、电化学沉积法、真空蒸发法、热注入法等方法进行介绍。

6.2.2.1 碲化镉粉体的制备方法

液相还原法是以高纯二氧化碲和氯化镉为原料，水合肼作为还原剂和络合剂来制备碲化镉的[7]。具体过程为：首先根据碲化镉的化学计量比将所需原料溶解到盐酸中，然后将配好的溶液置于恒温水浴锅中，不断搅拌，再缓慢加入水合肼至过量，使溶液 pH≈10，控制反应温度保持不变，至反应结束。再将反应完的溶液进行抽滤，滤出物用二次蒸馏水超声洗涤至中性，再置于真空干燥箱中干燥得到前驱体粉末。将前驱体粉末平铺在石英坩埚里，置于高温管式炉中，在氢气气氛下还原一定时间，从而得到碲化镉粉末。

6.2.2.2 碲化镉薄膜的制备方法

A 磁控溅射法

磁控溅射法是高真空条件下，在阴极和阳极间施加直流电压后会产生辉光放电现象，此时阴极会加速由氩气电离成的氩离子，使其轰击靶材表面，将 Cd 原子和 Te 原子溅射到基底表面沉积成薄膜[8-9]。磁场的加入使电子的电离程度加强，而且腔体内气压较低，原子在该种气压条件下不易被散射，这使得溅射到衬底上的薄膜不仅均匀致密且与衬底的结合能力良好，而且该溅射方式的沉积速率很快，适合大面积制备。使用磁控溅射法时应该注意对溅射气压、溅射电流及基片的温度等因素的控制，因为这对薄膜的晶体结构和性能产生很大的影响。

B 近空间升华法

采用近空间升华法制备 CdTe 薄膜的实验需要在氮气氛围中进行，采用氮气进行维护的目的是防止 CdTe 粉体升华源在温度较高的实验条件下被氧化[10-11]。CdTe 原料是放于石英玻璃反应器内的一个舟里，而基底放在 CdTe 粉源的上方，基底上需要盖上基底盖，舟和基底盖起辐射加热器的作用，热量会通过舟和基底盖传递给 CdTe 粉源和基底，再选取适当的升华温度及沉积时间等参数就可以进行 CdTe 薄膜的制备。

采用近空间升华法可以相对快速地实现薄膜的沉积，但是采用该种方法沉积得到的 CdTe 薄膜的厚度容易过厚，通常会达到 10 μm 左右，因此该种方法不适用于超薄器件的制备。

C 电化学沉积法

电化学沉积法主要用于半导体、金属和导电聚合物等导电材料的制备[12-13]。在制备过程中电解液中所含的离子会在外电场的作用下发生定向扩散，溶液中的离子通过所组成的回路发生化学反应从而在电极表面沉积得到目的产物。对于半导体薄膜而言，薄膜的形貌和成分都对其性能有着很大的影响，而通过恒电位沉积制备的薄膜表面就显得平整致密，成分也相对均匀。因此采用电沉积法制备半导体薄膜时一般都会采用恒电位沉积。

采用恒电位沉积法制备 CdTe 薄膜是在外加电场的作用下，电解液中的镉源离子和碲源离子在电极表面上发生还原反应从而得到 CdTe 薄膜。这种制备方法可以在常温常压下进行，且制备周期短，操作简单，沉积成本低廉，适用于大面积薄膜的生产制备。制备过程中可选用的基底也比较广泛，基底的结构可以是复杂的，基底的形状也可以是多样的。但是采用恒电位沉积法制备薄膜时的影响因素也相对比较复杂，如沉积电位、沉积时间、电解液的浓度和 pH 值、沉积温度等实验参数都会对所制备薄膜的形貌结构及性能产生较大的影响。

D 真空蒸发法[14]

采用真空热蒸发法制备 CdTe 薄膜是首先在难熔的金属舟内放置好无污染的 CdTe 粉料，通常金属舟会选用钼舟，再抽真空至一定的真空度，然后对放置好的原料进行加热使其蒸发，这样就在干净的基底上沉积得到一层薄膜。采用真空热蒸发法制备 CdTe 薄膜的优点是操作过程简单，制备过程无污染且成膜速度快，但缺点是不利于膜厚的控制、薄膜和衬底的结合力较弱。

6.2.2.3 碲化镉量子点的制备方法

热注入法主要是用来制备碲化镉量子点的一种方法[15-16]。首先，将原料高纯 Te 和三丁基膦与十八烷烯混合，形成 TBP-Te 溶液，然后在反应容器中加入 CdO、油酸和十八烷烯的混合物并充分搅拌，接着在特定温度、压强等条件下进行脱气，最后将得到的混合物在氮气气氛下加热，直到 CdO 溶解形成沉淀溶液，冷却，再次在真空中脱气以除去水分。用 TBP-Te 溶液过滤不溶物后注射至油酸镉中，待冷却至室温后，在乙醇和甲苯的环境下进行离心，然后洗涤 4~5 次即可得到 CdTe 量子点溶液。

6.2.3 碲化镉的用途

CdTe 作为一种重要的光电材料，被广泛应用于多个领域。在光电器件方面有太阳能电池、量子点材料、传感器、光学开关、薄层晶体管、发光二极管、量子点激光器、红外探测器、光谱分析、红外透镜和窗口、磷光体、常温 γ 射线探测器、接近可见光区的发光器件等。在生物学方面有生物传感、生物成像、生物探针、生物标记、生物分析、生物传递、生物疗法等。除此之外，在光催化、手性记忆、自组装、电子传递、能量转移和聚合物复合材料等方面也有着广泛的应用。

碲化镉太阳能电池由于具有吸收系数高、弱光效应好、热斑效应小、透光均匀等优势，是产业化最为成功的薄膜光伏组件。碲化镉薄膜太阳能电池还是光伏建筑一体化的主流产品之一，国内已经开始应用在世园会中国馆、常州筑森大厦光伏透光走廊、嘉兴光伏科技展示馆、中国国家大剧院舞美基地、北京联想总部大厅 CdTe 光伏透光屋顶电站、深能南京 6000 m² 光伏农业大棚等建筑上[17]。

6.3 碲化锌

6.3.1 碲化锌的性质

碲化锌化学式为 ZnTe，是一种 ⅡB-ⅥA 族化合物，一般为灰色或棕红色粉末，相对分子质量为 192.97，熔点为 1238.5 ℃，密度为 6.3415 g/cm³，在干燥空气中稳定，遇水则分解，放出有恶臭和有毒的碲化氢气体；与稀酸反应会放出剧毒的碲化氢（H_2Te）。碲化锌是一种 p 型宽禁带半导体，室温下禁带宽度为 2.26 eV，77 K 下禁带宽度为 2.38 eV。

ZnTe 材料的研究进程如下：1988 年，Stanley 等人报道了低温下利用吸收谱研究 ZnCdTe/ZnTe 多量子肼的激子行为；1990 年，Lee 等人报道了室温下观察到激子强烈的饱和吸收；2007 年，Kume 等人报道了低压 MOVPE 生长同质外延 ZnTe 薄膜；2009 年，Tanaka 等人报道了制作出较高质量的 ZnTe 发光二极管；2010 年，Li 等人报道了 N 掺杂 ZnTe 纳米带增强其导电性；2013 年 Hou 等人报道了具有卓越的荧光性质的 ZnTe，量子产率达 60%，首次以 ZnTe 为荧光材料，成功制备出蓝色 LED 灯，有望在光电器件和生物标记等领域得到应用；2014 年 Seo 等人报道了简单的 ZnTe 和 ZnTe/C 纳米颗粒在锂电测试，由于 ZnTe 的密度为 6.34 g/cm³，比 ZnO（5.61 g/cm³）、ZnS（4.09 g/cm³）和 ZnSe（5.27 g/cm³）高，在锂电方面有很大的潜在应用；2015 年 Cheng 等人水相合成高荧光 ZnTe 量子点，其直径大约 5 nm，是一个理想的生物标签替代材料；同年 Ehsan 等人报道了水热法合成 ZnTe 微球并对其在可见光照射下将二氧化碳还原为甲烷做了研究，Teran 等人研究了 p-ZnTe/n-ZnSe 太阳能电池的开路电压。随着能源的短缺和温室效应的加剧，ZnTe 将在能源和环境方面具有很大的应用价值。Dunpall 等人报道了合成生物相容性的 Au-ZnTe 核壳纳米颗粒，这可能会在肿瘤学领域具有潜在应用价值。2016 年 Wu 等人报道 ZnTe 纳米线和 Si 的 p-n 型异质结，结果证明其在电子学和光电学有巨大的应用潜能[18]。

6.3.2 碲化锌的制备方法

有许多文献报道了 ZnTe 材料的不同形貌和所对应的制备方法，ZnTe 薄膜的制备方法有热蒸发、磁控溅射、电化学沉积和分子束外延生长等。ZnTe 量子点的制备方法有自上而下（top-down）和自下而上（bottom-up）两类，前者对器件制备很有效，后者则为化学方法。ZnTe 纳米线和纳米带用溶剂热和水热等制备，尤其是溶剂热，由于其物相的形成、粒径的大小、形态能够控制及产物的分散性较好并且操作简单、安全被广泛用于制备 ZnTe 纳米材料。

6.3.2.1 碲化锌纳米材料的制备方法

A 溶剂热法

溶剂热法制备 ZnTe 纳米材料，在高压反应釜中，以乙醇胺为溶剂[18]，水合肼为还原剂，主要样品制备流程如图 6-1 所示。

图 6-1 溶剂热法合成 ZnTe 步骤

采用溶剂热法制备 ZnTe 纳米颗粒是以乙酸锌为锌源，亚碲酸钠为碲源，以水合肼为还原剂，以及乙醇胺和去离子水为溶剂，具体步骤为：首先按照比例，将乙醇胺和水合肼加入聚四氟乙烯内衬中；再用去离子水分别配制 $Zn(CH_3COO)_2 \cdot 2H_2O$ 溶液和 Na_2TeO_3 溶液，配制完成后逐滴加入上述聚四氟乙烯内衬中，并不断搅拌，然后将聚四氟乙烯内衬转移到高压釜中密封，将高压釜置于烘箱中，待反应结束后进行离心、洗涤和干燥等步骤，最后收集样品，即为碲化锌纳米颗粒。

反应过程中涉及的化学反应如下：

$$Zn^{2+} + 2H_2O + 2OH^- \Longrightarrow Zn(OH)_4^{2-} + 2H^+ \tag{6-1}$$

$$TeO_3^{2-} + N_2H_4 \Longrightarrow Te + N_2 + H_2O + 2OH^- \tag{6-2}$$

$$3Te + 6OH^- \Longrightarrow 2Te^{2-} + TeO_3^{2-} + 3H_2O \tag{6-3}$$

$$Te^{2-} + Zn(OH)_4^{2-} \Longrightarrow ZnTe + 4OH^- \tag{6-4}$$

B 离子交换法

采用离子交换法制备碲化锌纳米线时，从 Te 很难直接一步转化为 ZnTe，需要以 Ag_2Te 作为反应中间体，经历两步离子交换得到 ZnTe 纳米线[19]。

（1）Te 纳米线的制备。将 Na_2TeO_3（亚碲酸钠）和 PVP（聚乙烯吡咯烷酮）粉末加入乙二醇中搅拌至完全溶解，然后依次加入一定量的丙酮、氨水（25%～27%）、水合肼（80%），将上述混合溶液装入聚四氟乙烯内衬中，再放入不锈钢高温高压反应釜中进行反应，反应结束后冷却至室温，再经过离心、洗涤等步骤，得到 Te 纳米线。

（2）Ag_2Te 纳米线的制备。将上述 Te 纳米线加入乙二醇中，待其完全溶解并分散均匀后，在搅拌状态下加入含有硝酸银的乙二醇溶液，待溶液由蓝色全部转化为灰色时，反应结束，再经过高速离心、洗涤等步骤，得到 Ag_2Te 纳米线。

（3）ZnTe 纳米线的制备。将上述 Ag_2Te 纳米线加入甲醇中，待其完全溶解并分散均匀后，在搅拌状态下加入含硝酸锌的甲醇溶液，加热使混合溶液升温至一定温度，再加入三丁基膦（TBP）溶液，反应至溶液颜色由黑色完全转化为砖红色时即停止，先离心分离再用甲醇洗涤，得到 ZnTe 纳米线。

C 气相运输法[20]

采用气相运输法制备一维纳米材料所用的生长系统是一个水平放置的两温区管式炉，管式加热炉具有两个独立控温的加温区，可以对反应源区和生长区域进行单独控制。制备装置示意如图 6-2 所示，具体步骤如下：将装有 ZnTe 粉末的石英舟放置在温区一，将衬底放置在气流下游的温区二位置；将石英管两端法兰安装好，用机械泵进行抽真空，除去石英管中的残余气体，并通入 H_2 和 N_2 混合气（H_2：N_2 为 4：96）进一步排空，上述过程反复几次，使得石英腔体中的残余气体含量降到最低；当真空达到所需程度，对源区和生长区进行控温加热，并通入 H_2 和 N_2 混合气，同时生长过程中调节氩气和氧气的混合比实现对 ZnTe 纳米结构的等电子掺杂，生长结束后，源区和生长区降温，并一直保持 H_2 和 N_2 混合气的流通，防止腔体外空气进入腔体中氧化材料，直至衬底降至室温取出。

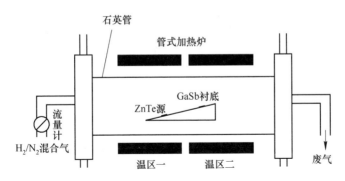

图 6-2 生长 ZnTe 纳米线实验装置示意图

6.3.2.2 碲化锌薄膜材料的制备方法

采用水热法可制备碲化锌薄膜[21]。首先将锌箔经过超声清洗、盐酸腐蚀表面氧化膜、纯水清洗、乙醇清洗等过程，以便后续碲化反应的进行；将 $NaTeO_3$ 溶于去离子水中制备得到 $NaTeO_3$ 溶液，再将 $NaTeO_3$ 溶液加入对位聚苯酚（PPL）反应釜内衬中；将 $NaBH_4$ 加入去离子水中，完全溶解后，在搅拌下将 $NaTeO_3$ 溶液加入 $NaBH_4$ 溶液中；再将准备好的锌箔放入其中，密封后放入不锈钢高压反应釜中，在设定温度下进行反应；待反应结束后，取出锌箔，表面为橙红色的 ZnTe，用去离子水清洗，吹干。在 N_2 气氛下进行退火，以增加 ZnTe 结晶性，最终得到暗红色 ZnTe 薄膜。

6.3.2.3 碲化锌单晶材料的制备方法

采用布里奇曼法可制备碲化锌薄膜[22]。将 Zn、Te 原料密封在具有一定形状的坩埚里，加热使之熔化，混合均匀后，通过下降装置使坩埚在具有一定温度梯度的结晶炉内缓慢下降实现晶体生长。当坩埚经过温度梯度最大的区域时，熔体便会过冷，在坩埚内自下而上地结晶。固-液界面的形貌受温度梯度控制。坩埚底部通常制成尖锥形有利于减少形核形成单晶。也可以在底部装上定向的籽晶进行引晶获得单晶。

垂直布里奇曼法操作和工艺设备简单，易实现程序化控制和工业化生产。坩埚密封有利于防止组分挥发，晶体的成分容易控制，并可减少污染。但垂直布里奇曼法也有许多缺点，如原料纯度要求高，自排杂能力弱，熔体易产生过冷，对温度场的稳定性要求较高，晶体和坩埚壁接触容易产生应力或寄生成核，生长在密封状态下进行而不能直接观察等。

6.3.3 碲化锌的用途

由于碲化锌具有宽禁带的特性，可以作为半导体和红外材料，并有光导、荧光等特性。碲化锌晶体因在近红外（约 800 nm）超短脉冲作用下的良好电光效应及成熟的制备工艺，是常用的光学整流太赫兹辐射源与探测材料，在绿光发射器件、太阳能电池、波导、锂电池、光催化、太赫兹设备和调制器等光电器件方面也有应用，作为 CdTe 太阳能电池的背接触层时，可以提高电池性能和光电转换效率。

6.4 碲化铜

6.4.1 碲化铜的性质

碲化铜存在不同化学计量比（$CuTe$、Cu_2Te、Cu_3Te_4、Cu_4Te、Cu_7Te_5、Cu_7Te_4）和非化学计量比（$Cu_{2-x}Te$ 和 $Cu_{1.4}Te$），它们具有不同的晶体结构，通过调节 Cu 与 Te 的比例可以调节它们的各种性质。

碲化铜（$CuTe$）是一种 IB-VIA 族化合物，一般为灰色或棕红色粉末，无气味，相对分子质量为 192.97，熔点为 1238.5 ℃，密度为 6.3415 g/cm³，在干燥空气中稳定。遇水则分解，放出有恶臭和有毒的碲化氢气体；与稀酸反应会放出剧毒的碲化氢（H_2Te）。

碲化亚铜（Cu_2Te）常温下呈蓝黑色，相对分子质量为 255.765，相对密度为 7.27 g/cm³，熔点为 1127 ℃，不溶于盐酸、硫酸，溶于溴水，是一种具有八面体晶体结构的重要半导体材料。

6.4.2 碲化铜的制备方法

不同比例的碲化铜，制备方法也有所差异。李文秀等人通过固相法合成了

Cu_2Te 热电材料；杨雨沐等人通过分子束外延法制备出 CuTe 基薄膜材料；潘飞等人以溶剂热辅助牺牲模板法在混合溶剂中制备了碲化铜（$Cu_{2-x}Te$）纳米管；史晓睿等人采用溶剂热法，制备了不同形貌的 Cu_7Te_4 纳米结构。

6.4.2.1 碲化铜纳米材料的制备方法

A 溶剂热法

溶剂热法制备 Cu_7Te_4 纳米带以 Na_2TeO_3 和 $Cu(Ac)_2$ 为原料，按照一定比例加入二正丙胺（$((CH_3CH_2CH_2)_2NH)$）中，并搅拌至溶液呈深蓝色，然后向其中加入 KOH 并不断进行搅拌，直至溶液颜色不再变化，再向其中加入联胺，稍做搅拌后迅速装入反应釜，将反应釜密封后放入烘箱中在特定温度下进行反应。反应结束后，将釜中制得的样品取出，用去离子水和无水乙醇多次进行洗涤，然后再经过真空干燥，即可得到 Cu_7Te_4 纳米带[23]。

溶剂热法制备 Cu_7Te_4 纳米粒子是以 Na_2TeO_3 和 $Cu(Ac)_2$ 为原料，先用纯水配制 Na_2TeO_3 溶液，然后向 Na_2TeO_3 溶液中加入一定量的丙酮 CH_3COCH_3 或环己酮 $C_6H_{10}O$，接着再加入联胺并不断搅拌，然后向上述溶液加入原料 $Cu(Ac)_2$，搅拌均匀后移入反应釜，再将反应釜密封后放入烘箱，在特定温度下进行反应。反应结束后，将釜中制得的样品取出，用去离子水和无水乙醇多次进行洗涤，然后再经过真空干燥，即可得到 Cu_7Te_4 纳米粒子。

B 模板牺牲法

以溶剂热辅助牺牲模板法在混合溶剂中制备碲化铜（$Cu_{2-x}Te$）纳米管的具体步骤如下[24]：

（1）铜纳米线的制备。缓慢将 $Cu(NO_3)_2$ 溶液加入 NaOH 溶液中，混合均匀直至溶液颜色由无色变为蓝色，然后在搅拌状态下加入乙二胺（EDA，99%）和水合肼溶液（$N_2H_4 \cdot H_2O$，35%）后摇匀，直至溶液由深蓝色变为乳白色，然后在特定的温度下继续反应，生成的红色絮状物即为铜纳米线，再经过洗涤、抽滤、烘干等步骤得到干燥的铜纳米线备用。制备过程反应原理：

$$2Cu^{2+} + N_2H_4 + 4OH^- \Longrightarrow 2Cu + N_2 + 4H_2O \tag{6-5}$$

（2）碲负离子的制备。将碲粉与 $NaBH_4$ 粉末混合加入纯水中并使其反应，直至溶液变为紫红色，即制备得到 NaHTe 溶液。

（3）碲化铜纳米管的制备。将洁净的铜纳米线加入体积比为 1：2 的乙二醇：丙三醇混合溶剂中，然后加入水合肼溶液（$N_2H_4 \cdot H_2O$，2%）溶液，再使用液体石蜡对其进行液封，防止碲负离子和铜纳米线被氧化，再将制备得到的 NaHTe 溶液快速加入铜纳米线溶液中，使其充分反应后，得到黑色产物，经过离心分离、超声洗涤、烘干等过程，即可得到纯净的碲化铜纳米管。

6.4.2.2 碲化铜块体材料的制备方法

A 固相法

采用固相法制备碲化铜基热电材料的步骤为：将 99.9% 的铜粉和 99.999%

的碲粉按照摩尔比进行配料，并使其充分混合，然后采用台式电动压片机在5 MPa 的压力下保压 5 min，压制成直径为 15 mm、厚度约为 4 mm 的圆片，然后将压制好的圆片放入内径为 17 mm、长 170 mm 的石英玻璃管中，在真空封管机中以 0.01 Pa（10^{-4} mbar）的压强下进行抽真空封口，最后放入马弗炉中煅烧，烧结结束即可对得到的碲化铜材料进行相关性能测试，具体步骤如图 6-3 所示[25]。

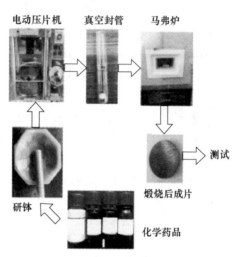

图 6-3　碲化铜热电材料制备流程图

采用固相法的优点是工艺简单、烧结温度在石英管的可承受的范围内、不需要过多的人工操作、烧结后的产物在石英管内，消耗小、更容易调节样品的元素组成。

B　高温熔融法

高温熔融法制备碲化亚铜是将 99.999% 的铜粒和 99.999% 的碲块按摩尔比 2∶1 配料，混合后装入镀有碳膜的石英管中，将石英管进行抽真空封管处理，使其真空度为 $2×10^{-3}$ Pa。石英管置于以一定角度摇摆的加热炉中，经加热合成、冷却、破碎、磨细，获得粒径较细的碲化亚铜粉体。碲化亚铜粉体合成过程中涉及的化学反应方程式为：

$$2Cu + Te = Cu_2Te$$

制备得到的产品 Cu_2Te 的粒径较细，纯度高达 99.995%。采用高温熔融法制备过程对设备的要求不高，污染小，生产周期短，是生产碲化亚铜粉体较为理想的方法[26]。

6.4.2.3　碲化铜薄膜材料的制备方法

采用分子束外延法制备碲化铜薄膜材料时，要先准备一块平整的、经过表面处理的 Cu 衬底表面，然后溅射时 Ar 气气压保持在 6.666×10^{-4} Pa，加速电压为 1 kV，样品倾斜的角度为 60°，时间为 20 min。溅射处理 20 min 后，将样品转动 60°，使得其在另一方向上与 Ar 离子束同样保持入射角度为 60°，再溅射处理 20 min。在溅射处理结束后，需要对样品进行退火处理[27]。一般对 Cu 样品溅射退火 5 轮左右就可以得到干净平整的 Cu 表面。沉积前需要对碲蒸发源进行除气处理，通过外接的直流源对碲源所在的钽坩埚进行加热，在除气及沉积过程中，明显可见分子束外延腔内的真空度有所变化。沉积完毕后，即可得到所需的碲化铜。

6.4.3　碲化铜的用途

碲化铜不仅具有优良的导电性、导热性和非磁性，而且具有良好的耐磨性、加工性和光泽性，常用作重要仪器和设备的开关、固定触头、电机铜排、固体微波管底座热沉及用作频率为 18GHz 的 PIN 管的特选材料。碲铜合金具有与银铜合金相当的抗电弧性能，且冷、热加工性能良好，可以进行高速切削，从而替代含铅的易切削铜合金使用。除此之外，碲铜合金的电导率可达到 94% ~ 98% IACS，比纯铜线国家标准值高 10% ~ 13%，比 0.3 银铜合金高 10% ~ 15%；热导率比纯银高 22%；同时通过改变其加工工艺，强度可以达到 500MPa 以上[28]。高纯碲化铜材料具有独特的离子导电性和热电性能，因此广泛应用于太阳能电池、热电材料、半导体材料、激光与红外探测器件等多个领域。

6.5　碲化铅

6.5.1　碲化铅的性质

碲化铅，化学式为 PbTe，其晶体结构为岩盐结构，密度为 8.164 g/cm^3，摩尔质量为 334.80 g/mol，熔点为 905 ℃，不溶于水和酸，但渗入水中会造成巨大危害。

碲化铅是ⅣA-ⅥA族窄带隙半导体，在 300 K 温度下能带宽度约为 0.31 eV，也是中温区（450~800 K）性能最好的热电材料之一，在敏化太阳能电池领域也有广泛的研究。PbTe 是面心立方晶体，其晶格常数为 0.6443 nm，具有 NaCl 型晶体结构，其化学键为金属键，介电常数约为 1000，在红外谱段的折射率可高达 5.5，光学性质稳定。PbTe 为双极型半导体，可以通过改变其化学计量比或掺杂其他元素作杂质来改变其半导体导电类型，如果自身晶体中铅过量，则该碲化铅为 n 型半导体；相反，如果碲富集，该半导体呈 p 型。碲化铅基材料本身较低的热导率和较高的塞贝克系数使得它在 327 ~ 527 ℃ 范围内有很好的应用前景，而掺杂会改善其热电性能，相关研究也进展迅猛[29]。

6.5.2　碲化铅的制备方法

PbTe 是一种很好的热电材料，采用不同的制备方法，对于其热电性能有很大的影响。常用的制备方法有溶剂热法、水热法、高压合成法、布里奇曼法、辅助沉积法等。

6.5.2.1　碲化铅纳米材料的制备方法

李尔沙等人[30]以葡萄糖辅助溶剂热法制备了碲化铅纳米棒。具体反应过程为：先将 K_2TeO_3、PVP、$C_6H_{12}O_6$ 和 EG 溶液混合添加到反应容器中，在搅拌条件下使溶液变为无色透明，然后将溶液加热到 180 ℃并持续一定时间，在这个过程中溶液由无色变为黄色再变为棕色最后变成黑色。然后，将 $Pb(CH_3COO)_2 \cdot 3H_2O$ 快速加入上述溶液中，保持 180 ℃继续反应一定时间，溶液颜色保持黑色不变，停止加热并自然冷却至室温，将溶液经过离心、洗涤、干燥等过程，得到黑色沉淀物，即为碲化铅纳米棒。

6.5.2.2　碲化铅粉体材料的制备方法

A　溶剂热法

米刚等人[31]以溶剂热法合成了碲化铅纳米晶体。具体反应过程为：室温下，将 NaOH 溶于乙二醇（$CH_2OH)_2$ 中，然后加入聚乙烯吡咯烷酮（PVP），经过超声振荡处理使之充分溶解，然后再加入 TeO_2，获得均匀透明的淡黄色碲盐溶液。将 $Pb(CH_3COO)_2 \cdot 3H_2O$ 溶解在乙二醇（$CH_2OH)_2$ 中，可利用超声辅助固体溶解。将碲盐溶液缓慢加入铅盐溶液中，在不断搅拌的情况下加入水合肼（$N_2H_4 \cdot H_2O$），反应结束后会得到淡黄色的透明溶液。再继续搅拌一段时间后，将溶液转入带有四氟乙烯内衬的高压釜中，将高压反应釜密封后置于 160℃反应一定时间。待反应完全后，使反应釜自然冷却至室温，将生成的青色混合液离心分离，并用蒸馏水和无水乙醇多次洗涤并进行干燥，即可得到黑色粉末状碲化铅。

B　水热法

谭兵等人[32]采用水热法制备二元碲化铅粉末，图 6-4 为碲化铅的制备流程图。首先将 KOH 溶于去离子水中，并加热至 80 ℃，再称取 TeO_2 加入 KOH 溶液中，搅拌使其溶解，然后加入 $NaBH_4$，继续搅拌，再将 $Pb(CH_3COO)_2 \cdot 3H_2O$ 溶于去离子水中，并将 $Pb(CH_3COO)_2$ 溶液加入上述混合液体中并持续搅拌。溶液状态变化为：由乳白色变为乳黄色悬浊液，再变为透明溶液，最终为淡棕黄色透明溶液。然后把混合液体转入反应釜中，把反应釜放入烘箱 160 ℃反应 24 h，得到灰黑色沉淀，沉淀物质经过离心、去离子水和无水乙醇多次洗涤、干燥等过程，最终得到碲化铅灰黑色粉末。

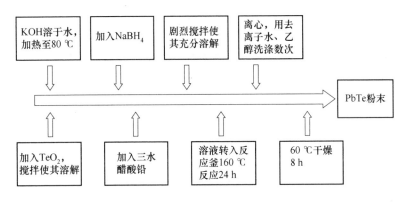

图 6-4 碲化铅的制备流程图

C 高压合成法

李洪涛等人[33]利用高压合成技术快速制备了 PbTe 热电材料。其制备方法是将高纯度的 Pb(99.9%) 和 Te(99.999%) 按 $PbTe_{1+x}$ (x 为 0.04~0.27) 的化学配比称量，置于玛瑙研钵中充分研磨，之后用液压机粉压成 10 mm×4 mm 的圆体，组装于叶蜡块中。将组装块在六面顶液压机 SPD(6×1200 MN) 上高温高压（压力为 2.0 GPa，温度为 1200 K) 处理 30 min 后，淬冷到室温，即可得到 PbTe 热电材料。所得到的碲化铅经表面抛光后，可用于各种热电器件。

以高压合成法制备碲化铅材料保证高纯碲微过量是为了优化其电声输运性能，提高功率因子且降低热导率。

6.5.2.3 碲化铅晶体材料的制备方法

采用布里奇曼法制备碲化铅晶体的原料为纯度为 99.99% 的高纯碲、铅颗粒，并按照 1:1 的比例混合，经过充分的研磨后混合均匀装入事先清洗干净的石英管内，并对石英管进行抽真空处理后进行密封。为了使碲、铅充分反应，制备组成均匀、性能良好的碲化铅晶体，需要使炉子石英管随加热炉保持匀速的转动，并在 6 h 之内将炉温升高到 950 ℃，并维持该温度 24 h，保证碲和铅都能够熔化成熔融状态并且能够混合均匀、充分反应。在开始降温前 6 h，停止炉子的转动。为了使晶体能够均匀生长，需要经过约 7 天的时间使炉温缓慢降至 400 ℃，借助于晶体应力使之逐渐退火至相同的配比，从而使晶体的质量得到极大的提高。再经过 3 h 降 100 ℃，主要是为了防止石英管因温度骤降而破裂导致晶体发生氧化，直至最后自然冷却至室温。待炉温降至室温后，将石英管取出并将其砸碎，即可得到碲化铅晶体[34]。

6.5.3 碲化铅的用途

PbTe 及基于 PbTe 的纳米材料具有良好的热电性能，是目前商业化应用的温差发电用中温区热电材料,具有热电优值高、各向同性、载流子浓度容易控制等优点。目前,PbTe 广泛应用于非线性光学材料、中红外光电转换器件、光学开关、太阳能电池、中温热电转换、光电检测、激光设备、航空航天及隧道二极管等诸多重要领域。

6.6 碲化铋

6.6.1 碲化铋的性质

碲化铋,化学式为 Bi_2Te_3,是 VA-VIA 主族元素化合物,常温下为灰色粉末状,其密度为 7.8587 g/cm³,熔点为 575 ℃,具有较好的物理化学稳定性。从能带结构上看,碲化铋属于禁带宽度较窄的间接带隙半导体,室温下禁带宽度为 0.145eV,电子和空穴迁移率分别为 $0.135×10^{-2} m^2/(V·s)$ 和 $4.4×10^{-2} m^2/(V·s)$,温差电系数为 $1.6×10^{-3} K^{-1}$。Bi_2Te_3 晶体结构属于 $R\bar{3}m$ 空间群,呈现层状结构,如图 6-5 所示。Te 原子处于两种环境,分别记为 Te(1) 和 Te(2)。每 5 个原子层,即 Te(1)-Bi-Te(2)-Bi-Te(1),构成一个重复周期,每 5 个原子层之间通过范德华力连接。Te(1)-Bi 层之间的距离为 0.174 nm,二者通过共价键、离子键连接;Te(2)-Bi 层之间的距离为 0.204 nm,之间的作用力为共价键;Bi_2Te_3 的晶胞总共有 16 个原子层,共 72 个原子组成,其中晶格常数 a = 0.4384 nm,c = 3.048 nm[35]。

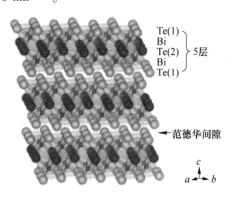

图 6-5 碲化铋的晶体结构示意图

6.6.2 碲化铋的制备方法

由于 Bi_2Te_3 纳米材料在热电、光电材料领域的广泛应用,许多研究团队采取了多种物理化学方法来制备 Bi_2Te_3 纳米材料,如高温熔融法、高压合成法、放电等离子烧结法、溶剂热法、溶胶-凝胶法、电沉积法等。

6.6.2.1 碲化铋块体材料的制备方法

A 高温熔融法

高温熔融法是以单质直接化合得到碲化铋的方法。高温熔融法以高纯 Bi 块（99.999%）、Te 块（99.999%）为原料，根据碲化铋的化学计量比将原料放入一端封闭的石英管中，然后将石英管抽真空至 10^{-3} Pa 以下，再用氢氧焰将石英管的另一端烧至熔化后密闭。将密闭的石英管放入马弗炉中，升温至 1073 K 后保温熔炼 10 h，并且需要每间隔 1 h 左右把石英管左右晃动，来确保原料在熔炼过程中混合均匀，不会出现偏析而使制备得到的材料成分不均匀。最后将得到的液体混合物放入空气中进行冷却，得到初始铸锭块体，即为碲化铋晶体[36-37]。

B 高压合成法

高压合成法具有反应速度快、可有效阻止相偏析等其他合成方法所不具备的特殊优点。其步骤是将高纯度（99.999%）的 Bi 粉、Te 粉按照化学计量比 Bi_2Te_3 分别在充入氩气（Ar）为保护气的手套箱中进行称量，并将所称取的原料放入玛瑙研钵中混合均匀，将均匀混合的原料放入硬质合金磨具中，并用压片机将其冷压成型。将块体原料放入六面顶压机设备中进行高温高压合成（HPS），合成温度为 600℃，合成压力为 3GPa，保温保压时间为 0.5h。最后降温卸压，获得合金锭[38-39]。

C 放电等离子烧结法

放电等离子烧结法（SPS），是一种新型的快速烧结成型技术，具有烧结速度快、烧结温度低、可很大程度上保留原料的纳米结构，从而获得具有较小晶粒尺寸的具有高致密度的块体材料[40]。工作原理是将装有待烧结样品的石墨模具置于烧结室的上下两电极间，向石墨模具两端施加压力，并通过电极施加直流脉冲电，使得待烧结样品内部产生大量的焦耳热，通过焦耳热效应使得样品完成快速烧结。

放电等离子烧结法的具体操作流程为：用压片机将混合好的高纯碲、铋原料进行冷压成块体材料，并用石墨纸包裹放入石墨模具中，然后用石墨纸将样品与石墨模具及石墨内堵头隔离开，原因是防止样品在烧结过程中被污染或是与石墨模具粘连。将放入样品的石墨模具置于烧结室中，插入热电偶，并将烧结室的真空度抽到 10 Pa 以下，然后通过液压装置对上下腔体的压力对样品进行加压，再按照设定好的烧结温度、烧结时间等进行烧结，最后样品在低压下快速升温完成烧结过程，其装置示意如图 6-6 所示。

6.6.2.2 碲化铋纳米材料的制备方法

A 溶剂热法

溶剂热法是目前纳米材料生长制备的常用手段，通过在一定温度和压力条件

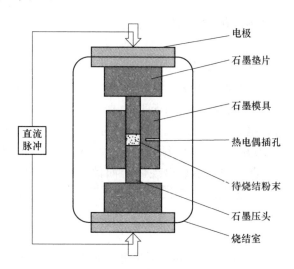

图 6-6 放电等离子烧结装置示意图

下，结合溶剂、表面活性剂等的作用，实现纳米材料的维度和尺度调控生长[41-42]。

以溶剂热法制备碲化铋纳米材料，通常以氯化铋（$BiCl_3$）、氧化铋（Bi_2O_3）、五水合硝酸铋（$Bi(NO_3)_3 \cdot 5H_2O$）及高纯铋单质为铋源，以二氧化碲（TeO_2）、亚碲酸钠（Na_2TeO_3）及高纯碲单质为碲源，以乙二醇（$C_2H_6O_2$）为溶剂，以氢氧化钠（NaOH）、氢氧化钾（KOH）等为 pH 值调节剂，以水合肼（$N_2H_4 \cdot H_2O$）、硼氢化钠（$NaBH_4$）、硼氢化钾（KBH_4）等为还原剂，以聚四氟乙烯的高压反应釜（见图 6-7）为反应容器，从而制备得到碲化铋纳米材料。

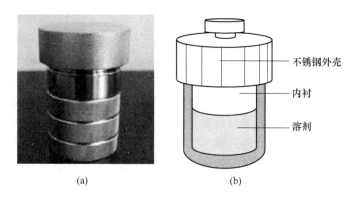

图 6-7 溶剂热法反应釜(a)及内部结构图(b)

具体步骤为：先将反应所需原料按照比例混合加入乙二醇等溶剂中，然后加入氢氧化钠等调节 pH 值，再加入硼氢化钠等还原剂，然后将混合溶液放入内衬为聚四氟乙烯的高压反应釜中在 200 ℃ 左右条件下进行反应，再经过冷却、离心分离、纯水和无水乙醇多次洗涤、干燥等过程，得到碲化铋纳米材料。

B 溶胶-凝胶法

溶胶-凝胶法制备碲化铋纳米材料是以 $Bi(NO_3)_3 \cdot 5H_2O$ 和 Te 粉末作为前驱体材料，以 $C_2H_6O_2$（乙二醇）和 $C_2H_4O_2$（乙酸）作为双溶液，将 $Bi(NO_3)_3 \cdot 5H_2O$ 溶解在乙二醇中，再将 Te 粉溶解在乙酸中，同时对其进行预先加热和磁力搅拌，然后将 2 个溶液混合，再进行加热、干燥、冷却，得到 Bi_2Te_3 纳米粒子，此方法也称为低温双溶剂溶胶-凝胶法[43-44]。

6.6.2.3 碲化铋薄膜材料的制备方法

A 电沉积法

水溶液中电沉积法制备碲化铋薄膜是目前较为成熟的工艺方法，非水体系目前大都处于机理研究阶段[45]。

水溶液中电沉积 Bi_2Te_3 基薄膜的步骤主要是把含 Bi、Te 元素的化合物按照其物质的量之比溶解在一定浓度的酸性溶液中，或先溶解于高浓度酸，再稀释成 Bi_2Te_3 电沉积溶液，然后采用恒电位、恒电流、脉冲等多种电沉积方式制备 Bi_2Te_3 基薄膜。常用的沉积基材有铜、不锈钢、镍、钛、金、铂、硅、氧化铟锡（ITO）导电玻璃等，其中金、铂常用于机理研究时的工作电极，而硅基材作为工作电极时，则需在其上沉积一层导电层。

B 真空蒸发法

真空蒸发法使用的膜料是纯度为 99.999% 的高纯铋粉和碲粉。由于铋和碲两种材料的饱和蒸气压不同，但为了得到化学计量比符合要求且厚度均匀的薄膜，需要使用电阻加热式蒸发源（钼舟）对两种膜料分别进行蒸发控制，随着蒸发的进行，两种粉体同时达到熔融蒸发的状态。之后继续调节电流，控制两种粉体的蒸发速度，使得两种粉体能够同时匀速蒸发完毕，从而制备出成分均匀的薄膜[46]。

6.6.3 碲化铋的用途

Bi_2Te_3 在红外探测、温差发电及热光伏电池等领域都有应用。在温差发电领域，Bi_2Te_3 在 300 K 时的热电优值可以达到 1，相当于 10% 左右的热电转换效率，因此在微型机械、潜水艇发电、化工及制冷设备等领域有着广泛的应用。在红外探测器领域，通过改变 Bi_2Te_3 中掺杂的方式可以制备带隙可调节的红外探测器件。在热光伏领域，Bi_2Te_3 制备的热光伏电池可以吸收室温中的物体发出的红外辐射然后转换为电能。另外，由碲化铋材料制成的热电转化器件，没有任何的运动装置，因而具有无磨损、无噪声、体积小、无污染、免维修、超长寿命等突出优点，因此，在热电转换、光电化学、拓扑绝缘性能研究、相变存储、航空航天、医疗、军事等诸多领域有着广泛的用途。

6.7 碲化锡

6.7.1 碲化锡的性质

碲化锡，化学式为 SnTe，密度为 6.5 g/cm³，摩尔质量为 246.31 g/mol，熔点为 780 ℃，常温下比较稳定，不溶于水。SnTe 具有 3 种相结构，分别为 α-SnTe、β-SnTe 及 γ-SnTe。在 3 种结构中，β-SnTe 在常温常压下最为稳定，也是研究中最常见的结构。因此，广泛研究和应用的碲化锡一般均指 β-SnTe。

SnTe 是一种典型的硫属化合物，具有面心立方的 NaCl 晶体结构，与 PbTe 具有相同的晶体结构及相似的双能谷价带结构，且不含有毒元素，被广泛地认为是一种有前景的、可以替代 PbTe 的环保型热电材料。然而，从能带的角度分析，由于 SnTe 中轻带与重带的能量差比 PbTe 更大，不利于电的多带输运，导致 SnTe 的热电性能远不如 PbTe。但是，通过能带工程（包括能带收敛、共振掺杂及能带嵌套）已经被证实可以有效地提高 SnTe 热电材料的电输运性能。此外，在 SnTe 的晶体生长过程中存在本征的 Sn 空位，其作为受主贡献空穴，使 SnTe 的载流子浓度过高，以至于无法获得更高的 Seebeck 系数，进而导致 SnTe 的热电性能较差，无法替代 PbTe 实现广泛的应用。在这方面，采用异电子施主掺杂被认为是降低本征高载流子浓度的有效方法[47]。

6.7.2 碲化锡的制备方法

6.7.2.1 碲化锡块体材料的制备方法

A 高温熔炼—放电等离子烧结联合法

高温熔炼法是以纯度为 99.999% 的 Sn、Te 为原料制备纯相 SnTe[48-49]。具体步骤如下：将称量好的单质原料放入氧化锆球磨罐中，然后将球磨罐放入充氩气的手套箱中除氧，待氧除净后用夹紧装置密封，接着将密封的球磨罐放在高能行星球磨仪中，以 200 r/min 的转速球磨 30 min，让原料混合均匀。将混合均匀后的粉末装入直径为 15 mm 的石英管中，然后对石英管内进行抽真空处理，在真空度达到 1.333×10⁻² Pa 时，将石英管进行密封，接着将密封后的石英管放入马弗炉中加热保温。工艺参数为：12 h 升温到 450 ℃ 保温 6 h，然后 5 h 升温到 900 ℃ 保温 10 h，最后随炉冷却到室温。将熔炼好的样品从密封的石英管中取出并放入氧化锆球磨罐中，重复上述球磨过程，获得均一的样品粉末。随后将 SnTe 粉末放入石墨模具中，在放电等离子烧结炉中烧结获得 SnTe 块体，烧结后的 SnTe 即可进行相关的性能测试与表征，具体过程如图 6-8 所示。

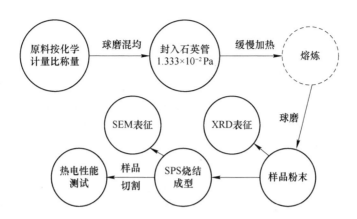

图 6-8 高温熔炼—放电等离子烧结（SPS）法制备 SnTe 流程图

B 熔体旋甩法

熔体旋甩设备能将原料在惰性气体保护下快速达到熔融状态，然后通以高速气流将液态合金喷射至高速旋转的铜辊上，合金喷出的同时快速冷却并由于离心力以甩带形式脱离铜辊，最终得到薄带状产物[50-51]。由于液态合金骤冷，抑制了晶核的形成与生长，因此该方法能够制备晶粒尺寸较小、热导率较小的热电材料。同时得到的甩带尺寸均匀，便于后续进行微观结构的观察。图 6-9 为熔体旋甩法原理示意图，操作时是将原料放于黑色的石墨管中（管底有 0.3 mm 小孔），待合金经交变电流感应熔融后上端通 Ar 气，合金喷出随旋转的铜辊以薄带形式

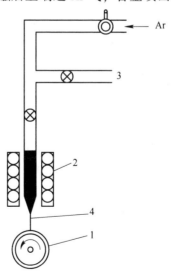

图 6-9 熔体旋甩法原理示意图

1—急冷 Cu 辊；2—感应加热线圈；3—排气阀；4—甩带样品

甩出，整个过程 10~15 min。该方法需要控制的工艺参数有气体流量、小孔尺寸、石墨管与铜辊距离、铜辊旋转速率等。

采用熔体旋甩法制备 p 型 SnTe 一般结合热压工艺。具体步骤为：先按照化学计量比称量高纯度的 Te(99.999%，片状) 和 Sn(99.999%，颗粒) 原料，将称取好的原料放入石墨管中。然后在短时间内通过感应熔化原料，接着在 700 ℃左右保温 10 min 后开启铜辊，再关闭加热电源。电源关闭后立刻使石墨管自动快速下降，在其下降至已设置的零点的瞬间上端通入 Ar 气，熔融样品在其气体压力下 (0.7~0.8 MPa) 喷出并随旋转的铜辊以薄带形式甩入收集盒中。石墨管从下降到熔体甩出形成甩带整个过程只有十几秒，而整个旋甩过程在 15 min 左右，因此该方法确实可以快速制备样品，大大提高了制样效率。之后将得到的甩带磨细成粉末，然后在真空下，在 40 MPa 的轴向应力和 853 K 温度下热压 30 min，将其致密化为大块样品，最终得到了相对密度大于理论密度的 95% 的样品。

C 水热—热压烧结联合法[52]

采用水热法合成 SnTe 的步骤为：先将 NaOH、SnCl$_2$ · 2H$_2$O、Na$_2$TeO$_3$ 和 NaBH$_4$ 依次加入去离子水中，然后将混合均匀的溶液转移到高压水热反应釜中，放置于微波水热合成器中以 10 ℃/min 的加热速率加热至 220 ℃并保温 30 min，反应结束后自然冷却至室温，将产物进行低速离心，并用乙醇和去离子水进行多次洗涤，再在真空状态下进行烘干，最后在 2073 MPa、773 K 下热压烧结 1 h，从而获得 SnTe 样品。

6.7.2.2 碲化锡纳米材料的制备方法

溶剂热法制备碲化锡纳米棒步骤为[53]：首先将聚乙烯吡咯烷酮 (PVP)、亚碲酸钠 (Na$_2$TeO$_3$) 及乙二醇 (C$_2$H$_6$O$_2$) 一起加入反应容器中，并使用惰性气体为反应保护气，然后在搅拌条件下对溶液体系进行加热，到达预定温度后保持恒温，溶液变为淡黄色且澄清。此时向其中加入 98% 的水合肼还原剂，溶液立即变黑，并且有颗粒状物质出现，在保持反应条件不变的情况下，继续反应 2 h 以上，然后将二水合氯化亚锡溶于少量乙二醇中，并加入水合肼溶液中，将反应温度升到 180 ℃，继续反应 2 h。反应完成并冷却至室温后，将反应产物经过离心后，用去离子水和无水乙醇多次洗涤，再经过干燥，即可得到碲化锡材料。

6.7.2.3 碲化锡量子点的制备方法

热注入法可制备出尺寸分布均匀、结晶度较为理想 SnTe 量子点[54]。其原料为高纯碲粉 (Te，99.999%) 和双 [双 (三甲基甲硅烷基) 氨基] 锡 (Ⅱ)，具体制备步骤如下：

(1) TOPTe 的制备。根据理论计算称取一定量的碲粉并加入反应釜中，再用注射的方式将 TOP (三正辛基膦) 加入反应釜中，利用超声、磁力搅拌、加热等方式使碲粉完全溶解在 TOP 中,溶解完成后将 TOPTe 转移到样品瓶中,放置在惰性气体保护的环境下。

(2)锡源的制备。将十八烯加入反应釜中,将反应釜加热到 40 ℃,在磁力搅拌的条件下通惰性气体脱气 10 min 以上,脱气结束后注入双[双(三甲基甲硅烷基)氨基]锡(Ⅱ),并通过磁力搅拌使其完全溶解,溶解好的溶液作为锡的前驱体。

(3)碲化锡量子点的合成。在反应釜中先加入一定量的油胺,加热到所需要的温度进行脱气,脱气结束后加入 TOPTe 溶液,然后再将锡的前驱体溶液注射到反应釜中,在加热条件下反应生成 SnTe 量子点。

6.7.3 碲化锡的用途

碲化锡(SnTe)作为一种新兴的关键的热电材料类型,具有低毒、环保等特点,是一种环境友好型材料,并且可以通过能带工程和纳米结构提高 SnTe 热电材料的热电性能,比如通过掺杂 Mn、Hg 等阳离子能够优化 SnTe 的电子能带结构,通过缺陷工程引入点缺陷及构造纳米结构来增加声子散射从而降低 SnTe 晶体的晶格热导率。目前广泛应用于制作半导体材料、X 射线探测器、核放射性探测器、太阳能电池及生化研究等领域[55]。

6.8 碲化锗

6.8.1 碲化锗的性质

碲化锗,化学式为 GeTe,是一种二元主族硫族化合物,相对分子质量为 204.27,密度为 6.14 g/cm³,熔点为 725 ℃,常温下为黑色晶体,性质稳定,具有低屈曲的蜂窝结构和 sp^2 杂化键,属于窄带隙半导体。同时,GeTe 是一种特殊的材料,其表现出多种奇妙的现象,如块状和纳米级晶态碲化锗具有的铁电性、超强的导电性、随温度变化引起的从菱面体相到面心立方相的转变等[56]。

6.8.2 碲化锗的制备方法

6.8.2.1 碲化锗块体材料的制备方法

高温熔融法制备碲化锗主要用于制备退火前的锭体,块体 GeTe 化合物的制备方法为熔融—淬火—退火结合放电等离子烧结,设备是普通立式熔融反应炉和 Elenix ED-PAS-Ⅲ 型放电等离子烧结设备[57-58]。

GeTe 具体制备方法为:先按照化学计量比将高纯 Ge 块(99.999%)和高纯 Te 块(99.999%)真空密封于石英玻璃管中,然后将密封好的石英管放置于立式熔融炉中,10 h 加热至 1100 ℃ 并在此温度下保温 24 h,之后将样品在盐水中淬火,并将淬火后的玻璃管放在退火炉中,在 500 ℃ 下保温 3 天并缓慢冷却至室温。将缓慢冷却所得的锭体研磨成粉体，然后将粉体在 500 ℃、50 MPa 的压力下进行放电等离子烧结，即得到碲化锗块体材料并可进行后续纳米片制备和进行性能测试。

6.8.2.2 碲化锗微晶材料的制备方法

低温共沉淀法是以成本低廉、化学性质稳定的二氧化锗粉体（GeO_2，99.999%）和二氧化碲粉体（TeO_2，99.999%）为原料，用硼氢化钠粉体（$NaBH_4$，99.7%）作为还原剂，制得 GeTe 微晶材料的一种方法[59]。

首先以体积比为 97∶3 的去离子水与氨水配制氨水溶液，在搅拌机条件下将氨水溶液加热至 80℃恒温，然后加入 GeO_2 粉末并不断搅拌至完全溶解，制备得到锗酸根离子前驱液。然后按照 TeO_2∶GeO_2 的摩尔比为 1∶2 分别量取 GeO_2 溶液和 TeO_2 粉末，使之混合均匀。再向混合液中加入适量的 $NaBH_4$ 粉末，使 $NaBH_4$∶（GeO_2+TeO_2）的摩尔比为 7∶1。不断搅拌使之充分反应。待反应完全，将所得沉淀多次离心洗涤干燥后，将粉末放入真空管式炉内进行热处理，处理完毕即可得到结晶性良好、形貌较均匀的 GeTe 微晶。

6.8.2.3 碲化锗薄膜材料的制备方法

电沉积法制备碲化锗薄膜一般采用恒流法进行沉积，因为恒流法可以更好地控制沉积的速度，制备的薄膜均匀性更好，恒电流沉积法用到的两个电极，阳极采用的是石墨电极，阴极选用的是 ITO 导电玻璃[60]。具体制备步骤如下：

（1）对电极进行清洗。阴极 ITO 导电玻璃放到丙酮中进行超声清洗，再用无水乙醇超声清洗，最后用去离子水超声清洗以去除残留的有机溶剂，清洗完成后将导电玻璃表面吹干等待使用。阳极采用的石墨电极可用去离子水清洗，并用无尘纸擦拭表面。

（2）配制电解液。将氧化锗（99.999%）溶于浓度为 1 mol/L 的氢氧化钠溶液中，溶解后锗离子的浓度为 0.05 mol/L，作为电解液 A。再将氧化碲（99.999%）溶于浓度为 5 mol/L 的硝酸溶液中，溶解后碲离子的浓度为 0.05 mol/L，作为电解液 B。然后将电解液 A 和电解液 B 按 1∶1 的比例混合，混合后的电解液充分搅拌并静置一段时间后，加入氨三乙酸（NTA）作为络合剂，再加入硝酸和氢氧化钠作为 pH 值调节剂，调整电解液的 pH 值为 8.5，得到弱碱性条件下的碲化锗电解液。其中氨三乙酸作为一种常见的氨基羧酸盐络合剂，具有很强的络合能力，在溶液中能与多种金属离子结合，从而改变相应金属的还原电位，而调节 pH 值到弱碱性环境下是为了抑制析氢反应。

（3）进行电化学沉积。电解池采用的是玻璃电解槽，通过两孔聚四氟乙烯盖子伸入两个电极，其中阳极使用的是石墨棒电极，阴极则是通过不锈钢电极夹固定的 ITO 导电玻璃片，电极夹和导电玻璃片平行，石墨棒和导电玻璃距离固定。两个电极通过一个鳄鱼嘴夹头接到恒压源中，调节电源工作方式为 CC 模式。取配置好的电解液到电解槽中，进行恒电流沉积。在沉积完成后，取下导电玻璃，用去离子水小心清洗薄膜表面，将其吹干后放到样品盒中保存，此时为碲化锗薄膜材料。

采用电沉积法制备碲化锗纳米线与上述步骤相似，区别是以多孔氧化铝模板取代 ITO 导电玻璃作为阴极。

6.8.3 碲化锗的用途

碲化锗广泛应用于非易失性相变存储技术、神经模拟计算应用及热电学等领域。相比于体相碲化锗，与锑烯具有相似结构的二维碲化锗（2D-GeTe）展现出优异的电子性能，具有一定的尺寸依赖性，改变了其本身的相变特性，具有更高的结晶温度和更快的存储切换速度等特点[61]。

6.9 碲化镓

6.9.1 碲化镓的性质

碲化镓，化学式为 GaTe，常温下为黑色晶体，熔点为 824 ℃±2 ℃，相对分子质量为 522.24。GaTe 是典型的ⅢA-ⅥA族层状半导体，其结构与石墨烯类似，层与层之间具有较弱的范德华力，层内原子由共价键或离子键连接。然而与其他ⅢA-ⅥA 主族化合物不同的是，六方晶系 h-GaTe 结构为亚稳定相，单斜晶系 m-GaTe 为稳定相。

室温条件下，少层和块状的单斜晶相 GaTe 晶体的带隙均约为 1.65 eV，在可见光到紫外光区域均有光响应，具有良好的光学性质，并表现出直接带隙半导体电子结构特征；同时，GaTe 的结构属于 $C2/m$ 空间群，从而具有 18 种不同的 A_g 和 B_g 拉曼活性模。由于二维 GaTe 具有长的载流子寿命（2.03 μs）和高的迁移率（30~40 cm^2/(V·s)），其电输运性质较为优异[62]。

6.9.2 碲化镓的制备方法

6.9.2.1 碲化镓晶体材料的制备方法

A 气相沉积法

采用气相沉积法制备 GaTe 晶体的步骤如下[63]：首先按照碲化锗的化学计量比准备高纯 Ga（纯度为 99.99%）和高纯 Te（纯度为 99.999%）原料，随后将原料 Ga 和 Te 分别放于石英管的两端，之后将石英管真空熔封后放入具有水平双温区炉中，单质 Ga 位于高温区，Te 位于低温区，中间为温度梯度区。然后将原料粉末与适量的传输剂 I_2 一起用液氮冷却，在 $1.333×10^{-4}$ Pa 真空中密封石英安瓿瓶，并在高温下持续反应 240 h。再分别以不同的升温速度升温高温区和低温区，保温一段时间后，继续升温低温区域直至两区温度相差较小。最后以一定的速度降温使炉内温度达到室温,在此过程中位于低温区的 Te 蒸气传输到高温区与 Ga 反应得到 GaTe 多晶。

在得到 GaTe 多晶后重新放入石英管中重复操作,即可制备 GaTe 单晶,并可通过机械剥离等操作制备出纳米片等特殊结构的碲化镓材料[64]。

B 布里奇曼法

布里奇曼法是根据碲和镓的熔沸点不同(碲的熔点为 452 ℃,沸点为 1390 ℃;镓的熔点为 29.78 ℃,沸点为 2403 ℃)而进行制备碲化镓晶体的一种方法。其原料为高纯碲和高纯镓(均为 99.999%)。按照碲化镓晶体的化学计量比将原料混合后放入石英坩埚中,再将坩埚放入石英管中,然后将石英管抽真空至 2 kPa。接下来将炉内温度快速升温至 500 ℃,并保持 2 h;再将炉内温度升温至 850 ℃,保持 2 h;然后自然降温至室温,得到结晶较好的碲化镓。在整个反应过程中石英管都处在氩气保护状态下[65]。

6.9.2.2 碲化镓纳米片的制备方法

化学气相沉积法是以纯度为 99.999% 的镓液和同样纯度的碲粉为原料,无悬挂键的云母片作为生长基底进行制备碲化镓纳米片材料的[66]。

其具体过程为:按照碲化镓的化学计量比,分别称取镓液和碲粉于两个洁净的氧化铝舟中,将镓液置于石英管的中心位置,碲粉置于石英管的上游位置,且保证两个坩埚的中心相为 16.5 cm。然后将云母片正面朝下,倒扣在盛放 Ga 液的氧化铝舟上,用作生长衬底。开始加热前先通 10 min 400 mL/min 的 Ar 气,以排出管内的空气,然后按 Ar:H$_2$=5:1 的比例通 10 min 的载气,使管内充盈着反应气体。按照设定程序使其进行充分反应,然后自然冷却到室温,即可在衬底上观察到沉积的二维 GaTe 纳米片。

6.9.3 碲化镓的用途

由于碲化镓具有优异的光学和电学性质[67],从而在电子和光电子器件领域引起了广大研究者巨大的研究兴趣。在光电探测器、范德华外延、肖特基二极管、存储器切换、辐射检测器、太阳能电池及非线性光学等诸多领域,具有广泛的应用和研究前景。

6.10 碲化铟

6.10.1 碲化铟的性质

碲化铟,化学式为 InTe,相对分子质量为 242.4,黑色或蓝灰色结晶物,四方晶结构,为层状晶;密度为 6.29 g/cm^3,熔点为 696 ℃;空气中稳定,难溶于盐酸,可溶于硝酸;真空中加热易挥发,蒸气稳定不分解。

碲化铟具有较强的各向异性和较好的金属导电性,由于禁带宽度为 1.19 eV,

比较适中，因此碲化铟纳米材料的光谱响应范围比较宽，对红外-可见光都具有较好响应[68]。

6.10.2 碲化铟的制备方法

6.10.2.1 碲化铟纳米材料的制备方法

A 化学气相沉积法

化学气相沉积法制备碲化铟纳米材料分为多源前驱体合成和单源前驱体合成[69]。不同之处在于单源前驱体合成是以高纯碲化铟粉末与活性炭粉末混合均匀后作为前驱体参与合成；多源前驱体合成是指用高纯碲粉、高纯铟粉和活性炭以一定的比例混合均匀后，共同作为前驱体参与合成。

以多源前驱体合成碲化铟纳米材料为例，合成原料纯度为99.5%、粒径小于0.074 mm（200目）碲粉和纯度为99.99%、粒径小于0.043 mm（325目）的铟粉及活性炭粉末。具体步骤为：先将单晶n型硅片切成1 cm×1 cm的小正方形作为衬底，依次将硅衬底放置于丙酮、乙醇和去离子水中超声清洗各10 min，随后取出并用氮气枪将其吹干。用镀膜机给干净的硅片镀上10 nm的金，作为实验的催化剂。然后根据化学计量比准备碲粉和铟粉，并加入一定量的活性炭粉末，通过研磨使原料充分混合，即可得到前驱体材料。将前驱体装入干净的瓷舟中，放入管式炉保温区的正中央，然后在一定真空度和温度下进行反应。直至反应结束，炉温恢复至室温后，即可取出产品。

B 模板水热法

模板水热法是以模板法和水热法相结合，制备尺寸均一、物相单一的碲化铟纳米线，其步骤分为碲纳米线的制备和碲化铟纳米线的制备。具体步骤如下：

（1）制备碲纳米线。先向聚四氟乙烯内衬（反应容器）中加入PVP和去离子水，强力搅拌至完全溶解，再向其中加入氢氧化钠、二氧化碲、氨水和水合肼，继续搅拌30 min；待溶液最终澄清，将聚四氟乙烯内衬装入相对应的反应釜壳中密封好，放入180 ℃烘箱中反应3 h，反应完毕后取出用自来水冷却至室温，放入冰箱冷藏储存。

（2）制备碲化铟纳米线。向反应容器中加入制备好的碲纳米线溶液，再向其中加入适量丙酮，充分摇晃后静置，碲纳米线会从溶液中析出沉至底部，然后将得到的碲纳米线加入装有去离子水和次磷酸的聚四氟乙烯内衬中，强磁力搅拌2 h至碲纳米线完全分散，再向其中加入硝酸铟，继续搅拌15 min，搅拌结束后，将内衬密封于反应釜中，放入200 ℃烘箱内反应18 h。反应完毕后取出自然冷却至室温，然后以去离子水和无水乙醇多次洗涤最终产物，再经过离心后将其放入60 ℃真空干燥箱内进行干燥，干燥结束即可得到尺寸均一、物相单一的碲化铟纳米线。

6.10.2.2　碲化铟块体材料的制备方法

高温熔融法制备碲化铟热电材料的工艺为[70]：首先按照化学计量比将纯度均为 99.99% 的高纯铟粒和高纯碲块混合放入石墨坩埚中，在真空状态下密封在石英管中，然后在马弗炉中以 3 K/min 的速率升到 1123 K 并保温 10 h，然后以 1 K/min 的速率降低到 873 K 保温 2 天，最后在炉中缓慢冷却至室温。将合成好的粉末用玛瑙研钵磨成细粉，然后置于石墨模具中进行热压烧结。热压工艺为：电流为 200A，压力为 65 MPa，热压时间为 20 min，热压温度为 873 K，真空度为 4 Pa。热压结束即可得到致密的碲化铟块体材料。

6.10.3　碲化铟的用途

碲化铟主要应用在半导体、传感器件、镜头镀膜及热电转换等领域。

6.11　碲化锑

6.11.1　碲化锑的性质

碲化锑，化学式为 Sb_2Te_3，是 VA-VIA 族元素化合物半导体，相对分子质量为 626.32，常温下为灰色固体，其密度为 6.5 g/cm^3，熔点为 620 ℃，沸点为 1173.8 ℃，可溶于硝酸。

碲化锑是一种层状半导体材料，在常温下有很好的热电性能。碲化锑分子是由单层的碲原子（Te1 和 Te2）和锑原子（Sb）按顺序堆积而成的。单分子层内的碲原子和锑原子主要以共价键结合，分子层之间以范德华力结合。此外，碲化锑还是一种窄禁带半导体材料，其禁带宽度为 0.20~0.221 eV，具有较好的光电特性，因此与碲化铋一样可以对较长波段的红外辐射做出响应[71]。

6.11.2　碲化锑的制备方法

Sb_2Te_3 的合成方法有溶剂热法、水热法、微波辅助合成法、溶胶-凝胶法、气相沉积法、磁控溅射法、电化学沉积法、分子束外延法等。

6.11.2.1　碲化锑量子点的制备方法

超声剥离法是一种简便易行、高效经济的碲化锑量子点的制备方法[72]。

利用超声剥离法制备碲化锑量子点是以碲化锑粉末为原料，以 N-甲基吡咯烷酮（NMP）为超声分散剂。具体步骤为：先将纯度为 99.999% 的高纯 Sb_2Te_3 粉末放入研钵中，充分研磨 2 h，再将磨好的粉末倒入纯度为 99.9% 的 NMP 分散剂中混合均匀，再将其置于超声仪中进行超声，超声功率为 180 W，超声时长 4 h，最后将超声后溶液进行离心处理，离心转速为 4500 r/min，离心时长 10 min，取上层清液即为 Sb_2Te_3 量子点溶液。

6.11.2.2 碲化锑薄膜材料的制备方法

A 高真空蒸发法

高真空蒸发法可制备出形貌均匀、厚度几纳米到十几纳米的薄膜材料[73]。具体步骤如下：提前干燥处理好的衬底备用，称取适量的 Sb_2Te_3 粉末放置在坩埚中，将坩埚放入镀膜机蒸发源的加热槽中，并将清洗干净的衬底固定在样品台上，将样品台置入镀膜机的蒸发源的正上方位置，然后控制衬底与蒸发源之间的距离为 10 cm，将衬底与蒸发源的挡板关闭。启动抽真空系统，将系统的真空度抽至 $5.0×10^{-5}$ Pa，分别设定蒸发源与衬底温度，待系统稳定后，分别打开衬底与蒸发源的挡板，开始镀膜，到达预定时间后关闭挡板，等待系统降至室温后，取出衬底与坩埚，即可在衬底上得到碲化锑薄膜材料。

B 气相沉积法[74]

气相沉积法制备碲化锑薄膜的步骤为：将 Sb_2Te_3 粉末放置在洁净的石英舟中，然后和经过洁净的云母衬底分别置于一根两端开口的石英管（ϕ15 mm×300 mm）中，碲化锑源距离左端开口约 7 cm，云母衬底与碲化锑源距离为 15~18 cm，然后将石英管缓缓推入管式炉中使得碲化锑源位于左端加热区中心（热偶处）偏右 5 cm 处。经过 5 min 的 Ar 气清洗后，将 Ar 气流量控制在 25 mL/min，再调节气压阀使得气压保持在 86.66 Pa。然后将左右温区分别加热到 570 ℃ 和 435 ℃，再经过 3~6 min 的反应后，关闭 Ar 气并停止加热，最后将管式炉快速降温到室温后，即可取出碲化锑薄膜材料。

6.11.2.3 碲化锑块体材料的制备方法

A 水热法

水热法合成高纯 Sb_2Te_3 纳米粉体共分为 6 步，具体如下[75-76]：（1）在搅拌条件下将去离子水加入反应容器中，随后加入适量酒石酸提供络合离子，再加入适量 $SbCl_3$ 和 TeO_2 作为前驱体和聚乙烯醇（PVA）作为表面活性剂，最后加入 KOH，匀速搅拌 2 h 至完全溶解。（2）加入还原剂硼氢化钾（KBH_4），继续搅拌 0.5h。（3）将上述溶液转移到聚四氟乙烯内衬的不锈钢反应釜中，放入鼓风干燥箱中在 180 ℃ 条件下反应 24 h。（4）自然冷却至室温后收集产物，用去离子水洗涤至中性，再用无水乙醇洗涤 3 次。（5）将洗涤过后的产物放入离心机中以 6000 r/min 的速率离心 3 min，重复洗涤和离心 3~5 次。（6）在 60 ℃ 下真空干燥 8 h，即可得到碲化锑粉体。

将碲化锑粉末经过高温高压（HTHP）的方法制备得到碲化锑块体材料。主要操作如下：先将碲化锑粉末装入硬质合金中，用 YYJ-10 型油压机手压为 10 mm×4 mm 的圆柱体。然后将圆柱体周围包上钼箔，上下包上钛片，组装完成后，将样品放入国产六面顶液压机中，在设定温度和压力下进行处理，然后淬冷到室温，即可得到碲化锑块体材料。

B　溶剂热法

溶剂热法制备的纳米材料具有结晶度高、纯度好、产量大等优点[77-78]。以溶剂热法制备碲化锑纳米片的步骤如下：根据计算结果，称取对应质量的酒石酸锑钾、亚碲酸钠和 PVP，依次加入带有聚四氟乙烯内衬的不锈钢反应釜中，然后加入适量的乙二醇，使溶液填充满整个反应容器的 80% 左右。然后将反应釜密封，将密封好的反应釜放入烘箱中，在 200 ℃ 的温度下反应 20 h。反应结束后关闭烘箱，使反应釜自然冷却至室温，然后将反应釜内含有产物的乙二醇混合液进行离心分离，再将得到的固体用去离子水、无水乙醇反复超声清洗，清洗干净的样品在真空烘箱中干燥 6 h，最终得到有灰黑色金属光泽的碲化锑粉末。

6.11.2.4　碲化锑可饱和吸收体的制备方法

液相剥离法可以制备 Sb_2Te_3 可饱和吸收体[79]。具体方法为：首先将纯度为 99% 的 Sb_2Te_3 粉末加入分析纯的酒精中，进行 90 min 超声处理，再进行 20 min 的离心处理后，获得材料的上清液，然后将上清液滴在规格为 20 mm×10 mm 的洁净石英片，置于室温下约 24 h，直到酒精完全蒸发，就制成了碲化锑可饱和吸收体。

6.11.3　碲化锑的用途

由于碲化锑具有良好的热电性能及半导体性能，被广泛应用在光电子器件、自旋电子器件、电催化、微电子、微区制冷、温差发电、生物芯片、国防及航空航天等诸多领域，尤其 Sb_2Te_3 量子点在红外波段也有发光，该特性使其广泛应用于红外探测器和纳米光电子器件等[80]。

6.12　碲锑锗

6.12.1　碲锑锗的性质

碲锑锗（GeSbTe）是目前研究和应用最广泛的相变材料之一，其是由 $(GeTe)_n/(Sb_2Te_3)_m$ 以不同比例组成的伪二元化合物，最常用的三个比例为 $m:n$ 为 1:1、2:1 和 1:2，例如当 $n:m$ 为 1:1 时，组成的结构为 $Ge_1Sb_2Te_4$。根据研究表明，GeSbTe 材料具有结晶和不定型两种不同状态，在这两种不同的状态下，GST 的光学参数折射率（n）和消光系数（k）会有明显的差异。晶态的碲锑锗合金又存在六方和立方两种不同的结构，当样品被加热到 310 ℃ 以上时，GST 将相变为稳定的六方结构晶体。以 $Ge_2Sb_2Te_5$ 为例，其六方结构如图 6-10（a）所示，Ge、Sb、Te 沿着 $Ge_2Sb_2Te_5$ 的 c 轴方向分层排列，且原子比例为 2:2:5。$Ge_2Sb_2Te_5$ 的立方结构如图 6-10（b）所示，其原子排序类似于 NaCl 的立方结构，且原子的分布是具有一定周期性的[81]。

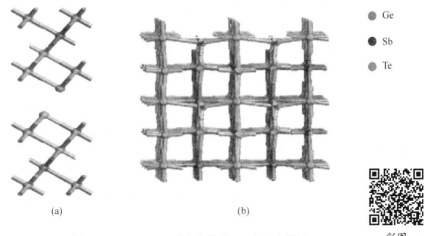

Ge
Sb
Te

(a)   (b)

图 6-10 $Ge_2Sb_2Te_5$ 的六方结构(a)和立方结构(b)   彩图

6.12.2 碲锑锗的制备方法

6.12.2.1 磁控溅射法

磁控溅射法是制备薄膜材料最常用的方法之一[82-83]。利用此方法制备碲锑锗薄膜材料是以单晶 Si（100）或光学玻璃为衬底，以纯度为 99.99% 的碲锑锗为靶材，且靶材直径为 60 mm 、厚度 3 mm。溅射开始前，进行基片制备，将衬底切割成 2 cm×2.5 cm 的小片，放入烧杯中，依次用丙酮、无水乙醇、去离子水对衬底进行浸泡，将烧杯放入 KQ-700D V 型数控超声波清洗器中对基片进行清洗，功率为 60 W，清洗时间为 10 min。背景真空度为 $5×10^{-4}$ Pa，工作压强为 0.416 Pa，靶基距为 55 mm，沉积时间为 10 min，从而制得碲锑锗薄膜材料。再通过管式炉将样品在高纯 Ar 气氛下以 3 ℃/min 的加热速率进行退火，进一步优化其性能。

6.12.2.2 电子束蒸发法

电子束蒸发法为用由带电钨丝产生的具有一定能量的电子束轰击材料实现靶材原子受热熔化蒸发的方法[84-85]，制备 GST 薄膜的具体过程为：

（1）制备蒸发源。将纯度为 99.99% 的 $Ge_2Sb_2Te_5$ 粉末置于坩埚中。

（2）蒸镀前准备过程。首先将硅片进行标准清洗法（RCA）清洗，然后将其置于电子束蒸发镀膜系统的样品架中，并对系统腔室抽低真空，当低真空达到 3Pa 以下时，开启分子泵抽高真空，使腔室的真空度达到 $8×10^{-4}$ Pa 以下。

（3）薄膜蒸镀过程。腔室的真空度达标后就可以进行薄膜蒸镀，镀膜时将样品架的工转电压调至 20 V，使样品架匀速转动以保证所沉积薄膜的均匀性，高压调至 6 kV，电子束束流约为 5 mA，通过 MDC-360 膜厚控制仪监测薄膜的沉积速率和厚度，薄膜沉积的速率控制在 2.5~3.5 A/s 之间，制备得到的 GST 薄膜的厚度为 50 nm。

6.12.3 碲锑锗的用途

硫系相变薄膜除了电学性质以外，其光学性质也被广泛应用于各个领域。有研究结果表明，在柔性聚酰亚胺衬底上通过脉冲激光沉积的 $Ge_2Sb_2Te_5$ 薄膜在光学数据存储中具有极好的应用效果，并证明了由于堆叠中存在 GST 的超薄层，该系统可实现可调谐行为。另外，也有研究证明 GST 可应用在相敏生物传感器和吸收滤波器的有源光子设备中。除了基于相变材料的 GST 的可调超表面之外，研究者们还将 GST 引入了集成光子学的研究领域，利用相变材料可以实现可调光开关和光调制器、二进制和多进制存储器、光子运算处理器等功能。在信息存储、传感器、MEMS 及太阳能电池等领域，GST 也有着极其重要的作用[86]。

6.13 碲锌镉

6.13.1 碲锌镉的性质

碲锌镉，化学式为 CdZnTe，简写为 CZT。CZT 晶体是宽禁带 ⅡB-ⅥA 族化合物半导体，可以看作是 CdTe 和 ZnTe 固溶而成。随着 Zn 加入量的不同，熔点在 1092~1295 ℃之间变化。CZT 材料具有优异的光电性能，在室温状态下可以直接将 X 射线和 γ 射线转光子变为电子，是迄今为止制造室温 X 射线及 γ 射线探测器最为理想的半导体材料[87-88]。

6.13.2 碲锌镉的制备方法

6.13.2.1 高温熔融法

高温熔融法制备碲锌镉是采用高纯（99.99999%）棒状的碲（Te）、锌（Zn）、镉（Cd）单质作为原材料[89-90]。按化学计量数配比称取各单质原料，并将其装入经熏碳处理的石英安瓿瓶中。熏碳处理的作用是避免晶料与安瓿内壁直接接触而引入杂质。然后将安瓿抽至高真空状态（5×10⁻⁶ Pa 以下），并进一步利用氢氧焊接工艺将其密封，再将装有原料的密封安瓿置于合成反应炉中进行 CZT 合成。为进一步提高碲锌镉材料的均匀性，罗亚南等人还设计了用于碲锌镉的摇摆合成装置，提高了合成均匀度，对晶体生长品质起到关键作用。为保证温场均匀稳定，合成反应炉采用两段电阻丝加热模块，并利用 PID 程序进行控温。反应过程中，首先将反应炉以一定升温速率升至 Te 熔点左右以开始反应，待反应结束后，进一步升温至 CZT 晶体熔点之上，并保温一定时间以确保熔体混合均匀，最后缓慢降至室温，从而制备得到碲锌镉晶体。

6.13.2.2 加速坩埚旋转技术—布里奇曼法

布里奇曼法制备碲锌镉晶体的主要优点是：生长设备简单、生长速度较大，能够生长出较大直径的晶体。缺点是：晶体和坩埚壁接触，容易产生应力，生长温度较高，会形成较大的晶体缺陷[91-92]。加速坩埚旋转技术（ACRT）可以有效改善晶体生长过程中的温度场、浓度场和固-液界面形态、减小组分径向偏析，有利于获得成材率较高的大体积晶锭[93]。

将高纯 Te(99.99999%)、Cd(99.99999%)、Zn(99.99999%) 按照化学计量比进行混合，采用三温区炉膛，高温区温度 1125 ℃，低温区温度 980 ℃，梯度区温度梯度 10 ℃/cm，坩埚与炉膛的相对运动速度为 1 mm/h，ACRT 波形参数选为 $\omega_{max}=20$ r/min，$t_1=4$ s，$t_2=4$ s，$t_3=16$ s。图 6-11 为垂直布里奇曼法示意图和 ACRT 波形示意图。

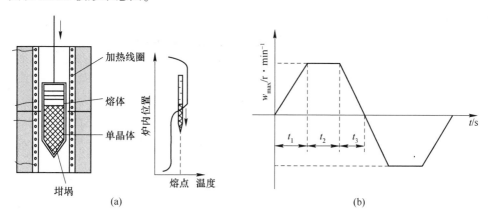

图 6-11　垂直布里奇曼法示意图(a)和 ACRT 波形示意图(b)

6.13.2.3 气相沉积法

物理气相输运法（PVT）是将多晶原料密封在石英反应容器中，然后置于有温度梯度的长晶炉中，利用原材料升华作用，先将多晶原料转变成气相，然后输运到生长装置上进行结晶、生长，从而沉积出结构好、纯度高的单晶体[94-95]，原理如图 6-12 所示。

气相生长是一种缓慢的、完整的单晶生长过程，因此，能长出高纯度、高电阻率、晶体结构完好、位错密度小于 10^4 cm^{-2} 的 CdZnTe 单晶体。但该法的温度控制难度大，而且生长速度慢，生长周期长，生长的晶体体积较小。

6.13.2.4 移动加热器法

移动加热器法（THM 法）综合了液相外延与区域熔炼法的共同优点，是一种生长高质量碲锌镉单晶的理想方法[96-97]，其原理如图 6-13 所示。移动加热器法又分为有籽晶与无籽晶两种生长方法，籽晶的存在可以提高晶体单晶率，但

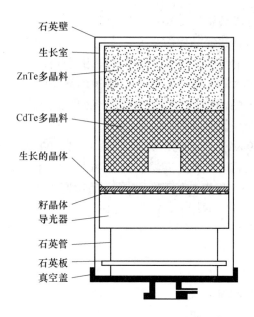

图 6-12   物理气相输运法示意图

同时生长坩埚的结构也会复杂一些，还要考虑籽晶固定的问题，无籽晶生长方法没有图 6-13 中籽晶这一部分，溶质经过溶剂输运在坩埚底部自由结晶，从而进行晶体生长。

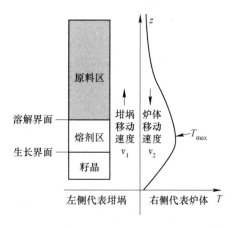

图 6-13   THM 生长 CdZnTe 晶体原理示意图

由于碲的熔化温度仅 449.65 ℃，因此通常以碲为熔剂，将籽晶置于坩埚底部，加入碲熔剂，最后加入多晶料，熔剂区处于炉膛的温度最高处，多晶料在上部熔解界面熔解，在扩散、对流等作用下输运到下部的生长界面，保持加热器与坩埚以一合适的速度相对移动，从而使生长过程持续。移动加热器法可以在远低于碲锌镉晶体熔点的温度下生长纯度高、组分均匀性好、缺陷密度低的优质单晶体，但缺点是生长速度较低。

6.13.3　碲锌镉的用途

CdZnTe 晶体是一种极具工程意义和战略意义的功能材料。CdZnTe 晶体被广泛用作红外探测器 HgCdTe 的外延衬底和室温核辐射探测器等，与硅和锗检波器相比，CdZnTe 晶体是唯一能在室温状态下工作并且能处理两百万光子/（秒·平方毫米）的半导体。另外，CdZnTe 晶体分光率胜过所有能买到的分光镜。CdZnTe 探测器的诸多优点，使得它得到了越来越广泛的应用，在核安全、环境监测、天体物理等领域均有应用，在高能物理学方面，CdZnTe 探测器可用于高能粒子的加速系统，在天文物理研究方面也具有广阔的应用。碲锌镉晶体还可实现红外线、X 射线、γ 射线、其他高能射线、核辐射探测。在室温条件下，碲锌镉晶体可将 X 射线光子、γ 射线光子转换为电子，可制造室温 X 射线探测器、γ射线探测器，应用在医学影像设备制造中，能够呈现清晰度更高的图片，并可大幅降低辐射。民用领域除医疗外，碲锌镉晶体还可以广泛应用在仪器仪表、无损检测、核安全、环境监测等方面；在军用领域，碲锌镉晶体可应用在武器装备红外探测方面[98]。

6.14　碲镉汞

6.14.1　碲镉汞的性质

碲镉汞（$Hg_{1-x}Cd_xTe$）是一种 ⅡB-ⅥA 族化合物晶体，其导带底和价带顶在波矢空间的同一位置，属于直接带隙结构，是一种由半金属材料碲化汞（HgTe）和半导体材料碲化镉（CdTe）混合而成的具有闪锌矿结构的赝二元化合物材料。镉（Cd）组分 x 和 HgCdTe 的禁带宽度有着直接的关系，不同的组分 x 可调整 HgCdTe 的禁带宽度，也即随着组分 x 的变化可以调整对应探测器截止波长。在 4.2 K 温度下，当 $x=0$ 时，禁带宽度 $E_g=-0.3$ eV；当 $x=1$ 时，$E_g=1.6$ eV；随着 x 的变化，HgCdTe 材料的禁带宽度可以从 -0.3 eV 连续变化到 1.6 eV，因此可以实现对可见光、红外短波、中波、长波等常用波段的全覆盖，是制备红外探测器较为理想的一种重要材料[99]。

随着碲镉汞薄膜材料技术的快速发展，碲镉汞在各领域应用的过程中都取得了稳定进步。国外研究碲镉汞红外探测器的公司主要有法国 Sofradir 公司、美国 Teledyne 公司、美国 Raytheon 公司、德国 AIM 公司和英国 SELEX 公司等。在美国、英国、法国、德国等发达国家，单色碲镉汞红外焦平面技术在应用方面已经基本达到成熟阶段，例如，在欧洲的空对地巡航导弹里已经使用 320×256 元 HgCdTe 焦平面探测器，美国 AGM-130 导弹则使用了 256×256 元的 HgCdTe 焦平面探测器。国内从事碲镉汞红外探测器研究的单位不多,主要有昆明物理研究所、中电 11 所和上海技术物理研究所等。由于我国在研制碲镉汞红外焦平面技术起步较晚,相较于国外来说还具有较大差距,但国家的大力支持使得近年来碲镉汞红外技术取得了较大进展[100]。

6.14.2 碲镉汞的制备方法

6.14.2.1 碲镉汞量子点的制备方法

离子交换法是先制备出 CdTe 量子点,然后利用 Hg 离子置换碲化镉中的 Cd 离子,从而制备出碲镉汞量子点[101]。具体步骤如下:先在反应容器中加入氧化镉(CdO)、十四烷基膦酸(TDPA)和油酸(OA),然后在氮气氛围、250 ℃条件下搅拌直至溶液澄清,随后冷却至室温,向溶液中加入 1-十八烯(ODE)和油胺(OAm),再加热至 100 ℃并进行回流 1 h,接着升温至 300℃保持 30 min,随后冷却至 250 ℃,得到含镉前驱体溶液。在另一个反应容器中加入纯度为99.99%的碲粉和三辛基膦(TOP),在 140 ℃氮气氛下溶解至溶液澄清,然后加入 1-十八烯(ODE)后冷却至室温,随后将其注入含镉前驱体的溶液中进行生长。然后交替注入镉和碲的前驱体溶液,使其 Cd∶Te 为 2∶1。在重复操作 3 次后停止加热,并用冰水浴终止反应,紧接着用甲醇、乙醇离心,最后分散在正己烷中,得到碲化镉量子点溶液。然后在甲醇中加入碘化汞(HgI₂)、氢氧化钾(KOH)和 1-十二烷硫醇,搅拌 2 h 后进行抽滤,其间用甲醇洗涤 2 次,乙醚洗涤 1 次,在真空状态下干燥 24 h,随后在氮气氛围下将制备的含汞前驱体分散到氯仿溶液中,在 50 ℃下快速注入含有 CdTe 量子点和辛胺的氯仿溶液中,用甲醇离心2 次,最后将其分散在正己烷中,再经过分离提纯等步骤,得到碲镉汞量子点。

6.14.2.2 碲镉汞薄膜的制备方法

A 液相外延法

垂直外延生长系统包括两个腔室,一个是输运腔室,一个是反应腔室,中间用一个耐高压的球阀隔开[102]。反应腔室里有一个容积大的石英管,用于盛放10kg 左右的 Hg 溶液,反应腔室的温度通过 5 个加热部件控制,可以精确控制腔内温度,同时可以耐压 12 atm(1 atm＝101325 Pa),完全符合薄膜生长的要求。制备过程如下:以碲锌镉(111)B 面作为衬底,使用 10kg 的汞溶液,加入适量的 Te 和 CdTe 配制成母液,母液温度升到设定温度进行生长,在生长过程中不断旋转衬底,以保证薄膜的均匀性,生长结束即可对样品进行结构、光学、电学等方面的测试。

另外有报道以高纯度(99.99999%)的 Te、Cd 和 Hg 单质为原料,采用液相外延法制备碲镉汞薄膜材料。过程如下:CdZnTe 衬底采用 φ120 mm 垂直布里奇曼法进行生长,衬底及外延表面为(111)B 面,在外延生长前,衬底需经过清洗、化学抛光及腐蚀、再清洗等工艺。外延生长母液的配制过程是先将纯度为 99.99999% 的 Te、Cd 和 Hg 装入石英管，经真空密封后放入摇摆炉高温混合，并采用淬火方式冷却合成，将石英管中的母液装入生长坩埚，再高温熔合成整块后用于垂直液相外延生长[103-104]。

  B 分子束外延法

  分子束外延法是目前制备碲镉汞、碲锌镉等薄膜材料的重要方法之一[105-106]。其主要制备过程如下：以无掺杂直径为 50mm （ 211 ）B 的 GaAs 或者碲锌镉等材料为衬底，使用高纯度的碲化镉（99.99999%）、碲（99.99999%）、汞（99.99999%）等束源材料进行碲镉汞外延材料生长。在经热处理后的 GaAs 衬底上先生长一层碲化镉缓冲层，以降低失配位错及衬底中 Ga 外扩散的影响。在生长之前，要仔细标定红外辐射测温仪。在生长全过程中，生长温度控制在 183℃ 左右，并通过旋转生长样品架以提高材料组成和厚度的均匀性。

6.14.3 碲镉汞的用途

  碲镉汞是由电子在导带和价带之间的跃迁来完成光电转换过程，直接带隙结构决定了其具有比较好的量子效率和响应率，并且具有可调的禁带宽度，可以覆盖整个红外波段，是目前制备高性能红外探测器的最佳材料。同时，碲镉汞材料又具有带隙可灵活精确调节、吸收系数和量子效率高、可探测光谱范围广、工作温度较高、载流子寿命长、电子迁移率高等优异物理特性，能够更好地满足红外探测器的需要[107]。

参 考 文 献

[1] 孔祥峰，黄大鑫. 粗碲提纯技术概述 [J]. 中国金属通报，2019（12）：229-230.

[2] 程籽毅，龙剑平，杨武勇，等. 真空蒸馏法制备高纯碲的研究 [J]. 广州化工，2021，49（5）：54-56，64.

[3] ROUMIÉ M，ZAHRAMAN K，ZAIOUR A，et al. Study of segregation process of impurities in molten tellurium after one pass of three conjoint zones in zone refining [J]. Journal of Crystal Growth，2005，289（1）：260-268.

[4] 李永红，刘兴芝. 用熔融结晶原理生产高纯碲的方法 [J]. 辽宁大学学报（自然科学版），2014，41（2）：137-141.

[5] 许顺磊，柳忠琪，常意川，等. 高纯金属碲及其氧化物的制备方法概述 [J]. 船电技术，2019，39（5）：46-50.

[6] 肖迪. 碲化镉薄膜太阳电池背场缓冲层及电池制备研究 [D]. 合肥：中国科学技术大学，2017.

[7] 何功明，叶金文，刘颖，等. 碲化镉粉的液相还原与氢处理法制备研究 [J]. 功能材料，2013，44（18）：4.

[8] 陈玉玲. CdTe 薄膜的磁控溅射法制备及太阳电池的应用 [D]. 广州：暨南大学 2018.

[9] 石萌萌. 碲化镉纳米薄膜的制备及其性能研究 [D]. 长春：吉林大学，2019.

[10] 蔡伟，张静全，郑家贵，等. 近空间升华法制备 CdTe 薄膜 [J]. 半导体光电，2001，22 (2)：4.

[11] 李思钦. 碲化镉靶材制备及镀膜工艺研究 [D]. 北京：北京有色金属研究总院，2014.

[12] 陈晓东. 电化学沉积法制备 CdTe 半导体薄膜及其性能研究 [D]. 济南：济南大学，2015.

[13] 张艳艳. 电沉积法制备 CdTe 纳米薄膜及其性能研究 [D]. 长春：吉林大学，2020.

[14] 董海成，李蓉萍，李忠贤，等. 真空蒸发制备稀土 Dy 掺杂 CdTe 薄膜及其特性研究 [J]. 真空科学与技术学报，2010，30 (6)：588-592.

[15] 隋净蓉. 碲化镉量子点薄膜的制备及其光物理特性研究 [D]. 哈尔滨：黑龙江大学.

[16] 罗园. 碲化镉量子点-层状二维过渡金属硫化物异质结的发光性质调控研究 [D]. 长沙：湖南师范大学，2021.

[17] 张战战，叶华胜，吴佳铭，等. 碲化镉薄膜电池在建筑中的应用 [J]. 能源研究与管理，2020 (3)：70-74，90.

[18] 王海霞. ZnTe 基纳米材料的合成及其性能研究 [D]. 乌鲁木齐：新疆大学，2016.

[19] 邱立峰. 新型钠离子电池负极材料的制备及性能研究 [D]. 合肥：合肥工业大学，2019.

[20] 聂奎营. 金属微纳结构对 ZnTe 纳米线光电特性的调控研究 [D]. 南京：南京大学，2018.

[21] 王擎龙. 光电催化还原二氧化碳光阴极材料的制备及性能研究 [D]. 武汉：华中科技大学，2020.

[22] 杨睿. ZnTe 的晶体生长、性能表征与缺陷研究 [D]. 西安：西北工业大学，2015.

[23] 史晓睿，王群，吕羚源，等. 碲化铜纳米材料的液相可控合成及其电导率 [J]. 无机材料学报，2012，27 (4)：433-438.

[24] 潘飞，李晓燕，刘磊，等. 碲化铜（$Cu_{2-x}Te$）纳米管的可控合成与性能表征 [J]. 安徽化工，2011，37 (5)：29-32.

[25] 李文秀. Cu_2Te 基热电材料的制备及性能优化 [D]. 呼和浩特：内蒙古工业大学，2021.

[26] 文崇斌，谢小林，余芳，等. 高纯碲化亚铜粉体的制备 [J]. 化工技术与开发，2019，48 (5)：21-23.

[27] 杨雨沐. 硒化铜（铟）及碲化铜分子束外延制备与物性研究 [D]. 长沙：湖南大学，2021.

[28] 崔文贤. 碲铜合金微合金化及形变热处理工艺研究 [D]. 大连：大连理工大学，2019.

[29] 向烊. 静水压和单轴应力下碲化铅热电性能的研究 [D]. 成都：电子科技大学，2020.

[30] 李尔沙，陈斌，冯鹏元，等. 葡萄糖辅助合成碲化铅纳米棒及其表征 [J]. 应用化学，2016 (5)：591-598.

[31] 米刚，李开瑞，杨久荣，等. 碲化铅纳米晶体的溶剂热制备及其光学性能 [J]. 河南科技大学学报（自然科学版），2018，39 (2)：10，94-98.

[32] 谭兵. PbTe 基多元复合热电材料的水热法制备及其性能研究 [D]. 哈尔滨：哈尔滨工业

大学, 2018.

[33] 李洪涛, 张继东, 徐凌云, 等. p 型 PbTe 的高压制备及热电性能研究 [J]. 高压物理学报, 2016, 30 (6): 448-452.

[34] 王克杰. 碲化铅纳米线的制备及其输运性质的研究 [D]. 南京: 南京大学, 2017.

[35] 陈巧. 轴向均匀 n 型碲化铋晶锭制备研究 [C]. 成都: 西华大学, 2021.

[36] 牟欣. 叠层结构 p 型碲化铋基热电材料和器件的制备与输运性能优化 [D]. 武汉: 武汉理工大学, 2019.

[37] 杨崙茜. 复合第二相的碲化铋基热电材料制备及性能研究 [D]. 杭州: 浙江大学, 2020.

[38] 王旭. 碲化铋基热电器件的结构设计与性能优化 [D]. 上海: 中国科学院上海硅酸盐研究所, 2020.

[39] 郭足腾. 碲化铋基热电器件的结构设计与性能优化研究 [D]. 哈尔滨: 哈尔滨工业大学, 2020.

[40] 姜俊雪. 高压合成 n 型碲化铋基材料的载流子调控与热电性能优化 [D]. 秦皇岛: 燕山大学, 2021.

[41] 吴文花, 刘吉波, 汤杰雄, 等. 溶剂热法合成碲化铋纳米粉末及其热电性能研究 [J]. 稀有金属与硬质合金, 2016, 44 (1): 65-67.

[42] 邹家桢, 陈欣琪, 范宇驰, 等. 溶剂热合成具有高热电性能的碲化铋纳米片 [J]. 陶瓷学报, 2019, 40 (1): 51-56.

[43] IRFAN S, LUO J T, PING F, et al. Theoretical and experimental investigation of magnetic properties of iodine and cerium co-doped Bi_2Te_3 nanoparticles [J]. Journal of Materials Research and Technology, 2020, 9 (6): 13893-13901.

[44] 王聪, 康伟峰, 张林慧, 等. 碲化铋纳米材料的制备及其应用研究进展 [J]. 中国粉体技术, 2021, 27 (5): 111-119.

[45] 卜路霞, 高琳琳, 闫宗兰, 等. 电沉积法制备 Bi_2Te_3 基热电薄膜的研究进展 [J]. 电镀与涂饰, 2020, 39 (15): 1053-1059.

[46] 李晓剑. 基于窄禁带半导体碲化铋薄膜的异质结特性研究 [D]. 南京: 东南大学, 2020.

[47] 王盛儒. SnE (E = S、Se、Te) 纳米材料的制备及物性研究 [D]. 长沙: 广东工业大学, 2020.

[48] 陈洪. SnTe 基热电材料的制备及性能研究 [D]. 北京: 中国石油大学 (北京), 2017.

[49] 李思慧. SnTe 基半导体热电材料研究 [D]. 武汉: 华中科技大学, 2021.

[50] 张梦珂. P 型 SnTe 基化合物的制备及其热电性能研究 [D]. 重庆: 重庆大学, 2020.

[51] 谭欢. 旋甩法制备Ⅵ-Ⅳ族高性能热电材料研究 [D]. 重庆: 重庆大学, 2019.

[52] 徐爱丽. 碲化物调控锂氧气电池性能的研究 [D]. 济南: 山东大学, 2021.

[53] 夏雨. 一维碲化物纳米材料的制备及光电性能探究 [D]. 合肥: 中国科学技术大学, 2018.

[54] 冯亚军. 碲化锡量子点的可控制备及光电性能研究 [D]. 南宁: 广西大学, 2021.

[55] 碲化锡热电转换材料领域取得进展 [J]. 润滑与密封, 2021, 46 (11): 114.

[56] 郭佳盈. GeTe 热电薄膜材料的制备与特性研究 [D]. 大连: 辽宁师范大学, 2020.

[57] 张鑫. 二维 GeTe 的光电性能及稳定性研究 [D]. 天津：天津大学, 2020.

[58] 郑峥. 碲化锗基化合物的结构及其热电性能研究 [D]. 武汉：武汉理工大学, 2018.

[59] 丁宗财, 周健. 低温共沉淀法合成 GeTe 微晶 [J]. 热加工工艺, 2015, 44 (20)：70-73.

[60] 孙雄图. 基于电化学沉积法的碲化锗薄膜及纳米线研究 [C]. 武汉：华中科技大学, 2019.

[61] 张鑫, 赵付来, 王宇, 等. 碲化锗场效应晶体管的制备及电学性能 [J]. 高等学校化学学报, 2020, 41 (9)：2032-2037.

[62] 鲁鹏棋. 二维碲化镓在表面增强拉曼散射中的应用 [D]. 杭州：浙江大学, 2020.

[63] 钟旭英. 二维 $GaSe_xTe_{1-x}$ 微纳结构的制备、表征与光电性能研究 [D]. 长沙：湖南师范大学, 2017.

[64] 余伊薇. 二维碲化镓晶体的可控制备及其光电性能研究 [D]. 武汉：华中科技大学, 2021.

[65] 李晓超. 二维碲化镓半导体的制备及光、电性能研究 [D]. 哈尔滨：哈尔滨工业大学, 2013.

[66] 韩茂. 碲化镓二维材料及其异质结的制备与光电性能的研究 [D]. 哈尔滨：哈尔滨工业大学, 2019.

[67] 冯慧东. 高压下碲化镓的电学性质研究 [D]. 延边：延边大学, 2022.

[68] 廖雨洁. InTe 及其 Janus 结构光电性质的第一性原理研究 [D]. 湘潭：湘潭大学, 2020.

[69] 李佳琼. 氧/碲化铟低维材料的气相合成及光电性能研究 [D]. 武汉：华中科技大学, 2015.

[70] 潘山山. 低热导碲化物热电性能调控 [D]. 上海：上海大学, 2020.

[71] QI X, LI R, ZANG J, et al. Inducing a magnetic monopole with topological surface states [J]. Science, 2009, 323 (5918)：1184-1187.

[72] 梁晶, 周亮亮, 李斌, 等. Sb_2Te_3 量子点的制备、结构及红外性质研究 [J]. 红外与激光工程, 2020, 49 (1)：19-24.

[73] 郭燕红. 碲化锑基低维材料的制备和物性研究 [D]. 乌鲁木齐：新疆大学, 2017.

[74] 孙小兵. 相变材料碲化锑二维薄片的可控制备与表征 [D]. 合肥：中国科学技术大学, 2016.

[75] 朱其旗. 碲化锑/导电聚合物复合热电材料的制备与性能研究 [D]. 上海：上海应用技术大学, 2020.

[76] 彭静. 氟化锶和碲化锑纳米材料的水热合成及性质研究 [D]. 长春：东北师范大学, 2012.

[77] 米刚. 纳米碲化铋、碲化锑的可控合成与性能研究 [D]. 上海：复旦大学, 2013.

[78] 张无迪. 碲基锂离子电池负极材料的制备及其储锂性能研究 [D]. 合肥：合肥工业大学, 2020.

[79] 高雅静. 二维拓扑材料可饱和吸收体的制备及其超快特性的研究 [D]. 聊城：聊城大学, 2017.

[80] 易文, 赵永杰, 王伯宇, 等. Sb_2Te_3 基热电薄膜的研究进展 [J]. 硅酸盐学报, 2021, 49

（6）：1111-1124.

[81] 张乐．Ge-Sb-Te 合金可逆相变过程的第一性原理研究［D］．合肥：安徽大学，2021.

[82] 丁建平．基于相变材料锗锑碲的可调红外吸收/辐射器件［D］．杭州：浙江大学，2021.

[83] 杨忠博．掺杂型锗锑碲薄膜的立方-六方相变及其光学对比度、热稳定性和密度变化量研究［D］．长春：吉林大学，2020.

[84] 王疆靖，蒋婷婷，田琳，等．电子束辐照对锗锑碲非晶薄膜影响的研究［J］．中国材料进展，2019，38（2）：110-115.

[85] 于晓．掺杂对锗锑碲薄膜非晶-立方-六方相变、电学和光学性质的影响［D］．长春：吉林大学，2018.

[86] 陈婧．纳米尺度下锗锑碲相变材料制备及光电性质［D］．南京：南京大学，2014.

[87] 折伟林，李乾，刘江高，等．碲锌镉晶体定向研究［J］．红外，2022（1）：1-5.

[88] 徐超，孙士文，杨建荣，等．红外光热吸收成像技术在碲锌镉材料检测中的应用［J］．红外与毫米波学报，2019，38（3）：325-330.

[89] 徐超，周昌鹤，孙士文，等．碲锌镉晶体材料合成技术研究［J］．红外，2016，37（8）：15-20.

[90] 李尚书，周昌鹤，徐超．碲锌镉晶体合成过程中的放热控制和反应机理研究［J］．红外，2021，42（9）：14-20.

[91] 张娟，刘俊成，刘安法，等．碲锌镉晶体生长技术的研究进展［J］．科技广场，2014（1）：6-9.

[92] 介万奇．晶体生长原理与技术［M］．北京：科学出版社，2010.

[93] 刘俊成，王友林，宋德杰，等．ACRT-Bridgman 法制备组分均匀的碲锌镉单晶体［J］．人工晶体学报，2008，37（6）：1419，1462-1467.

[94] 孙士文．碲锌镉单晶生长与晶体质量研究［D］．上海：上海技术物理研究所，2014.

[95] 滕东晓．碲锌镉晶体生长及加工工艺研究［D］．淄博：山东理工大学，2016.

[96] 张娟．移动加热器法生长碲锌镉晶体过程对流和传热的数值模拟［D］．淄博：山东理工大学，2016.

[97] 刘法志．移动加热器法生长碲锌镉晶体的数值模拟［D］．淄博：山东理工大学，2013.

[98] 李彩红，李万婷，刘海燕．碲锌镉 SPECT 用于冠心病研究进展［J］．中国医学影像技术，2022，38（7）：1098-1102.

[99] 张伟婷．碲镉汞大面阵红外焦平面探测器的可靠性技术研究［D］．北京：中国科学院大学（中国科学院上海技术物理研究所），2021.

[100] 李燕兰，高达，李震，等．大尺寸碲镉汞材料研究现状与趋势［J］．激光与红外，2022，52（8）：1204-1210.

[101] 房诗玉，刘振宇，金佳杰，等．碲镉汞量子点的离子交换能带调控及其近红外自吸收性质［J］．红外与毫米波学报，2022，41（2）：377-383.

[102] 宋淑芳，田震．原位 As 掺杂 p 型碲镉汞薄膜的制备研究［J］．激光与红外，2018，48（12）：1500-1502.

[103] 孙权志，孙瑞赜，魏彦锋，等．50mm×50mm 高性能 HgCdTe 液相外延材料的批生产技术

[J]. 红外与毫米波学报, 2017, 36（1）：49-53, 59.

[104] 魏彦锋, 徐庆庆, 陈晓静, 等. HgCdTe 液相外延薄膜表面缺陷的控制 [J]. 红外与毫米波学报, 2009, 28（4）：246-248.

[105] 何力. HgCdTe 分子束外延制备技术研究进展 [J]. 中国科学基金, 1998（4）：39-42.

[106] 覃钢, 李东升, 李雄军, 等. 分子束外延中波红外碲镉汞原位 p-on-n 技术研究 [J]. 红外技术, 2016, 38（10）：820-824.

[107] 张应旭, 陈虓, 李立华, 等. 碲镉汞线性雪崩焦平面器件评价及其应用 [J]. 红外与激光工程：2023, 52（3）：20220698-1-20220698-12.

7 高纯磷系化合物

7.1 概述

磷元素符号 P，属于元素周期表中第三周期第ⅤA族元素。它的原子序数是 15，熔点为 280 ℃，沸点为 590 ℃，密度为 2.2 g/cm³。元素磷是 1669 年由德国 Hennig Brand 首先发现的。含磷物质种类很多，主要以磷酸盐形式存在于自然界中，地壳中含磷矿物大约有 120 种，但具有工业价值的却不多，主要为磷灰石型磷酸盐和含铝磷酸盐。磷在生物圈内的分布很广泛，地壳中的含量位于前十位，在海水中浓度第二位，广泛存在于动植物组织中，也是人体含量较多的元素之一[1]。磷的工业应用非常广泛，磷肥和磷酸是磷矿的主要产品，磷酸盐系列产品主要用于饲料、清洁洗涤、食品、日化和农药等领域。

磷在自然界中具有多种同素异形体，大致可分为 3 类，即白磷、红磷和黑磷。白磷是由 4 个磷原子组成的正四面体形的 P_4 分子构成的，见光易分解，并且有剧毒[2]。红磷是一种巨型共价分子，具有无定型的结构，在空气中能稳定存在。黑磷是磷的一种高压亚稳相，黑磷在不同的压力下又有三种晶体结构，分别是正交、六方和简单立方结构。三种磷的同素异形体之间又可以相互转变：白磷隔绝空气加热至 533 K 时，可以转变为无定型的红磷；红磷在 689 K 升华，其蒸气冷却后可以转变为白磷；白磷或者红磷在大约 1 GPa 的压力下，从高温 1273 K 冷却下来，就可以转变为黑磷；而黑磷在常压下加热熔化或者气化，又会转变为白磷或者红磷[3]。

7.2 磷化镓

7.2.1 磷化镓的性质

磷化镓（GaP）晶体作为一种表面硬度高、热导率大、宽波段透过的红外光学材料，由于其优良的综合光学、力学和热学性能，使其在军事领域及民用高科技领域有着潜在应用的可能性。特别是该晶体材料有可能代替现有的最重要的长波红外材料 ZnS，或者与其形成复合材料，是高马赫数导弹窗口材料的选择之一[4]。

通常情况下，GaP 是闪锌矿结构的间接带隙半导体，其价带只是由 P 原子的 $3p$ 轨道构成，导带则是由 Ga 原子的 $4s$ 轨道构成，导带与价带之间的带隙宽度约为 2.3 eV。但是通过能带结构计算，表明 GaP 也可以具有纤锌矿结构。图 7-1 给出了理论计算得到的纤锌矿结构 GaP 的能带结构[5]。可以清晰地看到纤锌矿结构的 GaP 为直接带隙半导体。Bakkers 课题组制备出了纤锌矿结构的磷化镓纳米线，光致发光光谱表明该纳米线为直接带隙半导体材料，其带隙为 2.1 eV[6]。这种纤锌矿结构的磷化镓纳米线作为光阴极，并且通过在表面沉积 Pt 作为助催化剂进行优化，其光电流密度可达 9.8 mA/cm^2，分别是未修饰任何助催化剂的纳米线和平面半导体光阴极的 6.5 倍和 8.3 倍，已超过理论光电流密度（12.5 mA/cm^2）的 80%，转换效率超过 2%[7]。具有这种带隙结构的磷化镓纳米线相比于块状半导体材料光电化学性能提高的主要原因在于具备直接带隙的 GaP 纳米线不仅可以有效增加光生电荷的收集，而且增大了光吸收范围，从而有利于提高半导体光电极的光电流密度[8]。

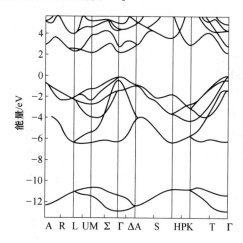

图 7-1   纤锌矿结构 GaP 能带结构的计算结果

作为闪锌矿结构的 p 型磷化镓，一方面通过构建具有纳米结构的半导体光电极用于光电催化，研究其光电化学性能；另一方面还可以通过构建 p-n 结，进一步优化和提高其光电性能。Vesborg 课题组通过在 p 型磷化镓表面沉积不同的金属氧化物，可以有效增加其开路电压[9]。在 p 型 GaP 表面沉积 TiO$_2$ 可以使起始电位从 0.35 V 增加至 0.70 V，沉积 Nb$_2$O$_5$ 可以使起始电位增加至 0.71 V。这是目前 p 型闪锌矿结构磷化镓光阴极的最高开路电压。作为 n 型 GaP，由于在水溶液中不够稳定，对其作为光电极的研究相比于 p 型 GaP 要少。人们对于 n 型 GaP 的研究大部分关注其光学性质方面的应用，例如二次光学谐波产生的分析研究、二极管发光、三阶非线性光学、光子晶体等。Maldonado 课题组研究了大孔径 n 型磷化镓的光电化学电池性能，这项工作也证明了具有更高比表面积结构的半导体光电极可以有效促进光生载流子的收集，进而提高能量转换效率[10]。

7.2.2 磷化镓的制备方法

国外对 GaP 晶体材料已经进行了很长时间的生长研究，采用了许多制备方法，但多数只能生长 GaP 材料的薄膜或单晶。针对这一情况，国内学者们进行了生长工艺的研究，选择出适合 GaP 晶体材料生长的条件。GaP 晶体材料的制备是在真空、低压密封的生长炉中，采用一种新颖的气相扩散热交换法进行生长的。在 GaP 晶体的生长过程中，工艺条件要求严格控制，如生长界面的温场分布、温度梯度的大小、P 蒸气的蒸发与扩散速率的控制及坩埚容器材料的选择等，都能导致 GaP 晶体材料的结构缺陷，从而严重影响晶体材料的透过性能及其他性能。

7.2.2.1 磷化镓晶体的制备

A 设备

外延炉由扩散炉改装而成，它具有调节降温速率的功能，外延炉装有石英外延反应管，外延舟装于石英外延反应管内，可加密封盖，分隔成镓室和衬底室，衬底室可装 ϕ40 mm 的衬底 5~10 片。载气是纯度为 99.99% 的氩气，并经气体纯化器除氧、除水。熔体接触和熔体脱离衬底是采用转动反应管以旋转外延舟的方式进行的。

B 外延生长

采用两种 GaP 衬底材料：

（1）掺 Te 和掺 S 的 GaP 单晶片，载流子浓度 n 在 7×10^{17} cm^{-3} 左右，<111>晶向 P 面，位错密度约等于 10^5 cm^{-3}。

（2）掺 S 的 GaP 单晶片，n 为 8.3×10^{17} ~ 1.7×10^{18} cm^{-3}，<111>晶向 P 面，位错密度小于 5000 cm^{-3}。

GaP 衬底抛光成镜面，以丙酮、乙醇超声清洗去除油脂，并以混合液（H_2SO_4 与 H_2O 体积比为 3:1）腐蚀，去离子水洗净，待用。

n 型外延层是在加有 GaP 多晶和掺杂剂 Te 的镓熔液中进行的，温度控制程序如图 7-2 所示。Te 的摩尔分数为 0.006% ~ 0.016%，冷却速率为 0.5~4.0 ℃/min。

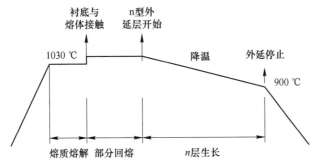

图 7-2　n 型外延层的生长温度控制程序

将 n 型外延层以 HCl 溶液去镓，并稍加抛光，装舟。进行 p 型外延层生长，温度控制程序如图 7-3 所示。生长 p 型外延层时，Zn 的摩尔分数为 0.01% ~ 0.04%，Ga_2O_3 的摩尔分数为 0.06% ~ 0.14%，冷却速率为 0.5 ~ 4.0 ℃/min。当熔体脱离衬底后，快速冷却至 650 ℃，外延层再接触熔体热处理 3 h，然后降温至 500 ~ 540 ℃再热处理 10 h，快速降温至室温。

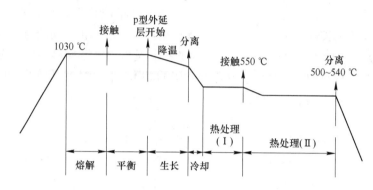

图 7-3 p 型外延层的生长温度控制程序

C 外延层的最佳生长条件

n 型外延层生长条件：Te 的摩尔分数为 0.0085% ~ 0.001%，冷却速率 v_n = 1.0 ℃/min。

p 型外延层生长条件：Zn 的摩尔分数为 0.04%，Ga_2O_3 的摩尔分数为 0.1%，冷却速率 v_p = 3.5 ℃/min。

外延材料的参数：n 型外延层的厚度等于 30 ~ 45 μm，载流子浓度 $n = (6 ~ 9) \times 10^{17}$ cm^{-3}；p 型外延层的厚度约等于 50 μm，载流子浓度 $n = 3 \times 10^{17}$ cm^{-3}。

p 型外延层生长时较高的冷却速率、较厚的 p 型外延层，有利于提高发光效率。热处理是提高发光中心 Zn∶O 对浓度的有效手段，衬底部分回熔措施有利于改善表面形貌及减少波纹缺陷密度。

综上可采用旋转舟液相外延生长系统获得 GaP 外延片，且由它制得 GaP 红色发光二极管，其外量子效率可高达 10%（在电流密度为 1.3A/cm^2 时）[11]。

7.2.2.2 磷化镓纳米晶体的制备

实验室合成 GaP 纳米晶体的主要反应方程式如下：

$$Na_3P + GaCl_3 \xrightarrow{\hspace{1cm}} GaP + 3NaCl \qquad (7-1)$$

首先取一容量为 500 mL 的三颈圆底烧瓶，向其中分别加入 150 mL 用钠片干燥且重新蒸馏的二甲苯、2.3 g 切成薄片的金属钠、1.4 g 黄磷，接着以 400 r/min 的速度搅拌，同时把反应体系加热到 105 ℃恒温 10 h，得到黑色 Na_3P 粉末；再把温度降低至 70 ℃，加入 8.8 g 无水 $GaCl_3$，接着在 70 ℃边搅拌边反应 2 h，然后降至室温。以上整个制备过程都是在充满高纯氮气的手套箱内进行的。反应完成后，产物先用 100 ℃的二甲苯（20 mL/t）洗涤 3 次以除去过量的 $GaCl_3$ 和黄磷，然后再用蒸馏水抽滤 3 次（20 mL/t）除去副产物 NaCl，所得到的黑色粉末室温下真空干燥即得 CaP 纳米晶样品[12]。

7.2.3 磷化镓的用途

随着科技的日新月异，宽带隙半导体材料（GaN、SiC、GaP）的制备及器件的制造技术已经获得突破性的进展。GaP 半导体为宽带隙材料，可通过 AlN 及 InN 等材料连续调节其发光波长从紫外光到可见光范围内变化且具有较强的发光效率。除此之外，通过引入一些杂质可以使其形成 n（p）型半导体，也可以形成同质 p-n 结外延结构，其将促进材料中电子与空穴的复合，如氮化镓中通过掺入微量 Mg 及 Si 可以分别形成 p 型及 n 型半导体或形成同质 p-n 结外延结构从而促进电子与空穴的复合。GaP 具有稳定的化学及物理性质，GaP 基的发光二极管（LED）和激光二极管（LD）已经被大量研究，除此之外，具有长期稳定性和高效率的蓝色和绿色 LED 已经实现商业化。由于ⅢA-ⅤA 族半导体具有一些特殊的电学性质被大量地应用于电子元器件的制造。

7.2.3.1 发光二极管及激光二极管

发光二极管（LED）拥有做工精致及体积小巧、超低耗电量、高亮度、低热量、较长的使用寿命、坚固耐用及环保等优势，所以被普遍地应用到指示灯、照明器具及显示器等方面，被称为"绿色光源"。如果某些晶体管中的导带电子与价带空穴复合可以发射出可见光，这些晶体管就可以被称为发光二极管，这类晶体管主要由 Ga、P、N 等元素组成的化合物制造，这些二极管在生活中是比较常见的（如绿光 GaP 二极管、蓝光 GaN 二极管等）。LED 灯由于其独特的优势渐渐代替了传统意义上的照明器具。激光二极管的原理是在外界辐射场的影响下使激发态的发光原子向基态跃迁，而 LED 原理是不需要外界的影响自发进行。激光二极管（LD）相比于 LED 具有发射功率高、光谱窄、直接调制带宽等优势。蓝色的 LD 具有较低的频率、较小的体积、制作简单、高频调制等优势，使得光信息为存储载体的储存量增加了 4~8 倍并对大数据存储行业产生了巨大的影响，除此之外，蓝色的 LD 在海洋通信、探测器、激光打印、光纤通信等方面仍具有广阔的应用前景。

7.2.3.2 紫外探测器

以往几十年里，紫外探测方面使用最多的是光电倍增管及 Si 基紫外光探测器，然而光电倍增管不仅需要在高压环境中运行而且具有体积笨重及容易出现故障等劣势。Si 基紫外光电管在运作时需要额外附加滤光片，这无疑增加了实际应用的烦琐性。为了克服 Si 基紫外光电管的局限性，早日完成在太阳盲区下的紫外探测器运行计划，宽带隙半导体 GaP 基紫外探测器已然引起全球 140 多个国家的重视。ⅢA-ⅤA 族半导体中的 GaP 等宽带隙、强抗辐射材料制造的器件已经应用到电子电力、射频微波、蓝光激发器等领域，并且引起了越来越多的关注与研究。

7.2.3.3 其他应用

由于ⅢA-ⅤA 族半导体（GaP 等）具有一些特殊性质如高电子迁移饱和率、高击穿电场、稳定的物理与化学性质、强的抗辐射能力及良好的导热性，这就决定了其应用领域将不同于其他半导体材料，已经广泛地应用到稀磁半导体材料、非视线紫外光散射通信、固态冷阴极器件，也被用于制造紫外线光感器、场发射及异质结双极晶体管等。在高温强辐射的环境、航空航天、海洋探测及光通信、石油探测、高频微波器件、自动化、大屏幕显示、数据存储、雷达与通信、汽车电子等诸多方面表现出巨大的潜力[13]。

7.3 磷化铟

7.3.1 磷化铟的性质

磷化铟（InP）是重要的ⅢA-ⅤA 族化合物半导体材料，由白磷及碘化铟在 400 ℃条件下反应制备[14]。磷化铟具有直接跃迁型能带结构，禁带宽度较宽，常温下为 1.35 eV，应用于太阳能电池时，具有较高的转换速率，抗辐射能力优于 Si、GaAs 等半导体材料，工作温度高（675~725 K），非常适宜用作人造卫星的太阳能电池材料[15]。并且，与 GaAs 相比，InP 材料很容易获得好的氧化层质量，界面态密度可有效控制在 10^{12} cm^{-2}以下，因而比 GaAs 更适合制作大规模集成电路的 MISFET 和 MOSFET。单晶磷化铟具有闪锌矿结构且与 InGaAs、InAsP 具有很高的晶格匹配度[16]，以磷化铟为衬底生长 InGaAs、InAsP 薄膜制作的发光二极管波长与应用于光通信中的石英光纤的最小损耗波长相适应，能有效降低光通信中的传输损耗，提高传输效率[17]。另外，磷化铟具有较高的电子迁移速率和良好的光学性能，是制备超高速超高频器件、光电器件及光电集成电路的良好材料[18]。

7.3.2 磷化铟的制备方法

7.3.2.1 磷化铟单晶的制备方法

目前国际上通用的制备 InP 多晶的方法有溶质扩散合成技术、水平布里奇曼法、水平梯度凝固法和原位直接合成法等[19]，或者在高压环境下直接合成接近化学配比的 InP 熔体，然后直接生长 InP 单晶。高效率合成高纯度 InP 是未来的发展方向。但是，溶质扩散合成技术、水平布里奇曼法和水平梯度凝固法通常合成速度较慢，随着合成量的增大，合成时间越来越长，因此难以满足大尺寸和大规模 InP 单晶制备的需求。而热注入合成法是合成纳米材料众多工艺中比较适宜的方法。

热注入法采用快速注入方式在特定温度下将前驱体溶液注入反应溶液中，使纳米晶体快速成核并生长。由于前驱体的快速注入，溶液过饱和度瞬间增大，发生均匀成核。随着成核的进行，溶液过饱和度下降，成核终止，反应进入晶核生长阶段。成核和生长阶段的分离使各晶粒的生长状态基本一致，保证了产物的单分散性。与热分解法、气相沉积法、电化学沉积法相比，其优点为：设备简单，反应过程易于控制；产物单一，分散性好；反应条件温和，晶体生长速度快；产物纯度高，晶型好，形貌可控。

热注入合成法合成 InP 具体方法为：环境压力为 4.0 MPa，合成结构如图7-4所示。固态磷有三种同素异形体，分别是白磷、黑磷和红磷。白磷熔点为 44.1 ℃，沸点为 280.5 ℃，活性很高且有毒，在炉体内白磷很难保存，化料过程中可能损失很大，注入过程不易控制，因此不被选为合成材料。黑磷是一种半导体，熔点为 588 ℃，沸点为 610 ℃，但是易于氧化，因此也不适用于 InP 的合成。红磷在低温下性质稳定，比较适用于合成 InP。红磷通过加热丝加热后升华为气体注入铟熔体中。磷有三种重要的气态物质，分别是单原子分子 P（g）、双原子分子 P_2（g）和四原子分子 P_4（g）。磷蒸气与铟熔体反应过程非常复杂。三种气体同时注入熔体中，均与熔体发生反应，未及时反应的气体冒出熔体。每种气体分子与熔体的反应达到饱和后，该气体分子不能再注入熔体中[20]。

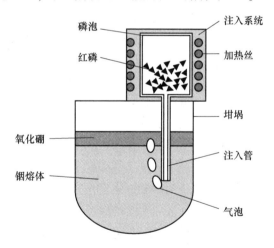

图 7-4　注入合成过程示意图

7.3.2.2　磷化铟薄膜的制备方法

A　分子束外延方法

李路等人[21]发明了一种涉及分子束外延磷裂解炉技术，用固态磷裂解源炉分子束外延制备磷化铟。在分子束外延系统中，将衬底加热器旋转至测束流位置，温度设定为一定值，源炉的裂解区升温至 1050～1150 ℃；在此过程中，逐步加大裂解阀的阀门值；当裂解区温度为 700~800 ℃时，将红磷区温度以升温速率 2~5 ℃/min 升至 250 ℃。当裂解区温度达到 1050~1150 ℃中的设定值，稳定数分钟后降温至 1000 ℃；在裂解区向 1000 ℃降温时，接通用于白磷区降温的氮气源，通过气体流量控制器对氮气流量进行控制，红磷区继续升温；当红磷区温度到达 360 ℃时，停止升温；当束流计读数达到 $5.333×10^{-4}$ Pa 时，完全关闭裂解阀阀门，控制转化时间，然后降低红磷区温度至 180 ℃以下，降温速率同为 2~5 ℃/min；当红磷区温度稳定在 180 ℃以下后，将磷源炉裂解区温度设定在生长材料时所使用的温度值，同时通过调节气冷氮气流量，保持白磷区温度稳定；此时，通过真空束流计（BFM）测定所需要的磷束流值；按转化时间与转化而成的白磷量经验公式，计算磷源的耗尽时间，结合其他分子束外延生长技术，外延磷化铟材料。

B　金属有机气相外延技术

金属有机化学气相沉积（MOCVD）是在气相外延生长（VPE）的基础上发展起来的一种新型气相沉积生长技术。MOCVD 是以物质从气相向固相转移为主的外延生长过程，将ⅠA族或ⅡA族金属有机化合物与ⅤA族或ⅥA族元素的氢化物相混合后在载气（通常为 H_2，也有的系统采用 N_2）的携带下通入石英或者不锈钢的反应腔，混合气在加热的衬底或外延表面上发生热分解反应，分解后的物质通过气相扩散在衬底附近或外延表面上再发生化学反应，并按一定的晶体结构排列形成各种ⅢA-ⅤA族、ⅡA-ⅥA族化合物半导体，以及多元固溶体的外延薄膜或者沉积层。反应后残留的尾气通过去微粒和毒性的处理装置后被排出系统。MOCVD 是目前使用较多的一种制备方法，已经被广泛应用于制备各种半导体纳米材料，如 GaN、GaAs、ZnO、InP 等。采用该方法可以制备出形貌较好的纳米结构 InP。其典型的合成工艺为：在高温下使 $In(CH_3)_3$ 和 PH_3 在 H_2 或 N_2 的气氛下发生反应，在衬底上生成纳米结构的 $InP^{[22]}$。

C　化学喷雾热解技术

将含有磷酸二钠（Na_2HPO_4）和氯化铟（$InCl_3$）的前驱体溶液溶解在双馏蒸水中。在量筒中将 30 mL（0.1 mol/L）磷酸二钠和 30 mL（0.1 mol/L）氯化铟混合得到喷雾溶液。0.1 mol/L Na_2HPO_4 和 0.1 mol/L $InCl_3·4H_2O$ 的水溶液分别作为磷和铟的来源。以玻璃微载玻片作为沉积基底，在沉积薄膜时，为了获得高质量的黏合薄膜，基底清洁非常重要。如果基底被弄脏，那么它会导致不均匀和无黏性的薄膜。商用基板的尺寸为 26 mm×76 mm×2 mm。首先，将这些载玻片保存在含有铬酸的烧杯中并煮沸 45 min，然后用液体洗涤剂和丙酮彻底清洗这些载玻片。最后，在沉积过程开始之前，用双蒸馏水超声清洗这些载玻片至少15 min。在沉积薄膜时，喷雾流速是最重要的参数之一，必须对其进行精确优化，因为在基材上沉积薄膜的质量取决于这一因素。在实验中发现，喷雾流速的最佳值为 2 mL/min,喷洒的总溶液体积为 20 mL。如果喷射速率超过流速的优化值,或者低于优化值,则沉积膜显示出裂纹和不规则沉积,即沉积膜由于喷射的溶液量不足而不均匀或破裂。喷雾热解实验装置如图 7-5 所示[23]。

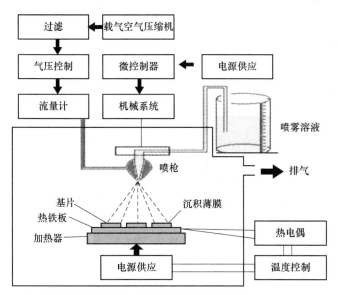

图 7-5 喷雾热解实验装置

7.3.3 磷化铟的用途

不同半导体材料都具有不同的机械、电、热、光学、光电、化学等特殊性能,但它们都是以基片为基础做成大规模集成电路、超大规模集成电路或各种光电元件的。在集成电路的制作过程中,外延生长膜的质量及光刻工艺水平会直接受到晶片表面质量的影响,从而对相应的器件质量产生影响[24]。因此,最终半导体器件的性能除了受半导体材料本身特性影响外,还与晶片表面状态有关。为了满足磷化铟器件性能要求,磷化铟晶片需要具有极高的表面质量。

磷化铟作为半导体基片,需要经过单晶生长、切片、外圆倒角、研磨、抛光及清洗封装等工艺过程。在切片及研磨过程中,晶片表面由于锯线及磨料的机械作用,磷化铟晶片表面会产生一定的机械损伤层。为了去除前道工序引入的表面缺陷,需要进行最后的抛光工艺。磷化铟硬度小,质地软脆,在加工过程中,晶片表面容易产生表面/亚表面损伤层,相比较于硅、蓝宝石等单晶更难加工出高质量的单晶基片。另外,磷化铟极易与抛光液中的氧化剂发生化学反应,尤其当抛光液 pH 值较低时化学反应过于剧烈会导致晶片表面出现"闪光"现象[25]。因此,深入研究磷化铟抛光机理,寻找适用于磷化铟抛光的方法与工艺,提高磷化铟晶片表面质量，对单晶磷化铟的应用具有重要意义。相关学者提出使用集群磁流变抛光方法加工磷化铟晶片，通过机械作用柔性去除晶片表面材料，减少了抛光过程对化学反应的依赖，通过对抛光机理及工艺的研究，更好地控制磷化铟抛光过程与抛光效果。

7.4 磷化锗

7.4.1 磷化锗的性质

7.4.1.1 GeP₃

块体的 GeP_3 在 20 世纪 70 年代就被合成了，其电学性质呈现金属特性。GeP_3 由单层褶皱状的 ABC 堆叠而成，如图 7-6 所示。由于 P 是第五主族元素，Ge 属于第四主族元素，因此 P 被 Ge 替代后会引入一个额外的化学键，该化学键导致层间相互作用加强，使得块体 GeP_3 呈现金属特性[26]。

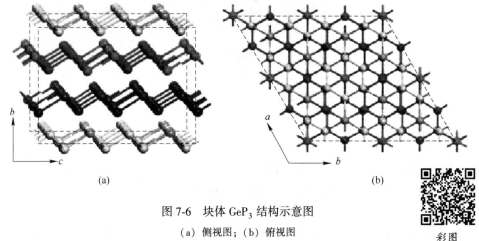

(a)   (b)

图 7-6 块体 GeP_3 结构示意图

（a）侧视图；（b）俯视图

（绿色和粉红色小球分别表示 Ge 和 P 原子，小球颜色的深浅表示不同层的原子）

研究表明，可以从块体上剥离出单层的 GeP_3，但剥离能比较大，密度泛函理论计算表明，从体块上剥离单层和两层 GeP_3 的剥离能分别为 1.14 J/m² 和 0.91 J/m²，接近石墨烯的 3 倍（0.37J/m²），和 Ga_2N、NaSnP 及 GeS_2 剥离能（分别为 1.09 J/m²，0.81 J/m² 和 0.52 J/m²）比较接近[27]。从体块上剥离单层的和两层的 GeP_3，在进行结构全弛豫后，成为间接带隙分别为 0.55 eV 和 0.43 eV 的半导体材料，而且具有很高的载流子迁移率[28]。由于是间接带隙，其太阳能方面光电效率受到一定的影响。使用双轴向的应变对单层的 GeP_3 能带结构调控，压缩至 5%时，可以使其从间接带隙转变为直接带隙，但只有约 0.23 eV 的带隙。

由于在 x 或者 y 方向单独施加应力对材料性质的调控尚未见报道，因此将在 x 和 y 方向上施加应力，研究其对 GeP_3 能带结构和载流子迁移率的影响[29]。

7.4.1.2 GeP_5

GeP_5 是一种层状的金属性材料。其晶体结构为菱方相，属于 $R3m$ 空间群，晶格常数 $a = 0.3467$ nm，$c = 1.004$ nm[30]。GeP_5 的原子模型和菱方相的黑磷（高压过程中的一个过渡相）类似，如图 7-7 所示，层内为褶皱的"之"字形，单层的俯视图是类石墨烯的六元环，层间依靠范德华力连接，层间距为 0.3094 nm。而在 GeP_5 的结构中，只有一类原子位置，并没有精确的原子占位，锗和磷原子是无序分布的。其中锗的占位概率为 1/6，而磷的占位概率为 5/6。

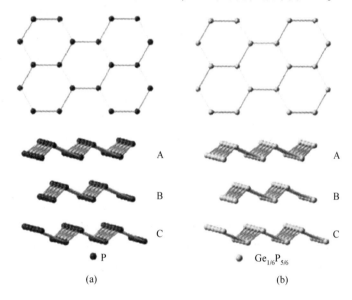

图 7-7　菱方相黑磷的晶体结构(a)和菱方相 GeP_5 的晶体结构(b)

GeP_5 晶体具有金属特性，其电导率为 $1×10^6$ S/m，其值分别是黑磷和石墨烯电导率的 10000 和 10 倍。这与基于第一性原理计算的结果一致，GeP_5 的态密度（DOS）在费米能级附近，比正交相黑磷的 DOS 值大，说明 GeP_5 比正交黑磷的导电性要好。而与菱方相的黑磷相比，GeP_5 中 Ge 原子的引入导致具有轻微的离子键的成分，使其具有较高的导电性。早在 20 世纪，就有相关学者系统地研究了 Ge-P 体系下存在的物相。他们采用四面顶压机，在不同压力和配比下，分别合成出 GeP、GeP_3 和 GeP_5。在压力为 6500 MPa，配比为 Ge+3.3 P 的条件下，合成出 GeP_5。测定出 GeP_5 的晶格常数 $a = 0.3467$ nm，$b = 1.004$ nm，密度为 3.65 g/cm³。对其进行了低温电阻测试，发现在 298 K 时，其电阻率为 $1.0×10^{-4}$ Ω·cm；在 4.2 K 时，电阻率为 $8.0×10^{-4}$ Ω·cm，具有典型的金属特性。近年来随着能源领域的快速发展，GeP_5 这种高导电的层状材料引起了人们的关注。2015 年，相关学者用球磨方法合成出 GeP_5，他们发现 GeP_5 具有可逆的电容量 2266 mA·h/g，首圈库仑效率高达 95%，比黑磷和其他磷化物都要高。如此大的电容量和高的初始可逆性来源于 GeP_5 高导电性，以及 Ge 和 P 的优异储锂能力。当 GeP_5 和 C 复合时，倍率性和循环性能都有所提高。GeP_5 不仅具有优异的储锂能力，当用于钠电时，也表现非凡[31]。GeP_5/C 表现出 1250 mA·h/g 的储钠电容量，其首圈库仑效率为 93%，为钠电材料中最高的首圈库仑效率。

7.4.2 磷化锗的制备方法

燕山大学柳忠元、常玉凯等人发明一种层状金属磷化物 GeP_x（$x = 1$，3，5）单晶的制备方法，仅以红磷和锗粉为原料，无须任何其他添加剂或助熔剂，利用高温高压定向生长技术，通过调控压力与温度等关键条件来控制 Ge 与 P 之间的化合成键方式，从而制备出三种不同结构的层状金属磷化物 GeP、GeP_3、GeP_5。该制备方法不仅简单、快速，而且合成的单晶样品纯度高、质量好、尺寸大，这为进一步深入研究 GeP_x 的晶体结构、物理化学性质打下了很好的基础。同时也为类黑磷新型磷基二维材料的开发开辟了新的途径，对二维材料的研究具有重要意义。其制备方法是：

（1）将单质锗 Ge、单质磷 P 混合，GeP_x 中当 $x = 1$ 时，单质锗与单质磷需按照摩尔比为 1∶0.5~1∶2 进行混合；当 $x = 3$ 时，单质锗与单质磷需按照摩尔比为 1∶2~1∶4 进行混合；当 $x = 5$ 时，单质锗与单质磷需按照摩尔比为 1∶4~1∶6 进行混合。混合后在手套箱中用研钵研磨混合 0.5~2 h，再用电动混料机混合 0.5~2 h。

（2）将混合物装入加热炉体，将加热炉体放入高压合成组装块中，再将所述高压合成组装块放进六面顶压机中。

（3）顶压机设定压力为 1~6 GPa 后升温。加热炉体内部横向温度稳定，纵向温差范围在 100~300 ℃。升温采用阶梯状升温方式，每升高 100~400 ℃ 为一个阶梯，在 10~30 min 内升到指定温度 800~2000 ℃。

（4）达到指定温度后保温，保温的时间为 2~60 min。

（5）采用缓慢降温或快速降温。缓慢降温是在 10~60 min 内以恒定降温速率降至室温；快速降温是直接关掉加热电源，在 5min 内快速降至室温。

（6）缓慢卸压并去除样品表面杂质后得到块状 GeP_x 晶体。

（7）用锐利物在块状 GeP_x 晶体上沿解离面剥离得到层状金属磷化物 GeP_x 单晶。

7.4.3 磷化锗的用途

研究表明，GeP_3 具有很强的层间量子束缚效应，从块体上剥离单层和两层的 GeP_3 经过完全弛豫后呈现半导体特征，分别为 0.55 eV 和 0.43 eV 的间接带隙半导体，3 层或以上无带隙，呈现金属特性。另外 GeP$_3$ 具有很高的载流子迁移率，两层的 GeP$_3$ 电子和空穴的迁移率高达 8.84×10^3 cm^2/(V·s) 和 8.48×10^3 cm^2/(V·s)，其吸收光的波长范围为 600~1400 nm。当前最常用的太阳能电池主要还是以硅基材料和 ⅢA-ⅤA 族半导体材料，如 GaAs、InAs、InP 等带隙低于 1.5 eV 的半导体材料。然而在已知的二维材料中带隙范围在 0.3~1.5 eV 的很少，因此 GeP$_3$ 在太阳能电池方面具有良好的应用前景。此外，GeP$_3$ 在锂电池方面也具有很好的应用前景。理论计算表明，单层 GeP$_3$ 可作为锂离子电池的高容量电极材料，容量估计高达 648 mA·h/g，接近目前商业中石墨 375mA·h/g 的两倍[32]。已有实验报道 GeP$_3$/C 复合材料有望成为高能锂离子电池电极材料[33]。

7.5 磷化锗锌

7.5.1 磷化锗锌的性质

磷化锗锌（ZnGeP$_2$，简称 ZGP）晶体属于黄铜矿结构，四方结构，空间点群 $\overline{I}42m$，晶格常数 $a = b = 0.5465$ nm，$c = 1.0771$ nm，$\alpha = \beta = \gamma = 90°$，其中 c/a 为 1.971。同简单四方的闪锌矿结构相比，结构有 2% 的变形。Zn—P 键长为 0.2378 nm，Ge—P 键长为 0.2332 nm，其结构如图 7-8 所示。从图中可以看出，每个 Zn 离子和 Ge 离子与 4 个 P 离子相邻，而每个 P 离子与 2 个 Zn 离子和 Ge 离子相邻。GeP$_4$ 几乎是完美的四面体结构，而 ZnP$_4$ 则是稍有变形的四面体结构。

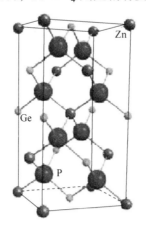

图 7-8 ZnGeP$_2$ 晶体的结构模型

ZnGeP$_2$ 晶体是一种性能优异的非线性光学材料，被认为是目前中远红外激光输出的最佳频率转化介质。非线性系数 d_{36} 达到 75 pm/V，是 KDP 晶体 d_{36} = 0.40 pm/V 的 187 倍；透光波段为 0.7~12 μm，在 2.5~8.5 μm 具有很低的吸收损耗，吸收系数低于 0.02 cm^{-1}。随着晶体生长技术的改进与提高，近红外 1.8~

2.5 μm 波段的吸收系数也降低至 0.10 cm⁻¹ 以下，非常适合于 2 μm Tm、Ho 激光器和 2.8 μm Cr、Er 激光器等作为其泵浦源；热导率高（36 W/(m·K)，高于 Nd:YAG 晶体），不会产生热透镜效应，不易造成晶体元件的热损伤；激光损伤阈值高，在 2 μm 泵浦、脉宽 15 ns、10 kHz 条件下激光损伤阈值达到 90 MW/cm²；硬度大，显微硬度 980 kg/mm²，具有良好的光学加工性能[34]。ZnGeP₂ 晶体的重要物理特性见表 7-1。

表 7-1 ZnGeP₂ 晶体的物理特性参数

物性参数	数值
空间群	$I\bar{4}2m$
晶格常数/nm	$a=b=0.5465$, $c=1.0771$
熔点/℃	1027
带隙宽度/eV	2.1
透光范围/μm	0.74~12
非线性系数 d_{36}/pm·V⁻¹	75±8
线膨胀系数/K⁻¹	$(15.9~17.5)\times10^{-6}$
热导率/W·(m·K)⁻¹	35~36
密度/g·cm⁻³	4.175
显微硬度/kg·mm⁻²	980
损伤阈值/MW·cm⁻²	90 (2.05 μm, 10 kHz, 15 ns)

以 ZnGeP₂ 为基质的全固态激光器具有功率高、体积小、携带方便等优点，在光电对抗、红外光谱、医疗器械、环境监测及遥感探测等领域具有重要应用。由于存在组分挥发偏离化学计量比、各向异性热膨胀严重开裂、近红外吸收系数高无法使用等难题，大尺寸 ZnGeP₂ 晶体生长异常困难。

7.5.2 磷化锗锌的制备方法

对于 ZnGeP₂ 晶体的生长研究，国外起步较早。1966 年，日本国家金属材料研究所的 Masumoto 等人采用垂直布里奇（VB）法成功生长出 ZnGeP₂ 单晶，从此拉开了对 ZnGeP₂ 生长研究的序幕。从 20 世纪 90 年代开始，四川大学、哈尔滨工业大学、山东大学和安徽光学精密机械研究所等国内科研机构也相继开始进行 ZnGeP₂ 晶体材料的生长及应用研究，但晶体生长与器件制备关键技术尚不成熟，实际运用仍受到限制。与国内的研究相比，俄罗斯、以色列和美国等国家曾先后报道了采用水平温度梯度冷凝（HGF）法、液封提拉（LEC）法、高压气相（HPVT）法和垂直布里奇曼（VB）法生长出 ZnGeP$_2$ 单晶[35]。

7.5.2.1 垂直布里奇曼法（VB 法）

自 1997 年起，俄罗斯科学院 Verozubova 等人采用垂直布里奇曼法生长 ZnGeP$_2$ 单晶，该方法热场稳定、外力产生的振动小、生长的晶体缺陷密度低，但径向无膨胀空间导致晶体热应力大。Verozubova 等人对垂直布里奇曼法生长 ZnGeP$_2$ 单晶的各晶向自发成核概率进行了系统研究：［001］和［100］为 0%，［112］为 15%，［102］、［110］、［132］、［116］为 30%，［332］和［316］为 23%。ZnGeP$_2$ 单晶最易生长的晶向为［102］、［110］、［132］和［116］，但这些晶向都伴有［102］向的孪晶出现。考虑晶体的相位匹配角度和利用率，实验选取［001］或［100］向籽晶生长，且孪晶出现概率低。ZnGeP$_2$ 单晶［001］向线膨胀系数为 15.9×10^{-6} K^{-1}，热导率为 36 W/(m·K)；［100］向线膨胀系数为 17.5×10^{-6} K^{-1}，热导率为 36 W/(m·K)。该数值与 PBN 坩埚的线膨胀系数 41×10^{-6} K^{-1}，热传导率 43.7 W/(m·K) 基本匹配，因此选取合适籽晶生长晶向可避免束缚晶体生长产生大热应力。如图 7-9 所示，为沿［100］晶向长成的 ZnGeP$_2$ 单晶。

图 7-9　沿籽晶［100］向长成的 ZnGeP$_2$ 单晶形貌

实验用长晶炉炉膛高度为 1.6 m、底部直径为 565 mm、炉壁厚度为 25 mm，炉内其他部分包括炉膛、Al$_2$O$_3$ 保温模块、加热电阻丝、石英底座、石英坩埚、PBN 坩埚等。炉膛内共有 10 个保温模块，保温模块内径为 300 mm，外径为 480 mm，中间 8 个保温模块内部嵌有直径为 4mm 加热电阻丝，每个保温模块厚度各不相同；PBN 坩埚的籽晶阱内径尺寸为 10 mm，深度为 25 mm，坩埚总高度为 240 mm，实验中在 PBN 坩埚中依次装入籽晶和合成的高纯 ZnGeP$_2$ 多晶原料，然后将其真空封装入石英安瓿，真空度为 10^{-4} Pa。单晶生长装置简图如图 7-10 所示。

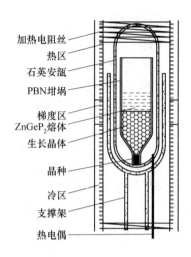

加热电阻丝

热区

石英安瓿

PBN坩埚

梯度区
ZnGeP₂熔体

生长晶体

晶种

冷区

支撑架

热电偶

图 7-10　单晶生长装置简图

晶体生长整体过程如下：以 3 mm/h 的速度缓慢提升坩埚位置，进行原料熔化过程，通常将籽晶长度 1/3~1/2 熔化，保持此状态 24 h 完成物料熔化过程；以 0.3 mm/h 的速度缓慢下降坩埚，持续约 500 h 完成晶体生长过程；进行晶体冷却过程，首先以 4 mm/h 的速度使坩埚下降 24 h，之后以 5 K/h 的速度降温 100 ℃，再以 10 K/h 的速度降温 200 ℃，然后以 20 K/h 的速度降温 200 ℃，最后自然冷却至室温。

7.5.2.2　可视水平温梯冷凝法

1972 年 Buehler 和 Wernick 首次报道成功生长出厘米级无裂纹的完整 ZnGeP₂ 单晶，质量为 7~8 g。当时采用了水平梯度冷凝法生长，以 125 K/d 的速率升温至熔点以上，再以 25 K/d 的速率冷却自发成核结晶，电阻炉的温度梯度为 0.24 ~2.0 K/cm，结晶梯度为 0.4 K/cm。自此之后 ZnGeP₂ 单晶生长技术停滞不前，直到 20 世纪 90 年代末可视水平温梯冷凝法和垂直布里奇曼法的发明和改进，才获得实质性的突破。

1997 年，BAE Systems 公司 Schunemann 等人采用自主发明的可视水平温梯冷凝技术生长 ZnGeP₂ 单晶，如图 7-11 所示。此方法最大优点是具有可视性，可方便地熔接籽晶，实现晶体有向生长。设备选用的电阻炉，外围保温层采用的是内表面镀金石英管，利用热辐射在镀金层表面的反射产生保温效果，在高温下呈现半透明性。优点是水平生长采用的是舟形坩埚，坩埚上方为敞开体系有膨胀空间，易于晶体热应力释放而生长出大尺寸的完整单晶[36]。缺点是该镀金层在高温下易挥发引起温场的热波动，同时水平温场的热对流严重，生长的单晶缺陷密度偏高。

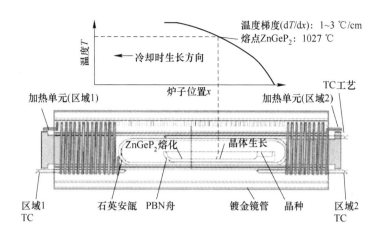

图 7-11　可视水平温梯冷凝法生长 $ZnGeP_2$ 晶体

7.5.3　磷化锗锌的用途

$ZnGeP_2$ 是黄铜矿晶体中综合性能最好的晶体，具有透光波段宽（ $0.7 \sim 12\ \mu m$ ）、非线性系数大（ $d_{36} = 75\ pm/V$ ，约是 KDP 的 160 倍）、热导率高（ $35\ W/(m \cdot K)$ ）、机械加工性能好（显微硬度为 $980\ kg/mm^2$ ）、双折射梯度适宜（ $0.040 \sim 0.042$ ）及激光损伤阈值高（ $90\ MW/cm^2$ ）等优点。 $ZnGeP_2$ 晶体被认为是目前通过 OPO 技术产生中远红外激光输出的最佳非线性材料，以它作为关键核心元件的全固态激光器系统，具有功率高、体积小、重量轻、携带方便等优点。目前在机载、舰载、车载等红外激光干扰对抗系统中得到重要应用。 $ZnGeP_2$ 晶体元件通过 OPO 技术可产生 $3 \sim 5\ \mu m$ 或 $8 \sim 10\ \mu m$ 连续可调谐高重频、高功率激光输出，干扰来袭导弹探测器的导引头，使探测器的输出信号混乱而无法正常工作，甚至达到击毁导引头的目的。目前新一代的地对空、空对空、空对地、反坦克、反舰导弹和巡航导弹等大部分采用中波（ $3 \sim 5\ \mu m$ ）或远波（ $8 \sim 12\ \mu m$ ）红外焦平面阵列探测器制导，过去投射曳光弹和发射非相干红外辐射干扰等方法已对这种探测器无能为力。中远红外激光干扰对抗系统则是对抗这种红外焦平面阵列探测制导导弹的最有效武器，能使该类导弹的导引头致盲或彻底摧毁。目前，国际上主要有美、俄两国掌握大尺寸 $ZnGeP_2$ 晶体生长关键核心技术。因此，亟须开展大尺寸 $ZnGeP_2$ 晶体生长的相关研究，填补国内空白，解决国防急需，为新一代武器中远红外光电对抗系统装备提供重要保障。

参 考 文 献

[1] 王志军, 邰孟雅, 翟夜雨, 等. 磷对土壤-烟草系统镉有效性及生物累积的影响研究进展

[J]. 南方农业, 2022, 16 (15): 125-128.

[2] OKUDERA H, DINNEBIER R E, SIMON A. The crystal structure of γ-P_4, a low temperature modification of white phosphorus [J]. Zeitschrift für Kristallographie-Crystalline Materials, 2005, 220 (2/3): 259-264.

[3] 杨兵超. 高压合成层状磷基材料及其性能研究 [D]. 秦皇岛: 燕山大学, 2018.

[4] 张维录. 基于 Mie 散射理论的磷化镓粒子散射特性 [J]. 半导体电, 2011, 32 (5): 661-664, 679.

[5] DE A, PRYOR C E. Predicted band structures of Ⅲ-Ⅴ semiconductors in the wurtzite phase [J]. Physical Review, B. Condensed Matter and Materials Physics, 2010, 81 (15): 155210: 1-155210:13.

[6] ASSALI S, ZARDO I, PLISSARD S, et al. Direct band gap wurtzite gallium phosphide nanowires [J]. Nano Letters, 2013, 13 (4): 1559-1563.

[7] ANTHONY S, SIMONE A, LU G, et al. Efficient water reduction with gallium phosphide nanowires [J]. Nature Communications, 2015, 6 (1): 1-7.

[8] 刘鹏杰. 磷化镓纳米孔阵列光阳极材料的制备及其光电化学性能研究 [D]. 上海: 上海交通大学, 2018.

[9] MALIZIA M, SEGER B, CHORKENDORFF I. Formation of a p-n heterojunction on GaP photocathodes for H_2 production providing an open-circuit voltage of 710 mV [J]. Journal of Materials Chemistry, A. Materials for Energy and Sustainability, 2014, 2 (19): 6847-6853.

[10] MICHAEL W G, WARREN E L, MCKONE J R, et al. Solar water splitting cells [J]. Chemical Reviews, 2010, 110 (11): 6446-6473.

[11] 方志烈, 杨清河. 液相外延制备磷化镓红色发光材料 [J]. 复旦学报 (自然科学版), 1995 (1): 32-36.

[12] 刘振刚, 于美燕, 白玉俊, 等. 合成 GaP 纳米晶过程的关键影响因素 [J]. 人工晶体学报, 2003 (3): 224-227.

[13] 陈晓旭. 铁离子辐照 GaP 和 GaN 晶体微结构损伤研究 [D]. 兰州: 西北师范大学, 2018.

[14] 孙世孔. 磷化铟集群磁流变抛光机理研究 [D]. 广州: 广东工业大学, 2019.

[15] HJORT K. Transfer of InP epilayers by wafer bonding [J]. Journal of Crystal Growth, 2004, 268 (3): 346-358.

[16] AJAYAN J, NIRMAL D. A review of InP/InAlAs/InGaAs based transistors for high frequency applications [J]. Superlattices and Microstructures, 2015, 86: 1-19.

[17] JIANG X D, ITZLER M, O'DONNELL K, et al. InP-based single-photon detectors and geiger-mode APD arrays for quantum communications applications [J]. IEEE Journal of Selected Topics in Quantum Electronics, 2015, 21 (3): 5-16.

[18] LI M, CHEN X F, SU Y K, et al. Photonic integration circuits in China [J]. IEEE Journal of Quantum Electronics: A Publication of the IEEE Quantum Electronics and Applications Society, 2016, 52 (1): 1-17.

[19] ADAMSKI J A. Synthesis of indium phosphide [J]. Journal of Crystal Growth, 1983, 64 (1): 1-9.

［20］李艳江, 王书杰, 孙聂枫, 等. InP 的快速大容量注入合成机理分析及多晶制备 ［J］. 半导体技术, 2022, 47（8）: 625-629.

［21］李路, 刘峰奇, 周华兵, 等. 用固态磷裂解源炉分子束外延磷化铟材料的方法: 中国, CN100420776C ［P］. 2008-09-24.

［22］梁建, 赵国英, 赵君芙, 等. 磷化铟纳米材料制备方法的最新研究进展 ［J］. 材料导报, 2011, 25（3）: 27-32, 42.

［23］高强, 毛彩霞, 薛丽, 等. 多功能磷化铟半导体材料的合成与表征 ［J］. 华中师范大学学报（自然科学版）, 2023, 57（2）: 250-254.

［24］PEDDETI S, ONG P, LEUNISSEN L H A, et al. Chemical mechanical polishing of InP ［J］. ECS Journal of Solid State Science and Technology, 2012, 1（4）: 184-189.

［25］杨洪星, 王云彪, 刘春香, 等. 磷化铟单晶片三步抛光技术研究 ［J］. 微纳电子技术, 2012, 49（10）: 693-700.

［26］HULLIGER F, LÉVY F. Structural chemistry of layer-type phases ［J］. Acta Crystallographica, 2010, 35（3）: 793.

［27］ZHAO S T, LI Z Y, YANG J L. Obtaining two-dimensional electron gas in free space without resorting to electron doping: an electride based design ［J］. Journal of the American Chemical Society, 2014, 136（38）: 13313-13318.

［28］JING Y, MA Y D, LI Y F, et al. GeP_3: A small indirect band gap 2D crystal with high carrier mobility and strong interlayer quantum confinement ［J］. Nano Letters, 2017, 17（3）: 1833-1838.

［29］蔡怀方. 应力对 GeP_3 电子结构及输运性质的调控 ［D］. 深圳: 深圳大学, 2018.

［30］SUN C X, WEN L, ZENG J F, et al. One-pot solventless preparation of PEG ylated black phosphorus nanoparticles for photoacoustic imaging and photothermal therapy of cancer ［J］. Biomaterials, 2016, 91: 81-89.

［31］杨兵超. 高压合成层状磷基材料及其性能研究 ［D］. 秦皇岛: 燕山大学, 2018.

［32］ZHANG C M, JIAO Y L, HE T W, et al. Two-dimensional GeP_3 as a high capacity electrode material for Li-ion batteries ［J］. Physical Chemistry Chemical Physics, 2017, 19（38）: 25886-25890.

［33］QI W, ZHAO H H, WU Y, et al. Facile synthesis of layer structured GeP_3/C with stable chemical bonding for enhanced lithium-ion storage ［J］. Scientific Reports, 2017, 7（44）: 43582.

［34］朱崇强. 磷锗锌晶体的生长研究及理论计算 ［D］. 哈尔滨: 哈尔滨工业大学, 2006.

［35］赵欣, 朱世富, 李梦. 磷锗锌晶体生长技术研究进展 ［J］. 半导体技术, 2016, 41（4）: 241-248, 260.

［36］付昊. 基于数值模拟大尺寸磷化锗锌单晶生长稳定性研究 ［D］. 哈尔滨: 哈尔滨工业大学, 2019.

8 高纯砷系化合物

本章将所涉及砷系化合物分为三部分，砷系ⅢA-ⅤA族化合物：砷化硼（BAs）、二砷化十二硼（$B_{12}As_2$）、砷化铝（AlAs）、砷化镓（GaAs）、砷化铟（InAs）；砷系ⅡB-ⅤA族化合物：二砷化三锌（Zn_3As_2）、二砷化三镉（Cd_3As_2）；其他砷系化合物：砷化铌（NbAs）、砷烷（AsH_3）。并对上述各砷系化合物的基本性质、制备工艺、应用领域三方面逐一介绍。

8.1 砷化硼

8.1.1 砷化硼的性质

砷化硼（BAs）为间接带隙、面心立方闪锌矿结构的ⅢA-ⅤA族化合物半导体材料。立方BAs晶体在920 ℃左右会分解为$B_{12}As_2$。晶格常数0.4777 nm，间接跃迁型能带结构（见图8-1和图8-2），常温下禁带宽度为1.46 eV（Γ-X）。由于材料中本征受主缺陷的存在，非掺杂BAs晶体导电类型表现为p型，实验测得室温下空穴浓度为$7.6×10^{18}$ cm^{-3}。表8-1为汇总的BAs材料的基本参数。其与硅材料线膨胀系数相近，与InGaN和$ZnSnN_2$材料晶格匹配，与ⅢA-ⅤA族的InP、GaAs材料禁带宽度相近。

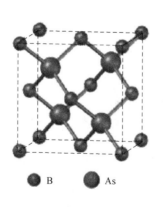

B   As

图8-1　BAs晶体闪锌矿结构图

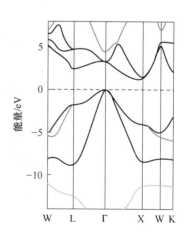

图8-2　BAs能带结构图

表 8-1 立方 BAs 材料基本参数

性质	数值
晶体结构	闪锌矿
空间群	$F\bar{4}3m$
晶格常数/nm	0.4777
能带结构	间接（Γ-X）
带隙/eV	1.46、1.82、2.05
电阻率/$\Omega \cdot m$	3.2×10^{-4}
载流子浓度/cm^{-3}	7.6×10^{18}
迁移率/$cm^2 \cdot (V \cdot s)^{-1}$	（p）2110，400，（n）1400
密度/$g \cdot cm^{-3}$	5.22
导热系数/$W \cdot (m \cdot K)^{-1}$	2240，1400，1300
线膨胀系数/K^{-1}	3.04×10^{-6}，3.85×10^{-6}，4.2×10^{-6}
比热容/$J \cdot (K \cdot m^3)^{-1}$	2.1×10^6
折射率	3.29（657 nm），3.04（908 nm）

2013 年美国海军研究实验室和波士顿学院的研究人员通过第一性原理计算预测砷化硼材料热导率室温下高达 2240 W/（m·K），与钻石的散热性能相当，热导率远高于硅（150 W/（m·K））、GaN(230 W/（m·K))、Cu(400 W/（m·K))、SiC(490 W/（m·K))等材料。

砷化硼是理想的散热和热管理材料，在电子器件散热领域拥有广阔应用前景，已成为当前的研究热点。如何实现大尺寸单晶制备技术产业化，以及如何实现 n 型和 p 型晶体材料的掺杂控制，是当前砷化硼材料研究面临的两个最为主要的问题。

8.1.2 砷化硼的制备方法

8.1.2.1 研究历程

1958 年，研究人员通过在石英管中高温直接合成发现了立方闪锌矿结构的 BAs 晶粒的存在[1]。1966 年日本京都大学和美国空军实验室的研究人员分别通过直接合成和化学气相传输法（CVT）合成了立方 BAs 微晶粒。由于 B 的高熔点和 As 的高蒸气压，而且在高温下很容易形成非晶相或者亚晶相（$B_{12}As_2$），使得立方 BAs 晶体生长变得异常复杂和困难。

直至 2013 年，美国海军研究实验室和波士顿学院的 Lindsay 和 Broido 基于三声子散射提出高热导率材料可通过轻元素原子和重元素原子键合实现，大的质量差异可以使得声学声子和光学声子间存在大的频隙，从而抑制了声子散射。基于这一理论其通过第一性原理计算预测砷化硼材料热导率室温下高达 2240 W/(m·K)，受到广泛关注并引发重视。

2015 年，美国休斯敦大学的 Lv 等人[2]通过两步合成的流程，即首先将高纯砷和高纯硼原料以 1:1.8 的比例密封于石英安瓿中，经过在 800 ℃下反复烧结制备出近化学配比的 BAs 粉；然后通过 CVT 法以 BAs 粉为原材料、I_2 为传输剂进行晶体生长。生长过程中高温区和低温区温度分别为 900℃和 650℃左右，经过 2~3 周生长出 300~500 μm 的立方 BAs 晶体。其生长的晶体富 B，As 的配比偏差约为 2.8%，晶体中存在大量的 As 空位缺陷，导致其热导率仅为 200 W/(m·K)，远低于理论值。之后经过近两年的晶体生长优化，其制备晶粒尺寸达到 400~600 μm，热导率提高至 351 W/(m·K)。

弗吉尼亚理工学院的 Ma 等人[3]通过非弹性 X 射线散射（IXS）测试了 BAs 晶体中的声子散射，检测结果与第一性原理计算结果相符，从而证实了声学声子和光学声子间大的频隙和聚束声子理论，并指出只要获得高质量的 BAs 晶体就能得到超高热导率。Protik 等人通过第一性原理分析了 BAs 晶体中空位缺陷对热导率的影响，研究表明晶体中高浓度的 As 空位缺陷是导致热导率下降的主要因素，这与 Lü 等人的实验结果相符合。计算表明如果 As 空位缺陷浓度降至 1018 cm^{-3}，BAs 晶体热导率将达到 10000 W/(m·K) 以上，如果 As 空位缺陷浓度控制在 1016 cm^{-3} 将不再对热导率产生影响。Zheng 等人的研究给出了不同结论，其通过 STEM 测试分析表明 BAs 晶体中存在反位缺陷 AsB 和 BAs，并经过一定浓度的反位缺陷拟合计算与实验结果吻合，研究认为晶体中的 AsB-BAs 反位缺陷对是抑制热导率提升的主要缺陷。得克萨斯大学奥斯丁分校的 Kim 通过 CVT 法制备出 BAs 多晶粒，其中单晶尺寸为 1 μm 左右，测得室温下热导率为（186±46）W/(m·K)，通过不同温度下的热导率变化及与 Bi_2Te_3 和 Si 材料对比分析表明除了晶体中缺陷和晶界散射外，载流子散射也是导致晶体热导率降低的重要原因。普渡大学的 Feng 等人认为除了缺陷和晶界散射等原因外，更高阶的声子散射可能是影响材料热导率的重要因素，并基于四声子散射通过第一性原理计算了热导率的变化，发现与三声子散射计算结果相比，BAs 热导率由 2240 W/(m·K) 降至 1400 W/(m·K)。

2018 年，得克萨斯大学达拉斯分校 Li 等人[4]分别采用 I_2、H_2、Br_2 和 NH_4I 作为传输剂开展了 CVT 法生长 BAs 晶体研究，在采用 NH_4I 作为传输剂在 B 和 As 的摩尔比为 1:2.3 的条件下制备出的 BAs 晶体质量最好，经检测材料热导率达到（1000±90）W/(m·K)。休斯敦大学的 Tian 等人开展了晶体制备研究，在真空密封的石英生长管中，采用高纯硼、高纯砷和高纯碘为原材料置于高温端（源区），采用微米尺度的 BAs 单晶颗粒作为籽晶置于低温端（生长区）。源区和生长区的温度分别为 890 ℃ 和 780 ℃，经过 14 天生长获得 BAs 晶体。将获得的晶体作为籽晶按上述条件再进行一轮次生长获得了最大尺寸达到 4 mm×2 mm×1 mm 的高质量 BAs 晶体，经检测室温下平均热导率为 900 W/（m·K），局部热导率超过 1000 W/（m·K）。2019 年该团队采用石英和 GaAs 晶体作为籽晶研究了 BAs 晶体的异质成核生长，在石英衬底上生长出 7 mm 尺寸的立方 BAs 单晶，热导率达到 1240 W/（m·K）。2018 年加州大学洛杉矶分校的 Hu 等人通过采用 BP 单晶作为籽晶通过 CVT 法合成了几乎无缺陷的 BAs 单晶，室温热导率高达 1300 W/（m·K）。传统理论认为三声子过程控制着热传输，四声子和高阶过程的影响被认为是微不足道的，上述实验成果以坚实的实验证据打破了传统理论限制，证实四声子等高阶非谐性过程对材料热导率具有重要影响。

2022 年，中南大学刘振兴等人在 820 ℃、1.5 MPa 的条件下，使用三碘化硼作为传输剂生长了数十微米尺寸的单晶砷化硼。相比不添加传输剂时，该条件下三碘化硼将砷化硼的质量分数从约 12% 提高到 90% 以上，远超温度和压力的加合效果。另外还显著提高了晶体质量并消除了单质碘引起的砷化硼晶体团聚生长，将晶体内孪晶尺寸从约 50 nm 减小至约 15 nm，并协调硼砷结合比例，使砷化硼晶体的化学计量比（约 0.990）接近理论值 1。

麻省理工学院 Shin 等人以 99.9% 的硼、99.99999% 的砷、99.998% 的碘为原料，采用两步 CVT 法合成立方 c-BAs 单晶。第一步使用 B 和 As 为原料，以 I_2 为传输剂合成 c-BAs 晶体，同时进一步纯化 As；第二步使用在第一步 CVT 过程中制备的纯化 As 和 c-BAs 晶体为原料，以 I_2 为传输剂、GaAs 为晶种，合成高质量 c-BAs。与第一步 c-BAs 晶体相比，第二步 c-BAs 晶体的形成速度更快，杂质更少，并测得热导率为 1200 W/（m·K）和双极迁移率为 1600 cm^2/（V·s）。同时还对 99.9999% 的高纯度石墨粉掺杂对 c-BAs 光学、热学和电学性能的影响进行了研究。

8.1.2.2　制备技术与瓶颈[5]

BAs 晶体难以制备主要受到以下因素影响：硼的熔点（2076 ℃）远高于砷的升华温度（614 ℃）；砷及相关反应物具有毒性；硼的化学稳定性很强，很难反应；生长温度超过 920 ℃ 时 BAs 会分解为更加稳定的亚晶相（$B_{12}As_2$）。因此，BAs 很难像 GaAs 等其他 ⅢA-ⅤA 族半导体材料那样采用熔体法进行晶体生长。

化学气相传输法（CVT）可在密闭环境下通过多温区精确控温实现化学反应控制，有效解决了上述问题，是目前开展 BAs 单晶制备研究的主要方法。

CVT 法是利用固相与气相的可逆反应，借助于外加的辅助气体进行晶体生长的方法，生长 BAs 的原理如图 8-3 所示，在真空密封的石英管内，高温端放置一定配比的高纯 As 和 B 作为源区，低温端为结晶区，通过控制源区与生长区的温度分布实现气相传输，生长 BAs 单晶。在生长过程中采用 I_2 或碘化合物为传输剂，提高传输效率。通过原料与传输剂之间的化学反应，形成便于输运的气体，向晶体生长表面输运，在晶体生长表面再通过相应的逆反应沉积结晶。采用 CVT 法生长立方 BAs 晶体的结晶温度为 800 ℃ 左右，研究表明立方 BAs 晶体在 920 ℃ 左右会分解为 $B_{12}As_2$，生长过程中高温区温度控制在 890 ℃ 左右，以防止晶体分解。采用 I_2 作为传输剂，生长过程中发生的反应如下[6]：

高温区：

$$2B(s) + 3I_2(g) \Longrightarrow 2BI_3(g) \tag{8-1}$$

结晶区：

$$4BI_3(g) + As_4(g) \Longrightarrow 4BAs(s) + 6I_2(g) \tag{8-2}$$

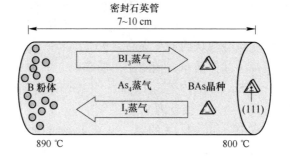

图 8-3 CVT 法生长 BAs 晶体原理图

除 I_2 外，NH_4I 也可作为传输剂用于 CVT 法 BAs 晶体制备，生长过程中发生的反应如下：

高温区：

$$NH_4I(s) \Longrightarrow NH_3(g) + HI(g) \tag{8-3}$$
$$4As(s) \longrightarrow As_4(g) \tag{8-4}$$
$$2HI(g) \Longrightarrow H_2(g) + I_2(g) \tag{8-5}$$
$$2B(s) + 3I_2(g) \Longrightarrow 2BI_3(g) \tag{8-6}$$
$$2B(s) + 3H_2(g) \Longrightarrow B_2H_6(g) \tag{8-7}$$

结晶区：

$$4BI_3(g) + As_4(g) \Longrightarrow 4BAs(s) + 6I_2(g) \tag{8-8}$$
$$2B_2H_6(g) + As_4(g) \Longrightarrow 4BAs(s) + 6H_2(g) \tag{8-9}$$

CVT 法生长 BAs 晶体的关键因素是晶体生长热场和压力，通过根据生长空间计算硼和砷及传输剂的比例保证气相化学配比，通过控制源区和生长区的温度计温度梯度控制生长速率，实现对晶体成核生长有利的扩散传输，可获得满足晶体成核生长的最优条件。

采用 CVT 法生长 BAs 单晶需要实现单一成核生长，才有可能获得均匀结晶的单晶。由于生长过程中的自发形核结晶很难实现单一成核控制，导致多晶生成和晶体质量的降低。通过对石英生长管进行严格清洗可有效避免低温区分散形核结晶。采用生长合成的 BAs 晶体作为籽晶进行同质生长或者采用 GaAs 等作为籽晶进行异质成核结晶可以控制结晶位置和分布。通过适当增加 As/I$_2$ 的量提高石英管内的蒸气压能够改善晶体质量。通过采用生长过的 BAs 晶体作为生长原料进行两步或者多步生长可提升晶体质量和尺寸。CVT 法生长 BAs 晶体，热场分布和梯度、籽晶、原材料、传输速率、生长周期等都是影响晶体质量的参数。

8.1.2.3 展望

近年来虽然 BAs 单晶生长取得很大进展，晶体最大尺寸达到 7 mm，但是离满足材料应用还存在很大差距，许多关键问题尚未完全解决，如控制晶体质量、提高和限制尺寸放大的关键因素尚未明确结论。通过进一步研究解决上述问题或者探寻新的生长技术是实现大尺寸单晶制备的关键。

8.1.3 砷化硼的用途

随着电子技术向高功率、高频率、微型化、集成化方向快速发展，电子元器件的功率密度攀升，产生的热量剧增。芯片、高频器件和功率器件的散热往往对微电子产品的性能、可靠性起到决定性作用，尤其在以先进雷达为代表的国防电子科技产业和以新能源、大数据运算、5G 通信为代表的高科技民族产业这些关系到国计民生的产业中，热管理技术的要求越来越高，迫切需要更高热导率和低成本的热管理材料。

在已知材料中，钻石和石墨烯材料的热导率都在 2000 W/（m·K）以上，比硅（150 W/（m·K））高得多。虽然钻石有过用于散热的案例，但由于天然钻石成本过高、人造金刚石薄膜存在结构缺陷，将金刚石用于电子器件散热并不现实。而石墨烯材料由于其导热各向异性和制备难度也限制了在器件散热方面的广泛应用。砷化硼是理想的散热和热管理材料，如能实现大尺寸单晶制备，势必拥有广阔应用前景。

8.2 二砷化十二硼

8.2.1 二砷化十二硼的性质

二砷化十二硼（B$_{12}$As$_2$）是一种新型的宽带隙（3.2 eV）、高迁移率（50~

100 cm²/(V·s)) 和较低的本征载流子浓度的半导体。二十面体 $B_{12}As_2$ 具有复杂且高度稳定的晶体结构 (见图 8-4),其熔点高达 2700 K。可由 BAs 在高于 920 ℃下分解制得。其 3 个原子之间共享 2 个价电子的三中心键结构,使其能够自修复辐射损伤,又因其结构中的硼-10 (^{10}B) 具有较高的热中子俘获截面,也是制造固体中子探测器备选材料。

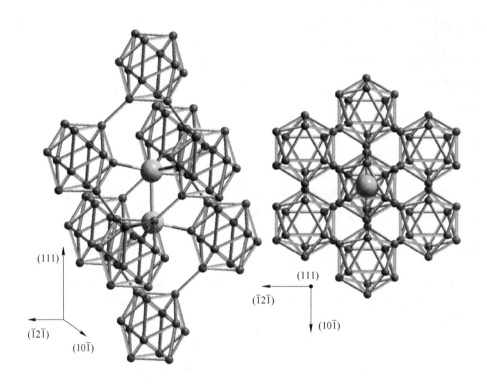

图 8-4 $B_{12}As_2$ 晶体结构示意图

8.2.2   二砷化十二硼的制备方法

8.2.2.1   研究历程

2011 年,美国堪萨斯州立大学的 Whiteley 等人认为,高质量的二十面体 $B_{12}As_2$ 晶体的空穴迁移率、辐射硬度和宽带隙 (3.2 eV) 等特性在中子探测器、热电转换器和放射性同位素电池这三个领域具有良好的应用前景。制备方法为:将硼的饱和镍溶液和砷密封于石英安瓿中。通过加热将三者的均匀混合物在 1150 ℃下保持 48~72 h,随后缓慢冷却 (3 ℃/h),能够生长尺寸达 8~10 mm、颜色和透明度从黑色和不透明到透明的 $B_{12}As_2$ 晶体。

8.2.2.2 制备技术与瓶颈

$B_{12}As_2$ 晶体难以制备主要有两点：一是 $B_{12}As_2$ 的熔点高达 2027 ℃，难以从熔体中生长晶体，且 As 的蒸气压在此温度下过高；二是 $B_{12}As_2$ 的热膨胀问题比较严重。

因此其并不适合采用熔体法进行晶体生长。

A 化学气相沉积法

化学气相沉积（CVD）是用于制备 $B_{12}As_2$ 晶体薄膜常见的方法，如图 8-5 所示。通过气相反应物制备，能够很好地控制薄膜中的成分、化学计量比和杂质浓度。一般采用包括硅和碳化硅（4H-SiC、6H-SiC 和 15R-SiC）在内的异质衬底。

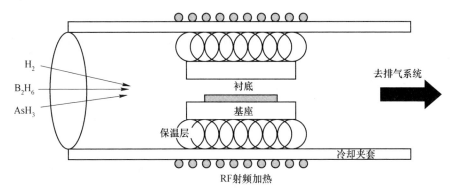

图 8-5 CVD 法制备 $B_{12}As_2$ 示意图

但其与衬底的不匹配会产生应力，受衬底影响 $B_{12}As_2$ 晶体薄膜会受到污染，产生晶体缺陷。通常需要高温（>1300 ℃）才能通过 CVD 生产出高质量的 $B_{12}As_2$，但在此温度下，硅衬底易与薄膜反应。类似地，$B_{12}As_2$ 也可以在高温下与 SiC 反应，在薄膜和衬底之间形成碳化硼过渡层。热膨胀系数的差异也会造成 $B_{12}As_2$ 薄膜的弯曲和开裂。因此，采用 CVD 法制备 $B_{12}As_2$ 晶体薄膜效果并不理想。

B 熔剂生长法[7]

熔剂生长法是将待结晶材料熔解在合适的熔剂中，通过人为干预，使熔液到达临界过饱和以产生结晶（见图 8-6）。熔剂蒸发、熔液冷却或熔质从较热区域向较冷区域运输均可促进熔液过饱和的发生。与熔体生长法相比，熔剂生长法的主要优点是大大降低了晶体生长温度。其他优点还包括所需温度梯度低、晶体生长限制小及相对较低的生长温度所制得的晶体质量更好（在点缺陷、位错密度等方面）。相比之下，该方法的缺点是熔剂离子易替换或掺杂至晶体内、生长速度较慢。

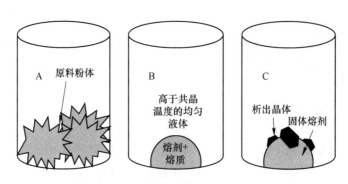

图 8-6 熔剂生长法示意图

以铜、镍、钯、银和铂金属为熔剂均能生长硼化物晶体，熔剂的选择取决于硼或硼化合物在其中的溶解度、熔融金属的蒸气压及熔剂与相关硼化物反应或形成固溶体的趋势。

Whiteley 等人出于硼（45%（摩尔分数））在金属镍中最低共晶温度（1018 ℃，见图 8-7）下的溶解度相对较大；与钯、银和铂相比，镍金属的成本较低等原因，选用镍作为熔剂。以下为具体制备方法：使用四温区卧式炉作为实验设备，将 As（29.1 g）放置在石英管的封闭端，B 粉末（3.6 g）和 Ni 粉末（25.8 g）放置在 15 cm 长的热解氮化硼（PBN）舟内，将 PBN 舟放置在石英管的中心

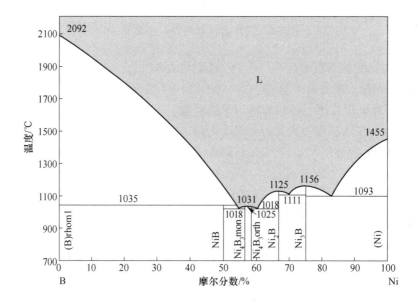

图 8-7 镍硼二元相图

（液相保持在共晶温度 1018 ℃以下，55%（摩尔分数）Ni）

（距离封闭端约 15 cm），如图 8-8 所示。将石英管抽真空至 $7.33×10^{-4}$ Pa，加热至 125 ℃并恒温 1 h（蒸发原材料中的多余水分），随后密封石英管。先将 PBN 舟加热至 1150 ℃，并恒温 48 h，随后以 12.5 ℃/h 的速度将 As 加热至 600 ℃，然后恒温 72 h（为了确保在硼和砷之间发生反应之前形成硼酸镍）。在此期间 As 熔解在熔融的硼酸镍熔液中，反应形成 $B_{12}As_2$ 晶体并以 3.5℃/h 的冷却速率进行生长。

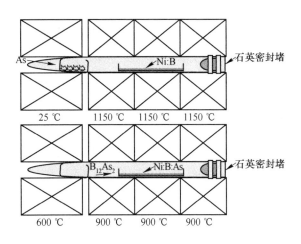

图 8-8　$B_{12}As_2$ 晶体合成示意图

待生长过程结束后，对晶体和金属锭进行机械分离，并用王水处理，以去除多余的镍熔剂。然后将晶体切割成扁平态，用亚微米氧化铝浆料抛光完成制备工作，如图 8-9 所示。

图 8-9　$B_{12}As_2$ 晶体

8.2.3 二砷化十二硼的用途

$B_{12}As_2$ 的三中心键结构，即 3 个原子之间共享 2 个价电子，使其能够自修复辐射损伤，不与传统的半导体一样会由于高能 α 或 β 粒子造成损坏而失效。Carrard 等人的研究表明，即便使用高能电子和离子，以令大多数材料失效的剂量轰击 $B_{12}As_2$ 化合物，也不会导致其产生可检测到的晶体损伤。其非凡的抗辐射损伤能力可能会使放射性同位素电池实用化。

因其结构中的硼-10（^{10}B）具有较高的热中子俘获截面，也是制造固体中子探测器备选材料。

8.3 砷化铝

8.3.1 砷化铝的性质

砷化铝（AlAs）是一种闪锌矿结构的橘黄色晶体，它的晶格常数跟砷化镓类似，晶系为等轴晶系，也是一种新型半导体材料。熔点为 1740 ℃，易潮解，有毒，在酸中溶解时会产生砷化氢气体。

由于砷化铝易潮解，故对于其研究与应用较少。砷化铝常用作光谱分析试剂和制备电子组件的原料，如制作红外发光二极管、砷化镓衬底上生长单晶外延 AlAs 层、具有 AlAs 氧化层的半导体型材、单晶 AlAs/GaAs 布拉格反射镜等。

8.3.2 砷化铝的制备方法

中国专利 CN107902695A[8] 公开了一种高效制备高纯砷化铝的方法，该方法是采用气相沉积法，在氩气保护下分别将三氯化铝和三氯化砷在挥发室中加热挥发成蒸气，通过喷嘴喷入反应室反应，气相沉积生成砷化铝晶体。具体步骤如下：

（1）以氩气为保护气体，将三氯化铝和三氯化砷按摩尔质量比为 1:1~1.5:1 取料，分别置于第一挥发室和第二挥发室中，300~900 ℃ 条件下挥发 0.5~12 h，使两种物料都处于蒸气状态。

（2）通过喷嘴将两个挥发室中的三氯化铝和三氯化砷蒸气分别通过第一喷嘴和第二喷嘴同时喷入一个钛材制作的反应室内，在 300~900 ℃ 条件下反应 2~5 h，气相沉积得到沉积物；剩余挥发气体在常温下加压至 600~700 kPa 或在常压下冷却到-34 ℃ 得到液氯。

（3）将所得沉积物加热挥发 2~12 h，加热温度为 300~900 ℃、压强为 0.5~100 kPa，除去残余的氯，冷却，得到纯度大于 99.9% 的橘黄色的晶体砷化铝。

8.4　砷化镓

8.4.1　砷化镓的性质

砷化镓（GaAs）是闪锌矿晶体结构的第二代半导体材料，也是目前最成熟的化合物半导体材料之一，熔点为 1238 ℃。与第一代半导体材料硅（Si）相比，GaAs 具有禁带宽（1.42 eV）、电子迁移率高（8500 $cm^2/(V \cdot s)$）、电子饱和漂移速度高、能带结构为直接带隙等特性。这些特性决定了其在高频、高速、高温及抗辐照等微电子器件研制中的主要地位。GaAs 的直接带隙特性决定了其也可以制作光电器件和太阳能电池。

GaAs 材料分为两类，即半绝缘砷化镓材料和半导体砷化镓材料。半绝缘砷化镓材料指电阻率范围在不小于 107 Ω·cm 的非掺杂或掺杂砷化镓单晶材料。可制作金属半导体场效应晶体管（MESFET）、高迁移率晶体管（HEMT）、微波单片集成电路（MMIC）和异质结双极晶体管（HBT）等，主要用于雷达、卫星电视广播、微波及毫米波通信、无线通信（以手机为代表）及光纤通信等领域。半导体砷化镓材料指电阻率约为 $10^{-7} \sim 10^{-3}$ Ω·cm 的掺杂砷化镓单晶材料，主要应用于 LD、LED、可见光激光器、近红外激光器、量子阱大功率激光器和高效太阳能电池等光电子领域。

8.4.2　砷化镓的制备方法

自然界并不存在砷化镓晶体，它属于人工晶体材料的一种。为了生长砷化镓单晶，就必须合成砷化镓多晶。由于砷的蒸气压高（砷化镓熔点 1511 K 条件下，砷的蒸气压为 15.3 MPa），且镓、砷容易氧化，砷化镓多晶的合成就变得极不容易。而且砷化镓材料热导率（0.55 W/(cm·K)）比硅材料热导率（1.5 W/(cm·K)）低，砷化镓材料热膨胀系数比硅材料热膨胀系数大，造成砷化镓成晶比硅困难。由于砷化镓位错临近切变应力（0.4 MPa）比硅位错临近切变应力（1.85 MPa）小，造成砷化镓单晶生长不易降低位错密度。由于砷化镓堆积层错能（4.8× 10^{-6} J/cm^2）比硅堆积层错能（7× 10^{-6} J/cm^2）小，造成了砷化镓单晶容易生长孪晶[9]。

砷化镓多晶合成和单晶生长技术的实现依赖于单质砷、镓的物理化学性质及砷化镓的性质（见表 8-2）。利用砷的升华温度（613 ℃）可以实现砷化镓水平合成和液封砷注入合成，利用砷的三相点温度（高压 3.6 MPa、温度 819 ℃）可以实现液态砷和液态镓的高压合成。由于砷化镓熔点条件离解蒸气压低（0.09 MPa），才能实现低压 LEC 和石英管密封 VB、VGF 砷化镓单晶生长技术。

以下依据砷化镓单晶生长技术发展历程分别介绍各种砷化镓单晶炉及生长技术。

表 8-2　镓、砷和砷化镓的性质

元素和化合物	镓	砷	砷化镓
相对原子质量	69.72	74.92（三相点）	144.64
熔点/℃	29.78	819（3.6 MPa）	1238
沸点/℃	2403	—	—
升华温度/℃	—	613	—
离解蒸气压	0.133 Pa（1273 K）		0.09 MPa（1511 K）
密度/g·cm⁻³	5.907（固态20.0 ℃）	5.72	5.17（固态1238 ℃）
	6.095（液态29.8 ℃）		5.72（液态1238 ℃）

8.4.2.1　水平布里奇曼砷化镓单晶生长技术

水平布里奇曼（HB）砷化镓多晶合成、单晶生长技术如图 8-10 所示。采用三段加热器，炉体由内向外的结构为：（1）氧化铝陶瓷管，使炉体温度分布更均匀。（2）加热电阻丝，可以是独立的三段，也可采用整体电阻丝，在相应的位置焊接引出电极。（3）固定电阻丝陶瓷管。（4）由保温砖或保温棉组成的保温层。（5）由铁皮构成的炉体外壳。（6）为了增加炉体高温条件下调温灵敏度，可以在最外层增加冷却水冷绕管。在图 8-10 中 T_1 带和 T_2 带之间预留观察窗口。

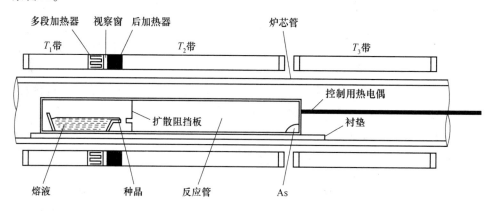

图 8-10　水平布里奇曼砷化镓多晶合成、单晶生长示意图

通过调整设定各温带温度使实际温度达到理想的分布曲线。图 8-10 中的 T_2 带温度控制在 1080~1220 ℃，T_1 带温度控制在 1245~1270 ℃，T_1 带的温度决定 T_3 带的砷蒸气压 p_1，决定 T_3 带总的蒸气压 $p_总$（$=p_1+p_3$）。在 3T-HB 单晶炉中，$p_总 \geq 101325$ Pa（$T_3 \geq 616$ ℃）。T_3 带温度控制在 605~620 ℃。

HB 单晶的生长通过水平移动装置来实现，可以移动装料的安瓿瓶，也可以移动整体加热炉体，要求水平移动速度控制在 0~10 mm/h。也可配备快速自动或手动移动装置，有利于调整安瓿瓶在热场中的相对位置。

HB 砷化镓单晶生长，一般选用（111）晶向的籽晶，也可选用与其接近的（110）和（311）晶向的籽晶。3T-HB 单晶炉最大可以生长直径 85 mm、长度 65 mm、质量 8.8 kg 的砷化镓单晶。

HB 砷化镓多晶合成、单晶生长技术，首先对所有部件使用去离子水处理、烘干，对石英舟经喷砂、镓处理。其次把固态镓和籽晶装入石英舟中，将石英舟推入安瓿瓶中。再装上扩散挡板，按化学计量比计算砷量，计算高温（1250 ℃）条件下密封石英空间在 1 atm（0.1 MPa）下保护砷压的砷量，一同装入安瓿瓶中。使用氢氧火焰使挡板与安瓿瓶融为一体，再烧熔安瓿瓶密封帽，此帽预留抽真空管路。把安瓿瓶放在封管炉中，镓端的温度控制在 700 ℃，砷端温度控制在 280 ℃，在抽真空高于（1.33~6.65）×10⁻⁴ Pa 条件下，恒温 2 h，去除镓的氧化硼膜和砷的氧化膜。如果镓和砷没有氧化，可以省略脱氧化膜工艺过程。然后用氢氧火焰封闭抽空石英管。将安瓿瓶放入水平单晶炉中，升温到 615 ℃，砷端恒温，镓端升温到 1250 ℃，从砷端升华经扩散挡板进入镓端实现砷化镓多晶合成并熔化成液体，从观察窗口观察，微抬高图 8-10 左端，使砷化镓熔体熔接种晶，熔接成功后将石英管从高温区向低温区移动，使石英舟中的砷化镓熔体逐渐结晶成晶体，根据固-液界面形状及晶体表面生长条纹，可以判断生长的晶体是否为单晶。如果晶体生长过程中生长条纹变乱，则证明单晶已变花晶，可倒车回熔再生长。

HB 砷化镓单晶生长技术的优点为：HB 单晶炉制作简单、成本低，砷化镓多晶合成和单晶生长可以同时完成，熔体化学计量比控制较好；晶体生长温度梯度小，晶体位错小、应力小；引晶和晶体生长可观察，有利于提高晶体成晶率；采用石英管和石英舟，有利于生长掺 Si 低阻砷化镓单晶。

HB 砷化镓单晶生长技术的缺点为：晶体截面为 D 形，加工成圆形造成一些浪费，晶体直径最大为 7.62 cm，存在硅沾污，不易生长半绝缘砷化镓单晶材料，多晶合成容易出现石英管炸管，形成有毒物"砒霜"。

8.4.2.2 液封切克劳斯基砷化镓单晶生长技术

在液封切克劳斯基（LEC）生长工艺中，为了抑制砷化镓熔体砷的离解挥发，使用透明、密度较小的高纯氧化硼熔体作为覆盖剂，只要氧化硼层上惰性气压大于砷的蒸气压，就能抑制砷的挥发，实现砷化镓多晶原位合成，只有保证氧化硼层上惰性气压大于砷化镓熔体 As 的离解气压，才能实现 LEC 单晶生长。LEC 砷化镓单晶炉最外层为带水套冷却结构不锈钢炉体，可为多晶合成和晶体生长提供耐压环境。向内为石墨制作的保温层，然后为石墨电阻加热器，每个加热器连接一对电极。由于电极通过的电流较大，容易自身发热，破坏电极的绝缘密封结构，因此电极为空心水冷结构。加热器内部为石墨坩埚，坩埚被坩埚杆托起。坩埚杆既可转动，又可升降。坩埚杆设有轴套，轴套内设有 O 型密封圈，与坩埚杆密封，轴套外密封圈与炉壁密封。炉体下方为坩埚杆升降丝杠结构，同时坩埚可以双向转动。籽晶杆处于加热器的正上方，并带籽晶接砷化镓熔体，籽晶杆的温度较高，须采用钼制籽晶杆，钼籽晶杆与籽晶杆密封套之间必须隔离，以防止籽晶导热对密封轴套 O 型圈造成损坏。由于砷化镓的热导率较小，砷化镓结晶时，无须籽晶杆导热太强。带水冷结构的不锈钢籽晶杆须连接较长的钼杆，以提高晶体的成晶率。为了便于观察单晶炉体内氧化硼熔化情况和砷化镓合成情况，判断引晶温度是否合适、生长晶体形貌规则等情况，炉体上部增加了石英制观察窗口。窗口与炉体密封，伸入炉体内的石英探头处的温度须控制在 650~1100 ℃。同时防止挥发的砷沉积在石英探头上。在炉体壁预留抽真空和充气管道，管道上制作耐高压截止阀。在炉体壁侧面和坩埚底部制作热电偶孔，此孔既能保证热电偶与炉体绝缘，又能保证炉体密封，使其耐炉内高压。

根据可承受的压力，砷化镓 LEC 单晶炉分为高压（≥10 MPa）单晶炉（见图 8-11）和常压（≤1.0 MPa）单晶炉（见图 8-12）。高压单晶炉可以直接装入原材料镓、砷、氧化硼。抽真空充气 0.5 MPa，升温到 450~550 ℃，恒温 1 h，观察氧化硼完全熔化覆盖镓和砷后增压到 3.0 MPa 以上，快速升温，当温度达到 800~1000 ℃ 范围内某一温度值时，炉体内压力大于 6.0 MPa，固态砷变成液态砷与液态镓快速化合反应生成砷化镓多晶。升温使合成的多晶熔化，下降籽晶进行晶体生长。也可装预先合成好的砷化镓多晶料进行单晶生长。

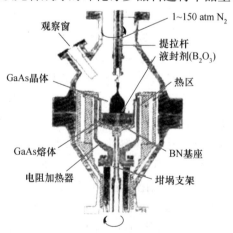

图 8-11　单加热器高压 LEC 砷化镓单晶生长示意图

（1 atm = 101325 Pa）

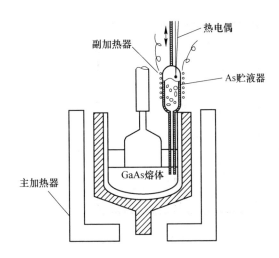

图 8-12　常压 LEC 砷化镓单晶生长示意图

　　由于常压单晶炉耐压较小，不能采用高压原位合成工艺合成的砷化镓多晶，可以采用水平工艺或其他工艺合成的多晶料。如图 8-12 所示，常压单晶炉采用砷注入合成工艺。在氮化硼坩埚中装入镓、脱水氧化硼，在带机械手的安瓿瓶中装入砷，密封炉体。炉体抽真空，然后充气 0.15 MPa，炉体主加热器加热到 1240 ℃以上，使装砷瓶的下端插入液封氧化硼下部镓液中，逐渐升温到 616 ℃使安瓿瓶中砷变成蒸气与镓反应生成砷化镓多晶，然后拔出装砷的安瓿瓶，熔化多晶下降籽晶进行晶体生长。

　　随着技术的发展，为了提高砷化镓晶体长度和均匀性，采用多温区加热器取代单温区加热器，使热场生长梯度区可调，以改善晶体生长的热场环境，减少位错，并增加轴（横）向磁场，同时采用一些精细工艺（如选取无位错优良籽晶、掺杂硬化、细径工艺、慢放肩、熔体配比最佳化、全液封技术、放慢冷却过程及最佳退火过程等），可以获得完全低位错、均匀性佳且较长的半绝缘砷化镓晶体。图 8-13 为三段加热器 LEC 单晶炉示意图，上部加热器的温度控制在 600 ℃，目的是调节晶体生长界面的温度梯度，弥补晶体生长后期露出氧化硼晶体肩部和侧面的热损失。中部主加热器的温度控制在 1400 ℃，目的是维持砷化镓完全熔融态，结合上加热器，选择适当温度梯度的晶体生长界面。通过对主加热降温实现晶体过冷生长。下部的加热器温度为 1200 ℃，目的是维持坩埚中砷化镓熔体的熔融态，防止由于主加热器的降温造成熔体的过冷结晶。采用此结构的单晶炉生长的 7.62 cm 单晶可达 500 mm，生长的 10.16 cm 单晶长度可达 480 mm，生长的 15.24 cm 单晶长度可达 300 mm。

　　LEC 砷化镓单晶生长技术的优点为：（1）提高了单晶炉的安全性能，适合规模生产；（2）晶体引晶、放肩等径生长可见，成晶情况可控；（3）可生长大

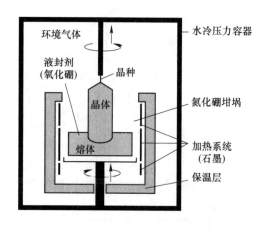

图 8-13   三段加热器 LEC 砷化镓单晶生长示意图

尺寸（20.32 cm）、长单晶；（4）晶体的碳含量可控，适合半绝缘砷化镓单晶生长；（5）能较好地控制晶体轴向电阻率的不均匀性；（6）采用原位合成技术，单晶生长方便。

　　LEC 砷化镓单晶生长的技术缺点是：（1）晶体温度梯度大，生长晶体的位错密度高，残留应力高；（2）晶体的等径控制差；（3）晶体的化学计量比控制最差；（4）单晶炉制造成本高，拆炉维护存在砷粉尘；（5）生产掺硅半导体砷化镓容易出现浮渣。

8.4.2.3　全液封切克劳斯基砷化镓生长技术

　　全液封切克劳斯基（FEC）砷化镓生长技术（见图 8-14）是 LEC 砷化镓单

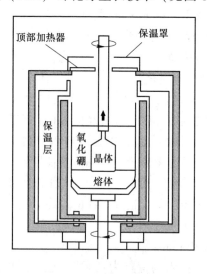

图 8-14   FEC 砷化镓单晶生长示意图

晶生长技术的改进，使晶体引晶、放肩、收肩、等径生长、收尾整个单晶生长过程都处于液封氧化硼保护中，既防止了晶体表面砷的离解，同时也降低了生长晶体中和砷化镓熔体中的温度梯度，有利于降低位错和残留应力。为了实现氧化硼全液封，必须缩小坩埚直径与生长晶体直径比，减少氧化硼装料量，同时加长坩埚的长度和加热器长度。但为了防止晶体生长后期氧化硼上表面温度变低，必须增加加热器，这样也有利于降低晶体生长热场轴向温度梯度。

FEC 砷化镓单晶生长技术的优点为：（1）晶体生长可见，成晶情况可控；（2）晶体的位错密度和残留应力比 LEC 低；（3）晶体的化学计量比 LEC 控制较好。

FEC 砷化镓单晶生长技术的缺点为：（1）生长单晶长度较短；（2）晶体碳含量轴向控制差，硼含量高；（3）晶体的轴向电阻率不均匀性控制差。

8.4.2.4 蒸气压控制砷化镓生长技术

蒸气压控制（VCZ）单晶生长技术也是 LEC 技术的改进，晶体生长可以选择较低的温度梯度（15~35 K/cm），降低了温度场非线性，减少了位错产生的概率，增加了晶体轴向和径向位错分布的均匀性。采用 VCZ 工艺生长的砷化镓晶体具有较低的位错和残留应力。如图 8-15 所示，在常规 LEC 单晶炉内增加了由石墨材料制作的保温内罩。在坩埚轴和籽晶杆轴采用高温密封结构，密封口使用氧化硼或镓密封，采用固态准密封结构，与内保温罩相连提供砷蒸气的砷源。砷源的温度控制在 590~630 ℃，可以获得富镓和近化学配比的砷化镓熔体。生长炉体内充 0.5 MPa 氩气或氮气。可以采用有氧化硼液封和无氧化硼液封晶体生长。

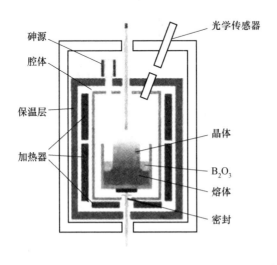

图 8-15 VCZ 砷化镓单晶生长示意图

VCZ 砷化镓单晶生长技术的优点为：（1）位错密度和残留应力比 LEC 和 FEC 低；（2）砷蒸气压保护，晶体的化学计量比可控；（3）无氧化硼生长减少晶体中的硼杂质和砷沉淀。

VCZ 砷化镓单晶生长技术的缺点为：（1）单晶炉构造复杂，费用高；（2）工艺操作难度大，工艺运行费用高；（3）晶体碳含量不可控制；（4）晶体长度短；（5）不适合规模化生产。

8.4.2.5 垂直布里奇曼或垂直梯度冷凝砷化镓单晶生长技术

垂直布里奇曼（VB）或垂直梯度冷凝（VGF）单晶炉的加热器在六段以上，如图 8-16 所示。炉体从内向外的结构为：（1）氧化铝陶瓷管；（2）加热电阻丝可独立构成，也可采用整体电阻丝，在相应位置焊接引出电极；（3）固定电阻丝陶瓷管；（4）保温砖或保温棉组成的保温层；（5）由铁皮构成的炉体外壳；（6）每段加热器中心设置控温热电偶。

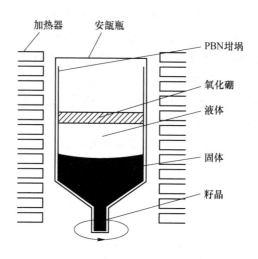

图 8-16 电阻丝加热 VB/VGF 砷化镓单晶生长示意图

每段加热采用独立的低电压大电流加热，通过调整设定温度使实际温度达到理想的温度分布曲线。为了实现晶体生长的垂直方向移动，设备必须配备上下升降装置和晶体转动装置。要求移动速度控制在 0~10 mm/h。也可配备快速自动或手动移动装置，以利于调整安瓿瓶的相对位置。装置必须具有移动显示标识，可以采用简单的刻度尺或电子水平尺。为了保证每个单晶炉体内实际温度不受环境温度的影响，有必要对每台单晶炉制作全保温隔离层。

电阻丝加热 VB 单晶炉生长的基本方法为：炉体垂直放置，上部为高温区，温度控制在 1250 ℃以上。中部为生长梯度区，温度控制在 1250~1220 ℃。下部为低温区，温度控制在 1150 ℃。通过测试炉体的实际温度，确定温度分布曲线。

保持温度恒定，使装料的安瓿瓶从高温区向梯度区移动，实现砷化镓熔体结晶为单晶的过程。

电阻丝加热 VGF 单晶炉的基本结构与 VB 单晶相类似，其最大的区别是热场温度分布曲线在垂直方向移动，推动晶体生长界面从下向上移动，装料的安瓿瓶不移动。因此相比 VB 单晶炉，可以缩短低温区加热器和每段加热器的长度，以利于温度梯度的调节。VGF 工艺中石英安瓿瓶支撑件无须转动，但必须加装上下平移装置，以利于调整装料安瓿瓶的相对位置。为了实现对晶体生长的控制，在支撑装置的籽晶处、籽晶井、支撑点增加 3 个监控热电偶，在晶体等径生长不同处增加 3 个以上监控热偶，用于监控砷化镓多晶的熔化状态、熔体的温度分布及籽晶熔化情况。为了保证每个单晶炉体内实际温度不受环境温度的影响，应对每台单晶炉制作空调恒温室。

电阻丝加热 VB/VGF 砷化镓单晶工艺实现的方法为：对安瓿瓶、氮化硼坩埚、安瓿瓶封帽、砷化镓籽晶进行去除有机物、去除重金属离子处理，再使用去离子水处理干净、烘干。把籽晶装入氮化硼坩埚的籽晶颈处，装入氧化硼，产生保护砷气压的砷和砷化镓多晶，使用氢氧火焰把安瓿瓶和石英帽熔为整体。放入封管炉中，从封帽预留抽真空管路对安瓿瓶内进行抽真空，同时放入封管炉中，升温到 200 ℃ 左右，去除残留的氧气。0.5 h 后熔封抽空管道，再把安瓿瓶放入单晶炉适当位置，根据预先确定的温度曲线，将温度升温到设定值。根据籽晶颈部监控热电偶温度变化，可以判断砷化镓多晶的熔化程度。对 VB 法向下移动安瓿瓶，对 VGF 法使温度梯度区向上平移，平移速度 0~10 mm/h，进行晶体结晶生长。

另一类 VB（或 VGF）单晶炉如图 8-17 所示，带循环冷却水由不锈钢构成炉体，加热器采用石墨电阻加热器，为了实现晶体生长，生长系统必须具备两段以

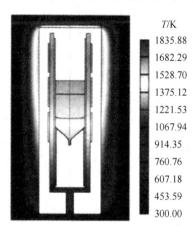

图 8-17　石墨电阻加热 VB/VGF 砷化镓单晶生长示意图

上加热器，采用石墨保温罩，每一个加热器具有独立的加热和控温装置。加热器温度分布上部为高温区，下部为低温区，中部为温度梯度区。炉体的耐压大于0.2 MPa。炉体侧壁和下壁设计有每个加热器的电极和对应的热电偶出口，每个出口必须密封。电极必须带水冷结构，以利于电极与炉体的密封和绝缘。在炉体底盘中心设计带密封结构的坩埚杆出口，坩埚杆与炉体通过轴套密封，坩埚杆设计成空心水循环结构。在炉体下部设计坩埚升降和转动装置。炉体还设有抽真空和充气孔。

石墨加热器 VB/VGF 砷化镓单晶工艺实现的方法为：对炉体抽真空、充压气检测其气密性。安装石墨加热器、保温罩、石墨坩埚及坩埚托，保证加热器与保温罩、石墨坩埚之间绝缘。安装热电偶，使其头部接触相应加热器。在处理好的氮化硼坩埚中装入籽晶、砷化镓多晶、氧化硼，再一起装入单晶炉的石墨坩埚中。调整坩埚的初始位置，使籽晶颈部位于测温的 1200 ℃ 处，抽真空，充气到工艺要求气压（0.1~2 MPa），每段加热器升温到测温对应的显示温度。根据籽晶颈部检测热电偶温度变化，判断砷化镓多晶的熔化程度。然后对 VB 法向下移动安瓿瓶，对 VGF 法使温度梯度区向上平移，进行晶体结晶生长。平移速度 0~10 mm/h。晶体生长可加 0~10 r/min。

VB/VGF 砷化镓单晶生长技术的优点为：（1）位错密度和残留应力比 LEC 和 FEC 法低；（2）晶体等径好，材料利用率高；（3）电阻丝加热 VB/VGF 单晶炉制造成本低，易于生长掺硅、碲砷化镓单晶材料，石墨电阻加热 VB/VGF 单晶炉与 LEC 单晶炉相比减少了籽晶杆升降和转动装置，单晶炉制造成本相对降低，易于生长半绝缘砷化镓单晶材料；（4）对操作人员要求低，适合规模生产。

VB/VGF 砷化镓单晶生长技术的缺点为：（1）易产生双晶和花晶；（2）晶体生长不可见，依赖生长系统的重复性和稳定性；（3）晶体尾部容易被液封的氧化硼粘裂。

8.4.3 砷化镓的用途

半绝缘砷化镓材料主要用于制备电子器件，如金属半导体场效应晶体管（MESFET）、高迁移率晶体管（HEMT）、微波单片集成电路（MMIC）和异质结双极晶体管（HBT）等在移动通信、光纤通信、卫星广播、情报处理及汽车防碰撞系统等领域发挥着硅器件不能替代的作用，大大推动了半绝缘砷化镓材料的发展。

半导体砷化镓材料主要应用在光电器件方面，由于其体积小、节能、响应快、寿命长，广泛用于家电、办公设备、广告牌、交通信号灯、汽车尾灯等的可见光发光二极管（LED），用于作遥控器、光隔离器、编码器及个人电脑、办公设备的无线连接、近距离情报传送的红外发光二极管，以及广泛用于 CD、MD、DVD 及医疗、工业等领域的激光器（LD）及卫星通信用的太阳能电池，其应用都是面向民用和产业，这都将极大推动掺杂导电型砷化镓材料的发展[10]。

8.5 砷化铟

8.5.1 砷化铟的性质

砷化铟（InAs）是闪锌矿晶体结构的第四代半导体材料，熔点为 943 ℃。其是禁带宽度为 0.35 eV（300 K）、电子迁移率为 40000 $cm^2/(V \cdot s)$ 的直接迁移型化合物半导体。可用于制作长波长和中红外探测器和激光器的源或衬底材料，其质量的优劣直接影响到外延层和器件的性能。为了满足器件要求，需要研制高载流子浓度和低位错密度的单晶材料。可采用 HB、LEC 和 VGF 法制备。

8.5.2 砷化铟的制备方法

8.5.2.1 LEC 法制备 InAs 单晶

LEC 法将 In 和 As 在炉内直接合成并拉制成 InAs 单晶。石英坩埚的直径为 80 mm，籽晶晶向为<111>，覆盖剂 B_2O_3 约 100 g，炉内充有约 2×10^5 Pa 保护惰性气体 Ar。晶体提拉速度为 1 cm/h，晶体转速为 16 r/min，坩埚转速为 10 r/min，晶体直径控制在 30~40 mm，晶体质量约 500 g[11]。

为了保证 LEC 法单晶的正常生成，应注意以下几个问题：

（1）合理的热场是生长优质单晶的必要条件。在 LEC 法中，通常采用接近生长交界面的径向和轴向温度梯度来控制晶体的直径和位错密度。然而增大晶体直径和降低晶体的位错密度这两个条件是不相容的，欲获得低位错密度的单晶，原则上需采用降低温度梯度的方法来实现，而低温度梯度对增大晶体直径不利，而且容易产生孪晶。人们粗略测得结晶位置的轴向温度梯度约为 35 ℃/cm。

（2）选择无位错或低位错密度的单晶切割籽晶，并注意让<111>面与熔体接触。

（3）B_2O_3 在 800 ℃真空脱水约 1 h，直至熔融的 B_2O_3 透明度达到要求为止。

（4）在放肩过程中，晶体直径增大的速率不宜过快。经观察表明，放肩角小于 30°为宜，否则容易产生孪晶。

（5）经验证明，欲获得低位错密度的单晶等径控制技术显得很重要。

采用液封直拉法（LEC）能够实现商业化制备 InAs 单晶。此方法虽然可以获得质量良好的 InAs 单晶，但孪晶、杂质污染和较高的位错密度（10^4 cm^{-2}）是该方法存在的主要问题。

8.5.2.2　VGF 法制备 InAs 单晶

2020 年中科院半导体所 Yang 等人将热解氮化硼（PBN）坩埚密封在石英安瓿中并采用 VGF 法（温度梯度 3~5 ℃/cm，生长速率为 2~3 mm/h）制备出直径达 10.16 cm（4 in）的（100）和（111）取向，长度为 150~200 mm 的无孪晶 InAs 单晶锭，如图 8-18 所示。其蚀刻坑位错密度为 1000~3000 cm^{-2}，X 射线摇摆曲线显示出其比 LEC-InAs 晶体的晶格更完美，有利于开发高性能的红外器件[12]。

(a) 　　　　　　　　　　 (b)

图 8-18　VGF 法制备 InAs 单晶

8.5.3　砷化铟的用途

GaSb 和 InAs 及其组成的 ⅢA-ⅤA 族化合物是重要的中红外光电子材料，它们的室温带隙分别为 0.72 eV 和 0.35 eV，而且 InAs 中电子有效质量低、迁移率高，在红外和高速器件应用中具有重要意义。

由于 GaSb 价带顶比 InAs 导带底还要高 0.15 eV，因此由 InAs/GaSb 组成的异质结是 Ⅱ 型异质结，使电子和空穴在空间分离，这将有效地抑制载流子的 Auger 复合，延长了自由载流子寿命，对提高中远红外探测器件的性能是十分有利的。所以用 InAs/GaInSb 应变超晶格有望在长红外波（8~12 μm）和超长红外波（12~20 μm）领域替代 HgCdTe 材料。近年来，有人在这种异质结中观察到了微分电阻，制成了热电子晶体管；有人在此类异质结中还观察到了二维电子气，采用水平常压 MOCVD 技术，在 GaAs 和 GaSb 衬底上生长了 InAs 和 InAs/GaSb 异质结材料。

8.6　砷化锌

8.6.1　砷化锌的性质

二砷化三锌（Zn_3As_2）为灰色等轴晶体，熔点为 1015 ℃，有毒，不溶于水，但能溶于稀酸，在酸中溶解时会生成砷化氢气体。

Zn_3As_2 的直接带宽为 0.92 eV，在 10^{17} cm^{-3} 范围内的空穴浓度相对较高且与温度无关，这导致其在半导体器件中的应用范围非常有限。

8.6.2　砷化锌的制备方法

目前公开应用于半导体领域的二砷化三锌（99.995%及以上）的制备工艺有外延法、气相合成、真空挥发合成—真空蒸馏分离提纯、真空高温合成等。

中国专利 CN103130273B[13] 公开了一种真空挥发—气相合成制备 Zn_3As_2 的方法，即将 99.5%金属砷和 99.995%金属锌按比例分别置于压力为 0～2000 Pa、温度为 500～1300 ℃下进行挥发 0.5～10 h；挥发出的金属砷蒸气和金属锌蒸气于 700～900 ℃下反应 0.5～5 h，得到沉积物和挥发气体；所得沉积物冷却到 300 ℃以下，并在惰性气体保护下或者真空条件下粉碎即得到 99.999%砷化锌。此方法相对于外延法有反应速度快、制备成本低等优势。

中国专利 CN104944468B[14] 公开了一种真空高温合成制备 Zn_3As_2 的方法，即按 Zn_3As_2 中砷与锌的摩尔比称取对应质量的高纯砷颗粒及高纯锌锭，将称得的高纯砷颗粒均匀地铺洒在一坩埚舟内，之后将高纯锌锭覆盖在高纯砷颗粒上，然后将坩埚舟水平放入平口石英管内；利用真空机组将装有高纯砷颗粒和高纯锌锭的平口石英管抽真空至 10^{-2} Pa 以下，然后利用氢氧火焰对平口石英管口进行高温密封；将密封后的平口石英管放入水平合成炉内，以 8～15 ℃/min 的升温速率升温至 470～550 ℃并保温 90～150 min，之后以 5～7 ℃/min 的升温速率升温至 780～850 ℃并保温 60～120 min，然后以 6～8.5 ℃/min 的升温速率升温至 1050～1150 ℃并保温 15～60 min，随后停止加热并使水平合成炉自然降温；待水平合成炉降至常温后，取出并敲开平口石英管，即得到高纯的 Zn_3As_2 结晶体。此方法相对于气相合成、真空挥发合成—真空蒸馏分离提纯等方法，有安全隐患小、原料反应充分，产品中游离的砷、锌及二砷化锌少，产品纯度达 99.999%以上等优势。

8.6.3　砷化锌的用途

99.995%及以上的 Zn_3As_2 常用作光谱分析试剂和制备电子组件的原料，也是一种新型半导体材料。在半导体材料领域中也可用作外延法、气相化学沉积等方法制备砷化镓、砷化铟、砷磷化镓、砷磷化铟等半导体材料的原料或者砷源。

99.9%~99.99%的 Zn_3As_2 可用于生产高纯砷烷，高纯砷烷（AsH_3）是生长砷化镓、砷磷化镓，以及 n 型硅外延、扩散、离子注入掺杂等不可缺少的基础材料。

8.7 砷化镉

8.7.1 砷化镉的性质

砷化镉（Cd_3As_2）为灰黑色立方系晶体，其相对分子质量为 487.04，熔点为 721 ℃，微溶于盐酸，不溶于水和王水。砷化镉遇酸能释放出 AsH_3，遇氧化剂则能燃烧。

Cd_3As_2 是一种新型三维拓扑狄拉克材料，n 型半导体，禁带宽度为 0.14 eV，载流子浓度高达 $2×10^{24}$ m^{-3}，300 K 的电子迁移率为 0.3~2.0 $m^2/(V \cdot s)$。其能带结构具有无能隙、电子有效质量为零的线性色散关系，具有新的光、电、磁等特性。与传统半导体相比，Cd_3As_2 具有强自旋耦合、量子特性、超高迁移率及宽光谱吸收特性，因而在自旋电子、量子信息和光电探测等领域有重大应用前景。

8.7.2 砷化镉的制备方法

目前，制备砷化镉的方法主要包括分子束外延法、熔剂热法及化学气相沉积法。

分子束外延法通常是在衬底上进行生长，可以获得高质量的厚度可控的砷化镉薄膜，并且其晶体质量较好，光学和磁学性能优异，可以作为可饱和吸收体用于红外锁模激光器。但分子束外延设备十分昂贵且操作复杂。

熔剂热法制备的砷化镉同样具有优异的电学和磁学性能，但是其厚度、大小及形状都难以控制。在利用熔剂热法制备砷化镉时，需要两种粉末状原材料，分别是砷和镉，并且需要过量的镉，随之而来的问题是，在最终制备的砷化镉产物中可能存在镉元素超标的情况，影响砷化镉的纯度从而影响其电学和磁学性能。同时，利用熔剂热法制备砷化镉时需要进行高温加热 24 h 以上甚至更久，并且需要在高温下进行离心处理，具有一定的危险性。

化学气相沉积法相对烦琐，合成过程中受到材料限制，造价昂贵且不利于大量合成，例如 Bawendi 小组于 2011 年报道了使用 3-（三甲基硅基）砷 TMS-As 作为砷源制备了 Cd_3As_2 量子点，其使用的 TNS-As 十分活泼较易发生氧化还原反应，有剧毒且易燃易爆，因此需要手套箱等工具严格储存，操作相对复杂，实验室条件要求高。

中国专利 CN112301239A[15] 公开了一种砷化镉的制备方法，如图 8-19 所示。其包括如下步骤：（1）配料。99.999%砷、99.999%镉、砷化镉按摩尔比为 1：（1.49~1.56）：（0~0.5）的比例配料，置于高压合成炉内。（2）高压合成。反复抽气、充保护气体置换氧气，再往合成炉内充入保护气体至炉内压力为 1.0~2.5 MPa，将温度升至 715~900 ℃，保温 4~12 h，降温至 50 ℃以下将砷化镉锭取出。（3）制粉。砷化镉锭经粉碎、筛分得到砷化镉粉末。（4）氢化。将砷化镉粉末装入管式气氛炉，向管式气氛炉中通入氢气，将管式气氛炉升温至 400~500 ℃保温 8~20 h；之后让管式气氛炉降温至 50 ℃以下即得到砷化镉。该发明宣称其有生产过程操作简便、成本低廉、可大量合成砷化镉，生产的砷化镉纯度可达 99.999%，游离镉含量低于 0.01%，氧含量低于 0.01% 等优势。

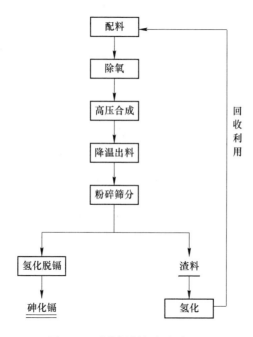

图 8-19　砷化镉制备方法流程图

中国专利 CN113603137A[16] 公开了一种砷化镉的制备方法，其包括如下步骤：（1）在氮气流动气氛中，按照配比将镉料和砷料置于装料部件中，在所述装料部件中所述镉料置于所述砷料上部。（2）将步骤（1）得到的装料部件放置于反应仪器中，将所述反应仪器抽真空后充氮气至常压，重复若干次后充入氢气。（3）将步骤（2）得到反应仪器置于加热炉的上方，将加热炉预热，再将反应仪器降至加热炉中加热，反应，最后将反应仪器升至炉外淬火，得到砷化镉。该发明宣称其首先将镉料和砷料置于装料部件中，且砷料在下镉料在上，如此可以保证镉料熔化后和砷料充分接触，提高反应效率；在反应过程中，采用流动氢气气氛，可以有效降低砷化镉产品的氧含量，提高产品纯度；最后在反应的过程中，反应仪器快速进出加热炉，以使物料骤热合成、骤冷结晶，提高了反应效率、生产效率，降低了砷化镉的损失率。

中国专利 CN111139455B[17] 公开了一种高质量砷化镉薄膜的制备方法，该方法的制备步骤：（1）采用分子束外延技术，先在衬底上生长一层碲化镉缓冲层，之后在碲化镉缓冲层上生长砷化镉薄膜；（2）采用原子层沉积技术，在砷化镉薄膜上生长一层氧化铝覆盖层；（3）采用快速退火技术，在 0.5~3 min 内将温度升高至 550~650 ℃ 并保持 3~7 min，之后降至室温得到高质量砷化镉薄膜。该发明宣称其衬底处理工艺简单，采用原子层沉积技术和快速退火技术提高了砷化镉薄膜的晶体质量，工艺简单、高效，对设备要求低，可以获得更高质量、更高迁移率的晶圆级单晶砷化镉薄膜；采用原子层沉积技术沉积氧化铝覆盖层，预处理方式简单，价格较为经济，且氧化铝作为保护层，不需要去除；之后利用快速退火技术，时间短，效果好，对设备要求低，工艺简单；可以有效减少晶体缺陷，提高薄膜质量和迁移率。

8.7.3 砷化镉的用途

得益于 Cd_3As_2 具有极高的载流子迁移率，且磁性元素 Mn 的掺入不会明显改变其迁移率这一特性，使得有望通过磁性掺杂来获得既有高迁移率又有铁磁性的材料。在高温下，Cd_3As_2 也表现出巨大的各向异性线性磁阻，是一种良好的磁传感器备选材料。

加利福尼亚大学 Shoron 等人认为在太赫兹频率下工作的电子设备将需要比传统半导体具有更高载流子速度的新材料。计算表明，三维拓扑半金属砷化镉是在 1 THz 以上工作的场效应晶体管的最佳候选材料。拓扑半金属对于在太赫兹区工作的高速晶体管具有巨大的潜力，是下一代射频电路的新机遇。

8.8 砷化铌

8.8.1 砷化铌的性质

砷化铌（NbAs），相对分子质量为 167.83。NbAs 是一种外尔半金属材料，2 K 时相应的薄层载流子迁移率为 1.5~35 $m^2/(V \cdot s)$。在室温下及可见光范围内，NbAs 与 TaAs 类似，具有宽光谱光响应。

实验证明，砷化铌纳米带拥有百倍于铜薄膜和千倍于石墨烯的电导率，是目前二维体系中最好的。区别于超导材料只能在零下几十摄氏度超低温下应用，砷化铌纳米带的高电导机制即使在室温下仍然有效。这一发现为材料科学寻找高性能导体提供了一个可行思路，在降低电子器件能耗等方面具有重大价值。

8.8.2 砷化铌的制备方法

2019 年复旦大学修发贤课题组公开的砷化铌的纳米带制备工艺[18]，以 $NbCl_5$ 粉末和 As 块作为原料，使用 95% 的氩气和 5% 的氢气混合气作为载气，将已有一层薄金层（约 15 nm）沉积（催化剂）的 SiO_2/Si 衬底置于水平管式炉内生长 NbAs 纳米带。在生长过程中，将载气的流速设置为 50 mL/min（标态），压力固定在 0.2666 MPa，温度首先在 50 min 内升至 840~870 ℃，保持 15 min，然后在 30 min 内降至 700 ℃，然后自然冷却至室温。较高的生长温度倾向于获得具有较大迁移率的 p 型样品。最终制得呈银灰色的 NbAs 纳米带。

2022 年天津工业大学 Sun 等人采用化学气相传输（CVT）方法制备 NbAs 单晶工艺[19]，以摩尔比为 1∶1.05∶0.05 的 Nb 箔（99.99%）、As（99.99%）和 I_2（99.99%）作为原料，装入长度为 14 cm、内径为 2 cm 的 45 mL 石英管中。选择具有经典晶体取向的 NbAs 晶粒（此处选择 {001} 面作为生长部分）作为籽晶与原料一起加入石英管中。石英管填充氩气，并快速密封。在 72 h 内将石英管从室温逐渐加热至 1000 ℃，随后在 1050 ℃ 的高温环境中保持 30 天，最后自然冷却至室温（长期保温过程是必要的）。

8.8.3 砷化铌的用途

2019 年复旦大学修发贤课题组成功合成了砷化铌的纳米带。测量发现其在具有很高电子浓度的情况下仍然具有超高的迁移率。砷化铌超高导电的机制源自外尔半金属特有的费米弧结构，和常规的量子现象不同，费米弧这一特性即使在室温仍然有效。而这种费米弧表面态具备低散射率的特性，即使在较高电子浓度的情况下，体系仍然保持低散射概率。区别于超导材料只能在零下几十摄氏度超低温下应用，新材料砷化铌的高电导机制即使在室温下仍然有效。这一发现也为材料科学寻找高性能导体提供了一个可行思路，在降低电子器件能耗等方面有重大价值。

8.9 砷烷

8.9.1 砷烷的性质

砷烷，即砷化氢、砷化三氢、胂（AsH_3），常温下为无色气体，熔点为 -113.5 ℃，沸点为 -62.5 ℃。剧毒，具有大蒜臭味，热稳定性较差，受热时易分解为氢气和元素砷。

砷烷作为超大规模集成电路、发光二极管、GaAs 和 GaAsP 生长，以及 n 型硅外延、扩散、离子注入掺杂等制备不可缺少的重要原料，对其纯度要求较高。目前电子行业中使用的砷烷的纯度要求在 99.9999%。

8.9.2　砷烷的制备方法

8.9.2.1　砷烷的合成[20]

A　二砷化三锌（Zn_3As_2）水解法

$$Zn_3As_2 + 3H_2SO_4 \Longrightarrow 2AsH_3 + 3ZnSO_4 \qquad (8\text{-}10)$$

$$Zn_3As_2 + 6HCl \Longrightarrow 2AsH_3 + 3ZnCl_2 \qquad (8\text{-}11)$$

将二砷化三锌同稀硫酸或稀盐酸反应，即生成 AsH_3。其中一般含 H_2O、O_2、N_2、H_2 等杂质，该法工艺较为简单、经典、成熟。

B　氢化铝锂还原法

$$3LiAlH_4 + 4AsCl_3 \xrightarrow{C_2H_5OC_2H_5} 4AsH_3 + 3AlCl_3 + 3LiCl \qquad (8\text{-}12)$$

将氢化铝锂、乙醚与三氯化砷反应，制备 AsH_3。其中一般含 H_2O、O_2、N_2、H_2、$C_2H_5OC_2H_5$ 等杂质，该法也是一种经典的合成方法，反应转化率较高，反应原料易得。但所用 $LiAlH_4$ 较为活泼易受潮。

8.9.2.2　砷烷的纯化[21]

因合成制备的砷烷都不可避免地包含诸如水、二氧化碳、氧气、氮气、烃类、二氧化碳等杂质故需对粗砷烷气体进行纯化。常用的砷烷纯化方法有吸附法、低温冷冻/精馏法、膜分离法等。

A　吸附法

a　过渡金属化合物吸附剂

通过吸附法纯化砷烷的研究较多，Koichi 等人将硅藻土、Al_2O_3、铝硅酸盐、硅酸钙等作为载体，砷化镍、磷化镍、硒化镍、硅化镍等作为吸附剂，制备了一种用承载 Ni 化合物的吸附剂，吸附剂可以将 AsH_3 中 O_2 的体积分数降至 1×10^{-6} 以下。且有研究表明，用承载的硫化镍、硫化铜及砷化铜、磷化铜、硅化铜等作吸附剂，能够达到相同的效果。

b　金属及其合金吸附剂

长谷亘康等人制备了一种疏松多孔的圆柱形 Al 粉吸附剂，制备的吸附剂可以去除 AsH_3 中的 H_2O 与 O_2，制得的产品能够达到 CVD 要求。Succim 等人将质量分数为 47%~70% 的 Zr、24%~45% 的 V 及 5%~10% 的 Fe 制得的 Zr-V-Fe 合金作为吸附剂，使得砷烷中的杂质二硅氧烷的质量分数低于 1×10^{-4}%。

c　网状聚合物吸附剂

Glenn 公开了一种用于从砷烷中除去氧化剂质子酸和可金属化化合物的金属化大网状聚合物吸附剂。发明的大网状聚合物吸附剂包含选自肼和磷的氢化物和具有多个侧挂官能团或官能团混合物的金属化大网状聚合物，所述官能团通式为—（CArR1R2），其中 Ar 是含有 1~3 个环的芳香烃基，R1 和 R2 相同或不同，选自氢和含有 1~12 个碳原子的烷基烃基，通过将待净化的气体与大网状聚合物清除剂接触来除去氧、水和二氧化碳等杂质，杂质的质量分数降至 $1 \times 10^{-4}\%$ 以下。

d 分子筛、活性炭吸附剂

片冈政然等人用活性炭、离子交换的合成沸石或分子筛作吸附剂，使 AsH_3 中水分含量低于 $1 \times 10^{-4}\%$。北原宏一等人通过 3A 分子筛对砷烷进行精制，脱除 AsH_3 中的水分。胡玉亭等人介绍了一种高纯砷烷的合成方法，以砷、锌和稀硫酸为原料，在氮气保护的条件下，制得粗产品砷烷。反应生成的粗砷烷经醋酸铅脱 H_2S，多种不同型号分子筛脱去 H_2O、O_2 等提纯手段进行提纯。得到成品高纯砷烷，总杂质含量小于 0.005%，纯度达 99.995%。

e 承载碳负离子吸附剂

Gleen 等人将大孔聚合物、硅藻土、铝硅酸盐、Al_2O_3 等作为载体、芴（$pKa = 22.6$）作为吸附剂制备了用于去除砷烷中含氧杂质和路易斯酸的承载碳负离子吸附剂。使用此吸附剂可使砷烷中水和 O_2 的含量低于 $6 \times 10^{-5}\%$（体积分数）。

f 金属氧化物吸附剂

北原宏一等人将硅藻土等作为载体，浸渍质量分数为 20%~100% 的 Mn，制成了一种承载氧化锰的吸附剂，用此吸附剂可将 AsH_3 中 O_2 含量降低至 $1 \times 10^{-6}\%$ 以下。此外，也有相关研究记载了将 ZnO、Al_2O_3 溶胶等当作吸附剂来吸附 AsH_3 中的水。宫本昭雄等人使用氧化铝凝胶作为精炼剂进行精制而得到的砷烷，可以制造具有良好性能的化合物半导体。博纯材料股份有限公司使锌粉、砷粉及稀硫酸制得粗制砷烷气体通过第一吸附装置，吸附装置中设有碱性多孔吸附剂（碱性多孔吸附剂为质量比 96∶4 的氧化钙和氧化钠混合而成的多孔吸附剂），除去粗制砷烷气体中的酸性物质，再通入第二吸附装置，第二吸附装置中设有分子筛（活性氧化铝硅胶分子筛，分子筛的规格为 3A、4A、5A 或 13A 的一种），除去砷烷气体中的高沸点杂质，最后通过液氮冷肼使砷烷液化，使用真空泵抽去不凝气体，得到的砷烷纯度可达 99.9999%，产品的杂质含量低于 $1 \times 10^{-5}\%$。

g 承载活性氰化物吸附剂

Watanabet 选用无机载体（沸石、金属氧化物等）和氢化物（如硼、硅、砷、锗等的氢化物）制备的吸附剂用于砷烷的纯化。结果表明，使用此种吸附剂纯化的砷烷中杂质 H_2O 和 O_2 含量低于 $1 \times 10^{-7}\%$，其他杂质含量低于 $1 \times 10^{-6}\%$，纯化效果优良。Hanshf 等人将羰基超低挥发碳材活化脱水后与超纯气体如锗烷、硅烷、六氟化硫、三氟化氮等反应，制备了用于砷烷纯化吸附剂。此吸附剂纯化的砷烷中水、氧气、一氧化碳、二氧化碳等杂质含量降至 $1 \times 10^{-7}\%$ 级，且具有环境友好特点。

B 低温冷冻/精馏法

Manfrede 等人使用真空冷冻法纯化后的砷烷中杂质氢气含量低于 $1 \times 10^{-3}\%$，

杂质氧气、氩气、氮气含量低于 1×10^{-4}%。大阳东洋酸素株式会社提供了通过吸附和低温精馏的方式纯化砷烷的有效途径。纯化过程包括：氧化钙和氢氧化钠混合制得的吸附剂吸附砷烷中存在的酸性杂质；分子筛、活性氧化铝、硅胶等吸附剂吸附砷烷中存在的高沸点杂质；将砷烷通入精馏塔精馏，除去砷烷中存在的不凝气。根据发明的精制方法或精制装置，原料砷化物中所含的杂质成分无论有多少种，全部属于上述三个成分组中的至少一个。因此，利用与碱性反应剂的反应来除去属于酸性成分组的杂质成分（酸性成分）的碱性反应剂的一次处理（利用一次处理装置的处理），然后利用吸附剂吸附除去属于易吸附成分的杂质成分（易吸附成分）的二次处理（利用二次处理装置的处理）进而通过进行蒸馏分离沸点低于砷烷的属于低沸点成分组的杂质成分（低沸点成分）的三次处理（利用三次处理装置的处理），可以有效地除去原料砷烷中所含的全部杂质成分。实验结果表明，使用此方式纯化后的砷烷中，杂质氮气、氧气、一氧化碳、二氧化碳、甲烷、乙烯、乙炔及水含量低于 1×10^{-6}%，杂质硫化氢和羰基硫含量低于 5×10^{-6}%，杂质硅烷和锗烷含量低于 1×10^{-6}%。

C 膜分离法

Pascal 等人描述了一种使用芳香族聚亚酰胺中空纤维膜纯化砷烷的方法。使经过减压过滤的砷烷和氢气混合气体通过分离膜，保证分离膜两侧存在压差，经此法分离得到的产品中砷烷含量高达 99%~99.5%。

8.9.3 砷烷的用途

砷烷作为一种广泛运用于超大规模集成电路、MOCVD、发光二极管、GaAs 和 GaAsP 生长，以及 n 型硅外延、扩散、离子注入掺杂等制备的电子特气，其纯度与洁净度直接影响电子器件的良率和性能，且用量较大，是半导体工业不可或缺的重要原料，有着巨大的经济效益和社会效益。

参 考 文 献

[1] PERRI J A, PLACA S L, POST B. New group III-group V compounds：BP and BAs [J]. Acta Crystallographica, 1958, 11 (4)：310.

[2] LV B, LAN Y C, WANG X Q, et al. Experimental study of the proposedsuper-thermal-conductor：BAs [J]. Applied Physics Letters, 2015, 106 (7)：074105.

[3] MA H, LI C, TANG S X, et al. Boron arsenide phonon dispersion from inelastic X-ray scattering：potential for ultrahigh thermal conductivity [J]. Physical Review B, 2016, 94 (22)：220303.

[4] LI S, ZHENG Q Y, LV Y, et al. High thermal conductivity in cubic boron arsenide crystals [J]. Science, 2018, 361 (6402)：579-581.

[5] 刘京明，赵有文. BAs 晶体生长研究进展 [J]. 人工晶体学报，2021，50 (2)：391-396.

［6］ TIAN F，SONG B，LV B，et al. Seeded growth of boron arsenide single crystals with high thermal conductivity［J］. Applied Physics Letters，2018，112（3）：031903.

［7］ WHITELEY C，ZHANG Y，GONG Y，et al. Semiconducting icosahedral boron arsenide crystal growth for neutron detection［J］. Journal of Crystal Growth，2011，318（1）：553-557.

［8］ 陈迁，张丽梅，李畅，等. 一种高效制备高纯砷化铝的方法：中国，CN107902695A［P］. 2018-04-13.

［9］ 周春锋，兰天平，孙强. 砷化镓材料技术发展及需求［J］. 天津科技，2015，42（3）：11-15.

［10］ 陈坚邦. 砷化镓材料发展和市场前景［J］. 稀有金属，2000（3）：208-217.

［11］ SHEN G，ZHAO Y，SUN J，et al. A comparison of defects between InAs single crystals grown by LEC and VGF methods［J］. Journal of Electronic Materials，2020，49（9）：5104-5109.

［12］ YANG J，LU W，DUAN M，et al. VGF growth of high quality InAs single crystals with low dislocation density［J］. Journal of Crystal Growth，2020，531：125350.

［13］ 廖亚龙，彭志强. 一种真空挥发制备砷化锌的方法：中国，CN103130273B［P］. 2014-11-05.

［14］ 胡智向，朱刘，罗涛，等. 二砷化三锌的制备方法：中国，CN104944468B［P］. 2017-01-18.

［15］ 康冶，王波，朱刘. 一种砷化镉的制备方法：中国，CN112301239A［P］. 2021-02-02.

［16］ 苏湛，李康，狄聚青，等. 一种砷化镉的制备方法：中国，CN113603137A［P］. 2021-11-05.

［17］ 修发贤，杨运坤，张恩泽. 一种高质量砷化镉薄膜的制备方法：中国，CN111139455B［P］. 2021-09-28.

［18］ SUN Y，ZHAO B，HUO Z，et al. Preparation of NbAs single crystal by the seed growth process［J］. Crystals，2022，12（2）：249.

［19］ ZHANG C，NI Z，ZHANG J，et al. Ultrahigh conductivity in Weyl semimetal NbAs nanobelts［J］. Nature Materials，2019，18（5）：482-488.

［20］ 巩晓辉，赵鹏德，张澈. 砷烷的合成与纯化［J］. 低温与特气，2022（040-001）：6-9.

［21］ 刘英杰，景显东，赵健，等. 砷烷的纯化技术研究进展［J］. 低温与特气，2022（3）：40.

9 高纯锑系化合物

锑是一种重金属元素，英文名称 antimony，源于希腊文 anti 和 monos 两字的复合词，原意是"很少单独存在的金属"。元素符号 Sb，属于 VA 族，原子序数为 51，相对原子质量为 121.75。锑为质脆有光泽的银白色固体，有毒，有独特的热缩冷胀性，无延展性。

9.1 锑化镓

锑化镓是ⅢA-VA族的二元化合物，分子式为 GaSb，是一种性能优异的光电晶体材料，凭借其优异的性能，在激光设备、红外探测器及太阳能电池等领域得到了广泛应用。

9.1.1 锑化镓的性质

9.1.1.1 GaSb 晶体的结构特性

GaSb 单晶体具有闪锌矿结构，属于立方晶系，面心立方点阵，$F43m$ 空间群。图 9-1 为 GaSb 晶体的结构示意图。如图 9-1 所示，GaSb 晶体结构与金刚石结构类似，每个 Sb 原子与 4 个 Ga 原子相连，每个 Ga 原子与 4 个 Sb 原子相连，2 个原子之间的化学键为混合性的离子共价键。

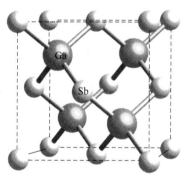

图 9-1 GaSb 晶体的结构示意图

GaSb 晶体的晶格常数为 0.60959 nm，与一些化合物固熔体（InGaAsSb、AlGaSb）的晶格常数相接近。以 GaSb 晶体为衬底，采用外延生长技术制备化合物固熔体材料，可有效地避免因晶格常数不匹配导致的应力、缺陷等问题，提高固熔体的质量。

9.1.1.2 GaSb 晶体的电学特性

表 9-1 为未掺杂的 GaSb 晶体的基本电学参数。GaSb 晶体的导带底和价带顶在 k 空间中处于同一位置，是直接带隙半导体，0 K 时的禁带宽度 E_g 为 0.822 eV，300 K 时为 0.725 eV。无论采用哪种晶体生长方法，得到的未掺杂的 GaSb 都表现出 p 型导电特性，说明晶体中受主缺陷是载流子的主要来源。由于 Sb 原料离解挥发的性质，因此，受主缺陷出现的原因极有可能是组分配比出现偏移，即

Sb 原料不足或者 Ga 原料过剩，此时 Ga 原子占据了 Sb 原子的晶格位置。通过掺杂不同的浅能级杂质，如掺杂 In、Te、Se、S 等可以得到 n 型 GaSb 基材料。

表 9-1　未掺杂的 GaSb 晶体的基本电学参数

参数名称	数值
空穴迁移率/cm² · (V · s)⁻¹	≤1000
电子扩散系数/cm² · s⁻¹	≤75
空穴扩散系数/cm² · s⁻¹	≤25
电子迁移率/cm² · (V · s)⁻¹	≤3000

9.1.1.3　GaSb 晶体的热学特性

图 9-2 为 330~900 K 时 GaSb 晶体的热导率与温度的变化关系图[1]。如图 9-2 所示，随着温度的升高，由于电子散射和光声子散射的影响，GaSb 晶体的热导率与外界温度呈现负相关趋势，即温度升高时，GaSb 晶体的热导率下降，反之亦然。

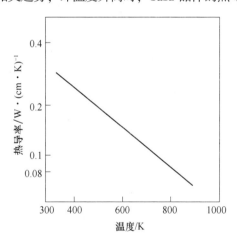

图 9-2　GaSb 晶体的热导率与温度的变化关系图

Piesbergen 等人[2]通过实验得到了 GaSb 晶体在 12~273 K 的热容 C_p、C_v 与德拜温度，绘制了德拜温度随外界温度的变化曲线，如图 9-3 所示。从图 9-3 中可以看出，德拜温度在大约 12 K 时达到最小值。随着温度的继续升高，由于晶格振动的非谐相互作用，德拜温度开始增大。

9.1.2　锑化镓的制备方法

9.1.2.1　锑化镓单晶的制备方法

A　提拉法

提拉法（Cz）是生长 GaSb 单晶最经典的方法[3]。如图 9-4 所示，将晶体生

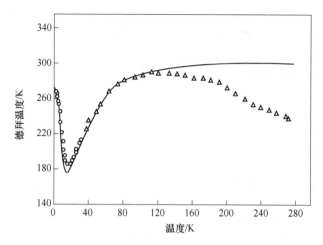

图 9-3　GaSb 晶体的德拜温度与温度的变化关系图

长的原料放在坩埚中加热熔化，熔体内部产生一定的过冷度，产生形核驱动力。将固定在拉晶杆下端的籽晶从熔体上表面浸入，籽晶浸入熔体的一端发生部分熔化后，以一定的速度向上提拉籽晶杆，结晶过程中固-液界面产生的热量通过籽晶杆传输。与籽晶接触的熔体首先获得一定的过冷度，开始结晶过程。随着籽晶杆缓慢的提拉，实现连续的晶体生长。这种方法的优点是可以快速获得大体积单晶（见图 9-5），但是用提拉法生长 GaSb 晶体时，GaSb 熔体表面存在氧化物浮渣，其主要成分为 Ga_2O_3，这种浮渣使得 GaSb 难以成晶，严重时产生孪晶[4]。于是，为消除氧化物浮渣的双坩埚法[5]、液封直拉（LEC）法[6] 和氢还原法[7] 等改进的提拉法应运而生。采用提拉法进行晶体生长的过程中可以随时观察晶体

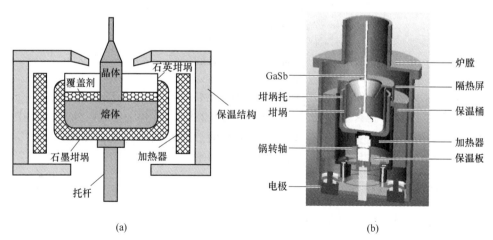

(a) 　　　　　　　　　　　　　　　(b)

图 9-4　提拉法晶体生长原理示意图（a）及 LEC 单晶炉结构示意图（b）

图 9-5　B_2O_3 作为液封剂时生长的 GaSb 单晶

的生长动态，方便掌握晶体的生长情况，生长条件易于控制。而且在晶体生长过程中，晶体不与坩埚壁接触，能够显著减少晶体与坩埚壁产生的寄生成核。此外，提拉法生长的晶体，完整性高，生长速率快，晶体尺寸大，可以按照籽晶的晶向生长出特定晶向的晶体。然而，在高温条件下，由于熔体与坩埚壁直接接触，坩埚中的杂质将会进入熔体中，晶体的质量有所下降。而且，机械传动装置的振动和温度的波动，在一定程度上也会影响晶体的质量。

B　布里奇曼法

经过几十年的发展和改进，布里奇曼法已经成为使用最广泛、技术最成熟的晶体生长技术之一。常见的布里奇曼法主要有垂直布里奇曼法（VBM）和水平布里奇曼法（HBM）。

垂直布里奇曼法（VBM）如图 9-6 所示，坩埚的中间轴方向与重力场方向一致，晶体生长炉的上方为加热区，下方为冷却区，坩埚从上向下移动或者炉体从下向上运动，实现晶体生长过程。与开放式生长的提拉法相比，垂直布里奇曼法的生长原料密封在坩埚中，减少了组分的损耗，避免了外界杂质的影响，得到的晶体组分比较均匀，提高了晶体质量；生长设备简单，晶体的生长参数及炉体的温度场容易控制；生长速度快。虽然封闭式的晶体生长方式阻止了外界杂质的引入，由于晶体与坩埚直接接触，坩埚中的杂质也会进入晶体中；而且晶体与坩埚的膨胀率不同，产生的热应力导致晶体表面出现寄生成核，影响晶体质量。此外，采用这种技术在生长大直径的 GaSb 晶体时会形成多晶[8]，如图 9-7 所示。

水平布里奇曼法（HBM）如图 9-8 所示，坩埚的中间轴方向与重力场方向垂直，晶体生长炉的右端为加热区，左端为冷却区，坩埚从右向左移动或者炉体从左向右运动，实现晶体生长。较为简单的控制系统，意味着采用水平布里奇曼法进行晶体生长过程时，可以在固-液界面处获得较强的对流，有利于对晶体生长行为进行控制。由于坩埚水平放置，熔体的表面尺寸较大，有利于熔体内部杂质

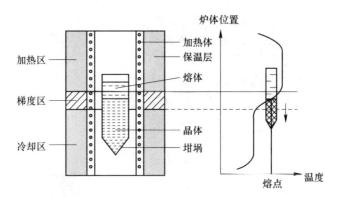

图 9-6　垂直布里奇曼法晶体生长原理示意图

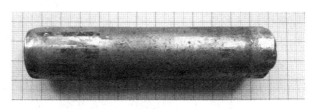

图 9-7　垂直布里奇曼法生长的 GaSb 晶体

的去除，还有利于降低对流强度，使得结晶过程平稳进行。同时，水平布里奇曼法加大了炉膛与坩埚之间对流换热的控制，在晶体生长过程中可以获得较大的温度梯度。

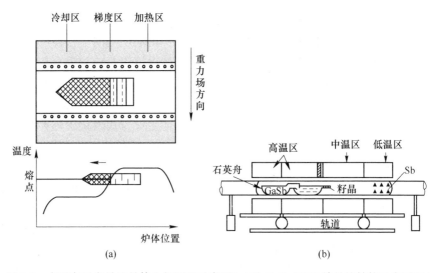

(a)　　　　　　　　　　　　(b)

图 9-8　水平布里奇曼法晶体生长原理示意图(a)及 GaSb HBM 单晶炉结构示意图(b)

布里奇曼法制备的 GaSb 晶体的性能见表 9-2。

表 9-2 布里奇曼法制备的 GaSb 晶体的性能

生长方法	晶体直径 /mm	掺杂元素	类型	载流子浓度 /cm^{-3}	载流子迁移率 /cm^2·(V·s)$^{-1}$	位错密度 /cm^{-2}
HBM	23	Te	n 型	1.5×10^{18}	1680	3×10^5
HBM	23	未掺杂	p 型	1.5×10^{17}	700	3×10^3
HBM	25	未掺杂	p 型	—	—	<10
HBM	—	Te	n 型	$1\times10^{18}\sim3\times10^{18}$	$2.5\times10^3\sim2.7\times10^3$	$70\sim10^3$
VBM	50	未掺杂	p 型	1.68×10^{17}	610	<500
VBM	50	未掺杂	p 型	$1.4\times10^{17}\sim3.4\times10^{17}$	$500\sim600$	200

C 垂直梯度凝固法

垂直梯度凝固（VGF）法是由美国学者 Sonnenberg 等人提出的一种晶体生长技术[9]。VGF 法的结晶方式与布里奇曼法相同，也是在一维的温度梯度场中进行。布里奇曼法晶体生长系统中，炉膛内部的温度场由加热体的温度控制，是固定不变的。而在 VGF 法晶体生长系统中，炉体和坩埚的相对位置固定不变，通过程序改变炉膛内部的温度场，从上往下温度依次下降。随着温度场的变化，坩埚内部的熔体自下而上实现定向结晶过程。其基本原理如图 9-9 所示[10]。

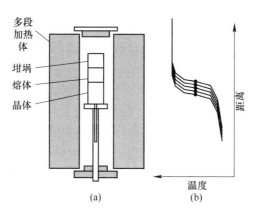

图 9-9 垂直梯度凝固法晶体生长原理示意图
(a) 晶体生长设备结构；(b) 温度场的变化过程

VGF 法晶体生长系统中不涉及机械传动，所以在晶体生长过程中熔体和结晶界面不受机械振动的影响，晶体生长过程稳定。VGF 法的炉膛可实现完全密封，晶体生长过程可以在高压条件下进行。由于控制系统的简化，可以在炉膛内部设置更多的物理控制技术，例如在炉体内部安装永久磁体，对结晶过程施加磁场[11]。但是 VGF 法对温度场精度的控制非常苛刻。在温度场的变化过程中，变化速率和变化顺序要保持恒定，温度梯度不可以出现较大波动。为了获得满足 VGF 法晶体生长所需要的温度场变化规律，通常采用多温区的结构设计。在晶体生长过程中，根据设定的生长速率，由自下而上的顺序依次降低各加热器的功率。如果各加热器的功率下降时间和速率选择适当可获得图 9-9（b）所示的理想的温度场变化曲线，实现在合适的温度梯度和生长速率下的晶体生长过程。VGF 法生长的 GaSb 晶锭如图 9-10 所示。

图 9-10 VGF 法生长的 GaSb 晶锭

D 移动加热器法

移动加热器法（THM）是一种备受关注的晶体生长方法。它可以在远低于熔点的温度下生长高质量的块状化合物或合金半导体晶体，具有潜在的应用价值。从 20 世纪 70 年代移动加热法生长晶体的概念首次被提出[12]，至今美国、日本等发达国家已经对其进行了大量的研究工作[13]。在使用移动加热器法进行晶体生长的过程中，控制生长界面的形状是非常重要的。通常来说，生长界面最好是平界面或略微突出的界面，这样可以避免出现溶剂夹杂和多晶生长。然而，在生长过程中控制生长界面的形状很难，因为生长界面不仅受到溶液中对流作用的影响，还受到生长界面和溶解界面附近热量和质量传递的影响[14]。

THM 晶体生长的基本原理是：坩埚的底部放入籽晶，籽晶的上方装入适量的熔剂，熔剂区上方放入预先合成的多晶料（见图 2-3）。熔剂区的物料要压实，防止上方熔解的多晶料直接落到籽晶表面。抽掉坩埚中的空气并进行密封。将坩埚放入晶体生长炉时，熔剂区要位于炉膛温度最高的位置。随着加热器的向上移动，多晶原料熔解并进入熔剂区形成熔液，而在下方低温区熔液过饱和，其中熔解的熔质又重新析出，沉积在熔液下方的生长界面上。加热器的连续移动确保生长过程稳定进行。在整个生长过程中，生长速率是由熔质运输速度和生长界面的稳定性及形状决定。熔剂区和生长界面处要有较大的温度梯度，以保证熔质运输的有效性，防止熔质直接落到生长界面上。最终得到的生长界面应该是平坦的或中间略凸的，防止在生长过程中出现杂质和缺陷的积累[15]。

一般的熔体法晶体生长技术，如提拉法和垂直梯度法，是在高于熔点的温度下进行晶体生长，物料中的某种组分会产生反位取代，最终得到的晶体成分会远远偏离原有的化学计量比。而在较低的温度下用移动加热器法生长晶体，会减少反位取代缺陷的发生，得到的晶体组分更加均匀，电阻率也较高。较低的温度也会减小坩埚壁的污染，降低反应物的蒸气压。用移动加热器法生长得到的三元化合物晶体的组分非常均匀。但是，移动加热器法生长晶体的过程中也有两个不足之处。首先是晶体生长需要有籽晶的加入，籽晶必须是通过其他技术如布里奇曼法或气相生长法获得的，极大地增加了移动加热器法商业化生产的成本。而且移动加热器法的生长速率较小，每天只生长几个毫米。这两个缺点严重阻碍了移动加热器法在大规模工业化生产中的应用。由于上述几方面原因，在过去的几十年间，很多专家学者对移动加热器法晶体生长进行了理论和实验研究。

9.1.3 锑化镓的用途

近些年来，以 GaSb 晶体为基础材料制造的器件吸引了人们的关注，制作的器件主要应用于探测器、热光伏电池和二极管等领域。在这些领域，GaSb 基材料表现出了优异的性能。

9.1.3.1 红外探测器

Esaki 等人[16]在 1977 年提出了 InAs/GaSb Ⅱ类超晶格概念，他们认为，以 GaSb 晶体为衬底生长 InAs/GaSb Ⅱ类超晶格材料是一种有前景的、替代其他生长方法的技术。制备的材料的物理性能稳定，组分均匀，并且工艺成熟。此外，其理论预期的探测性能远远超过碲镉汞（HgCdTe）材料，在发展新一代红外焦平面探测器方面有着十分明确的前景[17]。Hill 等人[18]以 p 型 GaSb 晶体的（100）面作为衬底，采用分子束外延（MBE）技术生长了 GaSb/InAs Ⅱ型异质结应变超晶格结构材料，然后用这种材料制作了中波红外和长波红外探测器。从测试结果来看，该型超晶格的中红外探测器件有着巨大的应用前景，可大规模地应用于非低温环境下的中红外焦平面阵列中。

9.1.3.2 GaSb 基热光伏电池

热光伏电池（TPV）的工作原理是将红外电磁波转变成电能，太阳能电池的工作原理是将热辐射转变成电能，两者的工作原理类似。不同的是，热光伏电池不仅能将太阳光转变成电能，还能将核能、同位素及煤等化石燃料发出的红外光转变成电能，这是热光伏电池的一大优势。而且，热光伏电池的转换效率高，体积更小，可靠性更高。GaSb 材料属于窄禁带半导体，采用窄禁带半导体制作的热光伏电池一般用于吸收波长在 $780 \sim 4000$ nm 的红外光并转变为电能[19]。美国 Boeing 公司的研究人员将 GaSb 与 GaAs 相结合制备得到了热光伏叠层电池，其光电转换效率超过 36%。

9.1.3.3 晶体二极管

GaSb 基材料可以制作为雪崩光电二极管（APD）、异质结光敏二极管、异质结发光二极管等器件。以 GaSb 基材料制备的二极管倍增系数较高，可达到 50 左右。而且探究发现，GaSb 基器件的发光系数和光敏系数都有显著提高，在器件应用中有着不可忽视的前景[20]。

9.2 锑化铟

锑化铟（InSb）作为一种ⅢA-ⅤA族二元化合物半导体材料，物理化学性质稳定、工艺兼容性优良，自发现伊始，便成了半导体材料领域研究的热点。InSb 具有极窄的禁带宽度、极小的电子有效质量和极高的电子迁移率[21]，尤其值得关注的是，在 3～5 μm 光谱范围内属于本征吸收，拥有近百分之百的量子效率[22]，成为了制备中波红外探测器的首选材料[23]，应用前景和商业需求巨大。

9.2.1 锑化铟的性质

InSb 晶体是一种由 In（ⅢA族）元素和 Sb（ⅤA族）元素组成的极性半导体。在自然情况下，它的晶格常数 $a=b=c=0.6479$ nm，晶系为立方晶系，空间群为 $F\bar{4}3m$，并且是一种闪锌矿型的结构。图 9-11 展示了 InSb 的晶胞结构，从图 9-12 中可以看出在晶胞的各个顶角和面心上的是 In 原子，Sb 在晶胞内相对于对角线移动了 1/4，每 4 个 In 原子中包围着一个 Sb 原子，反之也是如此。原子与原子间一部分是通过共价键连接，另外一部分通过离子键相连，因此 InSb 属于极性型的半导体。InSb 晶体材料的基本特性见表 9-3。

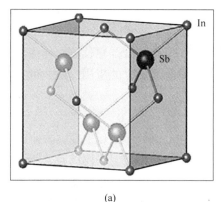
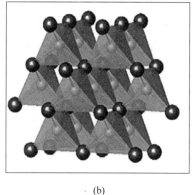

(a)   (b)

图 9-11　闪锌矿 InSb 的晶胞结构

（a）InSb 的球棍图；（b）InSb 多面体连接图

表 9-3　InSb 晶体材料的基本特性

性能参数	T/K	性能指标
晶格常数/nm	300	0.64782

性能参数	T/K	性能指标
线膨胀系数/K^{-1}	300	5.04×10^{-6}
	77	6.50×10^{-6}
密度/$g \cdot cm^{-3}$	300	5.7751
熔点 T_m/K	—	798
禁带宽度 E_g/eV	4.2	0.2357
	77	0.228
	300	0.180
电子迁移率 $\mu_e/cm^2 \cdot (V \cdot s)^{-1}$	77	10^6
	300	8×10^6
空穴迁移率 $\mu_h/cm^2 \cdot (V \cdot s)^{-1}$	77	10^4
	300	8×10^2
本征载流子浓度 n_i/cm^{-3}	77	2.6×10^9
	200	9.1×10^{14}
	300	1.5×10^{15}
折射系数 n	—	3.96
静态介电常数	—	17.9
高频介电常数	—	16.8

InSb（300 K）具有禁带宽度窄（0.18 eV），电子迁移率大（8×10^6 cm²/(V·s)），本征载流子浓度达 1.5×10^{15} cm⁻³，灵敏度高等独特的半导体性质，是高性能的 3~5 μm 红外探测器和成像系统的重要材料[24]。关于 InSb 的研究最早见于 1954 年，Tanenbaum 采用提拉法生长了第一根 InSb 晶体[25]。同年，Moss 初步探讨了 InSb 的半导体特性，很快这种窄禁带半导体材料就被人们用来制作红外探测器[26]。1960 年，Gobeli 首先得到了高纯 InSb 晶体分别在 5 K 和 298 K 温度下的吸收光谱图[27]。在之后的 40 年人们分析了在不同掺杂浓度和温度下由 InSb 探测器所探测到的光谱。2010 年，Iwasugi 等人在硅衬底上采用异质外延技术生长了 InSb[28]。2015 年，Yoshikawa 等人研究了低温下 InSb 晶体的磁阻效应[29]。国内关于 InSb 的报道最早见于 1963 年，林达荃总结了 InSb 的物理特性及其应用[30]。1981 年，朱明华以合成的 InSb 多晶料为原料采用提拉法制备了高纯 InSb 单晶，研究了 InSb 的多晶合成、提纯，以及单晶生长工艺，并在 77 K 的环境下分析了其半导体性能[31]。1996 年，康俊勇等人采用垂直温度梯度凝固法生长了碲掺杂的 InSb 单晶，发现 Te 杂质浓度高的地方，电子迁移率低，反之较高[32]。2009 年，王燕华等人采用提拉法生长了 7.62 cm（3 in）的 InSb 单晶，研究了载流子浓度沿晶棒长度的关系，结果表明从肩部至尾部载流子浓度逐渐增大[33]。

2013 年，巩锋等人采用提拉法生长了 Te 掺杂的 InSb 单晶，测试所得的迁移率在 $2.4×10^5 \sim 4.5×10^5$ cm^2/(V·s) 之间[34]。2016 年，吴学铭等人通过仿真和实验研究了工作温度对 InSb 探测系统作用距离的影响。为了降低其生产过程的成本并提高生产探测器的效率，国内外也一直致力于 InSb 向大尺寸单晶生长技术发展，与此同时，为了将由 InSb 所制备的红外焦平面探测器向更大规模的平台发展，各国针对 InSb 材料及由 InSb 所制备的探测器进行了大量的研究和讨论，取得了很大的进步。

9.2.2 锑化铟的制备方法

9.2.2.1 锑化铟单晶的制备方法

A 提拉法（Cz 法）

1952 年，Welker 首次报道了 InSb 材料。基于其独特的物理化学性质及在红外探测领域的应用前景，受到了广泛重视，发达国家率先投入巨资进行了研发。他们对 InSb 晶体材料的制备方法进行了大量研究，开发了例如 HZM 法、Cz 法、DS 法、THM 法、SHM 法及 VB 法等众多生长方法，甚至进行了太空微重力环境下的 InSb 晶体生长实验。基于以上研究，获得了大量的研究成果，使得 InSb 晶体材料的制备技术获得了极大提高。

历经长期的技术积累及验证比较，目前主流的技术途径是采用 Cz 法进行 InSb 晶体的生长制备。图 9-12 和图 9-13 分别显示了 Cz 法晶体生长的原理图及示意图。图 9-14 为 InSb 单晶材料及 InSb 抛光晶片。

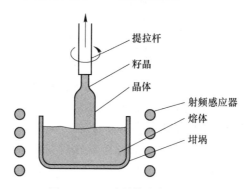

图 9-12 Cz 法晶体生长原理图

B 布里奇曼法

垂直布里奇曼（VB）法作为一种在熔体中生长晶体的方法，常采用的成核方式为无籽晶非均匀成核[35]，这与平时所说的坩埚下降法是同一种方式。这种方法的优点是晶体的形状可随坩埚的形状确定，可加籽晶也可以无须籽晶自发成核，根据原料的性质，坩埚可全封闭也可以半封闭，适合大尺寸晶体生长，操作

图 9-13 Cz 法晶体生长示意图

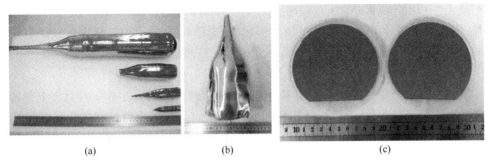

(a)　　　　　　　　　　　(b)　　　　　　　　　　　(c)

图 9-14 InSb 单晶材料及 InSb 抛光晶片

（a）（b）InSb 单晶材料；（c）InSb 抛光晶片

简单，易自动化，产出的晶体如图 9-15 所示。晶体生长过程需要对温度进行精确的控制，保持温场稳定，因此这种方法最关键的在于控制长晶的非均匀成核速率、坩埚形状及温场的变化。

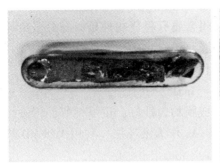

图 9-15 VB 法合成的 InSb 多晶

9.2.2.2 锑化铟薄膜的制备方法

为了适应现有高科技产业的要求，对薄膜科学和技术的研究越来越重视，材料薄膜化已成为发展趋势[36]。目前，InSb 薄膜的生长方法主要有分子束外延、物理气相沉积（真空蒸发、磁控溅射）、金属有机化学气相沉积等。

A 分子束外延

目前，InSb 薄膜主要生长在 GaAs 衬底上，并且工艺已经成熟、稳定。但是由于 InSb 化合物半导体材料和 Si 衬底之间存在较大的晶格失配（超过 19%）和热膨胀系数差异[37]，导致在 Si 衬底上直接通过分子束外延技术生长得到的 InSb 薄膜易存在大量的失配错位和较大的应力，影响薄膜质量[38-39]。20 世纪 80 年代末，Chyi 等人第一次使用分子束外延法在 Si 基底上直接生长了 InSb 薄膜，但是质量不高[40]。现在最常见的解决方法是在 Si 衬底和所需要外延生长的薄膜之间插入一层晶格常数居中的材料作为缓冲层。美国协调科学实验室一课题组先在 Si 衬底上生长了一层 GaAs 作为缓冲层[41]，日本富山大学一课题组将 Ge 作为缓冲层[42]，再在缓冲层上生长 InSb 薄膜，都将 Si 和 InSb 之间的晶格失配减小到了 14.5%。还有一个课题组将 AlSb 作为缓冲层，其晶格失配最小达到了 5.6%[43]。

B 物理气相沉积

日本群马大学一课题组采用多晶锑化铟作为溅射靶材，在蓝宝石衬底上直接生长了几微米的 InSb 薄膜。昆明物理所使用相同的靶材在玻璃衬底上生长了非晶的 InSb 薄膜[44]。但使用 PVD 方法生长 InSb 薄膜存在一个不可避免的问题，由于 Sb 和 In 的饱和蒸气压的严重差异（Sb 在 525 ℃ 时为 0.004 Pa，In 的更低），在蒸镀和热处理的过程中可能会产生分馏现象，导致所得到的薄膜的组分会严重偏离化学计量比，可能除了 InSb 之外还会含有少量 In 杂质，这将对薄膜的质量和性能造成严重影响。加拿大微结构科学研究所除了使用多晶锑化铟作为溅射靶材之外，同时还加入了 Sb 靶材共同作用，弥补了最后得到薄膜中的贫 Sb 现象，获得质量较好的 InSb 薄膜[45]。

C 金属有机化学气相沉积

金属有机化学气相沉积（MOCVD）又叫金属有机气相外延，与分子束外延和物理气相沉积不同的是，MOCVD 沉积薄膜是通过化学反应实现的，主要利用金属有机物来输运金属[46-47]。生成 InSb 的化学反应方程式如下：

$$In(CH_3)_3 + SbH_3 \Longrightarrow InSb + 3CH_4 \tag{9-1}$$

MOCVD 可实现薄膜的精确可控生长，成膜均匀性好，重复性好，可进行规模化生产，但会污染环境。有课题组使用 GaAs 作为缓冲层，利用 MOCVD 技术在 Si 衬底上生长了 Te 掺杂的 InSb 薄膜[48]。

9.2.3 锑化铟的用途

InSb 晶体材料主要应用于红外探测领域，此外在磁敏器件方面也有所涉及[49-50]，虽已历经半个多世纪的发展，InSb 晶体材料由于其极窄的禁带宽度、极小的电子有效质量、极高的电子迁移率及 3~5 μm 波段近百分之百的量子效率，至今仍是制备高性能中波红外探测器的首选材料，InSb 红外探测器也成为了中波波段应用最为广泛的一种探测器。

经过几十年的发展，基于 InSb 晶体材料的红外探测器完成了从单元、少元、多元线列到面阵凝视方向的快速发展[51]。目前，国外公开报道的 InSb 红外焦平面探测器的阵列规模实现了从 320×256 元、640×512 元到 1000×1000、2000×2000 及 4000×4000 拼接型的全面覆盖。InSb 红外探测器暗电流小，响应线性度好，响应率和灵敏度极高，性价比优势十分突出。以美国为首的主要发达国家非常成功地开发出了 InSb 红外探测器制备技术，使其进入了大规模应用阶段，促进了红外技术在天文观测、精确制导、预警探测、搜索跟踪、安全监视、辅助驾驶、工业检测等军民领域的广泛应用[52]。

9.3 锑化锌

ZnSb 是一种间接带隙的金属半导体材料，这种材料在 450~700 K 的高温环境中拥有很好的热电性能，晶体结构也非常稳定，因其是高转换率的热电材料而备受关注。

9.3.1 锑化锌的性质

从 20 世纪 60 年代就开始对 ZnSb 材料进行研究，主要集中于对其突出的热电性能的研究。ZnSb 是一种金属合金型半导体纳米材料，Carter 在 1964 年就开始研究这种材料的晶体结构[53]，属于斜方晶系结构、$Pbca$ 空间群，具备各向异性，晶胞参数 $a=0.6202$ nm、$b=0.7742$ nm、$c=0.8100$ nm，且具有褶皱的层状结构。

作为同类型材料中结构最为稳定的 ZnSb，其结构可看作是变形的闪锌矿结构，在成键及其传导关系中，原子在 Zn_2Sb_2 的平面菱形环中组合在一起。如图 9-16 所示，ZnSb 中的化学键被分为三类：键 i ~ vi 是用于建立四面体的共价键；键 vii 和 viii 形成 Zn_2Sb_2 环；键 ix 1~6 用于连接 Zn_2Sb_2 环的二聚体。Sb—Zn—Sb 的键角为 109.5°，接近于正四面体中的角度，因此，ZnSb 在一定程度上满足四面体规则。ZnSb 为半导体，可能是由于四面体中的 sp^3 杂化轨道所致，其通常代表半导体键[54]，因此，ZnSb 属于贫电子框架半导体[55-56]。

Zn_4Sb_3 也是另一种锑化锌较为稳定的结构，Zn_4Sb_3 有 α、β、γ 三种晶型，分别在 263 K 以下、263~765 K 之间、765 K 以上稳定存在。其中 β-Zn_4Sb_3 是 p 型半导体化合物，结构为 $R3c$ 晶体对称，室温下的晶格热导率仅为 0.65 W/(m·K)，670 K 时其热电优值高达 1.3，β-Zn_4Sb_3 相（263~765 K）具有"电子晶体-声子玻璃"特性，表现出优异的热电性能，其室温物理参数见表 9-4。Zn_4Sb_3 的晶体结构中 Sb^{3-} 形成扭曲的六方紧密堆积层，而 Sb^{2-} 分布在 Sb^{3-} 层的八面体通道空隙

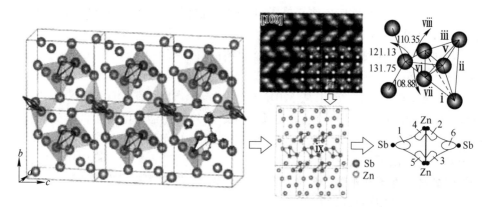

图 9-16 ZnSb 的晶体结构示意图

中，在每一个 Zn_4Sb_3 的晶胞中有 18 个 Sb^{3-} 与 12 个 Sb^{2-}，共有 78 个电子，即需要 39 个 Zn^{2+} 离子提供对应的正电荷，所以 Zn、Sb 离子不是严格的 4:3 关系，实际测试大约为 3.95:3，其晶体结构如图 9-17 所示。

表 9-4 Zn_4Sb_3 室温下物理参数

物性	β-Zn_4Sb_3
熔点/K	841
晶格常数/nm	$a = 1.2231$，$c = 1.2428$
禁带宽度/eV	1.2
密度/$g \cdot cm^{-3}$	6.36
线膨胀系数/K^{-1}	1.93×10^{-5}
德拜温度/K	237
电阻率/$\Omega \cdot m$	2.0×10^{-5}
Seebeck 系数/$\mu V \cdot K^{-1}$	113
热导率/$W \cdot (m \cdot K)^{-1}$	0.8

锌锑二元合金中 Zn_4Sb_3 是最近几年才被发现的具有很高热电性能的材料，在 670 K 附近其热电优值可以高达 1.3，超过了其他多种传统的热电材料，如图 9-18 所示。从图中可以清楚地看到，在 150~400 ℃ 的范围内 Zn/Sb 二元合金中的 Zn_4Sb_3 拥有着最高的热电优值，而 ZnSb 在温度 500 K 下其热电优值也达到了 0.6[57]。

9.3.2 锑化锌的制备方法

目前合成 Zn_4Sb_3 和 ZnSb 采用较多的方法有真空熔炼法、溶剂热合成法、磁

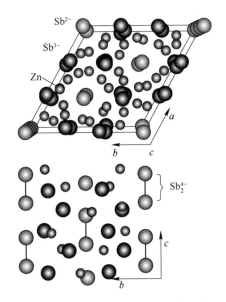

图 9-17 Zn_4Sb_3 晶体结构示意图

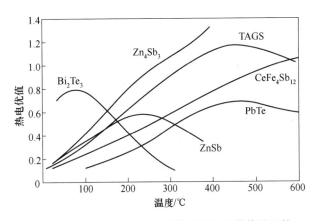

图 9-18 Zn-Sb 二元合金与其他材料热电优值的比较

控溅射法、冷冻粉碎法、热压法、粉末冶金法等[58-63]。

9.3.2.1 真空熔炼法

以高纯的 Zn 粒（99.999%）和 Sb 粒（99.99%）为原料。按适量的 Zn 和 Sb 化学计量比称取 Zn 粒和 Sb 粒，将其密封于（10^{-3} Pa）石英管中，然后置于马弗炉中，并以 250 K/h 的升温速度升温至 1023 K，保温 72 h 后将铸锭淬火降温，最后将淬火后的铸锭在 573 K 下保温 24 h 获得试样铸锭。为了消除淬火时因成分偏析引起的不均匀性，对淬火试样进行均匀化退火处理，将均匀化处理后的铸锭研磨过筛，放入石墨模具中，经过等离子活化烧结后得到最终 β-Zn₄Sb₃ 样品。技术路线如图9-19所示。

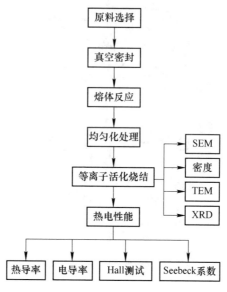

图9-19 热电材料的技术路线

9.3.2.2 溶剂热合成法

溶剂热合成法制备锑化物纳米材料是一种新型的方式。使用该法系统地研究锑化物的制备是很有必要的。溶剂热合成法的核心在于通过反应源与有机溶剂的不同的配比及改变参数实现原子尺度下的材料合成，其结构、尺寸及形貌也可以通过改变实验条件进行调控，实现对材料物理、化学性质进行控制。使用溶剂热合成法其难点在于影响最终产物各项性能的因素较多，需要前期对制备过程可能受到影响的实验参数进行设计。相比其他方法而言，其优点在于微纳尺度下合成的材料致密度较高、热稳定性较好、常温下化学性质稳定等。近年来，随着溶剂热合成法的优势受到科研人员广泛关注，使小规模制备到大规模量产变为可能。在早年，人们在水热反应中合成出均匀分布较好、产物纯度高、晶体尺寸及形貌可控的纳米粒子，并发现通过水热法制备的最终材料处于介稳相。若反应源化学性质活泼，则容易与水、空气反应，干扰了实验最终的结果。因此溶剂热合成法使用溶剂代替水往往能得到更好的结果。

溶剂热合成法还具有其他优势：首先，在整个合成过程中避免反应源潮解，降低产物受到干扰的概率；其次，有机溶剂的官能团能诱导产物促成各类形貌，在高压和高温等非平衡条件下有利于产物具备较高的结晶质量。因为溶剂热合成法较其他方法来说改变反应条件的难度较低，因此是合成低价态和中价态等特殊介稳态价态纳米材料的重要途径。

溶剂热合成制备锑化锌法的具体步骤为:

(1) 在真空中干燥 $ZnCl_2$ 晶体和 $SbCl_3$ 晶体一定时间至晶体无结晶水(由于 $SbCl_3$ 晶体熔点为 73.4 ℃,因此需要低温干燥,否则晶体将会熔化;且由于实验需要在还原性氛围中进行,因此需要进行真空干燥)。

(2) 称取 0.34075 g 的 $ZnCl_2$ 粉末、0.22812 g 的 $SbCl_3$ 粉末、量取 12.0 mL 1 mol/L 的 $Li[Et_3BH]$ 四氢呋喃溶液。

(3) 在充满氮气的手套箱中将称量好的 $ZnCl_2$、$SbCl_3$ 粉末和 $Li[Et_3BH]$ 四氢呋喃溶液装入高温高压反应釜中,并做密封处理。

(4) 将密封完的高温高压反应釜移至高温鼓风干燥箱中。设置控温程序,调节温度至 65 ℃,反应 1 h 后,将温度调节到 245 ℃,反应 24 h。

(5) 反应结束后,等待高温鼓风干燥箱内温度降至室温并取出反应釜。

(6) 用一定量的无水乙醇清洗反应釜内壁后,用移液枪取出样品,再用一定量 2% 的乙酸除去产物中过量的 Zn。

(7) 依次用无水乙醇、去离子水和无水乙醇各离心清洗 1 次、3 次和 2 次,离心清洗的转速取 13000 r/min,时间 20 min。

(8) 清洗完毕后,将所得产物放入 40 ℃的真空干燥箱中真空干燥 1 h 即可得到较为纯净的 Zn_4Sb_3 纳米颗粒。

9.3.2.3 锑化锌纳米粉体的制备方法

2010 年,Denoix 等人利用化学溶液法在 75 ℃的条件下合成了 Zn 核与 Sb 壳层,并且在 300 ℃的条件下在管式炉内合成了 Zn_4Sb_3 的纳米结构[64]。同年,Birkel 等人同样利用化学溶液法首先合成具有活性的 Zn 与 Sb 纳米颗粒,随后也通过在高温电炉内烧结合成的方法,通过控制反应时间、升降温速率等方式合成了一些类似于新相的 $Zn_{1+x}Sb$ 材料产物。并通过 X 射线衍射仪(XRD)与透射电子显微镜(TEM)等手段对类似于新相的 $Zn_{1+x}Sb$ 产物进行了组分与表面形貌等方面的研究[65]。

2011 年,Pomrehn 等人利用溶液法获得了一种新相的 Zn_8Sb_7 材料,除此之外,他们还研究了其电学与热力学方面的性能,并且通过第一性原理计算了其晶格结构与可能的稳定温度范围,补充了 Zn-Sb 二元合金纳米颗粒的相图。

2017 年,Lo 等人利用快速淬火法合成了 α-Zn_3Sb_2。这种 α-Zn_3Sb_2 可以在室温到 425 ℃范围内保持稳定的晶体结构,而在 425~590 ℃相变为 β-Zn_3Sb_2。在实验中,通过单晶衍射技术确定了 α-Zn_3Sb_2 的晶体结构,并利用粉末数据的 Rietveld 精修确定了这一晶体结构的正确性。α-Zn_3Sb_2 拥有庞大的六边形晶体结构,为 $R3$ 空间群,$a = 1.5212$ nm,$c = 7.483$ nm。另外,通过与温度有关的同步加速器粉末衍射来研究了 α-Zn_3Sb_2 的热电性能并与 β-$Zn_{13}Sb_{10}$ 进行对比。在此基础上,利用 Debye-Callaway 晶格热导率的解释,通过 α-Zn_3Sb_2 和 β-$Zn_{13}Sb_{10}$ 之间的差异来举例说明 Zn/Sb 系统中阳离子/阴离子紊乱的潜在意义[66]。

9.3.3　锑化锌的用途

目前来说，癌症的诊断主要有血液芯片检测、基因检测、X 射线诊断、内窥镜诊断、超声波诊断、细胞学诊断等一系列方法，而癌症的治疗主要有手术治疗、化学治疗、放射线治疗等治疗方法。目前的诊断方法有一定的误诊概率并且在诊断时会对病人机体造成较大的伤害，而治疗方法对人体的伤害更为巨大。

锑化锌可用于光热诊疗中，光热诊疗的诊断原理就是利用光热材料对特定波长光的散射与吸收特性，在光热材料与恶性肿瘤细胞相配对后为影像提供更强的光学衬比，从而能达到清晰诊断的目的。

9.4　锑化铝

锑化铝（AlSb）是ⅢA-ⅤA族中一种重要的半导体材料，被认为是在室温或接近室温条件下检测 γ 射线的最有前景的材料之一。

9.4.1　锑化铝的性质

锑化铝在室温时禁带宽度为 1.62 eV，同时其电子与空穴的理论迁移率分别达到 1100 $cm^2/(V \cdot s)$ 及 700 $cm^2/(V \cdot s)$，作为间接带隙半导体，其理论载流子寿命达到 10^{-3} s，满足原子序数高、禁带宽度大、载流子迁移率与寿命大等制备室温半导体核辐射探测器的理论要求，有望作为下一代室温半导体核辐射探测器材料。

其折射率为 3.3（波长为 2 μm 的光照射时测得），在微波频率下测得的介电常数为 10.9。此外 AlSb 可以与其他的ⅢA-ⅤA 合金材料化合，以生产三元材料，如 AlInSb、AlGaSb、AlAsSb。由于 Sb^{3-} 的存在，锑化铝相当易燃。其燃烧产物为氧化铝与三氧化二锑。

9.4.2　锑化铝的制备方法

锑化铝材料应用过程中，高纯锑化铝材料的合成是至关重要的一步，而高温下高纯铝的反应性高，特别是腐蚀石英等坩埚材料，锑的挥发性高，容易导致锑化铝熔体化学计量比失衡，是锑化铝晶体合成的主要障碍。

9.4.2.1　直接合成法

采用氮化硅陶瓷坩埚覆盖石墨垫片，石英塞，放置于石英坩埚中，石英坩埚外接真空机组抽真空，石墨垫片与氮化硅陶瓷坩埚粗糙上表面之间存在气隙，通过焊接石英塞与石英坩埚，压实石墨垫片与氮化硅坩埚，高温下，石墨膨胀密闭氮化硅坩埚，如图 9-20 所示。该方法形成氮化硅陶瓷坩埚-石墨垫片密封体系，空腔体积极小，抑制合成过程元素损失，最后在可倾斜旋转管式炉中旋转合成，合成均匀的满足化学计量比的锑化铝晶体。

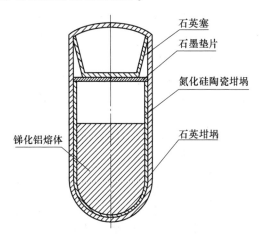

图 9-20　氮化硅陶瓷坩埚–石墨垫片密封体系示意图

主要步骤如下：

（1）氮化硅陶瓷坩埚及石墨垫片处理。将氮化硅陶瓷坩埚在王水中浸泡 24 h，取出后去离子水冲洗，然后用 10%～15% 的氢氟酸溶液浸泡 30～45 min，去离子水冲洗，再在去离子水中超声 2～3 h，取出后用去离子冲洗，放入真空干燥箱中 120 ℃ 干燥 2～4 h 备用。将石墨垫片放入王水中浸泡 24 h，取出冲洗后在去离子水中超声 2～3 h，取出后用去离子水冲洗，放入真空干燥箱中 120 ℃ 干燥 2～4 h 备用。

（2）称料与装料。在百级净化间中使用电子天平按摩尔比 1∶1 称量一定质量的纯度为 99.999% 的高纯铝原料与纯度为 99.9999% 的高纯锑原料，然后依次放入洁净干燥的氮化硅陶瓷坩埚中，使氮化硅陶瓷坩埚内部体积充分填满，氮化硅陶瓷坩埚整体放入洁净干燥的石英坩埚中，依次放入石墨垫片、石英塞。

（3）石英坩埚焊接。将石英坩埚竖直对接到真空机组上，抽真空至真空度不大于 $5×10^{-5}$ Pa，使用氢氧焰焊接石英塞与石英坩埚。

（4）多晶合成。将焊接后的石英坩埚固定于可倾斜旋转管式炉的炉管中，石英坩埚底斜向朝下，整体倾斜角度为 30°～40°，快速升温到 660～680 ℃，然后以 10～20 ℃/h 的速率升温到锑化铝熔点 1058 ℃ 以上 20～40 ℃ 的温度点，以 2～4 r/min 的速度旋转坩埚，旋转 24～48 h，最后缓慢降温到 500 ℃ 后，断电炉冷，得到单相的锑化铝块体多晶。

该方法氮化硅陶瓷坩埚在高温下不与锑化铝熔体反应，同时通过石墨垫片实现氮化硅陶瓷坩埚自密封效果，达到抑制锑元素蒸发，防止外石英坩埚吸附铝元素反应破裂的效果,保证合成过程中熔体组分不损失,并且在高温下石墨垫片具有吸附残余氧的效果。

9.4.2.2 液封熔体法

液封熔体法首先将氯化锂作为液封剂放入热解氮化硼坩埚中,将接近化学计量比的高纯铝和高纯锑置于氮化硼坩埚中,将氮化硼坩埚整体放入石英坩埚中,抽真空至真空度小于 5×10^{-5} Pa,并使用氢氧焰焊接,然后升温到液封剂熔点,使液封剂包覆铝和锑,再升温到锑化铝熔点以上保温,使熔体均匀化,最后采用布里奇曼法生长,通过液封熔体法获得大尺寸单晶,如图9-21所示。

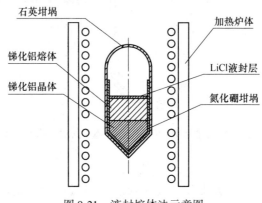

图9-21 液封熔体法示意图

步骤如下:

(1) 对热解氮化硼坩埚及石英坩埚进行处理。将热解氮化硼坩埚及石英坩埚用王水浸泡24~36 h,去离子水超声多次清洗,最后用去离子水冲洗干净,真空干燥。

(2) 装料。在手套箱中先将 LiCl 总质量的 1/2~3/4 部分装入热解氮化硼坩埚中,再将按摩尔比 1∶1 称量的高纯铝 99.999%与高纯锑 99.9999%装入氮化硼坩埚中,然后再向氮化硼坩埚中装入剩余部分的 LiCl,氮化硼坩埚整体放入石英坩埚中,将石英坩埚整体放入封口袋,在手套箱中将封口袋热封,整体转移出手套箱。

(3) 石英坩埚焊接。打开封口袋,快速将石英坩埚竖直对接到分子泵机组上,抽真空,至真空度不大于 3.5×10^{-5} Pa 时,使用氢氧焰焊接石英坩埚。

(4) 熔体均匀化。将石英坩埚放入布里奇曼生长炉中,升温到 610~620 ℃之间,保温 3~6 h,熔化 LiCl 形成液封层,使铝和锑被充分包覆,然后升温到锑化铝熔点 1058 ℃以上 20~30 ℃,保温 36~48 h。

(5) 坩埚下降法生长。保温结束后,调整布里奇曼生长炉的温场,实现熔点处温度为 10~15 ℃/cm,然后以 1~2 mm/h 的速度下降坩埚温度,经过熔点,锑化铝晶体生长，下降结束后，降温 12~16 h 至 150~200 ℃，断电炉冷。

该方法液封剂 LiCl 较 LiCl-KCl 共熔体系密度小，更容易被密度大的锑化铝熔体排出到熔体表面，实现液封剂包覆熔体，可以有效避免高温下元素损失，保证锑化铝熔体化学计量比稳定，避免生长过程中元素分凝，导致成分过冷，使生长的晶体成分均匀，满足化学计量比，而且液封剂可以有效避免锑化铝熔体侵蚀热解氮化硼坩埚，实现锑化铝晶体与氮化硼坩埚之间无接触生长，抑制侧壁形核，并且生长结束后液封剂 LiCl 较 LiCl-KCl 更容易被无水乙醇去除，使锑化铝晶锭易脱模，使氮化硼坩埚可以重复使用，降低成本。此外该方法还具有生长速率快，原料利用率高的优势。

9.4.3 锑化铝的用途

锑化铝被视作探测 γ 射线最具前途的材料之一，在室温下具有更好的高能光子探测性能，在国土安全、环境保护、天文探测、工业探伤、医疗诊断等领域具有重要前景。此外，锑化铝禁带宽度较大，热平衡载流子浓度低，在高温光电器件，如场效应管、p-n 结二极管、太阳能电池等方面具有重要的应用前景。

9.5 锑化镉

9.5.1 锑化镉的性质

锑化镉的分子式为 CdSb，相对分子质量为 234.16，熔点为 456 ℃，密度为 6.92 g/cm³。

9.5.2 锑化镉的制备方法

目前合成的锑化镉往往纯度不高，材料中包含未反应完全的锑和镉单质，制备出的 CdSb 无法接近化学计量比，导致器件的性能受到影响。

制备锑化镉的主要步骤如下：

（1）称取适量的高纯锑 99.999% 和高纯镉 99.999% 置于石墨舟中，高纯锑与高纯镉的摩尔比为 1∶（1.1~1.5），主要是由于液相镉的饱和蒸气压大于液相锑的蒸气压，在惰性气氛中，镉较容易挥发，通过加入稍微过量的镉保证锑反应完全，以制备出接近化学计量比的高纯锑化镉。高纯镉需置于高纯锑的上方，有利于镉先熔融为液相开始与锑进行固-液反应。

（2）将上述物料置于惰性气氛中进行烧结处理，烧结程序依次包括第一保温阶段、第二保温阶段和第三保温阶段。第一保温阶段的温度为 350~420 ℃，升温速率为 5~10 ℃/min，保温时间为 0.5~1 h，在该条件下，镉完全熔融为液相开始与锑发生反应，可以避免产生剩余固相的单质镉因无法挥发而残留，造成产物中游离镉含量高的问题，随着反应的进行，形成的固相锑化镉包裹在固相锑的外层, 阻碍了液相镉与固相锑的进一步反应。第二保温阶段的温度为 500 ~ 600 ℃, 升温速率为 5 ~ 10 ℃/min, 保温时间为 1 ~ 3 h, 在该条件下, 形成的锑化镉熔融为液相, 使得液相镉可以进一步与固相锑发生反应生成液相锑化镉。第三保温阶段的温度为 650 ~ 700 ℃, 升温速率为 5 ~ 10 ℃/min, 保温时间 3 ~ 5 h, 在该条件下, 使得液相镉与锑进一步反应至完全形成锑化镉。烧结处理完后, 随炉降温即可得到高纯锑化镉。

　　由低至高逐步升温相比直接在高温下反应可有效防止反应过程中由于温度过高导致镉的大量挥发, 从而导致锑反应不完全、反应产物中含有锑单质等问题, 该技术在保证反应完全的同时, 逐步将挥发的镉去除, 达到锑化镉中游离镉的含量小于 0.01%。

9.5.3　锑化镉的用途

　　锑化镉可用于制作太阳能电池、红外调制器、红外窗场致发光器件、光电池、红外探测器、X 射线探测器、核放射性探测器和接近可见光区的发光器件。

参 考 文 献

[1] STEIGMEIER E F, KUDMAN I. Acoustical-optical phonon scattering in Ge, Si, and Ⅲ-Ⅴ compounds [J]. Physical Review, 1966, 141 (2): 767-774.

[2] PIESBERGEN U. Semiconductors and Semimetals [M]. New York: Academic Press, 1966, 49-60.

[3] LING C C, LUI M K, MA S K, et al. Nature of the acceptor responsible for p-type conduction in liquid encapsulated Czochralski-grown undoped gallium antimonide [J]. Applied Physics Letters, 2004, 85 (3): 384-386.

[4] 黎建明, 屠海令, 郑安生, 等. 掺锌 (100) GaSb 单晶的生长 [J]. 稀有金属, 2001, 25 (5): 321-324.

[5] KUMAGAWA M, ASABA Y, YAMADA S. Facets in GaSb crystals pulled under concave interface conditions [J]. Journal of Crystal Growth, 1977, 41 (2): 245-253.

[6] MIYAZAWA S, KONDO S, NAGANUMA M. A novel encapsulant material for LEC growth of GaSb [J]. Journal of Crystal Growth, 1980, 49 (4): 670-674.

[7] MORAVEC S I F, SESTÁKOVÁ V, STEPÁNEK B, et al. Crystal growth and dislocation structure of gallium antimonide [J]. Crystal Research & Technology, 1989, 24 (3): 275-281.

[8] 郭宝增. GaSb 材料特性、制备及应用 [J]. 半导体光电, 1999, 20 (2): 73-78.

[9] KLAUS S, ECKHARD K, THOMAS B, et al. Vorrichtung zur Herstellung von Einkristallen: Germany: 19912484 [P]. 2000.

[10] REIJNEN L, BRUNTON R, GRANT I R. Comparison of LEC-grown and VGF-grown GaSb [C]//American Institute of Physics Conferenc Series. American Institute of Physics, 2004, 738 (1): 360-367.

［11］ MA N, BLISS D F, ISELER G W. Vertical gradient freezing of doped gallium-antimonide semiconductor crystals using submerged heater growth and electromagnetic stirring ［J］. Journal of Crystal Growth, 2003, 259 (1): 26-35.

［12］ WOLF G A, MLAVSKY A I. Crystal Growth, Theory and Technique ［M］. London: Plenum Press, 1974: 193-232.

［13］ MIYAKE H, SUGIYAMA K. Growth of Cu GaS_2 single crystals by traveling heater method ［J］. Japanese Journal of Applied Physics, 1990, 29 (10): 1859-1861.

［14］ DOST S, LIU Y C. Controlling the growth interface shape in the growth of CdTe single crystals by the traveling heater method ［J］. Comptes Rendus Mecanique, 2007, 335 (5): 323-329.

［15］ ROY U N, BURGER A, JAMES R B. Growth of CdZnTe crystals by the traveling heater method ［J］. Journal of Crystal Growth, 2013, 379 (10): 57-62.

［16］ SAI-HALASZ G A, TSU R, ESAKI L. A new semiconductor superlattice ［J］. Applied Physics Letters, 1977, 30 (12): 651-653.

［17］ 周易, 陈建新, 徐庆庆, 等. 长波 InAs/GaSb Ⅱ类超晶格红外探测器 ［J］. 红外与毫米波学报, 2013, 32 (3): 210-213.

［18］ HILL C J, LI J V, MUMOLO J M, et al. MBE grown type-Ⅱ MWIR and LWIR superlattice photodiodes ［J］. Infrared Physics & Technology, 2007, 50 (2/3): 187-190.

［19］ MAUK M G, ANDREEV V M. GaSb-related materials for TPV cells ［J］. Semiconductor Science & Technology, 2003, 18 (5): S191.

［20］ MITRIC A, DUFFAR T, DIAZ-GUERRA C, et al. Growth of $Ga_{1-x}In_xSb$ alloys by Vertical Bridgman technique under alternating magnetic field ［J］. Journal of Crystal Growth, 2006, 287 (2): 224-229.

［21］ HAMIDREZA S. Optimisation of cooled InSb detectors ［J］. Ⅲ-VsReview, 2004, 17 (7): 27-31.

［22］ 柏伟, 庞新义. 4 英寸高质量 InSb 晶体生长研究 ［J］. 红外, 2018, 39 (9): 8-13.

［23］ 付安英, 马睿, 薛三旺. 高灵敏度室温锑化铟红外探测器研制 ［J］. 现代电子技术, 2007, 30 (2): 182-183.

［24］ 牟宏山. InSb 红外焦平面探测器现状与进展 ［J］. 激光与红外, 2016, 46 (4): 394-399.

［25］ UECKER R. The historical development of the Czochralski method ［J］. Journal of Crystal Growth, 2014, 401 (9): 7-24.

［26］ AVERY D G, GOODWIN D W, LAWSON W D, et al. Optical and photo-electrical properties of indium antimonide ［J］. Proceedings of the Physical Society. Section B, 1954, 67 (10): 761.

［27］ GOBELI G W, FAN H Y. Infrared absorption and valence band in indium antimonide ［J］. Physical Review, 1960, 119 (2): 613-620.

［28］ IWASUGI T, KHAMSEH S, KADODA A, et al. Growth of InSb films on the V-grooved Si(001) substrate with InSb Bi-layer ［J］. Ieice Technical Report Electron Devices, 2010, 110 (80): 1-4.

［29］ YOSHIKAWA A, MORIYASU Y, KUZE N. High-quality InSb growth by metalorganic vapor phase epitaxy ［J］. Journal of Crystal Growth, 2015, 414: 110-113.

［30］林达荃. 锑化铟的物理特性及其应用［J］. 物理, 1963（2）：72-81.

［31］朱明华. 高纯锑化铟晶体的研制［J］. 红外与激光工程, 1981（3）：24-32.

［32］廖俊勇, 黄启圣. 掺碲 InSb 单晶的垂直温度梯度凝固生长法研究［J］. 人工晶体学报, 1996, 25（2）：113-117.

［33］王燕华, 程鹏, 王志芳, 等. 大直径高质量锑化铟单晶的生长研究［J］. 红外, 2009, 30（8）：9-13.

［34］巩锋, 程鹏, 吴卿, 等. InSb 晶片材料性能表征与机理分析［J］. 激光与红外, 2013, 43（10）：1146-1148.

［35］HAYNES W M. Handbook of Chemistry and Physics［M］. Baca Raton：CRC Press, 2011-2012.

［36］JAEGERMANN W, KLEIN A, MAYER T. Interface engineering of inorganic thin-film solar cells-materials-science challenges for advanced physical concepts［J］. Advanced Materials, 2009, 21（42）：4196-4206.

［37］D'COSTA V R, TAN K H, JIA B W, et al. Mid-infrared to ultraviolet optical properties of InSb grown on GaAs by molecular beam epitaxy［J］. Journal of Applied Physics, 2015, 117（22）：2618.

［38］SAITO M, MORI M, MAEZAWA K. Effects of In and Sb mono-layers to form rotated InSb films on a Si(111) substrate［J］. Applied Surface Science, 2008, 254（19）：6052-6054.

［39］MORI M, NAGASHIMA K, UEDA K, et al. High quality InSb films grown on Si(111) substrate via InSbBi-layer［J］. E-Journal of Surface Science and Nanotechnology, 2009, 7：145-148.

［40］CHYI J I, BISWAS D, IYER S V, et al. Molecular-beam epitaxial-growth and characterization of InSb on Si［J］. Applied Physics Letters, 1989, 54（11）：1016-1018.

［41］CHYI J I, KALEM S, KUMAR N S, et al. Growth of InSb and InAs$_{1-x}$Sb$_x$ on GaAs by molecular-beam epitaxy［J］. Applied Physics Letters, 1988, 53（12）：1092-1094.

［42］MORI M, NIZAWA Y, NISHI Y, et al. Effect of current flow direction on the heteroepitaxial growth of InSb films on Ge/Si(001) substrate heated by direct current［J］. Applied Surface Science, 2000, 159：328-334.

［43］MORI M, MURATA K, FUJIMOTO N, et al. Effect of AlSb buffer layer thickness on heteroepitaxial growth of InSb films on a Si(001) substrate［J］. Thin Solid Films, 2007, 515（20/21）：7861-7865.

［44］孔金丞, 李志, 孔令德. 非晶态锑化铟薄膜的射频磁控溅射生长及其结构和光学特性研究［J］. 红外技术, 2008, 186（6）：351-354.

［45］ROBERTSON M D, CORBETT J M, WEBB J B. Transmission electron microscopy characterization of InAlSb/InSb bilayers and superlattices［J］. Micron., 1997, 28（2）：175-183.

［46］WENG X, GOLDMAN R S, PARTIN D L, et al. Evolution of structural and electronic properties of highly mismatched InSb films［J］. Journal of Applied Physics, 2000, 88（11）：6276-6286.

［47］ LI S W, KUBALEK E, JIN Y X, et al. Study of overgrowth heterostructure InSbGaAs by scanning electron acoustic microscopy ［J］. Journal of Materials Science, 1999, 34 (11): 2561-2564.

［48］ PELCZYNSKI M W, HEREMANS J J. MOCVD growth of high mobility InSb on Si substrates for Hall effect applications ［J］. Journal of Electronic Materials, 1999, 28 (7): 1053-1054.

［49］ 田敬民. 锑化铟磁敏电阻的研究 ［J］. 传感器技术, 1994, 4: 11-17.

［50］ 程姝丹. 霍尔效应的应用与发展 ［J］. 电气自动化, 2007, 4: 78-82.

［51］ 张雪, 梁晓庚. 红外探测器发展需求 ［J］. 电光与控制, 2013, 20 (2): 41-44.

［52］ 王利平, 孙韶媛, 王庆宝, 等. 红外焦平面探测器的读出电路 ［J］. 光学技术, 2000, 26 (2): 122-125.

［53］ CARTER F L, MAZELSKY R. The ZnSb structure: A further enquiry ［J］. Journal of Physics and Chemistry of Solids, 1964, 25 (6): 571-581.

［54］ MOOSER E, PEARSON W B. Chemical bond in semiconductors ［J］. Physical Review, 1956, 101 (5): 1608.

［55］ MIKHAYLUSHKIN A S, NYLÉN J, HÄUSSERMANN U. Structure and bonding of zinc antimonides: Complex frameworks and narrow band gaps ［J］. Chemistry-A European Journal, 2005, 11 (17): 4912-4920.

［56］ HÄUSSERMANN U, MIKHAYLUSHKIN A S. Electron-poor antimonides: Complex framework structures with narrow band gaps and low thermal conductivity ［J］. Dalton Transactions, 2010, 39 (4): 1036-1045.

［57］ SNYDER G J, CHRISTENSEN M, NISHIBORI E, et al. Disordered Zinc in Zn_4Sb_3 with phonon-glass and electron-crystal thermoelectric properties ［J］. Nature Materails, 2004, 3: 458-463.

［58］ SUN Y, CHRISTENSEN M, JOHNSEN S, et al. Low-cost high-performance zinc antimonide thin films for thermoelectric applications ［J］. Advanced Materials, 2012, 24: 1693-1696.

［59］ CAILLAT T, FLEURIAL J P, BORSHCHEVSKY A. Preparation and thermoelectric properties of semiconducting Zn_4Sb_3 ［J］. Journal of Physics and Chemistry of Solids, 1997, 58 (7): 1119-1125.

［60］ SONG X, VALSET K, GRAFF J S, et al. Nanostructuring of undoped ZnSb by cryo-milling ［J］. Journal of Electronic Materials, 2015, 44 (8): 2578-2584.

［61］ UR S C, KIM I H, NASH P. Thermoelectric properties of Zn_4Sb_3 directly synthesized by hot pressing ［J］. Materials Letters, 2004, 58 (15): 2132-2136.

［62］ SHABALDIN A A, PROKOF'EVA L V, SNYDER G J, et al. The influence of weak tin doping on the thermoelectric properties of zinc antimonide ［J］. Journal of Electronic Materials, 2016, 45 (3): 1871-1874.

［63］ UR S C, NASH P, SCHWARZ R. Mechanical and thermoelectric properties of Zn_4Sb_3 and Zn_4Sb_3 + Zn directly synthesized using elemental powders ［J］. Metals and Materials International, 2005, 11 (6): 435-441.

［64］ DENOIX A, SOLAIAPPAN A, AYRAL R M, et al. Chemical route for formation of intermetallic

Zn$_4$Sb$_3$ phase [J]. Journal of Solid State Chemistry, 2010, 183: 1090-1094.

[65] BIRKEL C S, MUGNAIOLI E, GORELIK T, et al. Solution synthesis of a new thermoelectric Zn$_{1+x}$Sb nanophase and its structure determination using automated electron diffraction tomography [J]. Journal of the American Chemical Society, 2010, 132: 9881-9889.

[66] LO C W T, ORTIZ B R, TOBERER E S, et al. Synthesis, structure, and thermoelectric properties of α-Zn$_3$Sb$_2$ and comparison to β-Zn$_{13}$Sb$_{10}$ [J]. Chemistry of Materials, 2017, 29: 5249-5258.

10 其他非金属高纯化合物

10.1 硼

硼的英文为 boron，它的命名源自阿拉伯文，原意是"焊剂"的意思。硼在自然界中的含量相当丰富，约占地壳组成的 0.001%，它在自然界中的主要矿石是硼砂和白硼钙石等。硼化合物的发现和使用最早可以追溯到古埃及，约公元前 200 年，古埃及、罗马、巴比伦曾用硼砂制造玻璃和焊接黄金。古代炼丹家也使用过硼砂，天然产的硼砂（$Na_2B_4O_7 \cdot 10H_2O$）在中国古代就已作为药物，叫作蓬砂或盆砂[1]。

法国化学家盖·吕萨克用金属钾还原硼酸制得单质硼。硼为黑色或银灰色固体。晶体硼为黑色，硬度仅次于金刚石，质地较脆。

1808 年，英国化学家戴维在用电解的方法发现钾后不久，又用电解熔融的三氧化二硼的方法制得棕色的硼，同年法国化学家盖·吕萨克和泰纳用金属钾还原无水硼酸制得单质硼。

实际上，他们都没有生产出纯净的硼单质，而极纯的硼几乎不可能获得。更纯净的硼是由亨利·穆瓦桑于 1892 年提取的。最终，美国的 E. Weintraub 点燃了氯化硼蒸气和氢的混合物，生产出了完全纯净的硼。

10.1.1 硼的资源

当前，全球已探明的硼矿储量约为 2.14 亿吨（以 B_2O_3 计），基础储量为 4.7 亿吨，集中分布于美国西部和喜马拉雅—阿尔卑斯成矿带。其中，美国、土耳其、中国、俄罗斯和智利等 5 国硼资源储量优势明显，合计占到世界总储量的 96.73%，其资源储量见表 10-1[2]。

表 10-1　世界硼资源储量分布

世界排名	国家	储量/万吨	比例/%
1	土耳其	6000	28.00
2	美国	4000	18.67
3	俄罗斯	4000	18.67
4	智利	3500	16.33
5	中国	3200	14.93

　　土耳其和美国是世界上两个最大的硼矿生产国，也是两个最大的出口国。土耳其的产量占全球总需求量的 40% 以上，美国的产量约占全球总需求量的 30%。另外，俄罗斯、阿根廷、智利等也有较高的硼产量。

　　我国是世界上少数拥有丰富硼矿产资源的国家之一，但绝大多数硼矿石的品位较低，硼矿开采过程中共伴生矿物多，硼矿生产出矿物原料质量较低。B_2O_3 含量低于 12% 的硼矿石约占全国硼矿保有储量总数的 90.74%，且矿产资源分布不平衡。

10.1.2　硼的性质和用途

10.1.2.1　硼的性质

　　硼，元素符号 B，元素周期表第二周期第三主族元素，原子序数 5，相对原子质量 10.811，硼为黑色或银灰色固体，熔点为 2076 ℃，沸点为 3927 ℃，密度为 2.34 g/cm³；硬度仅次于金刚石，较脆；莫氏硬度 9.3；电子排布 $1s^2 2s^2 2p^1$。硼是周期表第ⅢA 族唯一的非金属元素，像碳和硅一样，表现出明显的形成共价分子化合物的倾向。天然硼有两种同位素：硼-10 和硼-11，其中硼-10 最重要。晶体结构：晶胞为三斜晶胞。

　　A　硼的物理性质

　　单质硼有多种同素异形体，无定型硼为棕色粉末，晶体硼呈灰黑色。晶态硼较惰性，无定型硼则比较活泼。单质硼的硬度近似于金刚石，有很高的电阻，但它的电导率却随着温度的升高而增大，高温时为良导体。硼共有 14 种同位素，其中只有两个是稳定的。在自然界中主要以硼酸和硼酸盐的形式存在。

　　a　晶体结构

　　晶态单质硼有多种变体，它们都以正二十面体为基本的结构单元。这个二十面体由 12 个 B 原子组成，20 个接近等边三角形的棱面相交成 30 条棱边和 12 个角顶，每个角顶为一个 B 原子所占据。

　　由于 B_{12} 二十面体的连接方式不同，键也不同，形成的硼晶体类型也不同。其中最普通的一种为 α-菱形硼。α-菱形硼是由 B_{12} 单元组成的层状结构，α-菱形硼晶体中既有普通的 σ 键，又有三中心两电子键。许多 B 原子的成键电子在相当大的程度上是离域的，这样的晶体属于原子晶体，因此晶态单质硼的硬度大，熔点高，化学性质也不活泼。

　　在 α-菱形硼晶格中，每个二十面体通过处在腰部的 6 个 B 原子以三中心两电子键与在同一平面内的相邻的 6 个二十面体连接起来。这种二十面体组成的片层，层面结合靠的是二十面体的上下各 3 个 B 原子以 6 个正常的 B—B 共价键（即两中心两电子键，键长 171 pm）同上下两层的 6 个附近的二十面体相连接，3 个在上一层，3 个在下一层。

在硼的二十面体结构单元中，B_{12} 的 36 个电子是如下分配的：在二十面体内有 13 个分子轨道，用去 26 个电子；每个二十面体同上下相邻的 6 个二十面体形成 6 个两中心两电子共价键，用去了 6 个电子；在二十面体腰部的 6 个 B 原子与同平面上周围相邻的 6 个三中心两电子键，用去了 $6 \times 2/3 = 4$ 个电子，结果总电子数是 $26 + 6 + 4 = 36$。所有的电子都已用于形成复杂的多面体结构。

b 成键特征

B 原子的价电子结构是 $1s^2 2s^2 2p^1$，这种 B 原子的价电子少于价轨道数的缺电子情况，但硼与同周期的金属元素锂、铍相比原子半径小、电离能高、电负性大，以形成共价键分子为特征，如图 10-1 所示。

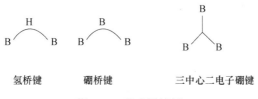

氢桥键　　　　　硼桥键　　　　　三中心二电子硼键

图 10-1 硼成键特征

在硼原子以 sp^2 杂化形成的共价分子中，余下的一个空轨道可以作为路易斯酸，接受外来的孤对电子，形成以 sp^3 杂化的四面体构型的配合物。例如三氟化硼与氨气分子形成的配合物；若没有合适的外来电子，可以自相聚合形成缺电子多中心键，例如三中心二电子氢桥键、三中心二电子硼桥键、三中心二电子硼键。

需要注意的是硼桥键与三中心二电子硼键不同。硼桥键中心的硼原子是 p 轨道与两个杂化轨道的重叠，氢桥键中心的氢原子是 s 轨道与两个杂化轨道的重叠，而三中心二电子硼键为三个杂化轨道的组合重叠。

B 硼的化学性质

硼易被空气氧化，由于三氧化二硼膜的形成而阻碍内部硼继续氧化。常温时能与氟反应，不受盐酸和氢氟酸水溶液的腐蚀。硼不溶于水，粉末状的硼能溶于沸硝酸和硫酸，以及大多数熔融的金属如铜、铁、锰、铝和钙。

硼在室温下相对稳定，即使长时间在氧化性或氢氟酸中沸腾也不起作用，硼可以与卤族元素直接结合形成卤化硼，硼可以与硫、锡、磷和砷在 600～1000 ℃ 反应。在 1000～1400 ℃ 时，硼与氮、碳和硅反应；在高温下，硼也与许多金属和金属氧化物反应生成金属硼化物，这些化合物通常是具有很高硬度的晶态硼，而非晶态硼则更活泼。

（1）与非金属作用。高温下 B 能与 N_2、O_2、S 等单质反应，例如它能在空气中燃烧生成 B_2O_3 和少量 BN，在室温下即能与 F_2 发生反应，但它不与 H_2 及稀有气体等作用。

（2）B 能从许多稳定的氧化物（如 SiO_2、P_2O_5、H_2O 等）中夺取氧而用作还原剂。例如在高温下，B 与水蒸气作用生成硼酸和氢气：

$$2B + 6H_2O = 2H_3BO_3 + 3H_2 \uparrow \tag{10-1}$$

（3）与酸作用。硼不与盐酸作用，但与热浓 H_2SO_4 和热浓 HNO_3 作用生成硼酸：

$$2B + 3H_2SO_4(浓) = 2H_3BO_3 + 3SO_2 \uparrow \tag{10-2}$$

$$B + 3HNO_3(浓) = H_3BO_3 + 3NO_2 \uparrow \tag{10-3}$$

（4）与强碱作用。在氧化剂存在下，硼和强碱共熔得到偏硼酸盐：

$$2B + 2NaOH + 3KNO_3 = 2NaBO_2 + 3KNO_2 + H_2O \tag{10-4}$$

（5）与金属作用。高温下硼几乎能与所有的金属反应生成金属硼化物。它们是一些非整比化合物，组成中 B 原子数目越多，其结构越复杂。

10.1.2.2 硼的用途

A 构成生命

硼元素是核糖核酸形成的必需品，而核糖核酸是生命的重要基础构件。夏威夷大学宇航局天体生物学研究所的博士后研究员詹姆斯-斯蒂芬森称："硼对于地球上生命的起源可能很重要，因为它可以使核酸稳定，核酸是核糖核酸的重要成分。"

B 工业用途

硼是一种用途广泛的化工原料矿物，主要用于生产硼砂、硼酸、硼的各种化合物及单质硼，是冶金、建材、机械、电器、化工、轻纺、核工业、医药、农业等行业的重要原料。时下，硼的用途超过 300 种，其中玻璃工业、陶瓷工业、洗涤剂和农用化肥是硼的主要用途，约占全球硼消费量的 3/4。

单质硼用作良好的还原剂、氧化剂、溴化剂、有机合成的掺和材料、高压高频电及等离子弧的绝缘体、雷达的传递窗等。以金属硼化物为基体的陶瓷，用于制作火箭喷嘴、高温轴承、高温电极和电触点。

硼有"金属材料的维生素"之称，炼钢时在钢水中掺入万分之几的硼，便可代替钼、铬、镍等贵重金属制作不锈钢，而且强度更好，具有优良的力学性能。在铜或铝的熔液中掺入万分之几的硼，可使二者的导电性能更好。

硼是微量合金元素，硼与塑料或铝合金结合，是有效的中子屏蔽材料；硼钢在反应堆中用作控制棒；硼纤维用于制造复合材料等；含硼添加剂可以改善冶金工业中烧结矿的质量，降低熔点，减小膨胀，提高强度和硬度。硼及其化合物也是冶金工业的助熔剂和冶炼硼铁、硼钢的原料，加入硼化钛、硼化锂、硼化镍，可以冶炼耐热的特种合金。硼酸盐、硼化物是搪瓷、陶瓷、玻璃的重要组分，具有良好的耐热耐磨性，可增强光泽，调高表面光洁度等域。

硼酸锌可用于防火纤维的绝缘材料，是很好的阻燃剂，也应用于漂白、媒染等方面；偏硼酸钠用于织物漂白。此外，硼及其化合物可用于油漆干燥剂、焊接剂、造纸工业含汞污水处理剂等领域。

硼作为微量元素存在于石英矿中，在高纯石英砂的提纯工艺中，如何尽量地降低硼含量成为工艺的关键。硼的存在使得石英的熔点降低，制得的石英坩埚使用次数降低，使得单晶硅生产成本升高。

C　生理功能

有关硼的吸收代谢科学界了解得并不充分，硼在膳食中很容易吸收，并大部分由尿排出，在血液中是与氧结合，为 H_3BO_3 或 $B(OH)_4^-$，硼酸与有机化合物的羟基形成无机酯。动物与人的血液中硼的含量很低，并与膳食中镁的摄入有关，镁摄入低时，血液中硼的含量就增加。硼可在骨中蓄积，但尚不清楚是何种形式。

硼普遍存在于蔬果中，是维持骨的健康和钙、磷、镁正常代谢所需要的微量元素之一。对停经后妇女防止钙质流失、预防骨质疏松症具有功效，硼的缺乏会加重维生素 D 的缺乏。另外，硼也有助于提高男性睾酮分泌量，强化肌肉，是运动员不可缺少的营养素。硼还有改善脑功能，提高反应能力的作用。虽然大多数人并不缺硼，但老年人有必要适当注意摄取。

硼的生理功能还未确定，存在两种假说解释硼缺乏时出现的明显而不同的反应，以及已知硼的生化特性。一种假说是，硼是一种代谢调节因子，通过竞争性抑制一些关键酶的反应，来控制许多代谢途径。另一种是，硼具有维持细胞膜功能稳定的作用，因而它可以通过调节阴离子或阳离子的跨膜信号或运动，来影响膜对激素和其他调节物质的反应。

D　植物生理

硼是高等植物特有的必需元素。硼能与游离状态的糖结合，使糖容易跨越质膜，促进糖的运输。植物各器官中硼的含量以花最高，花中又以柱头和子房最高。硼对植物的生殖过程有重要的影响，与花粉形成、花粉管萌发和受精有密切关系。缺硼时，花药和花丝萎缩，花粉发育不良。油菜和小麦出现的"花而不实"现象与植物硼酸缺乏有关。缺硼时根尖、茎尖的生长点停止生长，侧根、侧芽大量发生，其后侧根、侧芽的生长点又死亡，从而形成簇生状。甜菜的褐腐病、马铃薯的卷叶病和苹果的缩果病等都是缺硼所致[3]。

10.1.2.3　硼化合物的用途

硼化物的抗蠕变性很好，例如在燃气轮机、火箭等领域，需要材料在高温下长期工作，难以保持材料的强度、抵抗变形、抵抗腐蚀、耐热冲击等能力，硼化物的出现完美解决了此类问题。以硼化物、碳化物、氮化物为基的各种合金或金属陶瓷可用于制造火箭结构元件、航空装置元件、涡轮机部件、高温材料试验机的试样夹和仪器的部件、轴承和测量高温硬度用的锥头及核能装置的某些构造件等。

10.1.3 硼的生产工艺和高纯化

硼粉的制备方法有多种,如金属热还原法、熔盐电解法、气相沉积法[4]。其中金属热还原法中主要用镁还原氧化硼,得到的硼粉经多步骤的酸洗、水洗及化学或物理提纯后,硼粉的纯度为92%~95%。金属热还原法目前已在国内实现工业化,但制备的硼粉纯度低,产率低,制备过程烦琐。

熔盐电解法主要用氧化硼或氟硼酸钾为硼源,通过电解制备硼粉,该方法制备的硼粉中主要杂质为难除去的碳、铁和铝等,一次制备纯度为95%~97%,且设备腐蚀材料问题还不能解决,难以实现工业化。

上述两种方法均不能制备纯度为99%以上的高纯硼粉。气相沉积法能制备纯度为99%以上的高纯硼粉,但目前主要集中于实验室研究,且产率较低。目前我国品位95%以上的硼粉主要依靠进口。

10.1.3.1 金属热还原法

工业上一般是由硼镁矿制取硼砂,再由硼砂制取硼酸,首先用浓碱液分解硼镁矿得偏硼酸钠。

$$Mg_2B_2O_5 \cdot H_2O + 2NaOH \Longrightarrow 2NaBO_2 + 2Mg(OH)_2 \qquad (10\text{-}5)$$

将 $NaBO_2$ 在强碱溶液中结晶出来,使之溶于水成为较浓的溶液,通入 CO_2 调节碱度。

$$4NaBO_2 + CO_2 + H_2O \Longrightarrow Na_2B_4O_7 \cdot H_2O + Na_2CO_3 \qquad (10\text{-}6)$$

浓缩结晶即得到四硼酸钠。将四硼酸钠溶于水,用硫酸调节酸度,可析出溶解度小的硼酸晶体。

$$Na_2B_4O_7 + H_2SO_4 + 5H_2O \Longrightarrow 4H_3BO_3 + Na_2SO_4 \qquad (10\text{-}7)$$

加热使硼酸脱水生成三氧化二硼,经干燥处理后,用镁或铝还原 B_2O_3 得到粗硼。

$$2H_3BO_3 \Longrightarrow B_2O_3 + 3H_2O \qquad (10\text{-}8)$$

$$B_2O_3 + 3Mg \Longrightarrow 2B + 3MgO \qquad (10\text{-}9)$$

将粗硼分别用盐酸、氢氧化钠和氟化氢处理,可得纯度为95%~98%的棕色无定型硼。

10.1.3.2 熔盐电解法

熔盐电解法就是将某些金属的盐类熔融并作为电解质进行电解,以提取和提纯金属的冶金过程[5]。最常用的两类含硼化合物是氧化硼和氟化硼金属盐类。熔盐电解法制备硼粉的主要设备是电解槽。由于硼化物的高反应活性,使得在现有材料中只有石墨才能应用于此。

1949 年 Cooper 等人采用氯化钾-氟硼酸钾体系用电解法制备出了99.51%的高纯硼粉。其反应式为:

$$2KBF_4 + 6KCl \Longrightarrow 2B + 3Cl_2 + 8KF \tag{10-10}$$

用此方法得到的硼的纯度较高，而后用氯化钾-氟硼酸钾-氧化硼体系得到硼纯度为90%～97%，但是氟硼酸钾在高温分解而使操作环境恶劣且原料损失过高。

1958年Nies改变电解体系，使用了氯化钾-氟化钾-氧化硼作为熔盐体系，得到的硼的纯度在93.7%～97%范围内。2010年，彭程等人研究了在KCl-KBF$_4$体系和KCl-KBF$_4$-B$_2$O$_3$体系中熔盐电解法制备硼粉的工艺条件，对KCl-KBF$_4$体系采用正交实验法研究了熔盐配比、温度、阴极电流密度和电解时间对硼粉纯度及电流效率的影响，得到的最佳实验条件为KCl∶KBF$_4$为5∶1，温度750 ℃，阴极电流密度1.5 A/cm^2，电解时间3 h。该条件下能得到纯度95%以上的球形非晶态硼粉，电流效率可达到80%以上。且发现KCl-KBF$_4$体系熔盐电解得到的硼粉为球形，团聚严重，没有KCl-KBF$_4$-B$_2$O$_3$熔盐体系制备出的硼粉颗粒细小。

2013年，张卫江等人研究了制备高纯度硼粉最适宜的熔盐体系，通过对氯化物体系、氟化物体系及氟化物与氯化物的混合体系的比较研究，熔盐电解法制备元素硼粉采用氯化钾和氧化钾混合物的熔盐体系或者氟化钾熔盐体系最恰当，电解质选用硼酸盐、含硼的氧化物或氟硼酸盐最合适。并采用冷却曲线法对一种比例熔盐体系的初晶温度进行了确定，其初晶温度在750～760 ℃之间，而电解温度高于初晶温度20～30 ℃时电解效果最好，这与Cooper研究时的电解质体系相同，但又更进一步确定了最适宜的电解温度。

然而，设备是制约电解法硼粉的最大问题，电极材料难解决、产率低、能耗高。目前，熔盐电解法实现工业化生产在各个方面都面临着困难，但是熔盐电解法有许多别的方法不具备的优点，比如说生产成本低、一次制备的纯度高等。所以，伴随着材料科学和工业的不断发展，它面临的设备和技术方面的问题将得到解决。

10.1.3.3　气相沉积法

化学气相沉积的基本原理是气相反应物在热、光或等离子等高能环境激发下产生化学反应而生成固体产物，目标产物为游离的固体形式得到超细粉末，目标产物在粉体或基体表面沉积可以形成薄膜或涂层。化学气相沉积是工业生产和科研实践中一项重要的技术[6]。

气相沉积法制备高纯硼粉采用的原料主要有氢气和卤化硼、卤化硼及硼烷三种。采用不同原料制备硼粉的途径也有三种：一是在金属基体表面热裂解制备硼粉；二是在硼棒基体表面热裂解制备硼粉；三是采用流化床技术热裂解制备硼粉。工艺研究的重点在制备的硼粉纯度高且沉积速度快、产率及回收率高，且能实现工业化连续生产。

A　金属丝表面沉积硼粉

a　以 BX_3 为原料、H_2 为还原剂，在金属丝表面热裂解制备硼粉

反应总方程式为：

$$2BX_3 + 3H_2 \Longrightarrow 2B + 6HX \tag{10-11}$$

反应分步骤为：

$$BX_3 + H_2 \Longrightarrow BHX_2 + HX \tag{10-12}$$

$$BHX_2 + H_2 \Longrightarrow BH_2X + HX \tag{10-13}$$

$$BH_2X + H_2 \Longrightarrow BH_3 + HX \tag{10-14}$$

$$BH_3 + BH_3 \Longrightarrow 2B + 3H_2 \tag{10-15}$$

Stern 等人（1958 年）及 Balei 等人（2011 年）进行热动力学分析，结果显示，BF_3 和 H_2 反应的标准吉布斯自由能变在 2000 ℃时仍为负值，表明此反应自发进行的热力学可行性在 2000 ℃以上。因此，以 BF_3 为硼源、H_2 为还原剂制备硼粉的生产条件苛刻，能耗大。所以，主要是以 BCl_3、BBr_3、BI_3 为原料，在一定的基体材料上用 H_2 还原 BX_3 得到硼粉。

基体材料必须满足不能与硼生成低熔点共晶体，不易扩散至产物硼当中，且有足够的机械强度这三点要求，否则会严重影响产物的纯度。为了尽可能减小基体材料对产物纯度的影响，通常将基体制作成丝状，且直径控制在微米级。当生产大量硼粉时，基体杂质的量几乎忽略不计。但生产少量硼粉时，则不能忽略基体杂质。反应完成后可以通过机械法或化学法剥离基体。满足条件的基体材料有钽、镍、锆、钼及钨等。但在高温下，由于钽、镍及锆会与硼生成 MB_2 相，钼和钨会与硼生成 M_2B_5、MB、MB_2 及 MB_4 等多种硼化合物相，因此，产物中仍会存在少量的金属杂质。同时，在 1000~1400 ℃受热状态下，基体金属硼化非常迅速，硼扩散至金属基体中，会导致金属晶体结构的改变，晶体结构中受力不均会进一步导致金属丝断裂。

沉积的硼有可能是无定型的，也有可能是晶体型的。能否在金属丝上沉积晶体取决于基体材料的温度、硼的沉积速率、基体材料的种类及环境中存在的杂质。通常反应温度在低于 1000 ℃或 1200 ℃时主要生成无定型硼或 α-菱形晶体硼（α-rh. B）。α-rh. B 具有最简单的晶体结构，为轻微变形的立方紧密堆积。在温度高于 1300 ℃或 1400 ℃时，生成 β-菱形晶体硼（β-rh. B）。β-rh. B 每个晶胞有 104 个硼原子，中心是 B_{12} 的二十面体，与 12 个由硼原子组成的五角锥形相连，再与其他 20 个硼原子完成复杂的配位。1000~1400 ℃条件下，生成 α-四方晶体硼（α-tetr. B）或 β-四方晶体硼（β-tetr. B）。α-tetr. B 晶胞单元为 $B_{50}C_2$ 或 $B_{50}N_2$，将晶胞居中，则有 1 个单独的 B 原子同 4 个二十面体配位。β-tetr. B 是由 192 个硼原子组成的晶胞。

制备无定型硼粉最主要的两个控制因素是硼的沉积速率和基体材料的温度。

如果沉积速率太高，且基体温度足够低，就会阻止晶体核的形成和生长。如果气相富集卤化硼且氢流速较快则沉积速率高。要使基体温度足够低则需提供适中的沉积温度，若沉积温度太高（1200 ℃），则会导致硼晶化。即使制备无定型硼粉的两个条件均被满足，晶核也会在一段时间后在基体的表面生成，这是因为无定型硼会转化成晶体硼[7]。不但无定型硼能转化为晶体硼，α-rh. B 的晶型在1200 ℃时会开始转变，至1500 ℃时会转化成热力学较稳定的 β-rh. B。从无定型硼制备晶体硼，除了满足温度条件外，晶核的存在是必要的（如 $B_{12}O_2$、$B_{96}C_{12}$ 等），晶核不同，则晶化温度也不同。在玻璃硼转化为晶体硼的过程中，一些杂质的存在有利于晶核的形成，但只要晶化反应已经开始，杂质的存在对晶体硼的生长就是不利的。1960 年，Talley 等人用 H_2 还原 BBr_3 制备 α-rh. B，基体金属材质为 W+1%（质量分数）ThO_2，直径为 0.025 mm，长度为 5 cm，温度为 1200 ℃，氢气流速为 500 mL/min，BBr_3 含量 8%~10%（摩尔分数），硼粉的沉积速率为 4.5 mg/(cm^2·h)。

以 H_2 为还原剂，在金属丝表面热裂解 BX_3 制备硼粉的方法的优点是纯度较高，可达 99% 以上；缺点是沉积速度太慢，约 250 mg/(cm^2·h)。如制备 100 g 的无定型硼，在 750~800 ℃ 条件下，需两周时间，且只适合于实验室，不适合于工业化。同时也会存在一些问题：（1）原料为氢气，管道或反应器中会存在一定量的水或 O_2，H_2 和 BX_3 混合会有一定量的硼酸或氧化硼生成，随着运行时间的延长，容器内很可能会存在白色物质；（2）由于可能存在一定量的 O_2，高温下 H_2 有爆炸风险；（3）金属丝易断；（4）原料有毒，需注意人身安全及环境保护；（5）存在较为严重的设备管道腐蚀。

b 以 BX_3 为原料，金属丝表面热裂解制备硼粉

由于 BCl_3 的降解温度较高，通常采用 BBr_3 和 BI_3 为原料，通过热裂解制备硼粉。原理为：

$$2BX_3 \Longrightarrow 2B + 3X_2 \tag{10-16}$$

1962 年，专利 US3053636 报道，1125~1175 ℃下在钽丝表面热解 BBr_3 制备硼粉。当 BBr_3 和 H_2 的摩尔比较低、反应温度为 1125 ℃ 时，生成树枝状的无定型硼粉与 α-rh. B 混合物。通入 BBr_3 和 H_2 的同时，钽丝表面立即生成一层硼化钽膜。在温度低于 950 ℃ 时，沉积速率非常慢，并且沉积的硼粉从钽丝表面自行剥离，此条件下会使钽丝暴露在 H_2、BBr_3 及 HBr 的混合气中，由于没有硼化钽膜的保护，金属丝会被腐蚀。温度高于 1200 ℃ 时，金属丝表面形成稳定的硼化钽膜，但温度太高，硼粉中含有一定量的 Mg、Fe 或 Ta 等杂质。

1960 年，McCarty 等人在 1000 ℃ 下 0.075 mm 直径、91.5 cm 长的钽丝表面裂解 BI_3，沉积 4.5 h 后得到直径 1.8 mm 的沉积红硼棒。数据见表 10-2。

表 10-2 在钽丝表面热裂解 BI₃ 制备硼粉的生产情况

沉积温度/℃	沉积时间/h	沉积质量/g	产率/%
800	73.5	10.3	—
900	23	11	43
1000	64.3	56.6	78

此方法制备硼粉存在的缺点是裂解速度很慢，且反应温度较高。

c 以 B_2H_6 为原料，金属丝表面热裂解制备硼粉

1. 硼烷裂解制备硼粉的反应机理

硼能形成多种氢化物，如 B_2H_6、B_4H_{10}、B_5H_9、$B_{10}H_{14}$ 等。中性硼烷一般可分为 B_nH_{n+4} 类（少氢硼烷）和 B_nH_{n+6} 类（多氢硼烷）。最简单的硼氢化合物为乙硼烷（B_2H_6）。在 300~900 ℃ 之间 B_2H_6 热裂解制得无定型硼粉，1000~1500 ℃ 下 B_2H_6 热裂解为晶体硼。用此方法制得的硼纯度可达 99.9% 以上[8]，反应方程式为：

$$B_2H_6 \Longrightarrow 2B + 3H_2 \tag{10-17}$$

Ma 等人认为硼的生成机理如下[9]：

$$B_2H_6 + B_2H_6 \Longrightarrow BH_3 + BH_3 + B_2H_6 \tag{10-18}$$

$$BH_3 + H \Longrightarrow BH_2 + H_2 \tag{10-19}$$

$$BH_2 + H \Longrightarrow BH + H_2 \tag{10-20}$$

$$BH + H \Longrightarrow B + H_2 \tag{10-21}$$

Umemoto 等人发现，B_2H_6-He-H_2 系统中，在加热的钨丝表面很容易发生 B_2H_6 降解，很容易便能检测到 B 原子，但在没有通入 H_2 的条件下，B 原子和 BH 自由基的生成效率很低。图 10-2 为 B 原子密度随 H_2 流速变化的曲线。Umemoto 等人认为一个硼烷分子降解为两个 BH_3 自由基，B 和 BH 的产生是通过氢转移机理，BH_3 发生氢转移反应：

$$BH_x + H \Longrightarrow BH_{x-1} + H_2(x = 1 \sim 3) \tag{10-22}$$

图 10-3 为 H_2 和 B_2H_6 发生氢转移反应示意图，反应过程为：

$$B_2H_6 \Longrightarrow 2BH_3 \tag{10-23}$$

$$H_2 \Longrightarrow 2H \tag{10-24}$$

$$BH_3 + H \Longrightarrow BH_2 + H_2 \tag{10-25}$$

$$BH_2 + H \Longrightarrow BH + H_2 \tag{10-26}$$

$$BH + H \Longrightarrow B + H_2 \tag{10-27}$$

$$B \longrightarrow 沉积$$

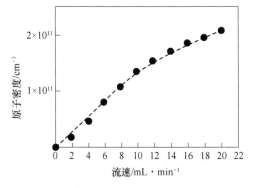

图 10-2 B 原子密度随 H₂ 流速的曲线[10]

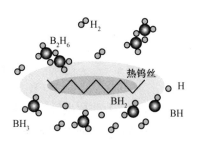

图 10-3 H₂ 和 B₂H₆ 发生氢转移
反应示意图

乙硼烷的气相裂解在整个化学领域被认为是最复杂的过程之一。$B_2H_6 \rightarrow 2BH_3$ 的反应机理尚不明确，不仅在气相中热解会发生该反应，在金属基体介质的表面也很可能会发生。热金属丝表面 H_2 的降解很容易产生 H 原子。BH 和 H_2 的反应在低压条件下也会发生。但由于 H—BH 的键能较大，在金属基体表面产生 BH 的效率较低。2015 年，Umemoto 等人用质谱检测 B_2H_6 在热金属丝表面的降解效率，发现 B_2H_6 气体在腔室内停留时间延长，降解效率增大，即使是在自由撞击条件下降解效率也比较高，他们认为 $B_2H_6 \rightarrow 2BH_3$ 为金属基体催化降解反应。

2. 硼烷裂解制备硼粉的副反应及硼回收

由于乙硼烷分子呈缺电子不稳定状态，这也正是乙硼烷分子容易形成聚合型分子的原因。即使没有催化剂，在不同温度下，硼烷也能相互转变。较高级硼烷可通过在不同条件下热解乙硼烷来制备，可发生如下反应：

$$2B_2H_6 \xrightarrow{\text{100 ℃, 10 MPa/200 ℃}} B_4H_{10} + H_2 \tag{10-28}$$

$$5B_2H_6 \xrightarrow{\text{180 ℃}} 2B_5H_9 + 6H_2 \tag{10-29}$$

$$5B_2H_6 \xrightarrow{\text{120 ℃}} 2B_5H_{11} + 4H_2 \tag{10-30}$$

$$5B_2H_6 \xrightarrow{\text{180 ℃}} B_{10}H_{14} + 8H_2 \tag{10-31}$$

$B_{10}H_{14}$ 在高温下较容易热解而形成高聚物，即使在室温下也会缓慢地变成高聚物。乙硼烷经常被用来制备各种高级硼烷，但围绕硼烷裂解和裂解路线机理的争论甚至是初始裂解反应阶段（$B_2H_6 \rightarrow 2BH_3$）的机理一直都没得到彻底解决。Owen 在 170~280 ℃ 区间将乙硼烷裂解制备五硼烷 B_5H_9，研究中总结了如下反应的发生：

$$B_2H_6 \Longrightarrow 2BH_3 \tag{10-32}$$

$$B_2H_6 + BH_3 \Longrightarrow B_3H_7 + H_2 \tag{10-33}$$

$$B_3H_7 + B_2H_6 \Longrightarrow B_5H_{11} + H_2 \tag{10-34}$$

$$B_5H_{11} + H_2 \Longrightarrow B_4H_{10} + BH_3 \tag{10-35}$$

$$B_4H_{10} + B_5H_{11} \Longrightarrow B_5H_9 + 2B_2H_6 \tag{10-36}$$

$$B_5H_9 + 2.5B_2H_6 \Longrightarrow B_{10}H_{14} + 5H_2 \tag{10-37}$$

$$2B_5H_{11} \Longrightarrow B_{10}H_{14} + 4H_2 \tag{10-38}$$

$$B_{10}H_{14} + B_2H_6 \Longrightarrow B_nH_m + H_2 \tag{10-39}$$

式中，B_nH_m 为非挥发性固体硼氢化物。

根据 Ma 等人研究计算得出，除发生主反应：

$$B_2H_6 + B_2H_6 \Longrightarrow BH_3 + BH_3 + B_2H_6 \tag{10-40}$$

该反应式中，$A = 2.5 \times 10^{17}$ $cm^3/(mol \cdot s)$，$B = 0$，$E/R = 17008$ K，$k = AT^B \exp[-E/(RT)]$（其中，A 为指前因子，B 为温度指数，k 为速率常数，R 为摩尔气体常量，T 为热力学温度，E 为活化能）。

同时也会生产副反应：

$$B_2H_6 + BH_3 \Longrightarrow B_3H_7 + H_2 \tag{10-41}$$

该反应式中，$A = 1.65 \times 10^{13}$ $cm^3/(mol \cdot s)$，$B = 0$，$E/R = 4378$ K。

$$B_3H_7 + B_2H_6 \Longrightarrow B_4H_{10} + BH_3 \tag{10-42}$$

该反应式中，$A = 1.76 \times 10^{17}$ $cm^3/(mol \cdot s)$，$B = 0$，$E/R = 10396$ K。

因此，除生成目标产物硼粉外，很可能还有未反应完全的 B_2H_6 及副产物 H_2、B_5H_9、B_5H_{11}、B_4H_{10}、B_6H_{12}、$B_{10}H_{14}$ 等气体或固体硼氢化合物。

硼烷热解过程中除了生成目标产物外，还会生成其他气体硼氢化物、固体硼氢化物及高聚物。为了使硼元素回收率达 100%，需对副产物进行回收处理。硼烷化合物在水中可发生水解反应：

$$B_2H_6 + 6H_2O \Longrightarrow 2H_3BO_3 + 6H_2 \tag{10-43}$$

但各种硼烷水解反应的速度大不相同。二硼烷极易水解，戊硼烷和癸硼烷却只有加热后才逐渐水解，水解产物为硼酸和氢气反应。Owen 指出硼烷裂解得到的非挥发性固体可通过与蒸馏水反应而去除。但在更高温度（600～900 ℃）下裂解得到的非挥发性固体的具体成分及水解强度未见文献报道，还有待进一步研究。

金属丝表面热裂解 B_2H_6 制备硼粉的方法优点是无其他因原料而带入的杂质元素，产物纯度较 BX_3 为原料制备的硼粉高，产率较由 BX_3 裂解制备的硼粉高；裂解温度低，为 500～700 ℃，且副产物易除去，为清洁回收工艺，不会带入任何其他杂质元素。该方法的缺点是除生成目标产物硼粉外，还有副产物低级硼烷或固体硼氢化合物生成，降低产率，且硼烷易燃、易爆、有毒，对工艺及设备要求较高。

B　硼棒表面沉积硼粉

用硼棒作为硼沉积的基体材质有两个优势：一是可以克服金属丝直径太小，沉积表面积小的缺点；二是可以克服金属杂质对硼粉纯度的影响，以及高温下金属丝易断裂的缺点。在室温下，硼的电导率很低，但在高温下硼有高的电导率。基于此原理，可以选用硼棒作为气相沉积制备硼粉的基体材料。

1960 年，Bean 等人用 H_2 还原 BBr_3 制备 α-rh. B，基体材质为 β-rh. B，直径为 1. 6 mm，温度为 1000 ℃，氢气流速为 970mL/min，BBr_3 含量 20% （摩尔分数），硼粉的沉积速率为 2~3 g/（cm^2·h）。此方法基本能消除一切污染，但也有可能由其他原因带入微量的杂质，如容器、加热基座等。由于提高温度不会发生基体材质断裂，基体材质也不会带入杂质，因此可在较高温度下，在较大直径的硼棒表面进行反应，反应速度较快，适合较多量的硼的制备。

C　流化床技术

由于沉积速度太慢，为了提高沉积速率，而不降低硼粉的纯度，采用流化床技术制备了硼粉。流化床—化学气相沉积（FB-CVD）技术具有化学气相沉积均匀、材料传质传热性能良好且产物单一等优点，是一种多学科交叉的材料制备方法[11]，但由于此方法综合了化学、化工、材料学，对其系统研究很少，散见于各种研究中，是近几十年来发展起来的一种重要的材料制备技术。用多孔硼颗粒作种子料，在此条件下硼粉沉积于硼颗粒种子料上，通过气流保持硼颗粒种子料为悬浮状态。这样反应物与反应器壁保持较少接触，减少杂质。该方法生产能耗低，未反应气体可循环使用且保持较高的反应速率，能连续生产。

化学气相沉积研究的是材料制备的形成机制及基本规律，重点研究微观化学反应过程，主要停留在实验室材料制备阶段。反应过程中化学键的断裂与生成取决于反应器内的温度场、浓度场及流场的分布，进而改变裂解产物种类、裂解速率及反应机理，影响产物的生长速率及均匀性，改变产物的最终形态。沉积产物的成核、生长、形貌及物相等与化学反应过程及固相介质的运动规律息息相关。流化床是一种典型的化工反应器，关注的是颗粒的传质传热规律及宏观流化规律，主要应用于工业生产。

流化床反应过程中，反应物通过载气携带进入流化床，颗粒在高速气流的作用下处于流化态，控制流化床反应器中的温度，使气相和固相密切接触发生化学反应，反应物沉积在基体材料颗粒表面或生成超细粉末。

将化学气相沉积技术和流化床相结合，可以将实验室材料研究制备推向工程应用。此技术在颗粒包覆技术、一维纳米材料、多晶硅制备、颗粒表面改性及粉体制备等方面具有重要应用[12]。在用 FB-CVD 法制备多晶硅的工艺中，以硅烷（SiH_4）为原料[13]，在 500~800 ℃下进行热解，热解率达 99% 以上。FB-CVD 法制备多晶硅反应温度低，化学沉积速度快且系统不含氯，使用粒状多晶硅，同时启动再加料系统，可使单晶硅制造成本降低40%，产量增加25%，是目前研究的热点。以硅烷或卤硅烷为原料热解制备硅粉的FB-CVD工艺流程如图10-4所示。

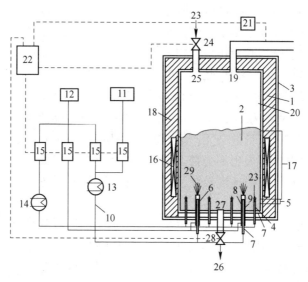

图 10-4　硅烷或卤硅烷为原料热解制备硅粉 FB-CVD 工艺流程图

1—反应管；2—流化床；3—承压容器；4—喷嘴；5—流化床下部；6，10—反应气；
7—中心反应气喷嘴；8—环形喷嘴；9—环状间隙；11—含硅气；12—稀释气；
13，14—热交换器；15—气体流量控制检测器；16—加热器；17—流化床上部；
18—绝热材料；19—排气管；20—气体空间；21—排气组分；22—计算机装置；
23—硅种子料；24，28—计量器；25—进料管；26—硅粉；27—排料管；29—喷射区

10.1.4　硼的化合物

硼化物是一组具有200种以上的二元化合物，可以说基本上没有硼化物凑不出的化学计量比了。

硼的化合物有金属型硼化物、硼氢化物及其衍生物、硼的三卤化物及其加合物与衍生物、硼的含氧化合物、有机硼化物及硼氮化合物。

富含金属的硼化物是极硬的、化学惰性的、不挥发的、熔点及电导率常常超过原来金属的难熔物质。硼化物常常制成粉末，但是可以通过粉末冶金及陶瓷工艺通用技术将其制成所需的形状。

TiB_2、ZrB_2、CrB_2用于制作涡轮机叶片、燃烧室内衬、火箭喷嘴及烧蚀防护罩。硼化物或涂有硼化物的金属具有抵抗各种熔融金属、炉渣及盐的腐蚀能力，这使得它们可用于制作高温反应器、蒸发皿、坩埚、水泵转子及热电偶外壳。高温下对化学腐蚀的惰性和极好的导电性预示着它们在工业生产中可用作电极。

硼化物的核应用在于[10]B对热中子具有很高的有效吸收截面，即使是对于高

能中子，它也有比其他任何核素都更高的有效吸收界面。因此，自核动力工业出现以来，金属硼化物和碳硼烷就一直广泛地用于中子屏蔽罩和控制棒。硼碳化物在非核工业上的主要用途是作抛光或研磨用的磨料颗粒或磨料粉末，还用在制动器及离合器的摩擦片衬上。此外，在制作轻质防护器具方面也很有用。试验已经表明，硼的碳化物及铍的硼化物最好用在防弹服及飞船防护板中。更妙的是，现在能通过三卤化硼、氢气与碳丝在 $1600 \sim 1900 \ ℃$ 下反应制成纤维状的硼碳化物：

$$4BCl_3 + 6H_2 + C \Longrightarrow B_4C + 12HCl \qquad (10\text{-}44)$$

10.1.4.1 硼化物的制备

合成硼化物一般可行的方法有 8 种，分别是：

(1) 单质直接化合。这种方法可以得到最广泛的应用。

$$Cr + nB \xrightarrow{1150 \ ℃} CrB_n \qquad (10\text{-}45)$$

(2) 用硼还原金属氧化物（会造成贵重元素、硼的浪费）：

$$Sc_2O_3 + 7B \xrightarrow{1800 \ ℃} 2ScB_2 + 3BO \qquad (10\text{-}46)$$

(3) 利用金属细丝、热管或等离子枪，用氢还原挥发性的卤化物混合物：

$$TiCl_4 + 2BCl_3 + 5H_2 \Longrightarrow TiB_2 + 10HCl \qquad (10\text{-}47)$$

(4) 用金属（或氢气）还原三氯化硼（或其他三卤化硼）。

(5) 由熔融盐的电解沉积。这种方法对制备 MB_x（M 为碱土金属或稀土金属）及 Mo、W、Fe、Co、Ni 的硼化物特别有效。

$$nBX_3 + (x + 1)M \Longrightarrow MB_n + xMX_{3n/x} \qquad (10\text{-}48)$$

$$BCl_3 + W \Longrightarrow WB + Cl_2 + HCl \qquad (10\text{-}49)$$

将金属氧化物及三氧化二硼（或硼砂）溶解在一种合适的熔融盐浴里，并在 $700 \sim 1000 \ ℃$ 利用石墨阳极电解，硼化物便沉积在石墨或钢制的阴极上。

(6) 在温度高达 2000 ℃ 时，用碳还原氧化物的混合物：

$$V_2O_5 + B_2O_3 + 8C \Longrightarrow 2VB + 8CO \qquad (10\text{-}50)$$

(7) 用硼碳化物还原金属氧化物（或金属和三氧化二硼）。硼碳化物是硼的最有用和最经济的来源，并能与大多数金属或其氧化物反应。硼碳化物以吨量级地用碳在 1600 ℃ 下直接还原三氧化二硼生产，方法是将一个碳电阻器埋放在三氧化二硼和碳的混合物中，同时通以很强的电流。

(8) 用金属（Mg 或 Al）与混合氧化物发生铝热剂型的还原反应，这样通常得到的是掺杂了三元硼化物（如 $Mo\text{-}Al_6B_7$）的产物。此外，还原剂也可以用碱金属或钙。

前 4 种适用于小规模的实验室制备，后 4 种适合于规模从千克级到吨级的商业生产。由于涉及高温且产物不挥发，故硼化物不容易制得很纯，随后的提纯也常常十分困难，原因在于硼化物挥发性很小或者活化能很高。

10.1.4.2 硼的含氧化合物

A 三氧化二硼

三氧化二硼为原子晶体，熔点为 460 ℃。由硼酸加热脱水等方法可制得。

$$B(无定型) \underset{Mg \text{ 或 } Al}{\overset{O_2}{\rightleftharpoons}} B_2O_3 \underset{-H_2O}{\overset{+H_2O}{\rightleftharpoons}} H_3BO_3$$

$$4B + 3O_2 \overset{700℃}{=\!=\!=} 2B_2O_3 \tag{10-51}$$

$$2H_3BO_3 \overset{300℃}{=\!=\!=} B_2O_3 + 3H_2O \tag{10-52}$$

单质硼燃烧或硼酸脱水得无色晶体 B_2O_3，B_2O_3 是硼酸酐，可以与水作用生成硼酸：

$$B_2O_3 + 3H_2O =\!=\!= 2H_3BO_3 \tag{10-53}$$

B_2O_3 与水蒸气反应，生成易挥发的偏硼酸：

$$B_2O_3 + H_2O(g) =\!=\!= 2HBO_2 \tag{10-54}$$

$$B_2O_3 \underset{-H_2O}{\overset{+H_2O}{\rightleftharpoons}} 2HBO_2(偏硼酸) \underset{-H_2O}{\overset{+H_2O}{\rightleftharpoons}} 2H_3BO_3(原硼酸)$$

B_2O_3 和金属氧化物共熔融时，生成有特征颜色的硼珠，可用于鉴定金属氧化物。例如：

$$CoO + B_2O_3 =\!=\!= Co(BO_2)_2 \tag{10-55}$$

形成深蓝色的硼珠 $Co(BO_2)_2$，这种鉴定金属氧化物的方法叫作硼珠实验，部分氧化物的硼珠颜色见表 10-3。

表 10-3 B_2O_3 与部分氧化物形成的硼珠颜色

金属氧化物	显色	金属氧化物	显色
CoO	深蓝色	Cr_2O_3	绿色
CuO	蓝色	MnO	紫色
NiO	绿色	Cr_2O_3	黄色

气体 B_2O_3 分子的构型为 "V" 字形。

B 硼酸

硼酸 （H_2BO_3）为白色粉末状结晶或三斜轴面鳞片状光泽结晶，有滑腻手感，无臭味。溶于水、酒精、甘油、醚类及香精油中，水溶液呈弱酸性。露置空气中无变化。能随水蒸气挥发。加热至 100~105 ℃时失去一分子水而形成偏硼酸，于 104~160 ℃时长时间加热转变为焦硼酸，更高温度则形成无水物。

硼酸相对密度为 1.4347，熔点为 184 ℃（分解），沸点为 300 ℃，有毒。

硼酸具有层状结构，层内有分子间氢键（见图 10-5）。层间通过分子间作用力结合，不牢固，所以硼酸有滑腻感。

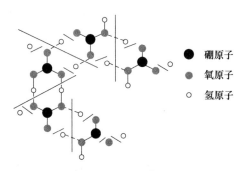

图 10-5 硼酸晶体结构

硼酸的缺电子结构，使其显酸性的机理与一般弱酸有所不同，在水溶液中，H_3BO_3 与 H_2O 解离出的 OH^- 结合，生成 $[B(OH)_4]^-$。

$$H_3BO_3 + H_2O \Longrightarrow [B(OH)_4]^- + H^+ \tag{10-56}$$

其 $K_a = 5.8 \times 10^{-10}$，使得溶液中 H^+ 浓度高于 OH^- 浓度，于是溶液显酸性。所以硼酸是一元酸。

硼酸中加入甘油，酸性可增强，原因是加入的物质可以与 $[B(OH)_4]^-$ 结合成很稳定的结构单元 $B[(C_3H_6O_3)_2]^-$，这种结构单元消耗了 $[B(OH)_4]^-$。使平衡右移，于是 H^+ 浓度增加，酸性变强。

硼酸遇到某种比它强的酸时，有显碱性的可能，如

$$B(OH)_3 + H_3PO_4 \Longrightarrow BPO_4\downarrow + 3H_2O \tag{10-57}$$

这个反应类似于酸碱中和反应。

在浓硫酸催化作用下，硼酸和乙醇发生酯化反应生产硼酸三乙酯。

$$B(OH)_3 + 3C_2H_5OH \xrightarrow{H_2SO_4} (C_2H_5O)_3B + 3H_2O \tag{10-58}$$

点燃反应生成的硼酸三乙酯，燃烧时有绿色火焰，这是鉴定硼酸的方法。

C 硼砂

a 性质

硼砂（$Na_2B_4O_7 \cdot 10H_2O$），是非常重要的含硼矿物及硼化合物，易溶于水。

硼砂化学名称为硼酸钠，别称月石。硼砂有十水四硼酸钠、五水四硼酸钠和无水四硼酸钠等产品。十水四硼酸钠又称焦硼酸钠，分子式为 $Na_2B_4O_7 \cdot 10H_2O$，相对分子质量为 381.37，是无色半透明结晶体或白色结晶粉末，单斜晶系；无臭，味咸，易溶于水和甘油，不溶于乙醇和酸，水溶液呈弱碱性，其密度为 1.73 g/cm^3，在干燥空气中风化；在高于 56 ℃时，自溶液中析出五水盐；低于 56 ℃时，则析出十水盐；加热至 350~400 ℃，完全失水成为无水盐；加热至 878 ℃，熔化为玻璃状物。熔化的硼砂能溶解许多金属氧化物，生成具有特征颜色的偏硼酸的复盐，硼砂的这一性质被称为"硼砂珠试验"。

五水四硼酸钠，分子式为 $Na_2B_4O_7 \cdot 5H_2O$，相对分子质量为 291.29，是白色结晶状粉末。它加热至 122 ℃ 时，完全失去结晶水成无水物，其他性能同十水物。

无水四硼酸钠，分子式为 $Na_2B_4O_7$，相对分子质量为 201.22，是白色结晶或玻璃状晶体。其密度为 2.367 g/cm^3，熔点为 741 ℃，沸点为 1575 ℃（分解）。它稍溶于冷水，较易溶于热水，微溶于乙酸，不溶于醇，其他性能同十水物。

b 用途

硼砂有广泛的用途，可用作清洁剂、化妆品、杀虫剂，也可用于配置缓冲溶液和制取其他硼化合物等。市售硼砂往往已经部分风化。硼砂毒性较高，世界各国多禁用为食品添加物。人体若摄入过多的硼，会引发多脏器的蓄积性中毒。

硼砂是制取含硼化合物的基本原料，几乎所有的含硼化物都可经硼砂来制得。它们在冶金、钢铁、机械、军工、刀具、造纸、电子管、化工及纺织等部门中都有着重要而广泛的用途。

硼砂在玻璃中，可增强紫外线的透射率，提高玻璃的透明度及耐热性能。在搪瓷制品中，可使瓷釉不易脱落而使其具有光泽。在特种光学玻璃、玻璃纤维等方面也有广泛的应用。

硼砂可用于皮肤黏膜、一些足癣的治疗，也可用于一些炎症如急性扁桃体炎、咽喉炎、口舌生疮、齿龈炎、中耳炎、霉菌性阴道炎、宫颈糜烂、癫痫、肿瘤等的治疗。在治疗动物的一些疾病也有特效，如鸡喉气管炎、山羊传染性脓疱病、猪支原体肺炎、牛慢性黏液性子宫内膜炎等。硼是植物生长、人和动物必需的元素。

在工业上，硼砂可作为固体润滑剂用于金属拉丝等方面。在电冰箱、电冰柜、空调等制冷设备的焊接维修中常作为（非活性）助焊剂用以净化金属表面。在硼砂中加入一定比例的氯化钠、氟化钠、氯化钾等化合物即可作为活性助焊剂用于制冷设备中铜管和钢管、钢管与钢管之间的焊接。

c 制备方法

制备硼砂的方法主要有硫酸法、常压碱解法、加压碱解法、碳碱法、钠化焙烧—常压水浸法、熔态钠化—常压水浸法、钠化焙烧—加压水浸法等。

（1）硫酸法。硫酸法是利用硼镁矿制取硼酸的主要方法。硫酸法制备硼砂以硼镁矿粉作为原料，将硫酸加入硼镁矿粉中使其分解，反应产物为粗硼酸和硫酸镁。为了下一步制备硼砂，需将混合产物分离，获得粗硼酸。母液中硼酸和硫酸镁的分离，国内外主要利用硫酸盐析法、沉淀分离法（固硼或固镁）、浮选分离法、萃取回收法等方法。

硫酸法由于工艺技术成熟，流程简单，被国内大多数硼酸厂使用。但是该工艺也存在效率低、质量差、母液缺少有效利用途径等问题。由于母液的大量排放，不仅影响企业的经济效益，还造成环境的严重污染和硼资源的浪费。硫酸法硼的总收率在72%~75%，而实际生产中，虽然硼的浸出率高达95%，总收率却只有40%~45%，大部分的硼在加工过程中损失。

此方法制备硼砂在1961年以后逐渐停用，直到20世纪70年代中后期，基于晶体硼镁肥的推广应用，又有厂家采用硫酸法小规模生产硼酸和晶体硼镁肥。

（2）常压碱解法。碱解法是基于硫酸法的B_2O_3回收率低、成本高、设备腐蚀较严重等缺点而提出的。要使B_2O_3污染得以解决，硼砂就必须从B_2O_3含量高的硼矿中提取制备，通过母液回收利用，将母液中残留的B_2O_3尽可能多地转移到硼砂中。

碱解法加工硼镁矿，首先要求矿石焙烧质量好，生烧和过烧都会显著降低碱解率。将硼镁矿作为实验原料，在一定温度下焙烧后粉碎再加NaOH溶液进行碱解（碱解率波动一般在70%~80%），过滤及水洗除去残渣，将滤液蒸发浓缩、冷却结晶后加水溶解，再加小苏打中和，冷却结晶，分离得到硼砂。工艺流程如图10-6所示。

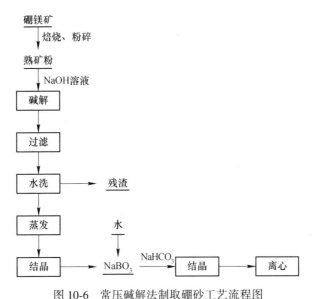

图10-6 常压碱解法制取硼砂工艺流程图

（3）加压碱解法。加压碱解法与常压碱解法的不同在于原料矿粉中加入NaOH溶液进行碱解的同时，需要外界对系统施加一定的温度和压力，让其在高温高压的环境中进行反应，过滤及水洗除去残渣，滤液蒸发浓缩、冷却结晶后加水溶解，加小苏打中和，冷却结晶，分离得到硼砂。

工艺流程与图10-8相比，加压碱解法制备硼砂仅仅在碱解的过程中控制了外界的条件，将温度和压力控制在一定的范围内波动，其余实验制备流程与常压碱解法基本一致。这样的改进使得原料能在较高的温度和压力下充分反应，碱解率提高。

　　该方法是在之前常压碱解法上的一种改进，在较高的温度和压力下进行碱解，碱过量较少，碱解率较高，经济效益高。但是与常压碱解法一样，由于NaOH溶液具有强腐蚀性，实验过程中若操作不当，易发生危险，且所需设备多，不适合加工低品位的矿粉。目前生产中也较少采用这种方法。

　　（4）碳碱法。碳碱法与碱解法最大的不同在于制备硼砂的过程中有气体 CO_2 参与反应，所以反应过程需在相对密闭的环境下进行。利用 Na_2CO_3 和 CO_2 反应剂在加压（0.6~1.0 MPa，130~140 ℃）的条件下与硼矿粉反应，此时，硼以 $B_4O_7^{2-}$ 的形式进入溶液，而镁以 $MgCO_3$ 沉淀的形式留在渣中，从而达到硼镁分离的目的。

　　通过控制 pH 值，使镁生成碳酸镁或者碱式碳酸镁沉淀，通过过滤与溶液中的硼分离。加压和升温均可缩短反应时间，加快反应进程。碳碱法制备硼砂，分离硼砂后的母液可直接返回配料，流程短，且排出的矿渣碱性较弱，不易污染环境。工艺流程如图 10-7 所示。

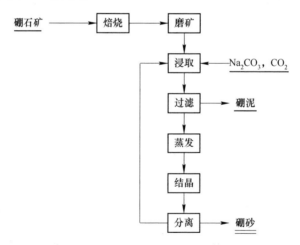

图 10-7　碳碱法制取硼砂工艺流程图

　　（5）钠化焙烧—常压水浸法。钠化焙烧—常压水浸法是在原料硼精矿中直接加入碳酸钠混合均匀后进行焙烧，而碳碱法是将原料矿石进行焙烧，焙烧之后再加入 Na_2CO_3 和 CO_2 气体进行反应。水浸法避免了在密闭环境下操作实验，减小了实验的危险性。取硼精矿和碳酸钠混合均匀，将混合料置于马弗炉中焙烧一定时间，焙烧产物冷却至室温，再经过称量、破碎等工艺后，加入一定量去离子水进行水浸处理，时间和温度根据实验条件控制，水浸滤液经过蒸发浓缩，结晶分离后得到硼砂, 工艺流程如图 10-8 所示。

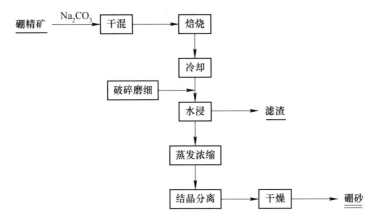

图 10-8　钠化焙烧—常压水浸法制取硼砂工艺流程图

该方法反应过程长, 速度较慢, 得到硼砂花费时间长, 不符合高效率的原则, 所以还需找到一种更加合适的制取硼砂的方法。

(6) 熔态钠化—常压水浸法。将富硼渣粉末和碳酸钠混合研磨, 放入高温中进行熔融钠化, 冷却后进行水浸处理, 水浸滤液经过蒸发浓缩、结晶、分离、干燥后得到硼砂。

与图 10-8 相比, 在加入钠化剂 Na_2CO_3 之后, 并不是直接放在马弗炉进行焙烧, 而是将混合物放入二硅化钼炉中进行升温, 使混合物在熔融状态下进行钠化, 冷却至预处理温度之后的钠化渣将和钠化焙烧—常压水浸法中的钠化渣进行相同的处理。

硼砂的浸出率比钠化焙烧方法的浸出率高, 但是由于反应需要的温度极高, 导致反应可控性减弱, 危险性较大, 故熔态钠化—常压水浸法制取硼砂的应用性不高。

(7) 钠化焙烧—加压水浸法。钠化焙烧—加压水浸法是在常压水浸法的环境下控制了温度和压力的条件, 使水浸反应充分进行。相比于常压水浸法, 加压水浸缩短了制取硼砂制品的反应流程, 加快了反应时间, 使反应往高效率的方向发展。该方法是目前实验制备硼砂应用最广的方法, 同时也是效率最高的方法。

将一定量的矿样加入钠化剂在马弗炉上焙烧若干小时, 取出焙烧后的产物冷却至室温再称量破碎, 加入去离子水在高压反应釜中以一定的温度和压力进行反应, 水浸滤液进行降温结晶即得硼砂。

10.1.4.3 硼的卤化物

A 性质

硼的四种三卤化物, 都属于共价化合物。三卤化硼的熔点和沸点随相对分子质量的增大而升高。这四种三卤化物均无色。硼的四种三卤化物性质见表 10-4。

表 10-4 硼卤化物性质

名称	BF_3	BCl_3	BBr_3	BI_3
状态（室温）	气体	气体	液体	固体
熔点/K	146	166	227	316
沸点/K	172	285	364	483

三卤化硼中硼原子的轨道进行 sp^2 等性杂化，故分子的构型为三角形，硼原子周围有 6 个电子，属于缺电子结构。中心硼原子有一个未参加杂化的空的 p 轨道。

在实验中测得三氟化硼中 3 个 B—F 键的键长相等，远比 B 和 F 原子半径之和小。所以应该认为在 BX_3 分子中存在大键。3 个 X 原子各有一个充满电子的 p 轨道与 B 原子的未参加杂化的空 p 轨道形成 π_4^6。

BF_3 是典型的路易斯酸，它可以同路易斯碱氨等结合而成酸碱配位化合物。

$$BF_3(g) + NH_3 \Longrightarrow H_3N \rightarrow BF_3 \tag{10-59}$$

BF_3 部分水解，将 BF_3 通入水中，首先发生水解反应：

$$BF_3 + 3H_2O \Longrightarrow B(OH)_3 + 3HF \tag{10-60}$$

生成的 HF 进一步和 BF_3 作用，得到氟硼酸（氟硼酸是强酸）溶液：

$$BF_3 + HF \Longrightarrow H^+ \left[BF_4 \right]^- \tag{10-61}$$

三卤化硼的路易斯酸性顺序一般为：$BI_3 > BBr_3 > BCl_3 > BF_3$，如果与三卤化硼结合的路易斯碱强度弱，如 CO 引起结构形变小，三卤化硼的路易斯酸性顺序就会变为 $BI_3 < BBr_3 < BCl_3 < BF_3$，可见，三卤化硼的路易斯酸性变化顺序是和其路易斯碱有关的。

B 制备

BX_3 的制备如下：

$$B_2O_3 + 3H_2SO_4 + 3CaF_2 \Longrightarrow 2BF_3 + 3CaSO_4 + 3H_2O \tag{10-62}$$

$$BF_3(g) + AlCl_3 \Longrightarrow AlF_3 + BCl_3(g) \tag{10-63}$$

$$B_2O_3 + 3C + 3Cl_2 \Longrightarrow 2BCl_3 + 3CO \uparrow \tag{10-64}$$

氟硼酸是一类稳定化合物，如 KBF_4 等在试剂商店有商品出售。

其他三卤化硼，水解时生成硼酸和相应的卤化物，如

$$BCl_3 + 3H_2O \Longrightarrow B(OH)_3 + 3HCl \tag{10-65}$$

三氯化硼水解时，中心 B 的轨道由 sp^2 杂化变成 sp^3 杂化，多出一条杂化轨道以接受 H_2O 分子的进攻，卤化氢分子离去，由 sp^3 杂化变成 sp^2 杂化，继续取代生成硼酸。

10.1.4.4 硼氢化物及其衍生物

B 和 H 不能直接化合，但用间接方法可制备一系列 B 和 H 的化合物，它们与碳氢化合物性质类似，称为硼烷。硼烷分为巢型 B_nH_{n+4} 和蛛网型 B_nH_{n+6}。

硼烷是无色的、抗磁性的、热稳定性中等到低等的分子化合物。低级硼烷在室温下为气体，但随着相对分子质量增加，它们变成挥发性的液体或固体；沸点接近于相对分子质量相近的碳氢化物。硼烷的生成都是吸热的，其生成吉布斯自由能也为正值，其热力学不稳定性起因于单质硼和单质氢气中原子间的键特别强。

硼烷极其活泼，有几种硼烷能在空气中自燃。蛛网形硼烷比巢形硼烷更趋活泼（且对热分解更不稳定），同时反应活性还随相对分子质量的增加而减小。笼形硼烷阴离子特别稳定，其一般的化学性质已经使人联想到"三维芳香性"这个术语。

乙硼烷占有特殊的地位，因为别的硼烷全都是由它直接或间接制备的。在整个化学中，乙硼烷也是研究最多及在合成上最有用的试剂之一。少量的乙硼烷气体可以用如下方法制备：

$$2NaBH_4 + I_2 \xrightarrow{\text{二甘醇二甲醚}} B_2H_6 + 2NaI + H_2 \tag{10-66}$$

$$2KBH_4(s) + 2H_3PO_4(l) \xrightarrow{\text{(产率70\%)}} B_2H_6(g) + 2KH_2PO_4(s) + 2H_2(g) \tag{10-67}$$

当不需要对制得的乙硼烷进行分离和提纯时（比如说，只是为了原位制备来参与反应），最好的方法是下面这个：

$$3NaBH_4 + 4Et_2OBF_3 \xrightarrow[25\,℃]{\text{二甘醇二甲醚}} 2B_2H_6(g) + 3NaBF_4 + 4Et_2O \tag{10-68}$$

就工业生产而言，可以在 180 ℃下直接用 NaH 还原 BF_3 气体来生产：

$$2BF_3(g) + 6NaH(s) \xrightarrow{180\,℃} B_2H_6(g) + 6NaF(s) \tag{10-69}$$

乙硼烷可以自燃，所以上面的这些制备方法操作时都要小心谨慎。

乙硼烷的热分解十分复杂，其起始步骤是单分子的分解平衡还是双分子歧化反应尚没有统一的看法。

$$B_2H_6(g) \underset{}{\overset{\text{快速}}{\rightleftharpoons}} 2\{BH_3\} \tag{10-70}$$

乙硼烷的桥键很容易断开，甚至通过很弱的配位体就可以得到对称的或不对称的裂解产物。控制这些反应过程的因素尚未完全清楚，但空间效应肯定起某种作用，如用 NH_3、$MeNH_2$、Me_2NH 得到的是不对称裂解的产物，而 Me_3N 得到的是对称裂解的产物 Me_3NBH_3。对称裂解是更普遍的模式，而且热化学及光谱学的资料表明，BH_3 的加合稳定性有如下次序：$PF_3 < CO < Et_2O < Me_2O < C_4H_8O < C_4H_8S < Et_2S < Me_2S < py < Me_3N < H^-$。

硫化物加合物的相对稳定性较大,而且还知道许多含有 N、P、O、S 等电子给予体原子的其他配合物。配位体 H^- 是个特殊情况,因为它得到的是对称的四面体形离子 BH_4^-(与 CH_4 是等电子体)。

BH_4^- 离子本身是一种少有的单齿、双齿或三齿配体。

除了热分解和裂解反应外,乙硼烷还发生种类繁多的取代、再分配及溶剂化反应。

乙硼烷与金属(如 Na、K、Ca)或其混合物反应缓慢(反应时间在几天以上),醚存在时反应比较迅速:

$$2B_2H_6 + 2Na \Longrightarrow NaBH_4 + NaB_3H_8 \tag{10-71}$$

用这种方法制备的 $B_3H_8^-$ 是首次得到的多硼烷阴离子(1955 年),现在可以由下列反应较方便地制取:

$$B_2H_6 + NaBH_4 \underset{100\ ℃}{\overset{二甘醇二甲醚}{\Longleftarrow\!\!=\!\!=\!\!\Longrightarrow}} NaB_3H_8 + H_2 \tag{10-72}$$

10.1.4.5 氮化硼

氮化硼是由氮原子和硼原子所构成的晶体。化学组成为 43.6% 的硼和 56.4% 的氮,具有四种不同的变体:六方氮化硼、菱方氮化硼、立方氮化硼和纤锌矿氮化硼。自然界没有天然存在的氮化硼(特别是立方氮化硼),它完全是一种人工合成的材料,氮化硼问世于 100 多年前,最早的应用是作为高温润滑剂的六方氮化硼,不仅其结构而且其性能也与石墨极为相似,且自身洁白,所以俗称白石墨。

立方氮化硼通常为黑色、棕色或暗红色晶体,为闪锌矿结构,氮化硼(BN)是一种典型的ⅢA-ⅤA族无机化合物,具有一系列优异的物理化学性能,具有良好的导热性,硬度仅次于金刚石,是一种超硬材料,常用作刀具材料和磨料。

氮化硼具有抗化学侵蚀性质,不被无机酸和水侵蚀,在热浓碱中硼氮键被断开,1200 ℃ 以上开始在空气中氧化,真空时约 2700 ℃ 开始分解;微溶于热酸,不溶于冷水,密度为 2.29 g/cm³;压缩强度为 170 MPa,在氧化气氛下最高使用温度为 900 ℃,而在非活性还原气氛下可达 2800 ℃,但在常温下润滑性能较差。氮化硼的大部分性能比碳素材料更优,如宽带隙、热稳定性高、热传导性能好、耐化学腐蚀、透波特性好等,能够被广泛应用于机械加工、冶金、电子、航空航天等高科技领域。

由于它集多种优异性能于一身,多年来人们对氮化硼材料的制备和性质研究投入了大量精力。在人工合成的氮化硼中,通常有多个物相共存,常见的物相包括六方相(h-BN)、菱方相(也称三方相,r-BN)、立方相(c-BN)、密堆六方相(又称纤锌矿氮化硼,w-BN)和正交相(o-BN)。

BN 与ⅣA族元素 C 类似,既有类似于石墨 sp^2 键构成的平面网状结构的相,

又有类似于金刚石 sp^3 键构成的正四面体结构的相。其中六方氮化硼（h-BN）和菱方氮化硼（r-BN）的结构是类似于石墨的平面网状结构，而立方氮化硼（c-BN）和纤锌矿氮化硼（w-BN）的结构是类似于金刚石的正四面体结构，近年来发现正交氮化硼（E-BN）具有类似金刚石的结构。此外，还有与 C_{60} 相对应的 BN 富勒烯和与碳纳米管对应的 BN 纳米管。

六方氮化硼（h-BN）每一层是由 B 原子和 N 原子交替排列组成的平面六元环连接而成，键长 $a = 0.2504$ nm，各层原子沿 c 轴方向按 ABAB…排列，层内原子间的作用是强的 sp^2 共价键，键长 $c = 0.6661$ nm，层间原子的作用是很弱的范德华键，因此，层间间距较大，层间键合力小，易于滑动，是良好的固体润滑剂。h-BN 具有高的熔点（3000 ℃），是优良的高温耐火材料。与石墨不同 h-BN 中的 B 原子和 N 原子的电负性不同，所以 h-BN 是优秀的绝缘材料，其室温下的电阻率为 10^{17} Ω·cm。加上其高温稳定性和耐腐蚀性，h-BN 可被用作电子器件的绝缘层等。

菱方氮化硼（r-BN）属于三方晶系，具有菱面体结构，它的结构和 h-BN 非常相似，层内原子间是强的 sp^2 共价键，层间原子的作用也是很弱的范德华键。只是各层原子沿 c 轴方向是按 ABCABC…方式排列。晶格常数 $a = 0.2542$ nm，$c = 0.999$ nm。

正交氮化硼（E-BN）属于正交晶系，晶格常数 $a = 0.86$ nm，$b = 0.774$ nm，$c = 0.635$ nm，B、N 原子间以 sp^2 和 sp^3 两种杂化方式混合成键，是近年来才报道的一种氮化硼的亚稳相结构。

纤锌矿氮化硼（w-BN）属于六方晶系，具有纤锌矿结构。在 w-BN 中，沿（0001）方向的原子层按 ABAB…方式排列，晶格常数 $a = 0.25503$nm，$c = 0.421$nm，一样是很强的 sp^3 共价键，具有很高的硬度，也是一种超硬材料，可被用于制造切削工具。

立方氮化硼（c-BN）属于立方晶系，具有闪锌矿结构，B、N 原子间的作用是很强的 sp^3 共价键。在 [111] 方向上，原子层以 ABCABC…方式排列，是所有硼氮化合物中性能最优异的，也是人们多年来研究合成的终极目标，以下着重介绍。

A　c-BN 的结构

c-BN 与金刚石有相似的晶体结构和晶格常数，它属于闪锌矿结构，如图 10-9 所示。c-BN 和金刚石一样，都是由两个面心立方晶格沿着立方对称晶胞的对角线错开 1/4 长度嵌套而成的复式晶格。二者的不同在于，金刚石结构中两个面心立方晶格的每一个原子都是同一种原子，而闪锌矿结构中两个面心立方晶格上的原子是两种不同的原子。这种结构有一个特点，就是任何一个原子都有四个最近邻原子，它们总是处于一个正四面体的顶点上，这种结构被称为正四面体结构。

具有四面体结构的半导体材料在半导体物理和技术中占有极为重要的地位。

　　这种四面体结构的共价晶体中，四个共价键是以 s 态和 p 态波函数的线性组合为基础，构成了所谓的"杂化轨道"。共价键是以一个 s 态和三个 p 态组成的 sp^3 杂化轨道为基础形成的，它们之间有相同的夹角 $109°28'$。

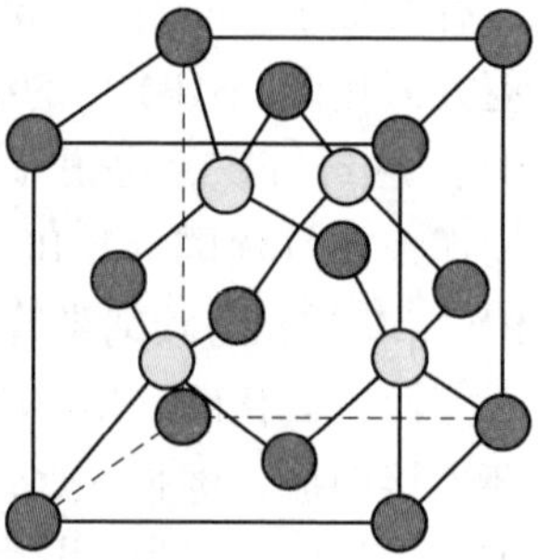

　　B　c-BN 的性质

　　c-BN 和金刚石在许多物理化学性质上存在较大的差异，表 10-5 是 c-BN 和金刚石在物理化学性质上的比较。

图 10-9　c-BN 晶体结构

表 10-5　c-BN 和金刚石在物理化学性质上的比较

项目	金刚石	立方氮化硼（c-BN）
晶体结构	金刚石型	闪锌矿型
晶格结构	面心立方	面心立方
晶格常数/nm	0.35675	0.36165
最小原子间距/nm	0.15475	0.15665
理论密度/g·cm^{-3}	3.515	3.48
实际密度/g·cm^{-3}	3.47~3.56	3.44~3.48
熔点/℃	3700±100	3300 左右
热稳定性/℃	空气中：650~850 真空中：1400~1700	空气中：1200~1500 真空中：1550~1800
对铁族元素的化学作用	高温下起化学反应	惰性
硬度/kg·mm^{-2}	9000	4500
线膨胀系数/K^{-1}	$0.9×10^{-6}$	$3.5×10^{-6}$
压缩率/m^2·N^{-1}	$1.4~1.8×10^{-2}$	$2.4×10^{-2}$
电阻率20 ℃/Ω·cm	$10^{14}~10^{16}$	$10^{10}~10^{12}$
带隙/eV	5.47	≥6.4
掺杂类型	p 型	p 型、n 型
折射率（589.3 nm）	2.417	2.117
介电常数	5.58	4.5 8（多晶）
热导率（25 ℃）/W·(cm·℃)$^{-1}$	20	13（计算）

　　c-BN 在硬度和热导率方面仅次于金刚石，且热稳定性极好，一方面是因为 B-N 之间的结合具有离子性（约 22%）；另一方面，在热激发时产生较大的晶格

自由度，提高了向 h-BN 转变所需要的温度。c-BN 在大气中直到 1000 ℃ 也不发生氧化（金刚石 600 ℃ 以上就要发生氧化），真空中对 c-BN 加热直到 1550 ℃ 才发生向 h-BN 的相变（金刚石开始向石墨转变的温度为 1300~1400 ℃）。而且，c-BN 对铁族元素具有极为稳定的化学性能，与金刚石不易加工钢铁材料不同，c-BN 可广泛地应用于钢铁制品的研磨和精密加工。c-BN 除具有优良的耐磨损性能之外，耐热性也极为优良，在相当高的切削温度下也能切削耐热钢、钛合金、淬火钢等，国外早有 c-BN 涂层刀具的实验报道。在钻探方面，对勘探铁矿床或中低温硫化矿床，以及含有铁质氧化带的矿床均有明显的特殊作用，在未来的高温深井钻探和地热钻等方面具有广泛的应用前景。c-BN 的缺点是它能够与碱反应，过热的水蒸气也能与它作用。纯净的 c-BN 是无色透明的，由于合成工艺的影响可显示出黑色、褐色、橘黄色、黄色等。

c-BN 在光学和电子学方面也有着广阔的应用前景，在光学方面，c-BN 有很高的硬度，并且在宽的波长范围内（约从 200 nm 开始）有很好的透光性，因而很适合做一些光学元件的表面涂层，特别是一些光学窗口的涂层，如硫化锌、硒化锌窗口材料的涂层。此外，c-BN 还具有良好的抗热冲击性能，再加上高硬度，有望成为大功率激光器和探测器的理想窗口材料。c-BN 晶体紫外发光二极管也已研制成功。

电子学方面，c-BN 通过掺入特定的杂质，可获得半导体特性。高温高压合成过程中，添加 Be 可得到 p 型半导体，添加 S、C、Si 等可得到 n 型半导体，而金刚石的 n 型掺杂却十分困难。Mishima 等人最早报道了在高温高压下，c-BN 能够制成 p-n 结，并可以在 650 ℃ 的温度下工作，为 c-BN 应用于电子学领域中展现出美好的前景。作为宽带隙半导体材料，c-BN 可应用于高温、高频、大功率、抗辐射电子器件方面。高温高压下制备的 c-BN p-n 结二极管的发光波长是 215 nm（5.8 eV）。c-BN 具有高的热导率，同时具有与 GaAs、Si 相近的热膨胀系数和低介电常数，绝缘性能好，化学稳定性好，又使它成为良好的集成电路热沉积材料和绝缘涂覆层。实验还发现 c-BN 的电子亲和势也为负值（和金刚石膜类似），并获得了有效的电子发射，使 c-BN 成为冷阴极电子发射材料，将会在大面积平板显示领域有很好的应用前景。

C 氮化硼的合成方法

自 1842 年氮化硼被首次合成以来，许多合成方法相继出现。氮化硼一般是由元素硼、硼酐、卤化硼、硼的盐类，与含氮盐类在氮气或氨气氛中通过气相-固相或气相-气相反应合成。目前在工业生产上主要采用硼砂-氯化铵法、硼酐法、硼酸（硼砂）-尿素法、卤化硼法等几种合成方法，其工艺过程分别进行如下介绍。

a 硼砂-氯化铵法

硼砂-氯化铵法是以硼砂和氯化铵为主要原料，在氨气氛中反应合成氮化硼的方法，其工艺流程如图 10-10 所示。

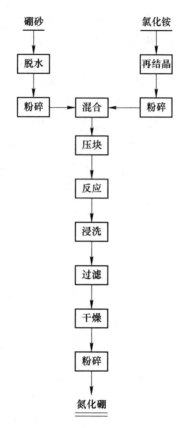

图 10-10 硼砂–氯化铵法制备氮化硼工艺流程

  两种原料在参加反应前应分别进行脱水和再结晶处理。硼砂最好在真空中 200 ~ 400 ℃脱水。氯化铵再结晶是将其溶解成饱和溶液后过滤除去杂质再结晶析出，视纯度要求可重复多次。

  将粉碎和干燥的硼砂与氯化铵以 7 : 3 的质量比混合，压成坯块，送入反应炉中合成。为了加快反应速度和提高转化率，需通入氨（NH_3）以弥补反应物自形成氨气氛的不足。低温时氨的通入量较高温阶段为少，氨的具体通入量应视反应物量的多少及反应炉容积的大小而调整，以保证反应充分进行为宜。最终的加热温度在 900 ~ 1000 ℃，保温 6 h。反应产物用水浸洗除去剩余的硼酸及氯化钠等杂质，再干燥、粉碎后获得质量分数在 96% ~ 98% 的氮化硼粉料坯块。在加热过程中的主要反应是：

$$Na_2B_4O_7 + 2NH_4Cl + 2NH_3 \Longrightarrow 4BN + 2NaCl + 7H_2O \qquad (10\text{-}73)$$

  b 硼酐法

  用硼酐（B_4O_3）氮化合成氮化硼是工业生产氮化硼的重要方法之一。这个方法的工艺流程如图 10-11 所示。

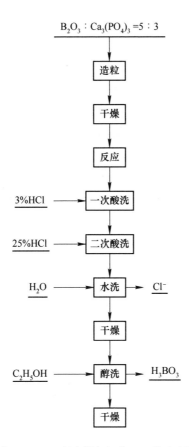

图 10-11　硼酐法制备氮化硼工艺流程图

由于硼酐的熔点低（玻璃态为 294 ℃，结晶态为 450~600 ℃），在氮化温度下变成高黏度的熔体，阻碍了氨的流通而使反应缓慢且极不完全。为了克服这一缺点，可用高熔点物质作填料降低硼酐熔体的黏度。这种填料本身不参加反应又可在最后容易地被除去。常用的填料有氧化镁（MgO）、碳酸钙（$CaCO_3$）、磷酸三钙（$Ca_3(PO_4)_2$）、氮化硼（BN）等，其中以磷酸三钙为最好，因为磷酸三钙与硼酐的混合物的氮化反应率最高。

硼酐和磷酸三钙按 5∶3 的质量比均匀混合，按该工艺流程处理后，在石英管或刚玉管状电炉中进行氮化反应。炉体装置稍倾斜，以利于排水。氮化反应约在 300 ℃ 开始，进行到 800 ℃ 初步接近完全反应，最终温度在 900~1000 ℃，保温 4~24 h。整个氮化过程的主要反应为：

$$B_2O_3 + 2NH_3 \longrightarrow 2BN + 3H_2O \tag{10-74}$$

反应完成后，其中的磷酸三钙填料可用盐酸洗除，而残存的硼酐可用 70 ℃ 热酒精洗除，得到粗制的氮化硼，称 900 ℃ 氮化硼，转化率为 75%~85%，质量分数为80%~90%，其中主要杂质是硼的中间化合物。这类杂质可通过在1400 ℃氨中继续氮化，或在氮气、氩气中加热到1800 ℃以上使其挥发除去而达到纯化。

c 硼砂-尿素法

硼砂-尿素法是以硼砂（$Na_2B_4O_7$）为主要硼源，用尿素以自形成氨气氛并与硼砂形成海绵状多孔体，促进反应完全。工艺流程如图10-12所示。

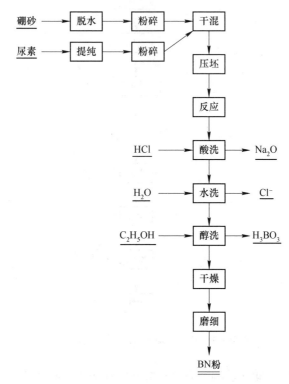

图 10-12 硼砂-尿素法制备氮化硼工艺流程

硼砂与尿素按1：（1.5~2）的比例均匀混合后装入盛器，送进反应炉参加反应。盛器可用石英玻璃、刚玉、石墨、不锈钢等制成的舟皿、坩埚。

反应炉一般取卧式管状炉，如采用小型回转窑则可达到连续生产的目的。在反应期间通入氮或氨以补充由尿素形成氨气的不足。用氨的效果比用氮的好，因为氮气是亚惰性气体，而由氨离解可生成单原子的活性氮。但在300 ℃以下，应先用氮，因为此时氨会溶于反应物所产生的自由水或水蒸气中，使反应减弱。氨在200~300 ℃开始分解，在加热过程中边分解边参加反应。

反应炉应按规定的升温曲线加热，比较下来，采用四阶段保温的效果较好，即在100 ℃保温0.5 h，140 ℃保温2 h，180 ℃保温2 h，800 ℃保温2 h，最终温度在800~1000 ℃。在氮化反应过程中，混合物的形态从黏滞的面粉状逐渐变为松散的蜂窝状，其中主要的反应为：

$$Na_2B_4O_7 + 2CO(NH_2)_2 \longrightarrow 4BN + Na_2O + 4H_2O + 2CO_2 \uparrow \quad (10\text{-}75)$$

由此反应合成的粗制氮化硼，经过酸洗、水洗、醇洗，可得到白色的氮化硼粉。如果用水和酒精反复处理，就可使氮化硼的质量分数提高到96%。

用硼砂作主要原料存在着产物中氧化钠的质量分数较高的缺点，为避免钠离子的存在，常用硼酸（H_3BO_3）代替硼砂，其反应为：

$$2H_3BO_3 + CO(NH)_2 \longrightarrow 2BN + 5H_2O + CO_2 \quad (10\text{-}76)$$

但用硼酸的氮化反应难以完全，转化率较低，产物中存在较高的氧化硼和硼的化合物，使用稳定性较差，所以有人试验用硼砂和硼酸的混合物做成复盐，直接用氨反应合成氮化硼，取得较好的效果。

d　电弧等离子体法

上面介绍的几种合成氮化硼的方法，虽然所用原料不同，工艺流程相互各异，但它们的合成温度均在1000 ℃以下，这些常规的中温化学反应方法，往往有生产工序繁复、生产周期长、效率低、成本高等缺点。

用等离子体高温技术制备氮化硼可使流程简化，时间缩短、效率提高、产品结晶完整。从这种方法的反应形式来看，大致可分为三种类型：（1）等离子射流中气相反应，例如，用 BCl_3 在 N_2 等离子体中合成 BN。（2）等离子体射流中空间反应，例如用 B 在 N_2 等离子流中制取 BN，或 B_2O_3 在等离子流中蒸发并与供入的 NH_3 混合反应制取 BN。（3）等离子射流相交区固定床反应，例如用硼砂和尿素的混合物置于反应区，利用等离子体流作热源使混合物反应合成 BN。等离子体法需要一套价格较贵的设备和装置，其中包括发生等离子体的电源、等离子喷枪、等离子体加热炉，以及一整套辅助设备。

用硼砂-尿素电弧等离子体合成氮化硼的主要工艺过程如下：硼砂脱水后与尿素以 1:(1.4~1.6) 的质量比均匀混合，压成坯块，装在石墨盘床上，置于反应炉的高温反应区。从等离子喷枪出来的由氮形成的电弧等离子体火焰射向反应区，使坯体受热剧烈反应合成氮化硼。

反应炉的内壁用石墨管作衬里以承受等离子体火焰的高温。从石墨管向外，依次是氧化锆或氧化铝中空球、氧化铝泡沫砖、耐火纤维、钢外壳。等离子喷枪的阴极材料用铈钨合金，阳极材料用紫铜。

当工作电压为 170 V，工作电流为 200 A，N_2 气以约 100 L/min 的流量以旋进方式通过喷枪时，反应区的石墨管内壁温度达 1800 ℃以上，在直径为 130 mm、长为 300 mm 的反应区中容纳 150 mm×30 mm×15 mm 的坯块，只需 20~30 mm 就可完成合成反应，回收率在 70%～85%。将合成的粗制 BN 用酸洗、水洗提纯，可使纯度提高到 98%以上。

D　立方氮化硼的传统合成方法简述

立方氮化硼（c-BN）并不是天然存在的，而是人工合成的，1957 年美国 GE

公司首先用高温高压法人工合成了 c-BN 单晶。1979 年，Sokolowski 采用等离子体法合成出了 c-BN 薄膜，随后在 20 世纪 80 年代采用气相沉积法合成出了 c-BN 薄膜[14]。这些方法的采用拓展了合成 c-BN 的方法，降低了合成 c-BN 的条件。

1987 年，Mishima 首次采用温度梯度法合成出高品级大颗粒 c-BN 单晶。此后，c-BN 的合成技术更加快速地发展和推广。我国在 1966 年成功地合成出了 c-BN 后，其合成技术也在快速的发展。在发展初期，我国一般选择单质镁作为唯一触媒，合成出来的 c-BN 晶体品级差，性能低，品种较少，应用领域较少。进入 20 世纪 90 年代，随着新触媒的采用和技术设备的提升开发出了性能品质较好的新产品。

立方氮化硼合成方法主要有[15]：静态高温高压法、动态高温高压法（动态高压法）、气相沉积法等方法。

a 静态高温高压法

静态高温高压法通过液压机产生一定的压力，通过电流加热产生一定的温度。目前在国内通常使用的液压机多为六面顶液压机。六面顶液压机进行 c-BN 单晶的合成的优点是便于调整压力和温度等工艺参数，操作方便。目前该方法在工业生产上应用最广。

b 动态高温高压法

动态高温高压法又称爆炸法或冲击压缩法。这种方法利用爆炸或强放电时产生的冲击波直接作用于 h-BN，爆炸瞬间可产生超高温高压（>2000 K，>10 GPa），可使 h-BN 瞬间转变为纳米级 c-N 晶体。该方法不使用高温、高压设备，所需设备成本较低，合成的 c-BN 粒度较细。

c 气相沉积法

气相沉积法是由含 B、N 的气体一般在低压、高温的条件下沉积成 c-BN，该方法不使用高温、高压设备，成本较低，合成的 c-BN 颗粒较小。该方法主要用于合成 c-BN 薄膜。气相沉积法主要分为化学气相法（CVD）和物理气相沉积法（PVD）。目前，国内外研究人员已经能够利用多种技术生长出高品质的 c-BN 薄膜。

高温高压合成氮化硼条件要求苛刻，所合成的块状材料颗粒也较小，不利于加工成各种形状，因而其研究和应用都受到了很大的限制，阻碍了氮化硼的发展。氮化硼要想在微电子、半导体领域得到广泛的应用，首先需要解决的就是在低温低压条件下低成本地制备大面积高质量的 BN 薄膜材料。从 20 世纪 80 年代开始，随着物理气相沉积（PVD）和化学气相沉积（CVD）方法在薄膜制备中的广泛应用，人们开始探索用 PVD 和 CVD 法制备 BN 薄膜材料，相继发展了许多制备氮化硼薄膜的技术。典型的制备 c-BN 薄膜的物理气相沉积方法有溅射、离子束辅助沉积、离子镀和脉冲激光沉积。

　　蒸发法按照蒸发方式的不同又分为离子束辅助蒸发（直接用电阻蒸发）、离子束辅助脉冲激光蒸发、活性反应蒸发等。溅射法是采用 h-BN 为靶，N_2+Ar 或 NH_3+Ar 作为溅射气体来制备 BN 薄膜，常见的有射频反应溅射和磁控溅射。

　　CVD 法主要是通过分解含 B、N 元素的化合物而在衬底上生长 c-BN 薄膜。根据分解方式不同，CVD 法又可分为：射频辉光放电等离子体 CVD，热丝辅助射频辉光放电等离子体 CVD，微波等离子体 CVD，电子回旋共振（ECR）CVD 等。这些方法都是在等离子体的气氛中进行的。它们通常又称为等离子体辅助 CVD 法（PACVD）。所用的源气体主要有 NH_3、N_2、B_2H_6、BCl_3、$B_{10}H_{14}$、BH_3NH_3、H_3BO_3、$NaBH_4$ 等。用这些源气体，在适当的工作气压、衬底温度和衬底负偏压等条件下均能获得一定含量的立方氮化硼薄膜。

　　实际上很多方法是多种 PVD、CVD 方法的复合，它们不仅采用一些新型加热源而且充分运用各种化学反应、高频电磁脉冲射频及等离子体效应来激活沉积粒子，所以使得制备 c-BN 薄膜的方法多种多样。

　　与高温高压方法相比，薄膜结合在衬底上，扩大了它的应用范围，但是成膜基底温度仍然很高，这使得玻璃器件、对温度敏感的电器元件和大多数常用金属材料难以充当合适的 c-BN 成膜基底材料；同时，高的沉积温度使薄膜产生内应力，导致薄膜与衬底的结合强度不高。这些都极大地限制了低压气相合成 c-BN 薄膜的实际应用。

10.2　硅

　　硅（Si）是极为常见的元素，然而它极少以单质的形式在自然界出现，而是以复杂的硅酸盐或二氧化硅的形式广泛存在于岩石、砂砾、尘土之中。硅在宇宙中的储量排在第八位。在地壳中，它是第二丰富的元素，构成地壳总质量的26.4%，仅次于第一位的氧（49.4%）原子序数为 14，相对原子质量为28.0855，有无定型硅和晶体硅两种同素异形体，属于元素周期表上第三周期ⅣA族的类金属元素。

10.2.1　硅的资源

　　如果说碳是组成一切有机生命的基础，那么硅对于地壳来说，占有同样的位置，因为地壳的主要部分都是由含硅的岩石层构成的。这些岩石几乎全部是由硅石和各种硅酸盐组成。

　　硅在自然界一般很少以单质的形式出现，通常以含氧化合物形式存在，其中最简单的是硅和氧的化合物硅石 SiO_2。石英、水晶等是纯硅石的变体。矿石和岩石中的硅氧化合物统称硅酸盐，长石、云母、黏土、橄榄石、角闪石等都是硅酸盐类，水晶、玛瑙、碧石、蛋白石、石英、砂子及燧石等都是硅石。

虽然资源丰富但世界硅资源分布极不平衡。据资料记载，巴西较为丰富，次之为马达加斯加和危地马拉。加拿大、俄罗斯、美国、法国、意大利、印度、澳大利亚、土耳其、缅甸等 30 多个国家和地区有少量资源。由于水晶、石英的深加工产品自第二次世界大战开始被用在军事设备上，1948 年美国贝尔电话研究所三位学者发明了半导体，制成半导体收音机以后，紧接着半导体电台相继问世等，水晶、石英已成为一种战略性物资。

我国的水晶、石英、天然硅砂除上海市、天津市以外，其他省、市、自治区均有产出。质量较好的有广东、广西、青海、福建、云南、四川、黑龙江等省区，质量最好的有海南、江苏。

江苏省水晶、脉石英的主要产地是东海县。东海县天然水晶和脉石英储量丰富，SiO_2 含量高达 99.9983%，质量、储量位居全国之首。东海县水晶、脉石英的开采历史悠久，1958 年房山镇柘塘村，开采单晶重 3.5 t "水晶王"，1982 年驼峰乡南榴村开采单晶重 2.1 t（均存放在北京的中国地质博物馆），引起国内外普遍重视。

据悉，广西大化瑶族自治县境内的地下硅矿储量在 2 亿吨以上。在这些硅矿中，二氧化硅含量达 99.5% 以上，可达一级品；其他杂质如铁、铝、钙等元素含量在 0.04%~0.07% 之间，均在一级指标范围内，矿体类型简单、矿脉大、开发容易、价值高。

湖南省宁乡市西部青山桥硅石矿，分布范围均位于沩山花岗岩岩体内，属三叠纪花岗岩。区内断裂构造以北东向、北北东向为主，石英脉型硅石矿均充填在断裂构造中。共有 8 个矿体，以天台山和永宁禾子冲两条矿体的规模最大，石桥铺、永宁尖峰顶、田心铺三条矿体规模次之。

另外，安徽、辽宁、江西、河南、湖北省内均有一定量的硅矿分布。

10.2.2　硅的性质和用途

10.2.2.1　硅的性质

A　物理性质

作为半导体材料，硅具有典型的半导体材料的电学性质。

（1）阻率特性。硅材料的电阻率在 $10^{-5} \sim 10^{10}$ $\Omega \cdot cm$ 之间，介于导体和绝缘体之间，高纯未掺杂的无缺陷的晶体硅材料称为本征半导体，电阻率在 10 $\Omega \cdot cm$ 以上。

（2）p-n 结特性。n 型硅材料和 p 型硅材料相连，组成 p-n 结，这是所有硅半导体器件的基本结构，也是太阳电池的基本结构，具有单向导电性等性质。

（3）光电特性。与其他半导体材料一样，硅材料组成的 p-n 结在光作用下能产生电流，如太阳能电池。但是硅材料是间接带隙材料，效率较低，如何提高硅材料的发电效率正是目前人们所追求的目标。

B　化学性质

硅有明显的非金属特性，可以溶于碱金属氢氧化物溶液中，产生（偏）硅酸盐和氢气。

硅原子位于元素周期表第ⅣA族，原子序数为14，核外有14个电子，如图10-13所示。硅原子的核外电子第一层有2个电子，第二层有8个电子，达到稳定态。最外层有4个电子即为价电子，它对硅原子的导电性等方面起着主导作用。

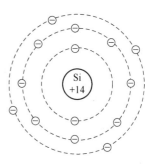

图10-13　硅原子结构二维图

正因为硅原子有如此结构，所以有一些特殊的性质：最外层的4个价电子让硅原子处于亚稳定结构，这些价电子使硅原子相互之间以共价键结合，由于共价键比较结实，硅具有较高的熔点和密度；化学性质比较稳定，常温下很难与其他物质（除氟化氢和碱液以外）发生反应。

低温时单质硅不活泼，不与空气、水和酸反应。室温下表面被氧化形成1000 pm二氧化硅保护膜。高温时能跟所有卤素反应，生成四卤化硅，跟氧气在700 ℃以上时燃烧生成二氧化硅。跟氯化氢气在500 ℃时反应，生成三氯氢硅$SiHCl_3$和氢气。高温下能跟某些金属（镁、钙、铁、铂等）反应，生成硅化物。炽热时跟水蒸气反应生成二氧化硅和氢气。跟强碱溶液反应生成硅酸盐放出氢气。跟氢氟酸反应生成四氟化硅。

（1）与单质反应：

$$Si + O_2 \xrightarrow{\triangle} SiO_2 \tag{10-77}$$

$$Si + 2F_2 \xrightarrow{\triangle} SiF_4 \tag{10-78}$$

$$Si + 2Cl_2 \xrightarrow{\triangle} SiCl_4 \tag{10-79}$$

（2）高温真空条件下可以与某些氧化物反应：

$$2MgO + Si \xrightarrow{\triangle} 2Mg(g) + SiO_2（硅热还原法炼镁） \tag{10-80}$$

（3）与酸反应：只与氢氟酸反应：

$$Si + 4HF =\!=\!= SiF_4\uparrow + 2H_2\uparrow \tag{10-81}$$

（4）与碱反应：

$$Si + 2OH^- + H_2O =\!=\!= SiO_3^{2-} + 2H_2\uparrow \tag{10-82}$$

注意：硅、铝是既能和酸反应，又能和碱反应，放出氢气的单质。

10.2.2.2　硅的用途

国际上通常把商品硅分成金属硅和半导体硅，金属硅主要用来制作多晶硅、单晶硅、硅铝合金及硅钢合金的化合物。半导体硅用于制作半导体器件。总体来讲，硅主要用来制作高纯半导体、耐高温材料、光导纤维通信材料、有机硅化合物、合金等，被广泛应用于航空航天、电子电气、建筑、运输、能源、化工、纺织、食品、轻工、医疗、农业等行业。

（1）高纯的单晶硅是重要的半导体材料。在单晶硅中掺入微量的第ⅢA族元素，形成 p型硅半导体；掺入微量的第ⅤA族元素，形成 n型半导体。p型半导体和 n型半导体结合在一起形成 p-n结，就可做成太阳能电池，将辐射能转变为电能。在开发能源方面是一种很有前途的材料。另外广泛应用的二极管、三极管、晶闸管、场效应管和各种集成电路（包括人们计算机内的芯片和 CPU，见图 10-14）都是用硅为原材料。

图 10-14　硅晶圆片

（2）硅是金属陶瓷、宇宙航行的重要材料。硅可用来制作金属陶瓷复合材料，这种材料继承了金属和陶瓷的各自优点，同时还弥补了两者不足，具有耐高温、富韧性、可切割等优点。第一架航天飞机"哥伦比亚号"正是靠着硅瓦拼砌的外壳才抵挡住了飞机高速穿行稠密大气时摩擦产生的高温。

（3）硅用于光导纤维通信。用纯二氧化硅可以拉制出高透明度的玻璃纤维。激光可在玻璃纤维的通路里发生无数次全反射而向前传输，代替了笨重的电缆。光纤通信容量高，一根头发丝那么细的玻璃纤维，可以同时传输 256 路电话，而且还不受电、磁的干扰，不怕窃听，具有高度的保密性。光纤通信使 21 世纪人类的生活发生革命性巨变。

（4）性能优异的硅有机化合物，如有机硅塑料是极好的防水涂布材料；在地下铁道四壁喷涂有机硅，可以一劳永逸地解决渗水问题；在古文物、雕塑的外表，涂一层薄薄的有机硅塑料，可以防止青苔滋生，抵挡风吹雨淋和风化。天安门广场上的人民英雄纪念碑，便是经过有机硅塑料处理表面的，因此永远洁白、清新。

（5）由于有机硅独特的结构，兼备了无机材料与有机材料的性能，具有表面张力低、黏温系数小、压缩性高、气体渗透性高等基本性质，并具有耐高低温、电气绝缘、耐氧化稳定性、耐候性、难燃、憎水、耐腐蚀、无毒无味及生理惰性等优异特性，广泛应用于航空航天、电子电气、建筑、运输、化工、纺织、食品、轻工、医疗等行业，其中有机硅主要应用于密封、黏合、润滑、涂层、表面活性、脱模、消泡、抑泡、防水、防潮、惰性填充等。随着有机硅数量和品种的持续增长，应用领域不断拓宽，形成化工新材料界独树一帜的重要产品体系，许多品种是其他化学品无法替代而又不可少的。有机硅材料按其形态的不同可分为：硅烷偶联剂（有机硅化学试剂）、高温硫化硅橡胶、液体硅橡胶、硅油

（硅脂、硅乳液、硅表面活性剂）、硅树脂、复合物等。如有机塑料可以做成性能优良的防水布料，地铁四壁喷涂有机硅可以解决渗水问题，古文物、雕塑等外表涂层也是有机硅化合物。硅油可做成一种很好的润滑剂。硅橡胶可以作为绝缘材料，也可作为医用高分子材料。

（6）硅可以提高植物茎秆的硬度，增加害虫取食和消化的难度。尽管硅元素在植物生长发育中不是必需元素，但它也是植物抵御逆境、调节植物与其他生物之间相互关系所必需的化学元素。

硅在提高植物对非生物和生物逆境抗性中的作用很大，如硅可以提高植物对干旱、盐胁迫、紫外辐射及病虫害等的抗性。硅可以提高水稻对稻纵卷叶螟的抗性，施用硅后水稻对害虫取食的防御反应迅速提高，硅对植物防御起到警备作用。

水稻在受到虫害袭击时，硅可以警备水稻迅速激活与抗逆性相关的茉莉酸途径，茉莉酸信号反过来促进硅的吸收，硅与茉莉酸信号途径相互作用影响着水稻对害虫的抗性。

（7）硅类合金。硅与其他金属可以制成合金，以此来提升其金属性能。硅制成的合金主要包括硅铝合金、硅铜合金、硅铁合金、硅锰合金等。

硅铝合金中硅元素的存在能够改善合金的流动性，降低热裂倾向，减少疏松，提高气密性。这类合金具有较好的耐腐蚀性能和中等的机加工性能，具有中等强度和硬度，使塑性较低，用于制造低中强度的形状复杂的铸件，如盖板、电机壳、托架等，也用作钎焊焊料。

硅铜合金用于细化晶粒，提高导电性。

硅铁合金是硅和铁组成的铁合金。硅铁是以焦炭、钢屑、石英（或硅石）为原料，用电炉冶炼制成的铁硅合金。由于硅和氧很容易化合成二氧化硅，因此硅铁常用于炼钢时作脱氧剂，同时由于 SiO_2 生成时放出大量的热，在脱氧的同时，对提高钢水温度也是有利的。在铸铁工业中用作孕育剂和球化剂，在铸铁中加入一定量的硅铁能阻止铁中形成碳化物、促进石墨的析出和球化。同时，硅铁还可作为合金元素加入剂，广泛应用于低合金结构钢、弹簧钢、轴承钢、耐热钢及电工硅钢之中，硅铁在铁合金生产及化学工业中，常用作还原剂。

10.2.3 硅的生产工艺和高纯化

不同形态、不同纯度的硅的制取方式各有不同。硅按不同的纯度可以分为冶金级硅（MG）、太阳能级硅（SG）和电子级硅（EG）。一般来说，经过浮选和磁选后的硅石（主要成分是 SiO_2）放在电弧炉里和焦炭生成冶金级硅，然后进一步提纯到更高级别的硅。

10.2.3.1 纯硅的制备

A　高纯硅的制备

目前处于世界主流的传统提纯工艺主要有两种：改良西门子法和硅烷法，它们统治了世界上绝大部分的多晶硅生产线，是多晶硅生产规模化的重要技术。在此主要介绍改良西门子法。改良西门子法是以 HCl（或 H_2，Cl_2）和冶金级工业硅为原料，在高温下合成为 $SiHCl_3$，然后通过精馏工艺，提纯得到高纯 $SiHCl_3$，最后用超高纯的氢气对 $SiHCl_3$ 进行还原，得到高纯多晶硅棒。

改良西门子法制备高纯硅工艺流程如图 10-15 所示。主要设备连接图如图 10-16 所示。

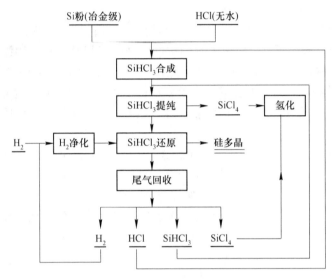

图 10-15 改良西门子法制备高纯硅

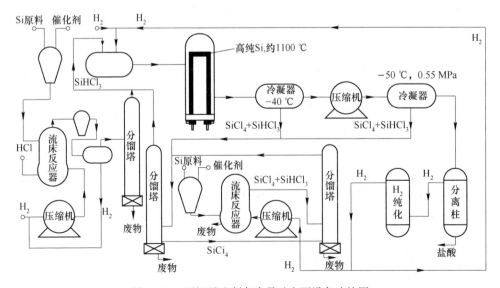

图 10-16 西门子法制备多晶硅主要设备连接图

a 冶炼

冶炼是采用木炭或其他含碳物质如煤、焦油等来还原石英砂，得到硅，硅的含量在98%~99%之间，称为冶金级硅，也称为粗硅或硅铁。硅铁中主要杂质为Fe、Al、C、B、P、Cu，主要作为工业硅，微电子工业使用不到5%。

$$SiO_2 + 2C \xrightarrow{1600~1800\,℃} Si + 2CO\uparrow \tag{10-83}$$

b 提纯

(1) 酸洗：硅不溶于酸，所以粗硅初步提纯是用 HCl、H_2SO_4、王水、HF等混酸泡洗至 Si 含量99.7%以上。

(2) 蒸馏：利用物质的沸点不同，在精馏塔中通过精馏对其进行提纯。

将酸洗过的硅氧化为 $SiHCl_3$ 或 $SiCl_4$，常温下 $SiCl_4$（沸点31.5 ℃）与$SiCl_4$（沸点57.6 ℃）都是液态，蒸馏获得高纯的 $SiHCl_3$ 或 $SiCl_4$。

$$Si + 3HCl = SiHCl_3 + H_2 \tag{10-84}$$

$$Si + 2Cl_2 = SiCl_4 \tag{10-85}$$

(3) 分解：氢气易于净化，且在 Si 中溶解度极低，因此，多用 H_2 来还原$SiHCl_3$ 或 $SiCl_4$，还原得到的硅就是半导体纯度的多晶硅。

$$SiCl_4 + 2H_2 = Si + 4HCl \tag{10-86}$$

$$SiHCl_3 + H_2 = Si + 3HCl \tag{10-87}$$

B 高纯单晶硅的生产工艺

高纯单晶硅是非常重要的晶体硅材料，根据晶体生长方式的不同，可以分为区熔单晶硅和直拉单晶硅（见图10-17）。区熔单晶硅是利用悬浮区域熔炼的方法制备的（见图10-18），所以又称FZ硅单晶。直拉单晶硅是利用切氏法制备单晶硅，称为Cz单晶硅。这两种单晶硅具有不同的特性和不同的器件应用领域：区熔单晶硅主要应用于大功率器件方面，只占单晶硅市场很小的一部分，在国际市场上占10%左右，而直拉单晶硅主要应用于微电子集成电路和太阳能电池方面，是单晶硅的主题。与区熔单晶硅相比，直拉单晶硅的制造成本相对较低，机械强度较高，易制备大直径单晶，所以，太阳电池领域主要应用直拉单晶硅，而不是区熔单晶硅。

直拉法生长晶体的技术是由波兰的 J. Czochralski 在1971年发明的，所以又称切氏法。1950年 Teal 等人将该技术用于生长半导体锗单晶，然后又利用这种方法生长直拉单晶硅，在此基础上，Dash 提出了直拉单晶硅生长的"缩颈"技术，Ziegler 提出快速引颈生长细颈的技术，构成了现代制备大直径无位错直拉单晶硅的基本方法，直拉法生产单晶硅装置如图10-19所示。单晶硅的直拉法生长已经是单晶硅制备的主要技术，也是太阳电池用单晶硅的主要制备方法，其主要设备单晶炉如图10-20所示。

图 10-17　单晶硅棒

图 10-18　硅单晶悬浮区熔炉

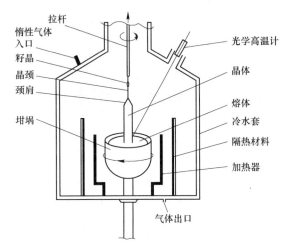

图 10-19　直拉法生产单晶硅装置示意图

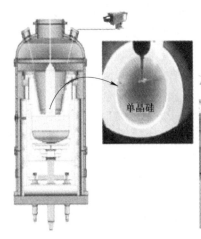

图 10-20　单晶炉

直拉单晶硅的制备工艺一般包括多晶硅的装料和熔化、种晶、缩颈、放肩、等径生长和收尾停炉等（见图10-21）。

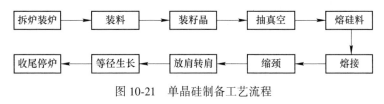

图 10-21 单晶硅制备工艺流程

（1）多晶硅的装料和熔化。首先将高纯多晶硅粉碎至合适大小，并在硝酸和氢氟酸的混合酸液中清洗外表面，以去除可能的金属等杂质，然后放入高纯的石英坩埚中。在装料完成后，将坩埚放入单晶炉中，然后将单晶炉抽成一定真空，再通入一定流量和压力的保护气体，最后给炉体加热升温，加热速度超过硅材料的熔点，使其熔化。

（2）种晶。多晶硅熔化后，保温一段时间，使熔硅的温度和流动达到稳定，然后进行晶体生长。晶体生长时，首先将单晶籽固定在旋转的籽晶轴上，然后将籽晶缓慢下降，距液面数毫米处暂停片刻，使籽晶温度尽量接近熔硅温度，以减少可能的热冲击；接着将籽晶轻轻浸入熔硅，使头部先少量溶解，然后和熔硅形成一个固-液界面；随后，籽晶逐步上升，与籽晶相连并离开固-液界面的硅温度降低，形成单晶硅。

（3）缩颈。种晶完成后，籽晶快速向上提升，晶体生长速度加快，新结晶的单晶硅的直径将比籽晶的直径小，可达到 3 mm 左右，其长度为此时晶体直径的 6~10 倍。

（4）放肩。在缩颈完成之后，晶体硅的生长速度大大放慢，此时晶体硅的直径急剧增大，从籽晶的直径增大到所需的直径，形成一个近180°的夹角。

（5）等径生长。当放肩达到预定晶体直径时，晶体生长速度加快，并保持固定的速度，使晶体保持固定的直径生长。

（6）收尾停炉。在晶体生长结束时，晶体硅的生长速度再次加快，同时升高硅熔体的温度，使得晶体硅的直径不断缩小，形成一个圆锥形，最终晶体硅离开液面，单晶硅生长完成。

C 高纯多晶硅的生产工艺

直到 20 世纪 90 年代，太阳能光伏工业还是主要建立在单晶硅的基础上。虽然单晶硅太阳能电池成本在不断下降，但是与常规电力相比还是缺乏竞争力，因此，不断降低成本是光伏界追求的目标。自 20 世纪 80 年代铸造多晶硅发明和应用以来，增长迅速，80 年代末期，仅占太阳能电池材料的 10% 左右，而至 1996 年底它已占整个太阳能电池材料的 36%，它以相对低的成本和高效率的优势不断挤占单晶硅的市场，成为最具竞争力的太阳能电池材料，21 世纪初已占 50% 以上，成为最主要的太阳能电池材料。

太阳能电池多晶硅锭是一种柱状结晶，晶体生长方向垂直向上，是通过定向凝固（也称可控凝固，约束凝固）过程来实现，即在结晶过程中，通过控制温度场的变化，形成单方向热流（生长方向和热流方向相反），并要求液-固界面处的温度梯度大于零，横向则要求无温度梯度，从而形成定向生长的柱状晶。实现多晶硅定向凝固生长的四种方法分别为布里曼法、热交换法、电磁铸锭法、浇铸法。

目前企业最常用的方法是热交换法生产多晶硅。热交换法生产铸造多晶硅的具体工艺流程为：装料→加热→化料→晶体生长→退火→冷却。

具体工艺如下：

（1）装料。将装有涂层的石英坩埚放置在热交换台上，加入硅原料，然后安装加热设备、隔热设备和炉罩，将炉内抽真空使炉内压力降至 5~10 Pa 并保持真空。通入氢气作为保护气，使炉内压力基本维持在 40~60 kPa。

（2）加热。利用石墨加热器给炉体加热。首先使石墨部件、隔热层、硅原料等表面吸附的湿气蒸发，然后缓慢加热，使石英坩埚的温度达到 1200~1300 ℃。该过程要 4~5 h。

（3）化料。通入氢气作为保护气，使炉内压力基本维持在 40~60 kPa。逐渐增加加热功率，使石英坩埚内的温度达到 1500 ℃左右，硅原料开始熔化。熔化过程中一直保持 1500 ℃左右，直至化料结束。该过程要 20~22 h。

（4）晶体生长。硅原料熔化结束后，降低加热功率，使石英坩埚的温度降至 1420~1440 ℃硅熔点左右；然后石英坩埚逐渐向下移动，或者隔热装置逐渐上升，使得石英坩埚慢慢脱离加热区，与周围形成热交换；同时，冷却板通水，使熔体的温度自底部开始降低，晶体硅首先在底部形成，生长过程中固-液界面保持与水平面平行，直至晶体生长完成。该过程要 20~22 h。

（5）退火。晶体生长完成后，由于晶体底部和上部存在较大的温度梯度，因此，晶锭中可能存在热应力，在硅片加热和电池制备过程中容易造成硅片碎裂。所以，晶体生长完成后，硅锭保持在熔点附近 2~4 h，使硅锭温度均匀，减少热应力。

（6）冷却。硅锭在炉内退火后，关闭加热功率，提升隔热装置或者完全下降硅锭，炉内通入大流量氢气，使硅锭温度逐渐降低至室温附近。同时，炉内气体逐渐上升，直至达到大气压。该过程要 10 h。

D 高纯非晶硅的生产工艺

要获得非晶态，需要有高的冷却速率，而对冷却速率的具体要求随材料而定。硅要求有极高的冷却速率，用液态快速淬火的方法目前还无法得到非晶态。近年来，发展了许多种气相淀积非晶态硅膜的技术，其中包括真空蒸发、辉光放电、溅射及化学气相淀积等方法。一般所用的主要原料是单硅烷（SiH$_4$）、二硅烷（Si$_2$H$_6$）、四氟化硅（SiF$_4$）等，纯度要求很高。非晶硅膜的结构和性质与制备工艺的关系非常密切，目前认为以辉光放电法制备的非晶硅膜质量最好，设备也并不复杂。

10.2.3.2 硅片的加工工艺

硅片一般分为单晶硅片和多晶硅片，硅片的制备分为单晶硅、多晶硅的生产工艺及加工工艺。

硅片加工过程中包含的制造步骤，根据不同的硅片生产商有所变化。这里介绍的硅片加工主要包括开方、切片、清洗等工艺。常见单晶硅片和多晶硅片如图10-22所示。

(a)   (b)

图 10-22　单晶硅片 (a) 和多晶硅片 (b)

单晶硅片和多晶硅片的加工过程中腐蚀和清洗工艺几乎一样，不同点主要表现在前段工序。

A　单晶硅片加工工艺

单晶硅片加工工艺主要为：切断→外径滚圆→切片→倒角→研磨→腐蚀、清洗等。

（1）切断：是指在晶体生长完成后，沿垂直于晶体生长的方向切去晶体硅头尾无用的部分，即头部的籽晶和放肩部分及尾部的收尾部分。通常利用外圆切割机进行切割。外圆切割机刀片边缘为金刚石涂层。这种切割机的刀片厚、速度快、操作方便，但是刀缝宽、浪费材料，而且硅片表面机械损伤严重。目前，也有使用带式切割机来割断晶体硅的，尤其适用于大直径的单晶硅。

（2）外径滚圆：在直拉单晶硅中，由于晶体生长时的热振动、热冲击等原因，晶体表面都不是非常平滑的，也就是说整根单晶硅的直径有一定偏差起伏，而且晶体生长完成后的单晶硅棒表面存在扁平的棱线，需要进一步加工，使得整根单晶硅棒的直径达到统一，以便于在后续的材料和加工工艺中操作。

（3）切片：在单晶硅滚圆工序完成后，需要对单晶硅棒切片。太阳能电池用单晶硅在切片时，对硅片的晶向、平行度和翘曲度等参数要求不高，只需对硅片的厚度进行控制。

（4）倒角：将单晶硅棒切割成晶片，晶片锐利边需要修整成圆弧形，主要防止晶片边缘破裂及晶格缺陷产生。

（5）研磨：切片后，在硅片的表面产生线痕，需要通过研磨除去切片所造成的锯痕及表面损伤层，有效改善单晶硅的翘曲度、平坦度与平行度，达到一个抛光处理的过程规格。

（6）腐蚀、清洗：切片后，硅片表面有机械损伤层，近表面晶体的晶格不完整，而且硅片表面有金属粒子等杂质污染。一般切片后，在制备太阳能电池前，需要对硅片进行化学腐蚀。在单晶硅片加工过程中很多步骤需要用到清洗，这里的清洗主要是腐蚀后的最终清洗。清洗的目的在于清除晶片表面所有的污染源。常见清洗的方式主要是传统的 RCA 湿式化学清洗技术。

B　多晶硅片加工工艺

多晶硅片加工工艺主要为：开方→磨面→倒角→切片→腐蚀、清洗等。

（1）开方：对于方形的晶体硅锭，在硅锭切断后，要进行切方块处理，即沿着硅锭的晶体生长的纵向将硅锭切割成一定尺寸的长方形硅块。

（2）磨面：在开方之后的硅块表面会产生线痕，需要通过研磨除去开方所造成的锯痕及表面损伤层，有效改善硅块的平坦度与平行度，达到一个抛光过程处理的规格。

（3）倒角：将多晶硅切割成硅块后，硅块边角锐利部分需要倒角，修整成圆弧形，主要是防止切割时硅片的边缘破裂、崩边及晶格缺陷产生。切片与后续的腐蚀、清洗工艺与单晶硅几乎一致。

10.2.4　硅的化合物

单质硅的化学性质虽然稳定，但硅是一种亲氧元素，硅原子和氧原子的结合非常牢固，形成的二氧化硅或硅酸盐中的硅氧化学键非常牢固，硅氧键一旦形成就很难被破坏，所以，自然界中硅都是以二氧化硅或硅酸盐的形式存在，没有游离态的硅。

10.3　碳

碳是一种非金属元素，化学符号为 C，在常温下具有稳定性，不易反应，极低的对人体的毒性，甚至可以以石墨或活性炭的形式安全地摄取，位于元素周期表的第二周期ⅣA族。

碳以多种形式广泛存在于大气、地壳和生物之中，碳以无烟煤、石墨和钻石的形式天然地存在。拉丁语为 carbonium，意为"煤，木炭"。碳单质很早就被人认识和利用，碳的一系列化合物——有机物更是生命的根本。

10.3.1　碳的资源

10.3.1.1　矿藏

碳既以游离元素存在（金刚石、石墨等），又以化合物形式存在（主要为钙、镁及其他电正性元素的碳酸盐）。它以二氧化碳的形式存在，是大气中少量但极其重要的组分。预计碳在地壳岩石中的总丰度变化范围相当大，但典型的数值可取 0.018%；按丰度顺序，这个元素位于第 17 位，在钡、锶、硫之后，锆、钒、氯、铬之前。

A　石墨

石墨广泛分布于全世界，然而大多数几乎没有价值。大量的晶体或薄片存在于变性的沉积硅酸盐岩石中，如石英、云母、片岩和片麻岩；晶体大小从不足 1 mm 到 6 mm 左右（平均 4 mm）。它沉积微扁豆状矿体，可达 30 m 厚，横越田野，绵延数千米。平均含碳量达 25%，但高的可达 60%。微晶石墨（有时称为"无定型体"）存在于富碳的变性沉淀中，某些墨西哥的沉积物含有高达 95% 的碳。

石墨矿床以中、小型为主，矿床类型大致分为以下 5 种：结晶片岩中的似层状石墨矿床、变质煤层中的石墨矿床、霞石正长岩中的石墨矿床、矽卡岩中的石墨矿床、结晶片岩中的脉状石墨矿床[16]。

天然石墨资源有三类，它们分别是块状石墨、鳞片石墨和土状石墨（隐晶质石墨）。

（1）块状石墨。又叫致密结晶状石墨。此类石墨结晶明显，晶体肉眼可见。颗粒直径大于 0.1 mm，比表面积范围集中在 0.1~1 m²/g，晶体排列杂乱无章，呈致密块状构造。这种石墨的特点是品位很高，一般含碳量为 60%~65%，有时达 80%~98%，但其可塑性和滑腻性不如鳞片石墨好。

块状石墨是最罕见、价值最高的石墨矿，主要在斯里兰卡发现。

（2）鳞片石墨。鳞片石墨是由许多单层的石墨结合而成的，在变质岩中以单独的片状存在，储量少、价值高，晶体呈鳞片状，这是在高强度的压力下变质而成的，有大鳞片和细鳞片之分。此类石墨矿石的特点是品位不高，一般在 2%~3%，或 10%~25% 之间。是自然界中可浮性最好的矿石之一，经过多磨多选可得高品位石墨精矿。这类石墨的可浮性、润滑性、可塑性均比其他类型石墨优越，因此它的工业价值最大。

鳞片石墨主要分布在澳大利亚、巴西、加拿大、中国、德国和马达加斯加。近几年，非洲坦桑尼亚和莫桑比克等地也发现大量的鳞片石墨资源。有学者对莫桑比克 Ancuaba 及坦桑尼亚 Chilalo 地区的鳞片石墨矿石进行研究，结果表明

Ancuaba、Chilalo 地区石墨矿中矿物组成相似，且均为优质大鳞片石墨资源[17]。

B 金刚石

金刚石出自古代火山的筒状火成砾岩（火山筒），它嵌在一种比较柔软的、暗色的碱性岩石中，称为"蓝土"或"含钻石的火成岩"。1870 年在南非的吉姆伯利城，首次发现这样的火山筒。随着地质年代的变迁，借火山筒的风化腐蚀，在冲刷砂砾中和海滩上也能找到金刚石。形成金刚石结晶的原始模式仍然是当代积极研究的课题。典型的含钻石火山筒中金刚石的含量极低，数量级为 500 万分之一，矿物必须用粉碎、淘洗这类机械方法分离并使其从涂有油膏的皮带上通过，金刚石会粘在上面。这在某种程度上说明了宝石级金刚石价格极高的原因[18]。

三种其他形式的碳被大规模制造并广泛运用于工业，它们是焦炭、炭黑和活性炭。

10.3.1.2 自然界中的循环

在地面条件下，一种元素从一处到另一处是很罕见的。因此，地球上的碳含量是一个有效常数。碳在自然界中的流动构成了碳循环。例如，植物从环境中吸收二氧化碳用来储存生物质能，如碳呼吸和卡尔文循环（一种碳固定的过程）。一些生物质能通过捕食而转移，而一些碳以二氧化碳的形式被动物呼出。例如，一些二氧化碳会溶解在海洋中，死去的植物或动物的遗骸可能会形成煤、石油和天然气，这些可以通过燃烧释放碳，而细菌不能利用得到。

10.3.1.3 恒星中的形成

碳原子核的形成需要 α 粒子（氦核）在巨核或超巨星中发生几乎同时的三重碰撞，这个过程称为三氦过程（见图 10-23）。这种核融合反应可以在超过 1×10^8 K 的高温和氦含量丰富的恒星内部迅速发生。同样的，它发生在较老年，经由质子-质子链反应和碳氮氧循环产生的氦累积在核心的恒星。在核心的氢已经燃烧完后，核心将塌缩，直到温度达到氦燃烧的燃点。反应的过程是：

$$4He + 4He \longrightarrow 8Be(-93.7 \text{ keV})$$

$$8Be + 4He \longrightarrow 12C(+7.367 \text{ MeV})$$

反应过程的净能量释放为 1.166pJ。

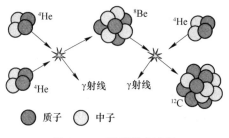

图 10-23 碳的形成过程

另一个为恒星供能的融合机制是 CNO 循环（碳-氮-氧循环，有时也称为贝斯-魏茨泽克-循环，是恒星将氢转换成氦的两种过程之一，另一种过程是质子-质子链反应），其中碳作为催化剂使得反应能够进行。

10.3.2 碳及其化合物的性质和用途

碳以金刚石和石墨游离元素存在，又以钙、镁及其他电正性元素的碳酸盐化合物形式存在，还以二氧化碳的形式存在。

石墨和金刚石都属于碳单质，是由相同元素构成的同素异形体。它们的化学性质完全相同，它们所不同的是物理结构特征。

石墨原子间构成正六边形是平面结构，呈片状。金刚石原子间是立体的正四面体结构。金刚石的熔点是 3550 ℃，石墨的熔点是 3850 ℃±50 ℃（升华）。石墨熔点高于金刚石。从片层内部来看，石墨是原子晶体；从片层之间来看，石墨是分子晶体（总体说来，石墨应该是混合型晶体）；而金刚石是原子晶体。石墨晶体的熔点反而高于金刚石，似乎不可思议，但石墨晶体片层内共价键的键长是 1.42×10^{-10} m，金刚石晶体内共价键的键长是 1.55×10^{-10} m。同为共价键，键长越小，键能越大，键越牢固，破坏它也就越难，也就需要提供更多的能量，故而熔点应该更高。

10.3.2.1 物理性质

A 同位素

现代已知的碳的同位素共有 15 种，有碳^{8}C ~ ^{22}C（见表 10-6），其中^{12}C 和^{13}C 属稳定型，其余的均带放射性，当中^{14}C 的半衰期长达 5730 年，其他的为不稳定同位素。在地球的自然界里，^{12}C 在所有碳的含量占 98.93%，^{13}C 则有 1.07%。C 的相对原子质量取^{12}C、^{13}C 两种同位素丰度加权的平均值，一般计算时取 12.01。^{12}C 是国际单位制中定义物质的量的尺度，以 12 g ^{12}C 中含有的原子数为 1 mol。^{14}C 由于具有较长的半衰期，衰变方式为 β 衰变，^{14}C 原子转变为氮原子且碳是有机物的元素之一，生物在生存的时候，由于需要呼吸，其体内的^{14}C 含量大致不变，生物死去后会停止呼吸，此时体内的^{14}C 开始减少。人们可通过检测一件古物的^{14}C 含量，来估计它的大概年龄，这种方法称之为碳定年法[19]。

表 10-6 碳的同位素

符号	质子	中子	摩尔质量/g·mol⁻¹	半衰期	核自旋	相对丰度	相对丰度变化量
^{8}C	6	2	8.037675	2.0×10^{-21} s （230 keV）	0+		
^{9}C	6	3	9.0310367	126.5 ms	(3/2−)		
^{10}C	6	4	10.0168532	19.290 s	0+		

符号	质子	中子	摩尔质量/g·mol⁻¹	半衰期	核自旋	相对丰度	相对丰度变化量
^{11}C	6	5	11. 0114336	20. 334 min	3/2−		
^{12}C	6	6	12	稳定	0+	0.9893	0.98853~0.99037
^{13}C	6	7	13.0033548378	稳定	1/2−	0.0107	0.00963~0.01147
^{14}C	6	8	14.003241989	5. 70×10³ years	0+		
^{15}C	6	9	15.0105993	2. 449 s	1/2+		
^{16}C	6	10	16.014701	0. 747 s	0+		
^{17}C	6	11	17.022586	193 ms	3/2+		
^{18}C	6	12	18.02676	92 ms	0+		
^{19}C	6	13	19.03481	46. 2 ms	1/2+		
^{20}C	6	14	20.04032	16 ms（14 ms）	0+		

B 同素异形体

a 石墨

石墨是碳的一种同素异形体，是一种深灰色有金属光泽而不透明的细鳞片状固体。自然界中纯净的石墨是没有的，其中往往含有 SiO_2、Al_2O_3、FeO、CaO、P_2O_5、CuO 等杂质。这些杂质常以石英、黄铁矿、碳酸盐等矿物形式出现。此外，还有水、沥青、CO_2、H_2、CH_4、N_2 等气体部分。天然石墨来自石墨矿藏，也可以石油焦、沥青焦等为原料，经过一系列工序处理而制成人造石墨。

石墨质软，有油腻感，可污染纸张。硬度为 1~2，沿垂直方向随杂质的增加其硬度可增至 3~5。密度为 1.9~2.3 g/cm³。比表面积范围集中在 1~20 m²/g，在隔绝氧气条件下，其熔点在 3000 ℃ 以上，是最耐温的矿物之一。

石墨是原子晶体、金属晶体和分子晶体之间的一种过渡型晶体。在晶体中同层碳原子间以 sp^2 杂化形成共价键，每个碳原子只与其他 3 个碳原子以较强的力结合，6 个碳原子在同一平面上形成正六边形的环，伸展形成片层结构，而层与层之间的结合力较小，在同一平面的碳原子还各剩下一个 p 轨道，它们互相重叠，形成离域 π 键电子在晶格中能自由移动，可以被激发，因此石墨有金属光泽，能导电、传热。由于层与层间距离大，结合力（范德华力）小，各层可以滑动，因此石墨的密度比金刚石小，质软并有滑腻感[20]。

石墨由于其特殊结构，而具有如下特殊性质：

（1）耐高温性。石墨的熔点为 3850 ℃ ±50 ℃，即使经超高温电弧灼烧，质量的损失很小，热膨胀系数也很小。石墨强度随温度提高而加强，在 2000 ℃ 时，石墨强度提高一倍。

（2）导电、导热性。石墨的导电性比一般非金属矿高一百倍。导热性超过钢、铁、铅等金属材料。导热系数随温度升高而降低，在极高的温度下，石墨成为绝热体。石墨能够导电是因为石墨中每个碳原子与其他碳原子只形成 3 个共价键，每个碳原子仍然保留 1 个自由电子来传输电荷。

（3）润滑性。石墨的润滑性能取决于石墨鳞片的大小，鳞片越大，摩擦系数越小，润滑性能越好。

（4）化学稳定性。石墨在常温下有良好的化学稳定性，能耐酸、耐碱和耐有机溶剂的腐蚀。

（5）可塑性。石墨的韧性好，可碾成很薄的薄片。

（6）抗热震性。石墨在常温下使用时能经受住温度的剧烈变化而不致破坏，温度突变时，石墨的体积变化不大，不会产生裂纹。

b 金刚石

金刚石是最为坚固的一种碳结构，其中的碳原子以晶体结构的形式排列，每 1 个碳原子与另外 4 个碳原子紧密键合，成空间网状结构，最终形成了一种硬度大、活性差的固体。金刚石的熔沸点高，熔点超过 3500 ℃，相当于某些恒星表面温度。金刚石很坚硬，依照莫氏硬度标准（共分 10 级），钻石（金刚石）为最高级第 10 级，显微硬度 10000 kg/mm²，显微硬度比石英高 1000 倍，比刚玉高 150 倍。金刚石硬度具有方向性，八面体晶面硬度大于菱形十二面体晶面硬度，菱形十二面体晶面硬度大于六面体晶面硬度。

由于硬度最高，金刚石的切削和加工必须使用金刚石粉或激光（比如 532 nm 或者 1064 nm 波长激光）来进行。金刚石的密度为 3.52 g/cm³，折射率为 2.417（在 500 nm 光波下），色散率为 0.044。

矿物性脆，贝壳状或参差状断口，在不大的冲击力下会沿晶体解理面裂开，具有平行八面体的中等或完全解理，平行十二面体的不完全解理。矿物质纯，密度一般为 3515 kg/m³。金刚石的颜色取决于纯净程度、所含杂质元素的种类和含量，极纯净者无色，一般多呈不同程度的黄、褐、灰、绿、蓝、乳白和紫色等；纯净者透明，含杂质的半透明或不透明；在阴极射线、X 射线和紫外线下，会发出不同的绿色、天蓝、紫色、黄绿色等色的荧光；在日光暴晒后至暗室内发淡青蓝色磷光。

10.3.2.2 化学性质

A 单质

单质碳在氧气中燃烧剧烈放热，发出刺眼白光，产生无色无味能使氢氧化钙溶液（澄清石灰水）变浑浊的气体 CO_2：

$$C + O_2 = CO_2 \qquad (10\text{-}88)$$

当燃烧不充分，即氧气量不足时生成一氧化碳：

$$2C + O_2 = 2CO \qquad (10\text{-}89)$$

作为还原剂来讲，碳拥有和氢气、一氧化碳相似的化学性质（但生成物不同），都可以从金属氧化物中还原出金属单质。

碳还原氧化铜：

$$C + 2CuO = 2Cu + CO_2 \uparrow \tag{10-90}$$

碳还原氧化铁：

$$3C + 2Fe_2O_3 = 4Fe + 3CO_2 \uparrow \tag{10-91}$$

碳还原二氧化碳：

$$C + CO_2 = 2CO \tag{10-92}$$

但是，碳在密封空间与高锰酸钾共热，高锰酸钾会分解出氧气，碳会迅速氧化，会发生爆炸。

与强氧化性酸反应：

$$C + 2H_2SO_4(浓) = CO_2 \uparrow + 2SO_2 \uparrow + 2H_2O \tag{10-93}$$

$$C + 4HNO_3(浓) = CO_2 \uparrow + 4NO_2 \uparrow + 2H_2O \tag{10-94}$$

碳在常温下具有稳定性，不易反应。

B 化合物

碳的化合物中，只有以下化合物属于无机物：碳化物、碳的硫属化合物、二硫化碳（CS_2）、碳酸盐、碳酸氢盐、氰及一系列拟卤素及其拟卤化物、拟卤酸盐，如氰 [$(CN)_2$]、氧氰 [$(OCN)_2$]、硫氰 [$(SCN)_2$]，其他含碳化合物都是有机化合物。

由于碳原子形成的键都比较稳定，有机化合物中碳的个数、排列及取代基的种类、位置都具有高度的随意性，因此造成了有机物数量极其繁多这一现象，现代人类发现的化合物中有机物占绝大多数。有机物的性质与无机物大不相同，它们一般可燃、不易溶于水，反应机理复杂，已形成一门独立的分科——有机化学[21]。

10.3.2.3 毒理性质

纯碳具有极低的对人体的毒性，并可以处理，甚至可以石墨或活性炭的形式安全地摄取。碳可以抵抗溶解或化学侵蚀，例如，面对消化道内的酸性物质，因此它一旦进入人体组织后可能会无期限存留。炭黑可能是最早用来文身的颜料之一，如冰人奥茨被发现有炭黑文身，这些文身从他存活开始一直到他死后5200年后都一直存在[22]。然而，吸入大量煤炭（或炭黑）粉尘或烟尘是危险的，它们会刺激肺组织，并引起充血性肺病——煤工尘肺。相似的，金刚石磨粉被误食或吸入也会有危险。

碳对地球上绝大多数生物都是低毒的，但对某些生物是有毒的，例如碳纳米颗粒对果蝇是致命的。碳化合物种类繁多，既有致命毒素如河豚毒素、从蓖麻种子中提取的蓖麻毒素、氰化物和一氧化碳等，也有生命必需物种如葡萄糖、蛋白质。

10.3.2.4 碳及其化合物的应用

碳对于现有已知的所有生命系统都是不可或缺的，没有它，生命不可能存在。

除食物和木材以外的碳的主要经济利用是以烃（最明显的是石油和天然气）的形式。原油由石化行业在炼油厂通过分馏过程来生产其他商品，包括汽油和煤油。

纤维素是一种天然的含碳的聚合物，从棉、麻、亚麻等植物中获取。纤维素在植物中的主要作用是维持植物本身的结构。来源于动物的具有商业价值的聚合物包括羊毛、羊绒、丝绸等都是碳的聚合物，通常还包括规则排列在聚合物主链的氮原子和氧原子。

碳及其化合物多种多样。碳还能与铁形成合金，最常见的是碳素钢；石墨和黏土混合可以制作用于书写和绘画的铅笔芯，石墨还能作为润滑剂和颜料，作为玻璃制造的成型材料，用于电极和电镀、电铸、电动机的电刷，也是核反应堆中的中子减速材料。焦炭可以用于烧烤、绘图材料和炼铁工业。宝石级金刚石可作为首饰，工业用金刚石用于钻孔、切割和抛光，以及加工石头和金属的工具。

A 石墨

石墨可用于生产耐火材料、导电材料、耐磨材料、润滑剂、耐高温密封材料、耐腐蚀材料、隔热材料、吸附材料、摩擦材料和防辐射材料等，这些材料广泛应用于冶金、石油化工、机械工业、电子产业、核工业和国防等[23]。

（1）耐火材料。石墨耐火材料主要是整体浇铸材料、镁碳砖和铝石墨耐火材料。在钢铁工业，石墨耐火材料用于电弧高炉和氧气转炉的耐火炉衬、钢水包耐火衬等。

（2）导电材料。在电气工业上用作制造电极、电刷、碳棒、碳管、水银整流器的正极、石墨垫圈、电话零件等。

（3）耐磨润滑材料。石墨在机械工业中常作为润滑剂。润滑油往往不能在高速、高温、高压的条件下使用，而石墨耐磨材料可以在-200~2000 ℃温度中在很高的滑动速度下不用润滑油工作。许多输送腐蚀介质的设备广泛采用石墨材料制成活塞杯、密封圈和轴承，它们运转时无须加入润滑油。石墨乳也是许多金属加工（拔丝、拉管）时的良好的润滑剂。

（4）耐腐蚀材料。经过特殊加工的石墨，具有耐腐蚀、导热性好、渗透率低等特点，大量用于制作热交换器、反应槽、凝缩器、燃烧塔、吸收塔、冷却器、加热器、过滤器、泵等设备，应用于石油化工、湿法冶金、酸碱生产、合成纤维、造纸等工业部门，可节省大量的金属材料。

(5) 高温冶金材料。由于石墨的热膨胀系数小，而且能耐急冷急热的变化，使用石墨后黑色金属得到铸件尺寸精确，表面光洁成品率高，不经加工或稍做加工就可使用，因而节省了大量金属。生产硬质合金等粉末冶金工艺，通常用石墨材料制成压模和烧结用的瓷舟。单晶硅的晶体生长坩埚、区域精炼容器、支架夹具、感应加热器等都是用高纯石墨加工而成的。此外石墨还可作真空冶炼的石墨隔热板和底座、高温电阻炉炉管等元件。

(6) 原子能与国防工业。石墨是良好的中子减速剂，用于原子反应堆中。铀-石墨反应堆是目前应用较多的一种原子反应堆。作为动力用的原子能反应堆中的减速材料应当具有高熔点、稳定、耐腐蚀的性能，石墨完全可以满足上述要求。作为原子反应堆用的石墨纯度要求很高，杂质含量不应超过百万分之十。特别是其中硼含量应少于 $0.5×10^{-4}\%$。在国防工业中还用石墨制造固体燃料火箭的喷嘴、导弹的鼻锥，以及宇宙航行设备的零件、隔热材料和防射线材料。

(7) 其他。石墨还能防止锅炉结垢，有关单位试验表明，在水中加入一定量的石墨粉（每吨水用 4~5 g）能防止锅炉表面结垢。此外石墨涂在金属烟囱、屋顶、桥梁、管道上可以防腐防锈。石墨逐渐取代铜成为 EDM 电极的首选材料。石墨深加工产品添加到塑料产品和橡胶产品中，可使塑料制品和橡胶制品不产生静电，许多工业产品需要具有防静电和屏蔽电磁辐射功能，石墨产品兼有这两项功能，石墨在塑料制品、橡胶制品及其他相关工业产品中的应用也会增加。

此外，石墨还是轻工业中玻璃和造纸的磨光剂和防锈剂，是制造铅笔、墨汁、黑漆、油墨和人造金刚石、钻石不可缺少的原料。它是一种很好的节能环保材料，美国已用它作为汽车电池。随着现代科学技术和工业的发展，石墨的应用领域还在不断拓宽，已成为高科技领域中新型复合材料的重要原料，在国民经济中具有重要的作用。

B　金刚石

(1) 工业用途。包括地质钻头和石油钻头金刚石、拉丝模用金刚石、磨料用金刚石、修整器用金刚石、玻璃刀用金刚石、硬度计压头用金刚石、工艺品用金刚石。

若涂在音响纸盆上，音箱音质会大为改善。

(2) 慢性毒药。当人服食下金刚石粉末后，金刚石粉末会粘在胃壁上，在长期的摩擦中，会让人得胃溃疡，不及时治疗会死于胃出血，是一种难以让人提防的慢性毒剂。

(3) 观赏宝石。钻石由于折射率高，在灯光下显得熠熠生辉。巨型的美钻可以价值连城。而掺有深颜色的钻石的价钱更高。最昂贵的有色钻石，要数带有微蓝的水蓝钻石。

10.3.3 碳的生产工艺和高纯化

10.3.3.1 金刚石

制造人造金刚石的方法多达十几种。按所用技术的特点可归纳为静压、动压和低压等三种方法。按金刚石的形成特点可归纳为直接法、熔媒法、外延法和武兹反应法。

（1）直接法。人造金刚石或利用瞬时静态超高压高温技术，或动态超高压高温技术，或两者的混合技术，使石墨等碳质原料从固态或熔融态直接转变成金刚石，这种方法得到的金刚石是微米尺寸的多晶粉末。

（2）熔媒法。人造金刚石用静态超高压（5~10 GPa）和高温（1100~3000 ℃）技术通过石墨等碳质原料和某些金属（合金）反应生成金刚石，其典型晶态为立方体（六面体）、八面体和六-八面体及它们的过渡形态。在工业上显出重要应用价值的主要是静压熔媒法。

$$C(石墨) \xrightarrow{1300\ ℃、5572\ MPa} C(金刚石) \tag{10-95}$$

采用这种方法得到的磨料级人造金刚石的产量已超过天然金刚石，有待进一步解决的问题是增大粗粒比，提高转化率和改善晶体质量。

加晶种外延生长法曾得到重 1 ct 左右的大单晶。用一般试验技术略加改进后，曾得到 2~4 mm 的晶体。采用这种方法还生长和烧结出大颗粒多晶金刚石，后者在工业上已获得一定的应用，其关键问题在于进一步提高这种多晶金刚石的抗压强度、抗冲击强度、耐磨性和耐热性等综合性能。

（3）外延法。人造金刚石是利用热解和电解某些含碳物质时析出的碳源在金刚石晶种或某些起基底作用的物质上进行外延生长而成的。

（4）武兹反应法。让四氯化碳和钠在 700 ℃反应，生成金刚石，但是同时会生成大量的石墨。

10.3.3.2 石墨

A 石墨提纯

石墨深加工产业的前提是提纯，石墨提纯是一个复杂的物化过程，其提纯方法主要有浮选法、碱酸法、氢氟酸法、氯化焙烧法、高温法。

a 浮选法

浮选是一种常用而重要的选矿方法。石墨具有良好的天然可浮性，基本上所有的石墨都可以通过浮选的方法进行提纯。为保护石墨的鳞片，石墨浮选大多采用多段流程。石墨浮选捕收剂一般选用煤油，用量为 100~200 g/t，起泡剂一般采用松醇油或丁醚油，用量为 50~250 g/t。

大鳞片石墨的价值及应用均比细鳞片石墨大得多，而且一旦破坏就无法恢复。在石墨选矿中保护石墨的大鳞片是选矿过程中不可忽视的问题。因石墨具有良好的天然可浮性，浮选法可使石墨的品位提高到80%~90%，甚至可达95%左右。该方法的最大优点是所有提纯方案中能耗和试剂消耗最少、成本最低的一种，但呈极细状态夹杂在石墨鳞片中的硅酸盐矿物和钾、钙、钠、镁、铝等元素的化合物，用磨矿的方法不能将其单体解离，而且不利于保护石墨大鳞片。因此浮选法只是石墨提纯的初级手段，若要获得含碳量99%以上的高碳石墨，必须用其他方法提纯。

b 碱酸法

碱酸法包括两个反应过程：碱熔过程和酸浸过程。碱熔过程是在高温条件下，利用熔融状态下的碱和石墨中酸性杂质发生化学反应，特别是含硅的杂质（如硅酸盐、硅铝酸盐、石英等），生成可溶性盐，再经洗涤去除杂质，使石墨纯度得以提高。酸浸过程的基本原理是利用酸和金属氧化物杂质反应，这部分杂质在碱熔过程中没有和碱发生反应。使金属氧化物转化为可溶性盐，再经洗涤使其与石墨分离，经过碱熔和酸浸相结合对石墨提纯有较好的效果。

多种碱性物质均可以除去石墨杂质，碱性越强，提纯效果越好。碱酸法多用熔点小、碱性强的 NaOH。酸浸过程所用的酸可以是 HCl、H_2SO_4、HNO_3 或者是混合使用，其中 HCl 应用较多。

对于一些含硅较高的石墨，碱熔法提纯石墨还可以实现对硅的综合回收利用。碱熔酸浸后的溶液为酸性，溶液中的硅杂质转变为硅酸，加入一定量的明矾即可将硅酸提取出来，再经 900 ℃ 的高温煅烧，可得到纯的二氧化硅。

碱酸法是我国石墨提纯工业生产中应用最为广泛的方法，具有一次性投资少、产品品位较高、适应性强等特点，以及设备简单、通用性强的优点。不足之处是需要高温煅烧，能量消耗大，工艺流程长，设备腐蚀严重，石墨流失量大及废水污染严重，因而利用石墨提纯废水制取聚合氯化硅酸铝铁等综合利用技术显得十分重要。

c 氢氟酸法

氢氟酸是强酸，几乎可以与石墨中的任何杂质发生反应，而石墨具有良好的耐酸性，特别是可以耐氢氟酸，决定了石墨可以用氢氟酸进行提纯。氢氟酸法的主要流程为石墨和氢氟酸混合，氢氟酸和杂质反应一段时间产生可溶性物质或挥发物，经洗涤去除杂质，脱水烘干后得到提纯石墨。

氢氟酸与 Ca、Mg、Fe 等金属氧化物反应生成沉淀，产生的 H_2SiF_6 溶于溶液，又可除去 Ca、Mg、Fe 等杂质。氢氟酸有剧毒，对环境污染严重，配合其他酸对石墨进行提纯，可以有效地减少氢氟酸用量。氢氟酸法提纯石墨具有工艺流程简单、产品品位高、成本相对较低、对石墨产品性能影响小的优点。但是氢氟酸有剧毒，在使用过程中必须具有安全保护措施，对产生的废水必须经过处理后方能向外排放，否则将会对环境造成严重污染。

d 氯化焙烧法

氯化焙烧法是将石墨和一定量的还原剂混在一起,在特定的设备和气氛下高温焙烧,物料中有价金属转变成气相或凝聚相的金属氯化物,而与其余组分分离,使石墨纯化的工艺过程。

石墨中的杂质在高温条件下,可以分解成熔点沸点较高的氧化物,如 SiO_2、Al_2O_3、Fe_2O_3、CaO、MgO。这些氧化物在一定高温和气氛下,通入氯气后,金属氧化物和氯气反应生成熔点、沸点较低的氯化物。于是在较低的温度下,这些氯化物可气化而逸出,实现与石墨分离,使石墨得以提纯。

氯化焙烧法的优势在于节能、提纯效率高(>98%)、回收率高,但也存在氯气有毒、严重腐蚀性和严重污染环境等问题。在工艺上生产石墨的纯度有限,工艺稳定性不好,影响了氯化法在实际生产中的应用,还有待进一步改善和提高。

e 高温法

石墨的熔点远远高于杂质硅酸盐的沸点。利用它们的熔点、沸点差异,将石墨置于石墨坩埚中,在一定的气氛下,利用特定的仪器设备加热到2700 ℃,即可使杂质气化从石墨中逸出,达到提纯的效果。该技术可以将石墨提纯到99.99%以上。

高温法提纯石墨影响因素较多:(1)石墨原料杂质含量对高温法提纯的效果影响最大,原料的杂质含量不同,所得产品的灰分就不同,且含碳量高的石墨提纯效果更好,高温法常以浮选法或碱酸法提纯后含碳量达到99%及以上的石墨为原料;(2)石墨坩埚的含碳量也是影响提纯效果的重要因素,坩埚灰分低于石墨灰分,有助于石墨中的灰分逸出;(3)采用大电流,石墨升温快,有利于石墨纯化,最好使用高功率电极的原料,并经2800 ℃高温处理;(4)石墨粒度对提纯效果也有一定的影响。

高温法提纯石墨,产品质量高,含碳量可达99.995%以上,这是高温法的最大特点,但同时耗能大、对设备要求极高,需要专门进行设计,投资大,对提纯的石墨原料也有一定的要求,只有应用于国防、航天、核工业等高科技领域的石墨才用此方法进行提纯。

B 石墨深加工

石墨有多种产品形式,高纯石墨、等静压石墨、可膨胀石墨、氟化石墨、胶体石墨、石墨烯等。

a 高纯石墨

高纯石墨的含碳量大于99.99%,有着结晶完整并具有非常良好的导热性能[24]。

高纯石墨也有天然鳞片石墨和人造石墨之分。高纯天然石墨主要在冶金工业中用作耐火材料；在铸造业中用作铸模和防锈涂料；在电气工业中用于生产炭素电极、电极炭棒、电池，制成的石墨乳可用作电视机显像管涂料，制成的炭素制品可用于发电机、电动机、通信器材等诸多方面；在机械工业中用作飞机、轮船、火车等高速运转机械的润滑剂；在化学工业中用于制造各种抗腐蚀器皿和设备；在核工业中用作原子能反应堆中的中子减速剂和防护材料等；在航天工业中可作火箭发动机尾喷管喉衬，火箭、导弹的隔热、耐热材料及人造卫星上的无线电连接信号和导电结构材料。此外，高纯石墨还是轻工业中玻璃和造纸的磨光剂和防锈剂，制造铅笔、墨汁、黑漆、油墨和人造金刚石的原料[25]。

人造高纯石墨一般都具备"三高"特性（即高纯、高强、高密），主要应用在电火花加工（电火花加工用电极材料）、连铸（铜及铜合金、铝及铝合金、连续铸铁、铸钢等连铸机用结晶器）、烧结模（超硬制品、热压法硬质合金和半导体分立器件烧结模具材料）、人造金刚石（合成人造金刚石的碳源）、单晶炉（直拉单晶炉的热系统如加热器、石墨坩埚、石墨保护罩）、光纤预制棒的制备设备材料、光纤拉丝装置的加热系统和其他（高温气冷堆用堆芯结构材料、火箭喷嘴内衬材料、光谱纯石墨电极、轴承、贵金属冶炼坩埚）行业和领域。

高纯石墨的制备根据材料不同选用不同的纯化方案。纯化天然石墨一般有酸碱法、氢氟酸法、氯化焙烧法、高温法及近年来比较受推广的"三强酸法"[26]等。人造石墨由于绝大部分属于块状材料，目前国内大多数纯化处理办法都是将纯化与石墨化同步进行，在特制的艾奇逊炉中进行，使用的是高温和卤化结合的原理，当产品处于石墨化后期的高温阶段向炉内通入卤素气体，利用强氧化物质与产品中的杂质在高温条件下发生化学反应生成比杂质本身沸点更低的新的产物而挥发，使得产品杂质含量降低。对于石墨产品含碳量要求更高（超过99.999%）的产品，目前一般采用的是先进行石墨化处理，然后在特制的感应炉内通入卤素气体进行反应，这样的处理效果和卤素气体的利用率都好一些，但生产成本却很高并且生产效率很低。

以煅烧石油焦和中温煤沥青作为原料，通过混捏、压型、焙烧及石墨化处理，使得乱层石墨结构转变为三维有序排列的石墨结构。在样品石墨化的过程中将卤素气体（氯气和氟利昂）通入炉内进行纯化生产，卤素气体在高温条件下与样品中的难挥发的杂质发生反应，生成低沸点或易挥发的物质，从而降低产品中的杂质含量。具体生产工艺流程如图 10-24 所示。

b 等静压石墨

等静压石墨是高纯石墨的延伸产品，主要由高纯石墨加工而成，有着高纯石墨的特点，具有受热膨胀率小、受热后的热传导性能优良等优点。

等静压加工石墨的生产要经过原料的破碎、筛分、磨粉、黏结剂的熔化，以及配料、混捏、成型、焙烧、浸渍、石墨化等工序的处理。

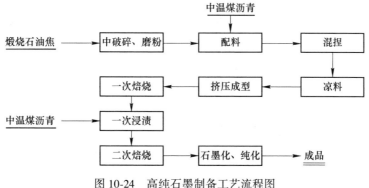

图 10-24 高纯石墨制备工艺流程图

（1）原料及破碎。等静压石墨的生产原料为针状石油焦，针状石油焦硫含量低，灰分和挥发分低。由针状石油焦制出的石墨制品具有石墨化程度高、电阻小、表面润滑度高等特点。

石油焦是原油经蒸馏将轻重质油分离后，重质油再经热裂的过程，转化而成的产品。其主要的元素碳质量分数在 80% 以上，其余的为氢、氧、氮、硫和金属元素（Al、Fe、Ca、Mg、Si）等。原料石油焦的颗粒粒度较大需要先进行粉碎。生产细颗粒结构的三高石墨，大部分用 0.075 mm 的粉料，一部分粉料用 0.042 mm 或 0.037 mm 的微粉；生产超细结构的石墨粉料的粒度小于 0.02 mm 或者更小，因此石油焦要使用气流粉碎机或其他生产超细颗粒的磨粉设备，细粉的分级比较困难，要使用比较特殊的技术。采用冶金常用的破碎设备和气流粉碎设备对其进行粉碎处理，以期获得粒度适合的石油焦粉。

（2）配料及混捏。将提纯后粒度合适的石油焦粉与黏结剂按照一定的比例进行混合，在混捏设备中进行充分混匀。常用的黏结剂为煤焦油、沥青或者树脂。在整个等静压石墨的生产过程中，混捏是一个非常关键的工艺，它直接关系到后续石墨的成品率。沥青中的有机物和挥发分等对石墨产品的成品率影响较大。为了获得比较高的成品率，需要严格控制混捏设备的升降温度程序与混捏时间。

炭素工业常用的混捏设备有双轴混捏机、单轴混捏机、逆流高速混捏机，特种石墨制备采用逆流高速混捏机。此外，混捏后的糊料需要经轧片工艺处理，糊料经炼胶机轧成 1~3 mm 薄片（1~2 次轧片），使得黏结剂与焦粉更加有效地进行结合。糊料经轧片后用万能粉碎机磨成糊料粉供等静压成型使用。

（3）成型。等静压加工石墨的生产采用冷等静压成型。经过冷等静压设备成型后的石墨样品需要经过多次的焙烧和浸渍。焙烧的目的是使得石墨中的黏结剂中的挥发分逸出。而浸渍则是为了保持石墨的紧密性，一般的浸渍剂是各种树脂或沥青。冷等静压成型的石墨样品需要经过多次焙烧和浸渍来达到特种石墨产品的要求。

（4）焙烧、浸渍。对于要求较高体积密度的石墨制品来说，焙烧的过程中容易产生裂纹废品，因此要用较为缓慢的升温曲线；对于较小尺寸石墨产品的焙烧，可以用耐热材料做成方形或圆形的容器，然后将生制品放在容器中并加入填充料隔离和覆盖，再装到焙烧炉中进行焙烧。浸渍最主要的关键在于浸透，高密度石墨制品要经 2~4 次浸渍，每次浸渍后均需要焙烧一次。对于浸渍来说，应该正确选择浸渍剂的软化温度（关系到浸渍剂的黏度），还要控制好焙烧品浸渍前的预热温度及浸渍罐的温度、压力、真空度、加压时间等工艺参数，以达到最佳的浸渍效果。

反复浸渍焙烧工艺处理周期长，一般在 2~3 个月，对设备的使用寿命提出了较高的要求，同时也增加了人力和物力的投入，经济效果较差。

（5）石墨化和提纯处理。炭素焙烧后的产品需要经过 2000~3000 ℃ 的高温热处理才能够转化为石墨化后的制品。碳质制品与石墨制品的主要区别是：碳质制品微观结构的碳原子晶格是乱层结构，而石墨化后碳原子为三维有序的层状结构。等静压石墨的石墨化处理是在石墨化炉内进行的。此外，在石墨化过程中通入氧气和氟利昂气体，使杂质元素形成氯化物和氟化物挥发选出，以达到提纯的目的。石墨化炉有艾奇逆炉、串接式炉、感应石墨化炉和炭管炉。但在工业上应用的只有艾奇逊炉和串接式炉，用串接式炉是发展趋势。

在石墨化过程中，原料中的有机物的 C—S 键、C—O 键在 1800 ℃ 时基本断裂并生成硫化物和氧化物挥发出去，但仍有少量金属及其氧化物很难排除，这就需要通入氟氯化物使它们生成沸点低的氟化物或者氯化物排除出去。

c 可膨胀石墨

在适当的条件下，酸、碱金属、盐类等多种化学物质可插入石墨层间，并与碳原子结合形成新的化学相——石墨层间化合物（GIC），这种石墨层间化合物就是可膨胀石墨。这种层间化合物在加热到适当温度时，可瞬间迅速分解，产生大量气体，使石墨沿轴方向膨胀成蠕虫状的新物质，即膨胀石墨。

可膨胀石墨在高温下受热可迅速膨胀，膨胀倍数高达数十倍到数百倍甚至上千倍，膨胀后石墨的表观容积达 250~300 mL/g 或更大，膨胀后的石墨呈现蠕虫状，大小在零点几毫米到几毫米之间，在内部具有大量独特的网络状微孔结构，被称为膨胀石墨或石墨蠕虫。膨胀石墨除了具备天然石墨本身的耐冷热、耐腐蚀、自润滑等优良性能外，还具有天然石墨所没有的柔软、压缩回弹性、吸附性、生态环境协调性、生物相容性、耐辐射性等特性。

制备可膨胀石墨的方法包括化学氧化法、电化学法、气相扩散法（双室法）、混合液相法、熔融法、加压法、爆炸法、催化剂法、光化学法等，其中化学氧化法和电化学法是应用最普遍的制备方法。电化学法凭借环境污染小、成本低、处理量大、酸液可回收使用等优点，近年来备受关注。

（1）化学氧化法。化学氧化法是一种制备可膨胀石墨的传统方法，此法将天然鳞片石墨与适量的氧化剂和插层剂均匀混合，控制一定的温度，不断搅拌，经水洗、过滤、烘干即得到可膨胀石墨。氧化剂种类很多，一般采用的氧化剂是固体氧化剂（如高锰酸钾、重铬酸钾、三氧化铬、氯酸钾等），也可以是一些具有氧化性的液体氧化剂（如过氧化氢、硝酸等）。通过近年来研究发现，制备可膨胀石墨常用的主要氧化剂以高锰酸钾为主。插层剂多以酸为主，近几年的研究主要以硫酸、硝酸、磷酸、高氯酸、混酸和冰乙酸等为主。

（2）电化学法。电化学法是在恒定电流下，以插入物的水溶液为电解液，将石墨与金属材料（不锈钢材料、铂板、铅板、钛板等）构成复合阳极，在电解液中插入金属材料作阴极，构成闭合回路；或是将石墨悬浮在电解液中，在电解液中同时插入阴、阳极板，通过对两个电极通电的方法，进行阳极氧化。近年来，电化学法凭借众多优越性逐步成为众多企业制备可膨胀石墨的首选方法。

d 氟化石墨

氟化石墨又称聚氟化碳、氟化碳，为白色粉末。从结构上看是氟进入石墨六碳环平面层之间，与石墨相似，故称氟化石墨。其化学组成和晶体结构随反应温度及原料的晶型结构不同而不同。

除浓碱、热浓硫酸外，氟化石墨不易被其他酸碱腐蚀；耐溶剂性、耐候性较好，表面有疏水性。由于氟的引入，碳氟键能很大，高温、高压及不同气体介质中很难被切断，使它在高温、高速、高负荷条件下的性能优于石墨或二硫化钼，改善了石墨在没有水汽条件下的润滑性能。无毒、不可燃、无腐蚀性、化学性质稳定，是一种很好的高能电极材料、绝缘材料、防水材料、润滑材料。氟化石墨是集性能与效益合一的新型石墨产品，有着较高的附加值与独特的品质，主要应用于电池原料与固体润滑剂等领域，并被多个领域广泛应用。

由于氟化石墨表面能低，电活性极高，可作为电池的活性材料，在一次锂离子电池中应用较广泛，氟化石墨主要与锂或含锂的有机溶剂混合制成高性能锂电池。除了作为锂电池正极材料外，氟化石墨还可作为高能量密度镁电池、铝离子电池正极材料等。

另外，与其他固体润滑剂相比，氟化石墨的润滑性能更好，且几乎不受环境的影响，如在高温、高压、腐蚀性环境下均能表现优异的性能。由于其稳定的性质和优良的润滑性能，可作为在恶劣环境下运作的机械设备、密封材料等方面的润滑剂及润滑剂添加剂。

氟化石墨的合成方法主要有高温合成法、低温合成法、电解法、立式振动反应器合成法及催化合成法[27]。

低温合成法和催化合成法由于工艺条件要求相对较低、技术较成熟，是合成使用的主要方法[28]。

(1) 高温合成法。根据氟元素的来源不同，按原料分为氟气和含氟有机物两种合成方法。

1) 以氟气为原料。该方法是将高纯石墨加入石墨反应器（如管式反应炉）中，并将反应器抽空，通入氟氮混合气；然后，在一定的原料配比、温度条件下进行反应；最后，在持续通入氢气的情况下进行冷却，从而制得不同的氟化石墨产品。该方法是氟化石墨制备使用最早的方法，也是工业制备采用的主要方法之一。由于其合成工艺技术较成熟，近年来有一些研究者对其进行了工艺、设备等方面的研究，Delabarre 等人在室温条件下，使用石墨与 F_2、HF 及 Cl_2 气体作用合成了 $(CF_{0.4})_n$ 氟化石墨；并在温度大于 400 ℃ 的条件下，合成出了 $(CF)_n$ 氟化石墨。Fujimoto 等人采用高定向热解方法，以石墨、天然鳞片石墨作为碳源，氟气作为氟源，在 16 MPa 压力条件下，反应 20 h 分别得到了 $(C_{3.41}F)_n$、$(C_{5.62}F)_n$。

以氟气为原料的合成方法可以通过选择不同的反应温度来制得相应的氟化石墨，但由于原料中含有有毒性气体，使得反应过程可能出现爆炸或气体泄漏现象，有较大的安全隐患，并且反应过程伴随有不少的副产物产生，导致产率比较低。

2) 以含氟有机物为原料。近年来，有研究者针对氟气存在的危害性问题，采用含氟物质作为氟的原料，以优化合成环境、降低安全隐患，该方法使用含氟原料（如四氟乙烯）与石墨按不同比例混合，在含氦、氖、氩或氮等惰性气体的石墨反应器中，控制适当的反应温度、压力及作用时间，最终合成氟化石墨。

Nakajima 等人使用 K_2PdF_6、K_2MnF_6 等含氟混合物与细粒石墨混合，在常温、一定压力条件下，通过紫外灯照射，得到碳氟比为 1.1 ~ 1.9 的氟化石墨。而在 200 ~ 300 ℃、低压条件下，Kazuhiko 等人以天然石墨、气态氟源 ClF_3 为原料，反应几分钟即可得到氟化石墨产品。

使用含氟物质作为氟原料进行氟化石墨的合成，可以适当改善合成的工艺、设备等方面的条件要求；但由于含氟固态物质与石墨反应过程较复杂，导致大量的副产物产生，氟化石墨的产率较低。

(2) 低温合成法。低温合成法又称间接反应法，是指在 250 ~ 500 ℃ 温度条件下，石墨先与五卤化物反应生成石墨层间化合物，然后在常温下与氟气发生反应生成氟化石墨的过程[29]。在反应温度为 150 ~ 400 ℃、反应时间为 1 ~ 30 h 及卤族元素存在（F、Cl、Br 等）的条件下，方治文[30]以高纯石墨、五卤化锑、高纯氟气-惰性气体混合气为原料，按照一定的物料比例在反应器中进行合成，最终制得氟化石墨。

此方法具有反应温度相对较低、控制范围大等优点，大幅度降低了爆炸的可能性，且副产品较少，氟化石墨产率较高，回收的原料还可以循环使用；但由于反应过程使用氟气，因此需要注意密封、安全等方面的问题，且对生产设备要求较高。

（3）催化合成法。催化合成法是指当存在金属氟化物（如 LiF）时，石墨与氟气的反应可在低于 300 ℃的温度条件下顺利进行。其中，金属氟化物主要起到催化作用，并且金属氟化物的存在可以提高氟化石墨的某些性能，如电导率。

方治文通过添加金属氟化物，在一定温度、低压的条件下，反应 6~24 h 制得氟化石墨；并且与不添加金属氟化物相比，其反应温度有大幅度的降低。而赵东辉[31]以氟化铁作为反应催化剂，在较低的温度使用鳞片石墨、三氟化溴、氟气等原料合成了高氟含量的氟化石墨。

金属氟化物的添加可以加快合成速度，改善反应条件，但对原料的纯度要求较高，如石墨固定碳含量要求大于 99.4%；氟气纯度要求 99.4%~99.7%，其中 N_2 的含量小于 0.3%~0.6%，HF 的含量小于 0.01%；CuF_2、AlF_3 等金属氟化物的纯度要求大于 98%。同时，要考虑氟气的危害性，确保反应安全进行。

氟化石墨的合成反应过程受多种因素的影响，其中主要的影响因素有反应器的构造、原料的种类和特性、反应条件等。如石墨的种类、粒度、纯度和晶体化程度等都对氟化过程有较大的影响；合成温度主要取决于材料的类型和产物成分，一般温度越低，则合成速率越慢；而反应温度过高，则会容易导致产物分解，产率降低，并产生有毒气体[32]。

近年来氟化石墨的合成工艺研究成果表明其工艺技术、设备等方面都有了较大的进步，并且在应用方面也有了很大的发展，但仍存在合成环境污染较大、合成效率较低及安全性偏差等方面的问题。结合发展现状及其合成的主要影响因素，在合成设备的结构性能方面，应确保反应器中原料的充分混匀、反应过程的流态化，这对反应的高效化、产品品质优化等有重要影响；而低温、常压等较理想的反应条件是合成过程安全性的主要保障；同时，固化的氟源、高品质的石墨、高效的催化剂等是实现绿色环保生产工艺的先决条件。总之，合成设备、反应条件及原料性质等方面的优化对完善高效、安全、环保的生产工艺具有十分重要的作用，也是进一步拓展氟化石墨应用领域的基础。

e 胶体石墨

胶体石墨主要在保证优良的导电性与导热性之外利用石墨成膜均匀等特点，主要应用于消除静电成膜领域。

胶体石墨用化学法生产，把天然石墨纯化并粉碎后，在 90 ℃加入浓硝酸和浓硫酸及水处理，再经清洗，干燥，加入水、乙醇、丙酮等分散剂即得胶体石墨。加入稳定剂如油酸钠、硫酸盐等使石墨颗粒不凝聚。氨使石墨胶体过渡到胶溶体，并调节 pH 值。

胶体石墨用机械法生产，天然石墨粉碎后经盐酸和氢氟酸处理除去杂质，加入鞣酸水溶液中，经多次倾析成膏质，加入一定比例的水和氨，再经超声波处理进一步减小颗粒尺寸，即可得到胶体石墨。

f 石墨烯

石墨烯是一种由单层碳原子杂化轨道形成具有蜂窝状晶格的六方二维碳纳米材料。"万片石墨烯加在一起，才相当于人类的一根头发丝粗细"。石墨烯最大的特性是其中电子的运动速度达到了光速的 1/300，远远超过了电子在一般导体中的运动速度。这使得石墨烯中的电子（更准确地应称为"载荷子"）的性质和相对论性的中微子非常相似。

石墨烯具有优异的光学、电学和力学性能，在材料科学、微纳加工、能源、生物医学、军事和药物输送等领域具有重要的应用前景，被认为是未来的革命性材料。

石墨烯生产的方法主要有：气相沉积法（CVD 法），氧化还原法和插层法。重点介绍 CVD 法。

(1) 气相沉积（CVD）法。CVD 法制备石墨烯的基本过程是：把基底金属箔片放入炉中，通入氢气和氩气或者氮气保护加热至 1000 ℃左右，稳定温度，保持 20 min 左右；然后停止通入保护气体，改通入碳源（如甲烷）气体，大约 30 min，反应完成；切断电源，关闭甲烷气体，再通入保护气体排净甲烷气体，在保护气体的环境下直至管子冷却到室温，取出金属箔片，得到金属箔片上的石墨烯。

CVD 法制备石墨烯主要包含三个重要的影响因素：衬底、前驱体和生长条件。

1) 衬底是生长石墨烯的重要条件。目前发现的可以用作石墨烯制备的衬底金属有过渡金属，如 Fe、Ru、Co、Rh、Ir、Ni、Pd、Pt、Cu、Au，以及合金，如 Co-Ni、Au-Ni、Ni-Mo、不锈钢。选择的主要依据有金属的熔点、溶碳量，以及是否有稳定的金属碳化物等。这些因素决定了石墨烯的生长温度、生长机制和使用的载气类型。另外，金属的晶体类型和晶体取向也会影响石墨烯的生长质量。

不同的基底材料通过 CVD 制备石墨烯的机理各不相同，主要分为两种制备机理：渗碳析碳机制，即高温时裂解后的碳渗入基底中，快速降温时在表面形成石墨烯；表面催化机制，即高温时裂解后的碳接触特定金属时（如铜），在表面形成石墨烯，并保护样品抑制薄膜继续沉积，因此这种机制更容易形成单层石墨烯。

过渡金属在石墨烯的 CVD 生长过程中既作为生长基底，也起催化作用。烃类气体在金属基体表面裂解形成石墨烯是一个复杂的催化反应过程，以铜箔上石墨烯的生长为例，主要包括三个步骤：

①碳前驱体的分解。以 C 的气体在铜箔表面的分解为例，CH_4 分子吸附在金

属基体表面，在高温下 C—H 键断裂，产生各种碳碎片 CH_x。该过程中的脱氢反应与生长基体的催化活性有关，由于金属铜的活泼性不太强，对甲烷的催化脱氢过程是强吸热反应，完全脱氢产生碳原子的能垒很高，因此，甲烷分子的裂解不完全。相关研究表明，铜表面上烃类气体的裂解脱氢作用包括部分脱氢、偶联、再脱氢等过程，在铜表面不会形成单分散吸附的碳原子。

②石墨烯形核阶段。甲烷分子脱氢之后，在铜表面的碳物种相互聚集，生成新的 C—C 键、团簇，开始成核形成石墨烯岛。碳原子容易在金属缺陷位置（如金属台阶）形核，因为缺陷处的金属原子配位数低，活性较高。

③石墨烯逐渐长大过程。随着铜表面上石墨烯形核数量的增加，之后产生的碳原子或团簇不断附着到成核位置，使石墨烯晶核逐渐长大直至相互"缝合"，最终连接成连续的石墨烯薄膜。

2）前驱体包括碳源和辅助气体，其中碳源包括固体（如含碳高分子材料等）、液体（如无水乙醇等）、气体（如甲烷、乙炔、乙烯等烃类气体）三大类。目前，实验和生产中主要将甲烷作为气源，其次是辅助气体包括氢气、氩气和氮气等气体，可以减少薄膜的褶皱，增加平整度和降低非晶碳的沉积。选择碳源需要考虑的因素主要有烃类气体的分解温度、分解速度和分解产物等。碳源的选择在很大程度上决定了生长温度，采用等离子体辅助等方法也可降低石墨烯的生长温度。

3）生长条件包括压力、温度、碳接触面积等。它们影响着石墨烯的质量和厚度。从气压的角度可分为常压（10^5 Pa）、低压（$10^{-3} \sim 10^5$ Pa）和超低压（$<10^{-3}$ Pa）；载气类型为惰性气体（氦气、氩气）或氮气，以及大量使用的还原性气体氢气；据生长温度不同可分为高温（>800 ℃）、中温（$600 \sim 800$ ℃）和低温（<600 ℃），主要取决于碳源的分解温度。

金属基底影响石墨烯的进一步应用，因此，合成的石墨烯薄膜必须转移到一定的目标基底。

理想的石墨烯转移技术应具有三个特点：一是保证石墨烯在转移后结构完整、无破损；二是对石墨烯无污染（包括掺杂）；三是工艺稳定、可靠，并具有高的适用性。对于仅有原子级或者数纳米厚度的石墨烯而言，由于其宏观强度低，转移过程中极易破损，因此与初始基体的无损分离是转移过程所必须解决的首要问题。石墨烯的转移技术主要有：

1）湿化学腐蚀基底法。湿化学腐蚀基底法是常用的转移方法，典型的转移过程有 4 步：第一步，在石墨烯表面旋涂一定的转移介质（如聚甲基丙烯酸甲酯（PMMA）、聚二甲基硅氧烷（PDMS））作为支撑层；第二步，浸入适当的化学溶液中腐蚀金属基底；第三步，捞至蒸馏水清洗干净后转移至目标基底，石墨烯一侧与基底贴合；第四步，通过一定的手段除去石墨烯表面的支撑层物质，如

PMMA 可通过溶剂溶解或高温热分解去除，PDMS 直接揭掉，即得到需要的石墨烯薄膜。

热释放胶带是最近采用的新型石墨烯转移介质。其特点是常温下具有一定的黏合力，在特定温度以上，黏合力急剧下降甚至消失，表现出"热释放"特性。基于热释放胶带的转移过程与 PMMA 转移方法类似，主要优点是可实现大面积石墨烯向柔性目标基体的转移（如 PET），工艺流程易于标准化和规模化，有望在透明导电薄膜的制备方面首先获得应用，如韩国成均馆大学的研究者采用该方法成功实现了 30 in（76.2 cm）石墨烯的转移。相比于"热平压"具有更佳的转移效果。然而，"热滚压"技术目前不适用于脆性基体上的转移，例如硅片、玻璃等，因此限制了该方法的应用范围。

腐蚀基底法也存在一定的局限性，例如，涂覆的有机支撑层太薄，转移时容易产生薄膜撕裂，尤其不利于大面积石墨烯薄膜的转移；涂覆的有机支撑层太厚，则具有一定强度，石墨烯和目标基底不能充分贴合，转移介质被溶解除去时会导致石墨烯薄膜破坏。

2）干法转移。湿法转移过程中容易使刻蚀剂等残留在石墨烯上，为了将 CVD 法生长在金属基底上的石墨烯高质量地转移到目标衬底上，Lock 等人提出了"干法转移"这一新颖的石墨烯转移技术，他们通过这种方法将 CVD 法合成的石墨烯高质量的转移到了聚苯乙烯（PS）上。他们首先将一种叫作 N-乙胺基-4-重氮基-四氟苯甲酸醋（TFPA-NH$_2$）的交联分子沉积到经过氧等离子体表面处理的聚苯乙烯上，此交联分子能够和石墨烯形成共价键，聚合物和石墨烯之间由共价键产生的吸附力比石墨烯和金属基底之间的吸附力大得多，使得石墨烯能够与金属基底进行分离。

干法转移的过程，主要分三步：第一步，进行样品合成和衬底处理，用 CVD 法生长石墨烯并且对聚合物进行表面处理以提高与石墨烯间的吸附力；第二步，将石墨烯和 TFPA-NH$_2$ 进行充分的接触，具体地来说是在一定的温度和压力下将石墨烯/Cu 和 TFPA-NH$_2$ 用纳米压印机压印；第三步，将石墨烯从金属基底上分离出来。在干法转移中，金属基底没有被刻蚀掉，可以重复利用，使转移成本大大降低，此外，转移到聚合物上的石墨烯质量很高，但缺陷还是存在的。理论上来说，这种方法能够将 CVD 生长的石墨烯转移到各种有机或者无机衬底上。

3）机械剥离技术。韩国的 Yoon 等人用石墨烯和环氧树脂之间的作用力来剥离 CVD 法生长在铜基底上的单层石墨烯。原理是：首先利用 CVD 法在 Cu/SiO$_2$/Si 基底上合成单层的石墨烯，然后通过环氧粘接技术将石墨烯和目标衬底连接起来，通过施加一定的机械力可以将石墨烯从铜基体上剥离下来，并且不会对铜衬底造成损坏，实现了无损坏的转移，铜基底可以用来重复生长石墨烯。这种方法能够将石墨烯从金属衬底上转移下来，并且降低了成本。

到目前为止，在 CVD 法制备石墨烯的研究中，绝大多数的报道都是以过渡金属为基底催化合成石墨烯。因此，为满足实际电子器件的应用，复杂的、娴熟的生长后转移技术是必需的。但是，生长后的转移过程不仅繁杂耗时，而且会造成石墨烯薄膜的撕裂、褶皱和污染等破坏。考虑到转移对石墨烯的破坏和后期处理的烦琐工序，近期研究表明，直接在绝缘体或半导体上生长石墨烯薄膜，有望解决这一问题。

Ismach 等人最先以表面镀有铜膜的硅片作为基底，实现了石墨烯薄膜在硅片上的直接生长。目前主要有两种解释：第一，典型的 CVD 生长温度（1000 ℃）与 Cu 的熔点（1083 ℃）接近，在较高蒸气压下 Cu 蒸发消失，经 Cu 催化裂解的碳原子则在硅片上直接沉积得到石墨烯，但是石墨烯存在 Cu 残留污染。第二，为避免 Cu 膜的蒸发，需要在较低温度下（如 900 ℃）生长，经 Cu 催化裂解的碳原子通过 Cu 膜的晶界扩散迁移到 Cu 膜和介电基底的界面上形成石墨烯。后来，人们尝试直接在裸露的介电基底上生长，以 SiO₂ 基底为例，最显著的优势在于既避免了转移过程，也实现了与当今半导体业（尤其是硅半导体技术）很好的融合。Chiu 课题组通过远距离铜蒸气辅助的 CVD 过程在 SiO₂ 基底直接生长石墨烯，他们在硅片上游一定距离处放置铜箔，铜箔在高温下产生的铜蒸气催化裂解碳源，实现了直接在 SiO₂ 基底上石墨烯薄膜的生长。

在二氧化硅基底上石墨烯的 CVD 合成过程是：首先对 SiO₂ 片用丙酮、去离子水进行超声清洗，然后将 SiO₂ 基底置于管式炉的恒温区生长，进行长时间的石墨烯沉积。但是由于反应是无催化的沉积过程，碳源的裂解和石墨烯的成核会受到一定程度的限制，因此一般会采用一定的 CVD 辅助过程。通常的过程为：首先对 SiO₂ 衬底进行一定的活化处理，活化过程为将清洗的 SiO₂ 基底置于管式炉的恒温区中，在高温 800 ℃下保温一段时间，然后冷却至室温，以除去基底表面上的有机残留物，并激活生长点。其次在基底上非直接接触地覆盖铜箔，在石墨烯生长温度下，铜金属升华产生的铜蒸汽对碳源裂解起催化作用。

CVD 法制备石墨烯是目前最理想，也是最广泛地应用于工业化生产的制备技术。

（2）氧化还原法。用氧化剂将石墨一层一层地氧化，然后用超声波法剥离氧化层。用还原剂还原氧化石墨层，得到石墨烯。

（3）插层法。将插层物质填充到石墨的层间空隙中，克服层间范德华力，分散层间，从而得到石墨烯。

10.3.4 碳的化合物

在所有化学元素中，碳非常特殊，碳的化合物种类远超其他元素，达数百万种之多。

正因为碳是那般与众不同，人们对碳也"另眼相待"。在化学上，把除了碳之外的元素所形成的化合物和一氧化碳、二氧化碳及碳酸盐合称为无机化合物，研究无机化合物的化学称为无机化学；而碳的化合物（不包括一氧化碳、二氧化碳和碳酸盐）合称有机化合物，专门研究有机化合物的化学称为有机化学。

10.3.5　碳化物

10.3.5.1　碳化物的概念

碳化物是指碳与电负性比它小的或者相近的元素（除氢外）所生成的二元化合物，碳化物都具有较高的熔点，大多数碳化物都是碳与金属在高温下反应得到的。从元素的属性划分为金属碳化物和非金属碳化物。

碳化钙（CaC_2，俗称电石）、碳化铬（Cr_4C_3）、碳化钽（TaC）、碳化钒（VC）、碳化锆（ZrC）、碳化钨（WC）等都是金属碳化物。碳化硼（B_4C）、碳化硅（SiC）等属于非金属碳化物[33]。

10.3.5.2　碳化物的分类

碳化物分为三类：共价型碳化物，离子型碳化物，间充型碳化物。

（1）共价型碳化物。主要是硅和硼的碳化物，如碳化硅和碳化硼。在这些碳化物中，碳原子与硅、硼原子以共价键结合，属原子晶体。它们具有高硬度、高熔点和化学性质稳定的特点。

这三类碳化物可由金属、硅、硼或它们的氧化物在 2000 ℃ 的高温下与碳或烃类反应制得。

（2）离子型碳化物。离子型碳化物又称类盐型碳化物，主要为ⅠA、ⅡA、ⅢA、ⅠB、ⅡB（除 Hg 外）和一些 f 过渡元素（f 层电子未填满）与碳形成的二元化合物。这些碳化物通常具有 NaCl 型晶格；与水反应产生乙炔，故又称乙炔化物：

$$CaC_2 + 2H_2O \longrightarrow Ca(OH)_2 + C_2H_2 \qquad (10\text{-}96)$$

在这类碳化物中，碳化铍和碳化铝水解时产生甲烷，镁的一种碳化物 Mg_2C_3 水解时产生丙炔（C_3H_4）。

离子型碳化物中以碳化钙最有用，主要作乙炔的原料。

（3）间充型碳化物。间充型碳化物主要用作耐高温、高硬度的特殊结构材料和高速切削工具材料，如碳化钽和碳化钨。共价型碳化物主要用作磨料，如碳化硅、碳化硼等[34]。

参 考 文 献

[1] 张青莲，等. 无机化学丛书 [M]. 北京：科学出版社，1987.
[2] 唐尧，陈春林，熊先孝，等. 世界硼资源分布及开发利用现状分析 [J]. 现代化工，2013，

33 (10)：1-5

［3］ 蔡庆生. 植物生理学［M］. 北京：中国农业大学出版社，2011.

［4］ 曾静，胡石林，吴全峰，等. 化学气相沉积法制备高纯硼粉的技术进展［J］. 材料导报，
2021，35 (5)：89-93.

［5］ 彭超，张廷安，豆志河，等. 化无定形硼粉制备方法对比及研究现状［C］//第十七届
(2013 年) 全国冶金反应工程学学术会议论文集，2013：489-493.

［6］ MATTEVI C，KIM H，CHHOWALLA M. A review of chemical vapour deposition of graphene on
copper［J］. Journal of Materials Chemistry，2011，21 (10)：3324-3334.

［7］ SHALAMBERIDZE S O，KALANDADZE G I，KHULELIDZE D E. Production of α-hombohednal
boron by amorphous boron crystallization［J］. Journal of Solid State Chemistry，2000，154
(1)：199-203.

［8］ 郑家学. 新型含硼材料［M］. 北京：化学工业出版社，2010.

［9］ MA J，RICHEY J C，DAVIES D，et al. Spectroscopic and modeling investigation of the gas
phase chemistry and composition in microwave plasma activated $B_2H_6/CH_4Ar/H_2$ mixtures［J］.
Journal of Physical Chemistry A，2010，114 (37)：10076-10089.

［10］ UMEMOTO H，KANEMITSU T，TANAKA A. Production of Batoms and BH radicals from
$B_2H_6/He/H_2$ mixtures aetivated on heat W uires［J］. Journal of Physical Chemistry A，2014，
118 (28)：5156-5163.

［11］ 刘荣正，刘马林，邵友林，等. 流化床–化学气相沉积技术的应用及研究进展［J］. 化工
进展，2016，35 (5)：1236-1272.

［12］ LYUBUTIN I S，ANOSOVA O A，FROLOV K V，et al. Iron nano particles in aligned arrays of
pure and nitrogen-doped carbon nanotubes［J］. Carbon，2012，50 (7)：2628-2634.

［13］ 候颜青，谢刚，陶东平，等. 太阳能级多晶硅生产工艺［J］. 材料导报：综述篇，2010，
24 (7)：31-43.

［14］ 林树忠. 高温高压合成优质立方硼氮的结构和工艺研究［D］. 济南：山东大学，2017.

［15］ 伍红儒，寇自力，李拥军，等. 立方氮化硼的高压合成研究［J］. 工具技术，2009，43
(5)：36-40.

［16］ 罗立群，谭旭升，田金星. 石墨提纯工艺研究进展［J］. 化工进展，2014，33 (8)：
2110-2116.

［17］ 邱杨率，余永富，管俊芳，等. 非洲三个地区石墨矿矿石特征及可选性研究［J］. 矿产保
护与利用，2018，217 (5)：51-56.

［18］ 格林伍德. 元素化学［M］. 北京：科学出版社，1993：406-410.

［19］ 北京师范大学，华中师范大学，南京师范大学无机化学教研室. 无机化学［M］. 4 版.
北京：高等教育出版社，2003.

［20］ 沈鑫甫，等. 中学教师实用化学辞典［M］. 北京：北京科学技术出版社，2002.

［21］ 邢其毅，裴伟伟，徐瑞秋，等. 基础有机化学（第三册）［M］. 北京：高等教育出版
社，2005.

［22］ DORFER L，MOSER M，BAHR F，et al. 5200-year old acupuncture in Central Europe［J］.
Science，1998，282 (5387)：242-243.

[23] 刘丹丹. 石墨的应用及其发展前景 [J]. 黑龙江冶金, 2016, 36 (1): 56-57.

[24] 李悦, 张顺艳. 高纯石墨生产工艺现状及展望 [J]. 科学技术创新, 2018 (1): 166-167.

[25] LIU Z J, GUO Q G, LIU L. Influence of filler type on the performance and microstructure of a carbon/graphite material [J]. New Carbon Material, 2010 (4): 313-316.

[26] 张然, 余丽秀. 高纯石墨制备及应用研究进展 [J]. 中国非金属矿工业导刊, 2006: 59-61.

[27] 朴正杰, 时杰, 吕宪俊. 氟化石墨的加工技术及其应用新进展 [J]. 化工新型材料, 2017, 45 (7): 27-28

[28] 于海迎, 吴红军, 杭磊, 等. 氟化石墨的合成及应用研究 [J]. 化工时刊, 2006, 20 (1): 73-74, 77.

[29] 孟宪光. 氟化石墨及其合成 [J]. 炭素, 1997 (2): 29-32

[30] 方治文. 一种高纯氟化石墨的连续制备方法: 中国, CN201510985272.6 [P]. 2015-12-25.

[31] 赵东辉. 一种低温制备氟化石墨的方法: 中国, CN201210504965.5 [P]. 2012-11-30.

[32] 陈彦芳. 氟化碳材料制备及其锂电池应用研究 [D]. 天津: 天津大学, 2010.

[33] 朱仁. 无机化学 [M]. 5 版. 北京: 高等教育出版社, 2006.

[34] 孙挺, 张霞. 无机化学 [M]. 北京: 冶金工业出版社, 2011.